EXTREME WEATHER EVENTS AND HUMAN HEALTH:
RESEARCH METHODS AND APPLICATIONS

极端天气事件与健康：研究方法与应用

主　编　姜宝法
副主编　马　伟　李学文
作　者　（以姓氏笔画为序）

丁国永　山东第一医科大学公共卫生学院

马　伟　山东大学公共卫生学院

王　宁　山东省卫生健康宣传教育中心

王成岗　山东中医药大学健康学院

艾思奇　山东大学公共卫生学院

刘志东　山东大学公共卫生学院

刘雪娜　山东第一医科大学公共卫生学院

许　新　山东大学第二医院

李　京　潍坊医学院公共卫生学院

李学文　山东大学公共卫生学院

李宜霏　中国医学科学院北京协和医学院
　　　　医学信息研究所

吴　含　山东大学公共卫生学院

张彩霞　三峡大学医学院公共卫生系

张斐斐　英国爱丁堡大学

荀换苗　烟台市福山区疾病预防控制中心

姜宝法　山东大学公共卫生学院

倪　伟　青岛市妇女儿童医院

高　璐　中国动物卫生与流行病学中心

曹明昆　山东百多安医疗器械股份有限公司

韩微笑　北京科兴生物制品有限公司

韩德彪　聊城市疾病预防控制中心

山东科学技术出版社

图书在版编目（CIP）数据

极端天气事件与健康：研究方法与应用 / 姜宝法主编.
—济南：山东科学技术出版社，2020.10
ISBN 978-7-5331-9763-6

Ⅰ. ①极… Ⅱ. ①姜… Ⅲ. ①气候异常—关系—健康
—研究 Ⅳ. ①X503.1

中国版本图书馆CIP数据核字（2019）第013507号

极端天气事件与健康：研究方法与应用

JIDUAN TIANQI SHIJIAN YU JIANKANG: YANJIU FANGFA YU YINGYONG

责任编辑：邱　蕾　胡启航　章　斌
装帧设计：李晨溪

主管单位：山东出版传媒股份有限公司
出 版 者：山东科学技术出版社
　　　　　地址：济南市市中区英雄山路189号
　　　　　邮编：250002　电话：（0531）82098088
　　　　　网址：www. lkj. com. cn
　　　　　电子邮件：sdkj@sdcbcm.com
发 行 者：山东科学技术出版社
　　　　　地址：济南市市中区英雄山路189号
　　　　　邮编：250002　电话：（0531）82098071
印 刷 者：山东新华印务有限公司
　　　　　地址：济南市世纪大道2366号
　　　　　邮编：250104　电话：（0531）82079112

规　格：大16开（210mm×297mm）
印　张：23.75
版　次：2020年10月第1版　　2020年10月第1次印刷
审图号：GS（2020）1868号
定　价：180.00元

序 1

PREFACE 1

全球气候变化是人类面临的共同挑战。1979年在瑞士日内瓦召开的第一次世界气候大会上，气候变化首次作为一个受到国际社会关注的问题提上议事日程。随后，世界气象组织和联合国环境规划署于1988年成立了专门的联合国政府间气候变化专门委员会（Intergovernmental Panel on Climate Change，IPCC），主要负责定期评估气候变化的相关科学信息、影响和未来风险，以及制定适应和减缓措施。

大量证据表明，气候变暖是确切的，气候变化对全球卫生造成的威胁是全方位、多尺度、多层次的。这些影响包括生态系统、经济活动、人类健康等方面。目前，来自多个领域的研究显示，气候变化的影响已非常明显，未来可能会对人类健康形成不可接受的灾难性威胁。这些事件的后果是深远的，若不对气候变化加以有效控制，未来人类健康状况将进一步恶化：热浪、火灾等频率和强度的增加使得疾病和死亡的风险更大，贫困地区粮食减产导致营养不良的风险增加，弱势群体的劳动生产率下降甚至工作能力丧失造成健康负担增加，食源性、水源性和生物媒介传播疾病发病风险继续增加，由空气污染导致呼吸系统、心血管系统疾病发病风险增加。应对气候变化，保障人类健康，刻不容缓。

中国需要整合力量、加大投入，深入开展气候变化对人类健康影响与适应的研究。目前国内从事气候变化与健康研究的科研人员越来越多，在国际上的影响力也越来越大。但是，我们仍有很多研究空白，如气候变化对健康的影响机制研究、应对气候变化健康影响的转化研究等。2011~2016年，我作为首席科学家主持了我国第一个在该领域的"国家重大科学研究计划（973计划）"项目"气候变化对人类健康的影响与适应机制研究"，在国内外产生了广泛影响，取得了圆满成功。山东大学气候变化与健康研究中心是我国高等院校第一个气候变化与健康研究机构，近年来一直从事气候变化与健康研究，取得了可喜的进展。姜宝法教授带领的团队承担了该项目课题二"极端天气事件对人群健康的影响研究"中热浪、洪水和热带气旋的研究，并发表了一系列高水平学术论文。

为了展示研究的主要成果，同时帮助更多的研究人员从事气候变化与健康的研究，姜宝法教授和他的团队总结了在研究过程中使用的方法，写成了《极端天气事件与健康：研究方法与应用》一书。本书的主要目的是使读者快速掌握本领域的研究思路与设计实施方法，因此在注重理论介绍的同时更注重实际操作，各种研究方法均有软件具体操作步骤。本书的特点是以课题研究成果为基础，以方法学介绍为重点，以学科交叉为特点，以理论与实际操作结合为解决读者难题的手段，相信能够为广大读者特别是刚从事气候变化与健康影响研究的科研人员和研究生提供有力的帮助。

应对气候变化，保护人类健康，需要全球刻不容缓的适应行动。为顺应我国经济社会发展新态势和国际发展潮流，应对气候变化已被提到国家重大战略层面，作为生态文明建设的重大举措，对调整产业结构、优化能源结构等能起到引领作用。气候变化对我国人群健康影响的研究处于初级阶段，存在许多未知领域，与发达国家相比研究的深度和广度仍有较大差距。希望有更多的科研工作者投入到气候变化与健康的研究中来，为适应和减缓全球气候变化、保障全人类健康做出积极贡献。

"国家重大科学研究计划（973计划）"项目
"气候变化对人类健康的影响与适应机制研究"首席科学家
山东大学气候变化与健康研究中心主任
中国疾病预防控制中心病媒生物首席专家
2019年12月31日

序 2
PREFACE 2

全球气候变化已成为当前国际社会政治、经济和环境方面的重要议题，因其危及人类社会未来的生存与发展，是人类迄今为止面临的规模最大、范围最广、影响最为深远的挑战之一。伴随全球气候变化，极端天气事件（热浪、寒潮、暴雨洪涝和干旱等）发生的频率和强度都有所增加及增强。高温、高湿、暴雨、泥石流及其他极端气象事件除了直接造成人员伤害，导致心脑血管、肾脏、代谢及精神系统疾病发病和死亡率升高外，还影响病原体的生长繁殖，改变虫媒的时空分布规律，打破现有传染病的传播与流行模式，对人类身体和心理产生极大的负面影响，需要中国以及国际社会的广泛合作以加强应对。

为更好地应对极端天气事件对中国人群健康的影响，推动该领域科研发展，并将研究结果转化成公共卫生政策和实践，来自山东大学、英国爱丁堡大学、中国医学科学院医学信息研究所、中国动物卫生与流行病学中心、山东中医药大学、山东第一医科大学等单位的二十几位作者，总结了极端天气事件对人类健康影响的全球最新进展，以及该领域中最新的研究方法，特编撰了本专著。

本书依托"国家重大科学研究计划（973计划）"项目之第二课题"极端天气事件对人群健康的影响研究"，在过去几年中筛选了中国高发的极端天气事件相关敏感性疾病，定量研究了极端天气事件对人群健康的影响，评估了极端天气事件疾病负担并进行了预估，同时也探索出了一套使用流行病学与统计学方法进行极端天气事件与健康研究的理论和技术。

本书的作者是中国气候变化与健康研究领域的先行者，姜宝法教授、马伟教授和同仁们将理论知识与应用实例相结合，使读者可以快速掌握本领域的研究进展及方法。我真诚地希望在本书的指导下，读者都能选择合适的方法并应用到研究中，为极端天气事件与健康研究领域做出新的贡献。

澳大利亚阿德莱德大学公共卫生学院教授
澳大利亚国家气候变化弱势群体研究中心主任
2019年12月

目 录
CONTENTS

第一章
绪 论

　　全球气候变化问题是人类迄今为止面临的规模最大、范围最广、影响最为深远的挑战之一。由气候变化引发的高温热浪、寒潮、暴雨洪涝、热带气旋（tropical cyclone，TC）、干旱和沙尘暴等极端天气事件会直接对人群身体和心理产生负面影响（Beniston et al.，2004）。联合国政府间气候变化专门委员会（IPCC）第四次评估报告指出，目前气候变暖已经成为不可争辩的事实，并且还将继续发展下去。全球气候变化是国际社会政治、经济和外交的突出问题，其影响是全方位、多尺度和多层次的。气候变化已成为人类可持续发展最严峻的挑战，危及人类社会未来的生存与发展（封国林 等，2008）。人类活动在导致气候变暖的同时也增加了极端天气事件的发生频率（罗圆 等，2012），例如IPCC报告指出，夏季平均气温每升高2～3℃，极热天数将增加一倍。图1-1显示了2019年10月一个月内全球范围内极端天气事件的分布情况。

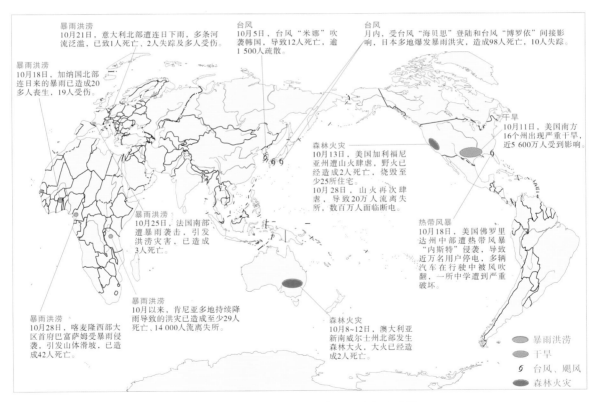

图1-1　2019年10月全球重大天气气候事件[①]

---

① https://www.ncc-cma.net/upload/upload2/disaster/201910_GL_20191108091702.png

全球气候变化通过直接或间接途径对人类健康产生了严重威胁与深远的影响。国内外大量研究表明，气候变化对多种疾病都有重要影响，这些疾病包括传染性疾病（如登革热、疟疾、霍乱、鼠疫、禽流感、黑热病、感染性腹泻等）和非传染性疾病（如心肺疾病等）（Houghton et al.，2001；郑景云等，2014）。IPCC第四次评估报告指出，如果未来全球平均气温上升2℃以上，高温热浪、暴雨洪涝和干旱导致的疾病发病率和死亡率将上升；平均气温上升3℃以上，营养不良、腹泻、心肺疾病和传染性疾病等的疾病负担将加重；平均气温上升4℃以上，各级卫生机构将面临严峻的挑战。为有效应对气候变化对人类健康的影响，世界卫生组织（World Health Organization，WHO）提出了应对气候变化的全球目标：首先明确应对措施的核心是关注公共卫生安全，其次在区域和国家层面实施应对战略并采取强有力的行动，尽量减缓气候变化对人类健康的影响（Beniston et al.，2007）。

在全球气候变化的背景下，尽管近年来我国加强了气候变化与人类健康关系的研究，但来自中国的科学证据尚欠丰富，我国在此领域研究的重视程度、研究深度与广度、研究方法和技术等方面与西方发达国家相比均存在很大差距。因此，在我国开展气候变化对人类健康的影响与适应机制研究具有重要的公共卫生意义。

第一节　极端天气事件的相关概念

气候是指长时期内（月、季、年、数年、数十年和数百年以上）天气的平均或统计状况，通常由某一时段内的平均值以及距平均值的离差（距平值）表征，主要反映一个地区的冷、暖、干、湿等基本特征。气候在狭义上通常被定义为天气的平均状态，天气是指短时间（几分钟到几天）发生的气象现象，如雷雨、冰雹、台风、寒潮、大风等。气候的研究对象主要是天气气候要素或现象的状态及其变化的总体特征。广义的气候概念涵盖气候系统的各个方面，包括大气圈、水圈、岩石圈和生物圈。气候变化则是指气候平均状态统计学意义上的显著改变或是持续较长一段时间的气候变动（通常是几十年或更长时间），即气候平均值和气候离差值出现了统计意义上的显著变化，如平均气温、平均降水量、最高气温、最低气温、极端天气事件等变化。气候变化可归因于自然的内部过程或外界强迫，或是持续不断的对于大气构成或土地利用的人类改造活动，主要表现为三个方面——全球气候变暖、酸雨和臭氧层破坏，其中全球气候变暖是人类目前面对的最具威胁性的问题（McMichael，2011）。

气候变化不但包含气候平均状态的变化，也体现在极端天气气候事件的变化方面。极端天气事件是一种在特定地区和时间（一年内）的罕见事件，在统计学上通常被理解为"小概率"事件，其"罕见"或"小概率"的程度一般相当于观测到的概率密度函数小于第10个或第90个百分位点。按照该定义，在绝对意义上，极端天气特征因地区不同而异。当一种形态的极端天气持续一定的时间，如某个季节，它可归类于一个极端气候事件（如某个季节的干旱或暴雨）（Easterling et al.，2000）。

单一的极端天气气候事件不能简单地直接归因于人为气候变化，极端天气事件可能会自然发生。在实际研究中，针对不同的研究对象、目标或内容，极端天气事件被赋予了更丰富的内涵。极端天气事件一般存在三点共性：一是与天气气候条件关系密切，二是发生概率小，三是能够采用某些定量指标予以判定。IPCC《管理极端事件和灾害风险推进气候变化适应特别报告》（*special report on managing the risks of extreme events and disasters to advance climate change adaptation*，SREX）中将极端天气事件分为三类：一是能够利用天气气候变量直接判定的事件，如温度、降水等；二是能够影响天气气候变量的极端性或者本身就是具有极端性的天气气候现象，如厄尔尼诺、热带气旋（台风）等（马伟 等，2018）；三是能够对自然环境产生重大影响的极端事件，如干旱、暴雨洪涝等。这种分类方法基本涵盖了学术界常用的极端天气事件类型，但也混淆了极端事件及其形成条件以及极端事件造成的危害。为此，翟盘茂等（2012）从极端天气事件的影响要素出发，将其分为单要素极端天气事件、与天气现象有关的极端天气事件以及多要素极端天气事件，并分析了我国20世纪70年代以来极端天气事件的变化特征（表1-1）。总之，极端天气事件尚无明确分类，研究人员应根据研究的对象、目标和内容等选择合适的判定标准（秦大河，2015）。

表1-1 各种极端天气气候指数定义及全球气候变化背景下其变化趋势

分类	极端天气气候指数	变化趋势
单要素极端天气事件	霜冻	霜冻日数显著减少
	高温热浪	高温热浪出现次数年代际变化明显，20世纪90年代中期以来，高温热浪频繁发生
	极端强降水	强降水事件在长江及其以南地区趋强、趋多；华北强度减弱，频数明显减少；西北西部趋于频繁
	连阴雨	连阴雨日数东部显著减少，西部略有增加
	大风	大风日数趋于减少
与天气现象有关的极端天气事件	热带气旋	生成和登陆的热带气旋呈减少趋势
	冰雹	冰雹日数趋于减少
	雾	雾日减少
	霾	霾日增多
	雷暴	雷暴日数减少
多要素极端天气事件	寒潮	寒潮次数显著减少
	沙尘暴	沙尘日数呈减少趋势
极端气候事件	干旱	中国华北、东北和西北东部地区干旱趋势明显，近10年西南地区特大干旱频发

第二节　极端天气事件对人群健康影响的研究

极端天气事件（如高温热浪、暴雨洪涝、干旱等）不但直接造成大量人员伤亡，还会破坏已有的医疗体系以及水、食物和居住场所等生命必需品和生活基础设施，间接引起传染性疾病等疾病的流行并影响居民的心理健康（胡宜昌 等，2007）。例如：暴雨洪涝对人群健康的影响可分为短期、中期和长期效应，其中短期效应主要是造成人员伤亡，中期效应主要是传染性疾病的传播，长期效应则表现为由于暴雨洪涝造成的经济困难和生命财产损失而导致的心理问题。

近年来，对于极端天气事件对人群健康的影响，开展了大量工作并取得了一系列研究成果，在此重点介绍我国高发的极端天气事件如暴雨洪涝、热带气旋、干旱、高温热浪等的研究进展。

一、筛选我国高发的极端天气事件相关敏感性疾病

根据气象资料和极端天气事件（高温热浪、干旱、暴雨洪涝、台风）的现行定义，整理我国近50年不同类型的极端天气事件，按照事件发生的频率、强度、持续时间、影响范围确定极端天气事件的时空分布特征，基于极端天气事件的时空分布及疾病数据库的发病与死亡数据，分类别筛选出与我国高发极端天气事件相关的敏感性疾病。

（一）暴雨洪涝相关敏感性疾病的筛选

文献回顾显示，我国东部地区，特别是大江河的中下游地区，如辽河中下游地区、京津唐地区、淮河流域、长江中游（江汉平原、洞庭湖区、鄱阳湖区以及沿江一带）、四川盆地和广东、广西南部沿海等地区是我国暴雨洪涝高风险区，结合当地工作基础和数据获取的情况，选定安徽省、湖南省、广西壮族自治区、四川省、辽宁省、河南省及山东省等作为课题研究区域（刘涛 等，2012；李宜霏 等，2014）。

待筛选的暴雨洪涝相关敏感性疾病种类繁多，但由于暴雨洪涝期间灾区生活环境恶化、清洁水源和卫生服务设施匮乏，为病原体的传播创造了有利的条件，传染性疾病是我国暴雨洪涝期间的高发疾病，因此我们对疾病的筛选主要集中在传染性疾病，而对于慢性非传染性疾病（以下简称"慢性病"），我们仅选择心血管疾病进行研究（李宜霏 等，2015）。

国内外文献回顾发现，过去对暴雨洪涝所致传染性疾病暴发有一定的报道，但通常是就某一类传染性疾病或某一病种与暴雨洪涝的关系进行案例研究，对由多种途径传播的传染病未进行统一筛选。已有的关于多个传染性疾病与暴雨洪涝关系的研究多为综述报告，而没有进行定量分析，特别是近20年，未发现关于我国暴雨洪涝重灾区敏感性传染性疾病筛选的报告（高璐 等，2013）。

研究期间我国法定传染病有39种，按照传播途径大致分为五类：粪—口传播的肠道传染病、呼吸道传染病、自然疫源性及虫媒传染病、血源及性传播传染病、体表接触性传染病。流行病学综述显示，暴雨洪涝可能增加前3种类型的传染性疾病，即肠道传染病、呼吸道传染病、自然疫源性及虫媒传染病的传播。根据疾病传播机制和疾病在研究区域的流行特点，研究时除了在安徽省进行了39种法定

传染病的初筛，在其他地区则排除了不符合暴雨洪涝期间生物学原理的血源及性传播传染病（5种）、体表接触性传染病（2种）中的7种疾病，主要针对肠道传染病、呼吸道传染病、自然疫源性及虫媒传染病进行筛选。

　　暴雨洪涝相关敏感性疾病的筛选主要应用的是生态学研究方法，即从群体水平描述人群有关暴雨洪涝的暴露状况与疾病的频率，判断暴雨洪涝与某种疾病或健康状况的联系，常采用疾病监测资料对受灾区与非受灾区进行横向比较，或对暴雨洪涝暴露期与对照期进行纵向比较。

　　利用安徽省2005～2011年暴雨洪涝期间与非暴雨洪涝期间39种法定传染病的罹患率进行比较，发现间日疟、未分型疟疾、肺结核和细菌性痢疾是对暴雨洪涝敏感的传染性疾病。在安徽省北部通过时间序列回归分析与空间回归分析发现暴雨洪涝相关敏感性疾病为流行性感冒、水痘、风疹、细菌性痢疾、其他感染性腹泻、急性出血性结膜炎、甲型病毒性肝炎、疟疾和流行性乙型脑炎（高璐，2016；Gao et al.，2016a）。广西壮族自治区的敏感性疾病为流行性感冒、肺结核、甲型H1N1流感、麻疹、流行性腮腺炎、细菌性痢疾、急性出血性结膜炎、疟疾、肾综合征出血热、流行性乙型脑炎、钩端螺旋体病、炭疽和甲型病毒性肝炎（Ding et al.，2019；刘志东 等，2015）。利用生态学比较的方法研究发现湖南省的敏感性疾病为流行性感冒、细菌性痢疾、其他感染性腹泻和流行性乙型脑炎（许意清 等，2015），四川省的敏感性疾病为细菌性痢疾、其他感染性腹泻（韩德彪 等，2015），辽宁省的敏感性疾病为细菌性痢疾、猩红热（许新 等，2015）。此外，在湖南省利用病例交叉研究设计分析了与暴雨洪涝相关的慢性病，研究发现心血管类疾病（总）、高血压病和缺血性心脏病是暴雨洪涝相关敏感性疾病（Gao et al.，2014）。

　　需要指出的是，以上所列出的相关敏感性疾病没有区分暴雨洪涝的影响是降低还是升高该病的发病风险，暴雨洪涝对某种疾病的具体影响及其程度请阅读相关参考文献。

　　（二）热带气旋敏感性疾病的筛选

　　热带气旋，特别是台风等强度较高的热带气旋会增加人群死亡的风险（荀换苗 等，2014）。以广东省死因监测点六县区为研究地区，采用广义相加模型（generalized additive model，GAM）研究热带气旋对居民死亡的影响，发现在热带气旋发生期间以及之后的20天内居民平均死亡数升高。在广州市越秀区，台风事件的发生会导致居民全死因死亡率、女性全死因死亡率、婴幼儿全死因死亡率、老年人全死因死亡率及恶性肿瘤死亡率的增加。

　　热带气旋对传染性疾病的发病也有一定影响。以广东省热带气旋影响地区为研究地区，筛选出的热带气旋相关敏感性传染病包括麻疹、风疹、流行性腮腺炎、流行性乙型脑炎、手足口病、其他感染性腹泻和水痘。其中，以热带气旋登陆地区为研究地区，筛选的敏感性传染病包括其他感染性腹泻和手足口病（荀换苗，2015）。以东南沿海省份（广东省、福建省、浙江省和海南省）作为研究地区，结果显示热带气旋更容易增加细菌性痢疾、副伤寒、登革热和急性出血性结膜炎的发病风险，更容易降低麻疹、流行性腮腺炎、水痘和间日疟的发病风险（Zheng et al.，2017）。

　　（三）干旱敏感性传染病的筛选

　　选取山东省济南、青岛、潍坊和泰安市辖区以及日照市莒县和滨州市惠民县作为研究现场，采用生态趋势研究识别干旱相关敏感性传染病。采用Wilcoxon秩和检验对暴露期、对照期及滞后期传染病的发病率进行粗筛，选择负二项回归模型、零膨胀负二项回归模型和零膨胀Poisson回归模型拟合干旱与粗筛传染病发病的关系。多因素回归模型结果显示，干旱导致阿米巴痢疾、风疹和流行性乙型脑炎发病风险增加，其优势比（odds ratio，OR）及其95%置信区间（confidence interval，CI）分别为2.457（1.609～3.752）、2.206（1.436～3.388）和1.192（1.058～1.344），相应滞后期分别为3、0和1月；细菌性痢疾、手足口病、麻疹和恙虫病在干旱发生后其发病风险降低（OR<1），相应滞后期分别为2、2、0和3月。山东省干旱相关敏感性传染病谱为细菌性痢疾、阿米巴痢疾、手足口病、麻疹、风疹、流行性乙型脑炎和恙虫病（薛晓嘉 等，2017）。

二、极端天气事件对人群健康影响的定量研究

开展典型极端天气事件对人群健康影响的定量评估。研究的暴露因素为暴雨洪涝、热带气旋等极端天气事件。暴雨洪涝对人群健康影响研究的代表性疾病包括急性出血性结膜炎、细菌性痢疾、疟疾、肺结核、其他感染性腹泻等，非传染性疾病选择心脑血管疾病。所有疾病定义以临床诊断及国家传染病和慢性病监测系统定义为准。

极端天气事件对人群健康影响的定量研究主要采用病例交叉研究和数学流行病学方法。数学流行病学利用数理统计模型建立疾病流行过程中各因素间定量关系，以阐明疾病流行规律。随着计算机技术的迅速发展，数据的统计与分析方法也得到长足的发展，许多时间序列分析统计模型，如零膨胀回归模型、广义线性模型（generalized linear model，GLM）、广义相加模型、分布滞后非线性模型（distributed lag non-linear model，DLNM）、面板数据和空间回归模型等，已在环境流行病学中得到广泛应用（姜宝法 等，2018），我们也将其应用到定量评估极端天气事件对人群健康影响的研究。

（一）暴雨洪涝与敏感性疾病的定量关系评估

1. 暴雨洪涝与急性出血性结膜炎

暴雨洪涝与急性出血性结膜炎关系的定量研究选择广西壮族自治区蒙山县作为研究现场，利用该地2001～2012年暴雨洪涝资料，采用时间序列分析中的GAM定量分析暴雨洪涝与急性出血性结膜炎的关系，在控制了气象因素、长期趋势和季节趋势后，多因素分析结果显示暴雨洪涝可能增加急性出血性结膜炎的发病风险，相对危险度（relative risk，RR）为2.136（95% CI：2.109～2.163）。

2. 暴雨洪涝与细菌性痢疾

在广西壮族自治区南宁市运用广义相加模型研究暴雨洪涝与细菌性痢疾的关系，结果显示暴雨洪涝对细菌性痢疾影响的RR值为1.44（95% CI：1.18～1.75），而暴雨洪涝持续天数每增加一天，细菌性痢疾发病数增加8%（95% CI：4%～12%），其效应均在当月达到最大（Liu et al.，2015）。在广西壮族自治区百色市采用广义相加模型探讨暴雨洪涝与细菌性痢疾的定量关系，结果显示：一般暴雨洪涝对细菌性痢疾发病率影响的RR值为1.40（95% CI：1.16～1.69），重度暴雨洪涝对细菌性痢疾发病率影响的RR值为1.78（95% CI：1.61～1.97），暴雨洪涝持续天数对细菌性痢疾发病率影响的RR值为0.57（95% CI：0.40～0.86）（Liu et al.，2017b）。

在山东省的研究中，采用时间分层病例交叉研究（time-stratified case-crossover design）评价暴雨洪涝与日细菌性痢疾发病率之间的关系，结果显示暴雨洪涝造成的细菌性痢疾发病风险在滞后0～2天时有统计学意义，并在0天达到最大，OR值为1.83（95% CI：1.38～2.41）。在淄博市采用双向对称的

病例交叉研究，结果显示暴雨洪涝对细菌性痢疾的发病风险在滞后2天时达到最大，OR值为1.85（95% CI：1.23～2.30），相较于女性，男性在暴雨洪涝期间罹患细菌性痢疾的风险更大，在分年龄组的分析中，儿童组细菌性痢疾的发病风险较年长组略高（Zhang et al.，2016a）。在青岛市应用基于时间序列的类Poisson回归来分析每日肠道传染病（细菌性痢疾、手足口病和其他感染性腹泻）和暴雨洪涝的关系，结果显示暴雨洪涝在滞后4～12天可以增加细菌性痢疾的发病风险，最大效应出现在滞后11天（RR=1.42，95% CI：1.22～1.64）（Zhang et al.，2016b）。

在河南省郑州市利用时间序列Poisson回归模型研究暴雨洪涝与细菌性痢疾的关系，在控制了长期趋势、气象变量和季节效应之后，暴雨洪涝的RR值为2.8（95% CI：2.56～3.1）（倪伟，2015；Hu et al.，2018）。在河南省新乡市采用时间序列广义线性模型分析不同程度暴雨洪涝与月细菌性痢疾罹患率之间的关系，结果显示重度洪涝造成的细菌性痢疾发病风险为1.74，而中度洪涝造成的细菌性痢疾发病风险为1.55（Ni et al.，2014）。运用时间序列资料，在控制长期趋势、季节趋势、滞后效应和气象因素等混杂因素的基础上，采用季节性自回归移动平均模型（SARIMA）定量分析广西壮族自治区柳州市洪水历时与居民细菌性痢疾发病的关系，SARIMA 回归分析显示月洪水历时与月细菌性痢疾罹患率呈负相关，月洪水历时天数每增加1天，细菌性痢疾罹患率下降7.7%～8.0%，暴雨洪涝可对细菌性痢疾的发病产生明显影响，特别是历时短的严重洪水相比历时长的一般洪水造成细菌性痢疾的发病风险更高。

在湖南省运用1∶3单向回顾性病例交叉设计来研究日细菌性痢疾发病数与暴雨洪涝之间的滞后关系，然后应用条件Logistic回归分析探讨定量关系，结果显示暴雨洪涝事件导致细菌性痢疾的发病数量显著增加（吉首市OR=3.270，95% CI：1.299～8.228；怀化市OR=2.212，95% CI：1.052～4.650），且都存在滞后效应，最佳滞后期分别为1天和4天（Liu et al.，2016）。在怀化市运用分布滞后非线性模型分析了暴雨洪涝对细菌性痢疾的滞后和累积效应，发现暴雨洪涝的效应可以持续3周（累积RR=1.52，95% CI：1.08～2.12）。

在辽宁省采用面板Poisson回归模型定量分析洪涝灾害对细菌性痢疾发病的影响，发现暴雨洪涝能够增加细菌性痢疾的发病风险，IRR（incidence-rate ratios）值为1.439（95% CI：1.408～1.471 4）（许新 等，2016）；大连市的研究显示，暴雨洪涝对细菌性痢疾的发病风险（RR值）为1.17（95% CI：1.03～1.33）（Xu et al.，2017）。

3. 暴雨洪涝与疟疾

安徽省蒙城县的病例交叉研究结果表明，洪水和渍害对汛期疟疾的流行发挥着重要作用。暴雨洪涝在滞后5～9天和滞后20～29天时能明显增加疟疾发病例数，暴雨洪涝最强的滞后效应出现在第25天，其HR值为1.695；渍害在滞后0～14天时可以明显增加疟疾发病数量，渍害最强的滞后效应出现在第7天，其HR值为1.838。单独暴雨洪涝效应对疟疾的发病风险（HR值）为1.467（95% CI：1.257～1.713），单独渍害的HR值为1.879（95% CI：1.696～2.121），而暴雨洪涝和渍害联合作用的HR值为2.926（95% CI：2.576～3.325），提示单独渍害对疟疾的发病风险高于单独暴雨洪涝引起的发病风险，而两者的联合作用对疟疾的发病风险最高（Ding et al.，2014）。

4. 暴雨洪涝与流行性乙型脑炎

在四川省南充市，采用时间分层的病例交叉研究定量分析2007～2012年暴雨洪涝和每日流行性乙型脑炎的关系，结果表明暴雨洪涝在滞后23～24天可以增加流行性乙型脑炎的发病风险，滞后23天时效应达到最大（OR=2.00，95% CI：1.14～3.52）（Zhang et al., 2016c）。

5. 暴雨洪涝与肺结核

选择广西壮族自治区的百色、桂林、桂平、河池、柳州、蒙山、南宁和钦州作为研究现场，利用该地区2001～2012年暴雨洪涝资料，采用多因素面板数据模型分析暴雨洪涝与肺结核的关系，在控制了气象变量、社会经济变量、季节趋势和滞后效应后，发现月暴雨洪涝历时天数与肺结核月罹患率成正相关关系（β=0.333，P=0.004），其IRR值为1.395（95% CI：1.244～1.565）。本研究从长时间尺度证实了暴雨洪涝对肺结核的发病存在一定的影响，特别是洪水历时能显著增加肺结核的发病风险，但研究只是分析了暴雨洪涝历时时间对肺结核发病的影响，没有直接探讨暴雨洪涝造成肺结核发病增加的原因（丁国永，2015）。

6. 暴雨洪涝与感染性腹泻

对安徽省西北部地区（阜阳市和亳州市）暴雨洪涝与感染性腹泻的关系进行病例交叉研究，结果表明，洪涝灾害期间感染性腹泻的发病数明显多于非洪涝期。在控制了气温、湿度、风速、蒸汽压和日照时数等气象变量的混杂作用后，发现暴雨洪涝可以增加感染性腹泻的发病风险，阜阳RR值为3.175（95% CI：1.126～8.954），亳州RR值为6.754（95% CI：1.954～23.344）。

在长江流域的湖南怀化市，以2005～2011年4～9月的汛期为研究期间，采用分布滞后非线性模型研究暴雨洪涝对感染性腹泻的影响，结果显示，暴雨洪涝对感染性腹泻的效应在滞后一周时达到最大，其相对危险度为1.149（95% CI：1.003～1.315）（刘志东，2016）。

7. 暴雨洪涝与手足口病

对山东省2007～2012年历次洪涝事件与手足口病发病进行病例交叉研究，结果发现洪涝事件与手足口病发病数之间存在较强的统计学关联，洪涝事件持续天数较多的地市，RR值为1.20～5.44（韩德彪，2016）。

（二）热带气旋与敏感性疾病的定量关系评估

1. 热带气旋与手足口病

采用时间分层的病例交叉研究评价不同等级热带气旋对0～14岁人群手足口病发病的影响，结果表明热带气旋中的热带风暴在滞后4～6天可增加0～14岁人群手足口病发病风险，RR值在滞后第5天达到最大，为1.59（95% CI：1.20～2.11）。热带气旋中的台风对手足口病发病的影响无统计学意义。0～14岁人群中男性、0～4岁儿童和散居儿童是热带风暴的敏感人群，男性和散居儿童的效应在滞后第5天达到最大，RR值分别为1.75（95% CI：1.29～2.37）和1.60（95% CI：1.18～2.16），0～4岁儿童的效应在滞后第4天达到最大，RR值为1.58（95% CI：1.18～2.10）（荀换苗 等，2018）。

对广东省热带气旋及其所致的降雨和大风对6岁以下儿童手足口病的影响进行病例交叉研究，结果表明，热带风暴在滞后4天（OR=1.55，95% CI：1.28～1.88）可增加广东省6岁以下儿童手足口病的发病风险，其中，热带风暴对3岁以下男孩、3～6岁男孩和3岁以下女孩手足口病发病影响的最大OR值分别为1.52（95% CI：1.15～2.00）、1.81（95% CI：1.21～2.71）和1.51（95% CI：1.04～2.19）。热带气旋所致降水达到25～49.9 mm或100 mm以上可分别在滞后0天（OR=1.20，95% CI：1.00～1.43）和滞后7天（OR=1.25，95% CI：1.04～1.49）增加6岁以下儿童手足口病发病风险（Jiao et al.，2019）。

不同等级热带气旋均可增加福建省登陆地区全人群和高危人群手足口病发病风险，其影响程度由大到小依次为强热带风暴>台风>热带风暴>强台风。不同等级热带气旋可增加高危人群中儿童手足口病的发病风险，其中对高危人群男童手足口病影响由大到小依次为强热带风暴>热带风暴>强台风>台风，对高危人群女童手足口病影响由大到小依次为强热带风暴>热带风暴>台风>强台风。对海南省各人群影响的研究结果为强热带风暴>热带风暴>强台风>台风（康瑞华，2016）。

2. 热带气旋与细菌性痢疾

以浙江省热带气旋登陆地区作为研究地区，采用单向病例交叉研究（unidirectional case-crossover design）进行热带气旋及其所致降水对细菌性痢疾发病影响的研究，结果表明，热带风暴和台风对细菌性痢疾影响的最大效应分别出现在滞后2天（OR=2.47，95% CI：1.41～4.33）和滞后6天（OR=2.30，95% CI：1.81～2.93）。25 mm以上日降水量是细菌性痢疾的危险因素，且随着降水等级的增加，细菌性痢疾的发病风险上升，热带气旋所致降水量在25～49.9mm、50～99.9mm和100mm以上时，细菌性痢疾发病风险效应值分别在滞后1天（OR=2.17，95% CI：1.10～4.27）、0天（OR=2.60，95% CI：1.43～4.74）和0天（OR=3.25，95% CI：1.45～7.27）达到最大（Deng et al.，2015）。

3. 热带气旋与其他感染性腹泻

台风"巨爵"对广东省其他感染性腹泻发病的影响在滞后5天达到最大（RR=1.10，95% CI：1.00～1.20）（Wang et al.，2015）。2005～2011年广东省不同等级热带气旋对其他感染性腹泻影响的研究表明，以全人群作为研究对象，热带低压影响的最大值滞后1天（HR=1.95，95% CI：1.22～3.12）；热带风暴、强热带风暴和台风影响的最大值均滞后0天，HR值分别为2.16（95% CI：1.69～2.76）、2.43（95% CI：1.65～3.58）和2.21（95% CI：1.65～2.69）；以5岁以下儿童作为研究对象，热带低压、热带风暴、强热带风暴和台风对其影响均无滞后效应，HR值依次为2.67（95% CI：1.10～6.48）、2.49（95% CI：1.80～3.44）、4.89（95% CI：2.37～7.37）和3.18（95% CI：2.10～4.81）（Kang et al.，2015）。在浙江省热带气旋登陆地区，台风对其他感染性腹泻发病风险的影响高于热带风暴，其最大效应分别出现在滞后5天（OR=3.56，95% CI：2.98～4.25）和滞后6天（OR=2.46，95% CI：1.69～3.56）；热带气旋所致降水量达到50～99.9 mm和100 mm以上对其他感染性腹泻的影响无滞后效应，其最大效应值OR分别为3.05（95% CI：2.20～4.23）和5.40（95% CI：3.47～8.38）。

对2010～2014年海口市台风月份与无台风月份感染性腹泻发病情况进行比较，发现台风月份感染性腹泻发病率显著高于无台风月份（P<0.01），台风过后感染性腹泻在人群中流行的概率较高（OR=3.750，95% CI：1.266～11.102），居民患感染性腹泻与否和经历台风这一危险因素有关（OR=2.783，95% CI：1.135～6.823）（刘健 等，2016）。

4. 热带气旋与流行性腮腺炎

采用Mann-Whitney U检验的方法，2006～2010年热带气旋对浙江省流行性腮腺炎发病影响的研究表明，热带风暴对≤14岁全人群及男女儿童流行性腮腺炎的发病影响无统计学意义；台风登陆后，≤14岁全人群、≤14岁男童以及≤14岁女童的流行性腮腺炎发病危险均降低，分别在热带气旋登陆后16天（OR=0.247，95% CI：0.135～0.452）、16天（OR=0.169，95% CI：0.071～0.403）和14天（OR=0.246，95% CI：0.071～0.860）下降最为显著；与热带风暴相比，台风登陆市≤14岁全人群及男童、女童的流行性腮腺炎发病危险降低，均在滞后第19天降低最多，分别为OR=0.173（95% CI：0.088～0.341）、OR=0.169（95% CI：0.071～0.403）和OR=0.187（95% CI：0.062～0.561）（康瑞华等，2015）。

5. 热带气旋与呼吸系统疾病

在热带气旋影响期，浙江省苍南县的全人群、男性和女性的呼吸系统疾病发病风险均上升，分别在滞后第3、4、6天达到最大值，RR值依次为1.299（95% CI：1.046～1.612）、1.298（95% CI：1.016～1.658）和1.703（95% CI：1.207～2.402）；<15岁人群呼吸系统疾病发病风险上升，在滞后第6天达到最大值（RR=1.298，95% CI：1.016～1.658）（李佳蔚 等，2018）。

6. 热带气旋与居民死亡

在广东省死因监测点六县区（越秀区、南雄市、四会市、五华县、汕尾城区和云浮云城），热带气旋发生期间以及之后的20天内居民平均死亡数升高，RR值为1.023（95% CI：1.004～1.043）。在不同人群中，热带气旋的发生均可导致男性居民和18～59岁居民20天平均死亡数升高，RR值分别为1.033（95% CI：1.008～1.059）和1.058（95% CI：1.015～1.103）。热带气旋的发生能够对恶性肿瘤导致的居民死亡造成影响，最长可影响其40天平均死亡数的增高，但对20天平均死亡数的影响最大，RR值为1.080（95% CI：1.042～1.120）。同时，热带气旋也能够影响居民因意外伤害导致的20天平均死亡数，RR值为1.118（95% CI：1.001～1.248）（王鑫，2016）。台风事件的发生会导致广州市越秀区全体居民、女性、0～4岁的婴幼儿、60岁以上的老年人的全死因死亡数以及恶性肿瘤疾病死亡数的增加，RR值依次为1.075（95% CI：1.019～1.134）、1.127（95% CI：1.039～1.223）、1.608（95% CI：1.126～2.296）、1.071（95% CI：1.008～1.137）和1.126（95% CI：1.026～1.234）。

三、极端天气事件疾病负担评估及预估研究

对极端天气事件造成的疾病负担可应用环境疾病负担的评估方法进行估算，这类方法主要是将极端天气事件造成的健康损失转化成一个能够反映综合情况的指标来进行风险综合评价，如若借助发病率、死亡率、患病率等指标衡量人口健康状况，则只考虑了人口的生存数量，而忽视了人们的生存质量。因此，目前国际上常用伤残调整寿命年（disability adjusted of life year，DALY）作为衡量疾病负担和健康状况的综合性指标。除了DALY外，尚有去死因期望寿命（cause eliminated life expectancy，CELE）、健康调整期望寿命（health adjust life expectancy，HALE）、质量调整寿命年（quality adjust life year，QALY）、健康寿命年（healthy life year，HeaLY）等等，但这些指标的运用远不如DALY运用广泛。DALY是指从发病到死亡所损失的全部健康寿命，包括因早死所致的寿命损失年（years of life lost，YLL）和疾病所致伤残引起的健康寿命损失年（years lived with disability，YLD）两部分。因为极端天气事件所造成的DALY主要是后一部分，即YLD，因此一般研究中常用YLD代表DALY。

环境疾病负担评估方法的基本思想是假设极端天气事件对人群的健康会产生一定的危害，灾区人群某种疾病的发病率增高。现有两个人群，其中一个人群暴露于极端天气事件（灾区），而另一个

人群不暴露（非灾区），除此之外，这两个人群的其他环境条件基本相当，其结果可能是灾区人群发病的危险性高于非灾区人群，高于非灾区人群的这部分可以归因于对极端天气事件的暴露。本书作者所在课题组曾成功地基于WHO推荐的可比较风险评估框架（framework of comparative risk assessment，CRA）估算出暴雨洪涝对重点敏感性传染病（如细菌性痢疾、感染性腹泻、疟疾等）的归因疾病负担（王金娜 等，2012）。

在全球气候变化的大背景下，基于未来极端天气事件（如暴雨洪涝）的情景，预测未来疾病（如传染性疾病）的发病情况及其疾病负担，是极端天气事件与健康研究的重要组成部分。基于跨学科研究气候模式（model for interdisciplinary research on climate，MIROC）和代表性浓度路径（representative concentration pathways，RCPs）场景下，可依据预估年份（如2030、2050、2100年）的气象数据对研究区域未来极端天气事件（如暴雨洪涝）的发生情况做出估计，进而以极端天气事件（如暴雨洪涝）与疾病（如传染性疾病）之间的定量关系为基础依据，并考虑未来人口以及气温的改变，可对未来年份极端天气事件（如暴雨洪涝）导致的相关疾病的超额疾病负担做出预估。

（一）暴雨洪涝相关敏感性传染病疾病负担评估及未来发病预估

1. 归因于暴雨洪涝的感染性腹泻疾病负担

在广西壮族自治区南宁市研究现场，研究表明暴雨洪涝对感染性腹泻的潜在影响分值为0.194，暴雨洪涝期全人群的感染性腹泻年平均归因疾病负担强度为0.000 12人年，归因疾病负担强度最高的人群为0～4岁年龄组，其次为5～14岁年龄组以及80岁以上的男性人群。在安徽省阜阳市和亳州市，基于WHO研发的比较风险评估环境框架和健康寿命损失年计算方法，确定归因于暴雨洪涝事件的感染性腹泻疾病负担，研究发现阜阳市暴雨洪涝事件引起感染性腹泻的每千人YLD值为0.008 1人年，亳州市为0.020 9人年（Ding et al.，2013）。

2. 归因于暴雨洪涝的细菌性痢疾疾病负担

在广西壮族自治区南宁市研究现场，研究结果表明暴雨洪涝对细菌性痢疾的潜在影响分值为0.36，暴雨洪涝期男性、女性、全人群的细菌性痢疾年平均归因疾病负担强度分别为0.013、0.005、0.009人年，归因疾病负担强度最高的人群为0～4岁年龄组。河南郑州不同性别人群中，男性人群归因于暴雨洪涝的每千人YLD值为1.513人年，高于女性的归因于暴雨洪涝的每千人YLD值0.913人年。不同年龄组人群中，0～14岁的每千人归因YLD值最高，为3.593，其次为65岁以上人群组，每千人归因YLD值0.880，最低的为15～64岁人群组，每千人归因YLD值0.638。在山东省济南市研究现场，采用可比较风险框架研究发现暴雨洪涝导致的细菌性痢疾疾病负担男性高于女性，总人群归因于暴雨洪涝的细菌性痢疾的疾病负担为0.000 62。在湖南省吉首市和怀化市估算出归因于暴雨洪涝的细菌性痢疾的YLD强度（即每千人YLD的值）分别为0.029 6和0.015 7。

3. 归因于暴雨洪涝的疟疾疾病负担

以安徽省蒙城县为研究现场，首先采用1∶3对称的双向病例交叉研究（bidirectional case-crossover design）评价每日的疟疾发病数与暴雨洪涝、渍害之间的关系，然后评估了其归因疾病负担，研究发现严重暴雨洪涝事件对疟疾造成的归因疾病负担YLD值为0.009人年，渍害引起的归因疾病负担为0.019人年，两种灾害共同引起的疟疾归因YLD强度为0.022人年，即暴雨洪涝和渍害共同作用对疟疾风险最大，其次是渍害。

4. 归因于暴雨洪涝的急性出血性结膜炎疾病负担

在广西壮族自治区蒙山县，基于比较风险评估环境框架和YLD计算方法，确定归因于暴雨洪涝事件的急性出血性结膜炎疾病负担，研究发现暴露期全人群每千人的YLD值为0.200 1人年，受灾人群的急性出血性结膜炎归因于暴雨洪涝的YLD强度为0.043 4人年（95% CI：0.042 5～0.044 2）。

5. 归因于暴雨洪涝的心血管类疾病的疾病负担

在长沙市研究现场，对2009～2011年的DALY进行了比较，发现2010年（洪涝年）每千人DALY损失为29.8年，大于对照的2009年（28.1）和2011年（22.1）。心血管类疾病全部病种归因于洪涝灾害的疾病负担为11（每千人DALY），缺血性心脏病为2.66，农村人群为7.05，女性为3.43（李宜霏，2015）。

6. 暴雨洪涝相关敏感性传染病未来发病预估

安徽省现场预估结果显示，暴雨洪涝相关敏感性传染病2020年的超额发病率：细菌性和阿米巴痢疾为12.93/10万～23.16/10万，甲型病毒性肝炎为2.04/10万～2.11/10万，疟疾为19.89/10万，急性出血性结膜炎为2.4/10万。暴雨洪涝相关敏感性传染病2030年的超额发病率：细菌性和阿米巴痢疾为17.93/10万～28.28/10万，甲型病毒性肝炎为2.81/10万～2.90/10万，疟疾为62.8/10万，急性出血性结膜炎为4.97/10万。与基准年相比较，细菌性和阿米巴痢疾在2020年的发病率将增长0.86～1.19倍，2030年将增长1.53～1.87倍；甲型病毒性肝炎在2020年的发病率将增长1.91～1.97倍，2030年将增长2.63～2.71倍；急性出血性结膜炎在2020年的发病率将下降1.03倍，2030年将增长2.07倍；疟疾在2020年的发病率将增长3.19倍，2030年将增长10.06倍（Gao et al.，2016b）。

广西壮族自治区预估结果显示，同时考虑暴雨洪涝、气温和人口的变化，与基准年（2010年）相比，未来一般暴雨洪涝会导致广西壮族自治区2020、2030、2050、2100年细菌性痢疾的YLD分别增加16%、20%、20%和0%，重度暴雨洪涝会导致4个年份细菌性痢疾的YLD分别增加16%、20%、20%和4%（刘雪娜，2017；Liu et al.，2017a）。

在湖南省怀化市，基于不同的气候情景预估了未来时间段归因于暴雨洪涝的感染性腹泻超额发病数，结果显示，同时考虑暴雨洪涝与温度时，RCP 4.5、RCP 8.5情景下2100年怀化市感染性腹泻发病数分别为2 195（2 031～2 309）、2 268（2 103～2 450），比基准年分别增加了5.6%、9.1%。

辽宁省预估结果显示，RCP4.5情景下14地市2020、2030、2050、2100年预计累计发生暴雨洪涝各42次、18次、16次、35次，其中暴雨洪涝发生最严重的年份为2020年。RCP4.5低生育率情景下辽宁省2020、2030、2050、2100年暴雨洪涝事件导致细菌性痢疾的超额发病数分别为1 111、355、453、658，RCP4.5中生育率情景下为1 117、357、455、669，RCP4.5高生育率情景下为1 131、362、466、694（许新，2016）。

（二）热带气旋造成的死亡及疾病负担

全国1975～2009年台风导致死亡的时间趋势上总体是降低的，因个别年份发生强度相当大的热带气旋造成部分地区出现时间趋势的波动。1975～2009年，台风高发省份（广东、浙江、福建、海南、广西）的台风导致的平均死亡率的时间趋势是降低的（*P*<0.05），台风中发省份（安徽）的台风导致的平均死亡率的时间趋势为上升（*P*<0.05），台风低发省份（山东）的台风导致的平均死亡率的时间趋势是下降（*P*<0.05）（亓倩 等，2015）。

2008～2011年广东省死因监测点居民因热带气旋导致的超额死亡数为448例，年均超额死亡率为29.4/100万（闫雪梅 等，2019）。

采用Poisson回归模型研究2008～2011年广州市越秀区台风直接或间接导致的居民死亡带来的疾病负担，即早死所致的寿命损失年。结果表明在台风周发生的全死因死亡总人数的YLL每千人男性为27.3，女性为19.5，总人群为23.3，根据Poisson回归的结果得出潜在影响分值（potential impact fraction，PIF）为0.069，最终计算出归因于台风的每千人YLL男性为1.881，女性为1.346，总人群为1.609（王鑫 等，2015）。

第三节　本书撰写思路

全球气候变化问题是人类迄今为止面临的规模最大、范围最广、影响最为深远的挑战之一，气候变化已成为21世纪全球最大的健康威胁，也是各国政府关注的焦点。IPCC历次评估报告指出，目前气候变暖已经成为不可争辩的事实。观测事实也表明，我国极端天气事件（暴雨洪涝、热带气旋、干旱、高温热浪等）的频率有增加的趋势。极端天气事件会对人群健康造成严重影响，但目前尚不清楚高发极端天气事件相关的敏感性疾病类型以及其对人群健康的影响程度。为此，我国科技部第一次资助了气候变化与人类健康研究的"国家重大科学研究计划（973计划）"项目——"气候变化对人类健康的影响与适应机制研究"，其中第二课题为"极端天气事件对人群健康的影响研究"，其科学目标是：确定与我国高发极端天气事件相关的敏感性疾病类型，定量评估及预估极端天气事件对我国人群造成的疾病负担，明确极端天气事件对我国人群健康的影响程度，为制定相关适应性政策奠定理论基础。

当前，极端天气事件与健康的相关研究在我国尚处于起步阶段，相关领域研究成果甚少。就全球而言，研究的重点也仅集中在"气象因素"对人类健康的影响方面，而对于极端天气事件中的"事件"对人群健康影响的研究甚少，尚未形成一套系统、完整的科学研究体系和方法。本书作者所在的课题组依托国家"973计划"项目，完成了课题所规定的目标，并总结了一套利用流行病学与统计学知识进行极端天气事件与健康研究的理论和技术方法。过去几年的研究中，研究人员花费了大量时间与精力进行方法探索，走过很多弯路，深深体会到一套成熟的研究方法体系对于此类研究的重要性。为了更好地应对极端天气事件对我国人群健康的影响，尽快地培养我国在该领域的新一批研究人员，特倾囊相授，编写此书。

编写本专著的意图主要有二：一是向广大读者介绍极端天气事件与健康研究领域的全球最新进展，其内容主要体现在本书第一篇中，重点介绍了我国高发的极端天气事件（暴雨洪涝、热带气旋、干旱、高温热浪等）的研究进展；二是介绍了该领域中较成熟以及最新的研究方法，为读者今后从事该领域的研究提供系列解决方案，使读者有一种能够解决问题的工具在手的感觉，增强读者的信心。

本专著的指导思想是使读者快速掌握本领域的研究思路与设计实施方法，在注重理论介绍的同时更注重实际操作，各种研究方法均有软件具体操作步骤，即使读者不熟悉相关数学理论，也能按照操作说明模仿本书的研究实例进行相关研究，可以解决读者入门时间长、操作困难的问题。本书强调科学性、系统性、实用性与易读性的结合，其内容丰富、结构清晰、语言简练，结合应用实例，图文并茂地介绍了各种极端天气事件与健康研究的分析方法。

作为本专著的结构体系，本书共分为四篇十六章。第一章"绪论"重点介绍气候与气候变化、极端天气事件等基本概念和知识、气候变化对人类健康影响的研究进展以及本书各章的内容和特色。目的是使读者，特别是健康研究领域的读者了解有关气象学领域的基本知识，为从事气候变化与人类健康的研究者积累知识，奠定基础。其他十五章分为四篇，其结构体系特点是：以问题为导向，结构清晰，层次递进，遵循一条主线，即描述极端天气事件与健康的研究进展→筛选与高发极端天气事件相关的敏感性疾病→定量评估极端天气事件对健康的效应→评估归因于极端天气事件的疾病负担→预估未来极端天气事件对健康的影响。该结构体系遵循"973计划"课题的技术路线，为今后此类研究提供了完整的实施路线图。

极端天气事件对人群健康影响的研究在全球范围内尚属刚刚开始，在该领域尚有许多研究内容亟待开展，我们的研究目前所得出的结论也需要后人在不同时间、地点、人群中验证，会有越来越多的人从事此项工作。另外，本书所介绍的研究方法不仅仅限于极端天气事件对人群健康影响的研究，完全可以扩展到各种突发卫生事件（暴露）对人群急性健康影响（效应）的研究，例如，某种药物可以引发猝死的研究，生活事件和心肌梗死之间关系的研究，大气污染的急性健康效应研究等，可完全借鉴本专著的技术路线、流行病学研究设计及统计学分析方法开展相应的科学研究。

第四节　本书特色

本专著所依托的"973计划"项目是我国在气候变化与人类健康研究领域中资助的首个项目，标志着我国在此研究领域刚刚起步，而国际上的此类研究主要集中在气象因素如气温、降水量、湿度等对人类健康的影响方面，对极端天气事件与人类健康的研究甚少，之所以强调气象因素与极端天气事件的区别，是因为它们在研究过程中的资料收集、科学设计、技术路线、实施方案、评估方法、统计分析及注意事项等各个环节均不相同，之前并没有形成一套系统全面的技术路线、研究方法和解决方案，目前也未见到相关专著问世。

总体来看，本专著的特色如下：

（1）以课题研究成果为基础：本专著依托"973计划"项目的第二课题"极端天气事件对人群健康的影响研究"。如前所述，极端天气事件与人类健康关系的研究具有探索性、开创性，研究初始并没有成熟的方法可以借鉴，我们分析并试用了多种研究方案，从中筛选出适合的流行病学研究设计和统计学分析方法，并在此基础上提出了一系列新指标和方法，因此本专著是该课题部分研究成果的理论结晶。

（2）以方法学介绍为重点：本书的第二个特色是以方法学介绍为主，其所介绍的流行病学研究设计及统计学分析方法可以为从事该领域及其相关领域研究的后来者提供切实可行的技术方案，尽管这些研究设计是探索性的，过去没有人在此领域应用，但是其研究论文均已在国内外各种杂志发表。换言之，本书所记载的研究方法均已得到同行承认。

（3）以学科交叉为特点：极端天气事件对人类健康影响的研究本身就是各种学科交叉形成的，它涉及气象科学、环境科学、生态学、社会经济学、医学等多个学科，由此衍生出来的研究方法和成果也是多学科交叉的结果，因此本书的读者群会非常广泛。

（4）以理论与实际操作结合为解决读者难题的手段：本书既注重理论介绍，更注重实际操作，语言通俗，言简意赅地介绍各种流行病学研究设计和统计分析模型，结合具体实例演示了数据分析的实际操作过程和细节，参照本书的实例，读者能按照操作说明使用自己的数据实现各种分析。

本书第一篇由第二章至五章组成，主要介绍极端天气事件的研究现状及进展，包括暴雨洪涝、热带气旋、高温热浪以及干旱等对健康的影响。该篇主要特色是系统性地回顾了极端天气事件对健康影响的研究现状及进展，明确了一些常用的概念和定义，尤其详细阐述了各类极端天气事件对人群各种相关疾病的影响，并在此基础上提出了一系列可应用到这类研究中的新指标和新方法，力图能够全面反映极端天气事件对健康影响研究的特点。

第二篇由第六章至七章组成，主要介绍一些流行病学或统计学方法在极端天气事件敏感性疾病筛选中的应用，包括生态学研究和空间流行病学方法以及趋势研究和突变分析，全面介绍了这些流行病学研究设计的概念、基本原理、目的、用途、研究类型、资料来源、收集与分析、质量控制、优点与局限性、发展趋势和应用前景。该篇的主要特色是不仅注重理论介绍，而且注重实际操作，更为重要的是，结合了本课题研究中的具体实例，详细演示了数据分析的实际操作过程和细节，做到了图文并茂、言简意赅地介绍了相关流行病学研究设计和统计分析方法。

第三篇包括第八章至十四章，主要介绍了极端天气事件与相关敏感性疾病关系的定量评估方法，包括病例交叉研究、广义线性模型、广义相加模型、零膨胀模型、分布滞后非线性模型、空间回归分析、面板数据模型分析等。从概念、基本原理、设计类型、数据收集与整理、统计分析、结果解释、质量控制及可能存在的偏倚等方面，全面、详细地介绍了这些研究设计的具体实施及工作思路。该篇的主要特色是注重相关研究方法的基本原理以及相关概念，并分别揭示它们与其他流行病学研究设计的关系，而且充分介绍了各个方法的优缺点，强调了应用时的注意事项。除此之外，文中还通过实例介绍了上述研究设计及统计分析方法的具体应用，便于其他研究者参考。

第四篇包括第十五章和第十六章，主要介绍了极端天气事件相关疾病负担的评价方法及极端天气事件对人群健康影响的预估研究。该篇首先对极端天气事件相关疾病负担的评价和预估方法进行了系统性回顾，介绍了疾病负担的定义及其分类、研究进展和设计思想，并据此详尽介绍了研究实施的步骤，在实例应用部分，通过暴雨洪涝对细菌性痢疾、感染性腹泻和疟疾以及热带气旋对居民死亡影响评价中归因疾病负担的应用四个实例，充分展示了极端天气事件相关疾病负担的评价方法在多种研究中的应用。

在归因于暴雨洪涝的疾病负担预估研究方面，首先从设计思想、相关概念、优点及局限性三个方面进行了概述，然后从评价指标的选择、资料来源、暴雨洪涝与疾病关联的定量分析、评估基准年的疾病负担、暴雨洪涝事件的预估、超额发病数的预估、疾病负担（DALY）的预估等方面详尽地介绍了研究实施的步骤，同时也指出了气候变化预估研究的几个问题（包括气候变化预估的不确定性、热点和难点、展望），最后通过归因于暴雨洪涝的甲型病毒性肝炎、感染性腹泻、细菌性痢疾的超额发病预估以及归因于暴雨洪涝的细菌性痢疾的疾病负担预估研究，介绍了该方法的应用。

第五节　极端天气事件与健康研究展望

气候变化已成为21世纪全球最大的健康威胁。伴随全球气候变化，极端天气事件如热浪、暴雨洪涝、干旱等发生的频率和强度都有所增加及增强。极端天气事件流行病学的研究任重而道远。鉴于不同生态条件下极端天气事件引发的疾病危害及风险不同，前期许多研究也缺乏系统性，目前极端天气事件流行病学研究的主要方向和任务是：① 开展不同生态条件下极端天气事件发生原因、发展规律和危害特点的研究，从多个角度为极端天气事件的预防和应对提供科学依据；② 制定出明确的极端天气事件如热浪、暴雨洪涝、干旱等的定义，在此基础上建立极端天气事件—人类健康监测系统，通过监测系统描述极端天气事件的分布特点、极端天气事件对人群健康的影响及疾病负担等；③ 探讨极端天气事件敏感性疾病的各种危险因素和致病机制，不仅要研究极端天气事件造成的疾病风险，也要研究极端天气事件导致疾病的其他危险因素以及这些危险因素影响人体健康的机理机制；④ 制定合适的预防策略，针对极端天气事件敏感性疾病的危险因素提出有针对性的干预措施，并对新提出的干预措施进行评价；⑤ 加强极端天气事件流行病学及统计学方法的研究，充分利用现代科学技术评估极端天气事件的风险，如遥感与地理信息系统技术的应用。

（姜宝法）

参考文献

丁国永，2015.气候变化背景下暴雨洪涝致人群敏感性传染病发病影响的研究［D］.济南：山东大学.

封国林，龚志强，支蓉，2008.气候变化检测与诊断技术的若干新进展［J］.气象学报（6）：892-905.

高璐，2016.暴雨洪涝相关敏感传染病的筛选及预估研究——以安徽省为例［D］.济南：山东大学.

高璐，丁国永，姜宝法，2013.洪水事件对人群健康影响的研究进展［J］.环境与健康杂志，30（6）：546-549.

韩德彪，2016.2007—2014年山东省手足口病发病与气象因素及洪涝事件关系研究［D］.济南：山东大学.

韩德彪，许新，刘志东，等，2015.2005—2011年四川省洪涝事件敏感传染病的初步筛选［J］.环境与健康杂志，32（4）：284-286.

胡宜昌，董文杰，何勇，2007.21世纪初极端天气气候事件研究进展［J］.地球科学进展，22（10）：

82-91.

姜宝法，丁国永，刘雪娜，2018. 暴雨洪涝与人类健康关系的研究进展［J］. 山东大学学报（医学版），56（8）：21-28，36.

康瑞华，2016. 2008—2013年登陆广东、福建、海南的热带气旋对手足口病的影响［D］. 济南：济南大学.

康瑞华，姜宝法，荀换苗，等，2015. 2006—2010年浙江省热带气旋与流行性腮腺炎发病关系的初步研究［J］. 环境与健康杂志，32（4）：307-311.

李佳蔚，魏然，张安然，等，2018. 热带气旋与医院门诊呼吸系统疾病日就诊量的病例交叉研究［J］. 山东大学学报（医学版），56（8）：43-49，75.

李宜霏，2015. 湖南省洪涝灾害事件对居民心血管疾病死亡的影响［D］. 济南：山东大学.

李宜霏，倪伟，丁国永，等，2014. 近五十年我国洪涝灾害的时空分布变化及与人类健康的关系［J］. 环境与健康杂志，31（4）：367-371.

李宜霏，王浩，倪伟，等，2015. 湖南省洪涝灾害事件对居民心血管疾病死亡的影响［J］. 环境与健康杂志，32（4）：287-290.

刘健，曹丽娜，王善青，等，2016. 2010—2014年海口市台风对感染性腹泻影响研究［J］. 预防医学论坛，22（9）：641-644，648.

刘涛，丁国永，高璐，等，2012. 洪涝灾害对心理健康影响的研究进展［J］. 环境与健康杂志，29（12）：1136-1139.

刘雪娜，2017. 暴雨洪涝对细菌性痢疾影响的归因疾病负担及预估研究［D］. 济南：山东大学.

刘志东，2016. 归因于暴雨洪涝的感染性腹泻疾病负担评价及预估研究［D］. 济南：山东大学.

刘志东，丁国永，许新，等，2015. 广西洪水事件与传染病关联性及脆弱人群分析［J］. 环境与健康杂志，32（4）：299-303.

罗圆，马文军，刘涛，等，2012. 极端气候对健康的影响［J］. 华南预防医学，38（2）：75-77.

马伟，张安然，2018. 热带气旋对人类健康的影响研究新进展［J］. 山东大学学报（医学版），56（8）：29-36.

倪伟，2015. 郑州市洪涝事件对介水传染病影响的研究［D］. 济南：山东大学.

亓倩，荀换苗，王鑫，等，2015. 1975—2009年台风导致死亡的时间趋势分析［J］. 环境与健康杂志，32（4）：303-306.

秦大河，2015. 中国极端天气气候事件和灾害风险管理与适应国家评估报告［M］. 北京：科学出版社.

王金娜，姜宝法，2012. 气候变化相关疾病负担的评估方法［J］. 环境与健康杂志，29（3）：280-283.

王鑫，2016. 2008—2011年广东省居民死亡原因及受热带气旋的影响研究［D］. 济南：山东大学.

王鑫，荀换苗，康瑞华，等，2015. 2008-2011年广州市越秀区台风对居民死亡率的影响及疾病负担研究［J］. 环境与健康杂志，32（4）：315-318.

许新，2016. 辽宁省洪水对菌痢影响的定量研究及超额发病数的预估［D］. 济南：山东大学.

许新，刘志东，韩德彪，等，2016. 辽宁省2004—2010年洪涝灾害对细菌性痢疾发病影响的分析［J］.

中华流行病学杂志，37（5）：686–688.

许新，倪伟，刘志东，等，2015. 2006年辽宁省洪水事件对法定传染病的影响研究［J］. 环境与健康杂志，32（4）：295–298.

许意清，丁国永，刘志东，等，2015. 2007 年湖南省洪涝事件相关敏感性法定传染病的筛选［J］. 环境与健康，32（4）：291–294.

薛晓嘉，李学文，李晓梅，等，2017. 山东省干旱事件对人群传染病发病影响的研究［J］. 中国媒介生物学及控制杂志，28（6）：536–540.

苟换苗，2015. 2005—2011年广东省热带气旋对传染病的影响研究［D］. 济南：山东大学.

苟换苗，胡文琦，刘羿聪，等，2018. 2009～2013年广东省热带气旋对手足口病的影响［J］. 山东大学学报（医学版），56（8）：50–55.

苟换苗，姜宝法，马伟，2014. 热带气旋对健康影响的研究进展［J］. 中华流行病学杂志，35（4）：462–465.

闫雪梅，王鑫，胡文琦，等，2019. 2008-2011年广东省热带气旋对居民死亡的影响［J］. 中国公共卫生（35）：1–3.

翟盘茂，刘静，2012. 气候变暖背景下的极端天气气候事件与防灾减灾［J］. 中国工程科学，14（9）：55–63，84.

郑景云，郝志新，方修琦，等，2014. 中国过去2000年极端气候事件变化的若干特征［J］. 地理科学进展，33（1）：3–12.

BENISTON M，STEPHENSON D B，2004. Extreme climatic events and their evolution under changing climatic conditions［J］. Global and planetary change，44：1–9.

BENISTON M，STEPHENSON D B，CHRISTENSEN O B，et al.，2007. Future extreme events in European climate：an exploration of regional climate model projections［J］. Climatic change，81（1）：71–95.

DENG Z Y，XUN H M，ZHOU M G，et al.，2015. Impacts of tropical cyclones and accompanying precipitation on infectious diarrhea in cyclone landing areas of Zhejiang Province，China［J］. Int J Environ Res Public Health，12（2）：1054–1068.

DING G Y，GAO L，LI X W，et al.，2014. A mixed method to evaluate burden of malaria due to flooding and waterlogging in Mengcheng County，China：a case study［J］. PLoS One，9（5）：e97520.

DING G Y，LI X M，LI X W，et al.，2019. A time–trend ecological study for identifying flood–sensitive infectious diseases in Guangxi，China from 2005 to 2012［J］. Environ Res（176）：108577.

DING G Y，ZHANG Y，GAO L，et al.，2013. Quantitative analysis of burden of infectious diarrhea associated with floods in northwest of Anhui Province，China：a mixed method evaluation［J］. PLoS One，8（6）：e65112.

EASTERLING D R，MEEHL G A，PARMESAN C，et al.，2000. Climate extremes：observations，modeling，and impacts［J］. Science，289（5487）：2068–2074.

GAO L，ZHANG Y，DING G Y，et al.，2016a. Identifying flood–related infectious diseases in Anhui Province，China：a spatial and temporal analysis［J］. Am J Trop Med Hyg，94（4）：741–749.

GAO L，ZHANG Y，DING G Y，et al．，2016b，Projections of hepatitis A virus infection associated with flood events by 2020 and 2030 in Anhui Province，China［J］．Int J Biometeorol，60（12）：1873-1884．

GAO L，ZHANG Y，DING G Y，et al．，2014．Meteorological variables and bacillary dysentery cases in Changsha City，China［J］．Am J Trop Med Hyg，90（4）：697-704．

HOUGHTON J T，DING Y，GRIGGS D G，et al．，2001．Climate change 2001：the scientific basis［M］．Cambridge，UK：Cambridge University Press．

HU X W，DING G Y，ZHANG Y，et al．，2018．Assessment on the burden of bacillary dysentery associated with floods during 2005-2009 in Zhengzhou City，China，using a time-series analysis［J］．Journal of Infection and Public Health，11（4）：500-506．

JIAO K D，HU W Q，REN C，et al．，2019．Impacts of tropical cyclones and accompanying precipitation and wind velocity on childhood hand，foot and mouth disease in Guangdong Province，China［J］．Environ Res（173）：262-269．

KANG R H，XUN H M，ZHANG Y，et al．，2015．Impacts of different grades of tropical cyclones on infectious diarrhea in Guangdong，2005-2011［J］．PLoS One，10（6）：e0131423．

LIU X N，LIU Z D，DING G Y，et al．，2017a．Projected burden of disease for bacillary dysentery due to flood events in Guangxi，China［J］．Sci Total Environ，601-602：1298-1305．

LIU X N，LIU Z D，ZHANG Y，et al．，2016．Quantitative analysis of burden of bacillary dysentery associated with floods in Hunan，China［J］．Sci Total Environ（547）：190-196．

LIU X N，LIU Z D，ZHANG Y，et al．，2017b．The effects of floods on the incidence of bacillary dysentery in baise（Guangxi Province，China）from 2004 to 2012［J］．Int J Environ Res Public Health，14（2）：E179．

LIU Z D，DING G Y，ZHANG Y，et al．，2015．Analysis of risk and burden of dysentery associated with floods from 2004 to 2010 in Nanning，China［J］．Am J Trop Med Hyg，93（5）：925-930．

LIU Z D，LI J，ZHANG Y，et al．，2016．Distributed lag effects and vulnerable groups of floods on bacillary dysentery in Huaihua，China［J］．Sci Rep（6）：29456．

MCMICHAEL，等，2011．气候变化与健康：风险与应对［M］．张永慧，马文军，译．北京：人民卫生出版社．

NI W，DING G Y，LI Y F，et al．，2014．Impacts of floods on dysentery in Xinxiang City，China，during 2004-2010：a time-series Poisson analysis［J］．Glob Health Action，7（1）：23904．

WANG W，XUN H M，ZHOU M G，et al．，2015．Impacts of typhoon "Koppu" on infectious diarrhea in Guangdong Province，China［J］．Biomed Environ Sci，28（12）：920-923．

XU X，DING G Y，ZHANG Y，et al．，2017．Quantifying the impact of floods on bacillary dysentery in Dalian City，China，From 2004 to 2010［J］．Disaster Med Public Health Prep，11（2）：190-195．

ZHANG F F，DING G Y，LIU Z D，et al．，2016a．Association between flood and the morbidity of bacillary dysentery in Zibo City，China：a symmetric bidirectional case-crossover study［J］．Int J Biometeorol，60（12）：1919-1924．

ZHANG F F，LIU Z D，GAO L，et al.，2016b. Short-term impacts of floods on enteric infectious disease in Qingdao，China，2005-2011［J］. Epidemiol Infect，144（15）：3278-3287.

ZHANG F F，LIU Z D，ZHANG C X，et al.，2016c. Short-term effects of floods on Japanese encephalitis in Nanchong，China，2007-2012：a time-stratified case-crossover study［J］. Sci Total Environ，563/564：1105-1110.

ZHENG J T，HAN W X，JIANG B F，et al.，2017. Infectious diseases and tropical cyclones in southeast China［J］. Int J Environ Res Public Health，14（5）：E494.

第一篇 极端天气事件与健康研究现状及进展

第二章
暴雨洪涝及其对健康影响的研究现状及进展

　　洪涝通常是指由于江河洪水泛滥淹没田地和城乡或因长期降雨等产生积水或径流淹没低洼土地，造成农业或其他财产损失以及人员伤亡的一种灾害。自人类文明开始以来，洪涝就因其对社会、经济、疾病和死亡的影响而被人类广泛关注。我国是世界上洪涝灾害最严重的国家之一，在过去的2 100多年间，我国发生的较大规模的洪涝灾害达1 600多次。根据1950～2006年全国洪灾资料初步统计，全国平均每年受灾面积达967.02万公顷，成灾面积达542.55万公顷，平均成灾率为56.1%，给大自然和人类造成巨大的破坏和损失。

　　当前，人类活动的影响使气候与环境的变化日益加剧，全球气候异常越来越明显，气候变化已成为21世纪全球最大的健康威胁。政府间气候变化专门委员会第四次评估报告表明全球变暖的趋势在逐渐加快，而且在全球变暖的大背景下，气候变化会导致极端天气事件的频率、强度、发生时间和持续时间的改变，例如温度上升会导致地表蒸发量增大，从而使空气中的水分增加，引发强降水事件，易于发生洪涝灾害。随着社会的发展，人口增多且相对集中，洪涝灾害引发的一系列健康问题也越来越受到学者的重视。

　　国内外对暴雨洪涝对人类健康影响的研究表明：暴雨洪涝对人类传染病、精神性疾病和慢性病等疾病产生潜在影响，由于数据等方面的限制，有关暴雨洪涝对人类健康影响的综合评价的研究较少，且由于所能收集的数据有限，往往只着眼于一两次洪水过程所造成的人群健康影响，未全面反映暴雨洪涝引起的人群敏感性疾病的疾病谱，也没能反映暴雨洪涝对相关敏感性疾病的影响程度，因此深入开展暴雨洪涝对人类健康的影响研究及针对脆弱人群提出各有侧重的卫生干预措施具有重大的公共卫生意义。

第一节　概　述

一、常用定义及划分标准

　　受全球气候变暖的影响，暴雨洪涝与人类健康的研究已成为目前的研究热点，但当前国际上尚未有统一的标准对暴雨洪涝事件进行定义，导致研究人员在分析的过程中由于对暴雨洪涝的定义不同，使同种疾病的分析结果存在差异。国内外对暴雨洪涝的研究常从极端降雨事件和洪涝两个角度入手进行研究，且由于洪涝灾害多因极端降水事件中的暴雨导致，故研究中常合称为暴雨洪涝，并将年均降雨量和季节降雨量作为洪涝指标。

（一）极端降雨事件

根据政府间气候变化专门委员会第三次评估报告定义，极端天气气候事件是指某一时段内许多天气事件的平均状态高于平均值。在我国，通常把日降水量超过50mm的降水事件称为暴雨，把日降水量超过25mm的降水事件称为大雨。在我国北方，暴雨和大雨都可以看作强降水。事实上，中国的降水存在很大的地域差异，这不仅仅表现在降水日数上，也表现在降水强度上，对不同地区来说，极端强降水事件是不能完全用全国统一、固定的日降水量简单定义的，所以按照大雨或暴雨的标准来定义阈值去研究极端降水事件是没有实际意义的。因此，需要根据每一个测站的日降水量定义不同地区极端降水事件的阈值，也就是国际上最为流行的百分位法定义不同测站的极端降水阈值。有些学者将极端降水事件定义为日降水量超过95个百分位降水量的事件，其中，把降水序列的n个值按升序排列，第95个百分位值指$P = 95\%$所对应的值。例如：翟盘茂等（2003）在研究过程中将1961～1990年逐年日降水量序列的第95个百分位值的30年平均值定义为极端降水事件的阈值，当某站某日降水量超过极端降水事件的阈值时，就称之为极端降水事件。

（二）洪涝

根据洪涝的表现形式及危害的不同，可分为洪灾、涝灾、湿害。

洪灾是指因江河洪水泛滥，淹没农田和城乡，危及人民生命财产安全的现象。依照江河洪水成因的不同，又有暴雨洪水、融雪（冰川）洪水、冰凌洪水、风暴潮洪水等，其中又以暴雨洪水造成的损失最为严重。

涝灾是指因长期大雨或暴雨产生的积水和径流淹没低洼土地所造成的灾害。

湿害是指因长期阴雨（降水强度不一定很大）、地下水位高及洪灾、涝灾过后排水不良或早春积雪（或表面湿冻土）迅速融化、土壤尚未化冻时，水分下渗受阻等导致土壤水分长期处于饱和状态。在这种状态下，除影响田间作业外，还因为土壤水分饱和造成土壤中缺氧，使作物生理活动受到抑制，影响水、肥吸收，导致根系衰亡。有的地方又将湿害称为"渍害"或"沥涝"。

以上三种类型的洪涝往往都是密不可分的，目前中外文献还没有严格的"洪灾"和"涝渍灾"的定义，在研究的过程中基本统称为洪涝灾害。目前针对洪涝的定义主要有以下四种方法：

1. 阈值定义法

我国国家科委全国重大自然灾害综合研究组和气象局对洪水的规定：日降雨量 ≥ 100mm或连续3天总降雨量 > 80mm，以及连续10天总降雨量 > 250mm为一般洪涝；连续3天总降雨量 > 150mm，以及连续10天总降雨量 > 350mm为重涝。

2. 降水Z指数法

降水Z指数是用来表征旱涝程度及空间分布的一种指标，在暴雨洪涝方面指示性较强，不仅能够作为单站暴雨洪涝指标，而且能作为反映洪涝空间分布和轻重程度的区域洪涝指标。通过假设某一时段的降水量服从$P-Ⅲ$型分布，通过对降水量进行正态化处理，将概率密度函数转化为以Z为变量的标准正态分布。

Z指数法的计算方法如下：假设某时段降水量服从$P-Ⅲ$型分布，通过对降水量X进行正态化处理后，可将其概率密度函数通过转换运算得到下式：

$$Z_i = \frac{6}{C}\left(\frac{C_s}{2}\varphi_i + 1\right)^{\frac{1}{3}}\frac{6}{C_s} + \frac{C_s}{6}$$ （2-1）

式中，C_s为偏态系数，φ_i为标准变量，均可由降水量资料序列计算求得，即：

$$C_s = \frac{\sum_{i=1}^{n}(X_i - \overline{X})^3}{n e^{i}}$$ （2-2）

$$\varphi_i = \frac{X_i - \overline{X}}{e}$$ （2-3）

式中，$e = \sqrt{\frac{1}{n}\sum_{i=1}^{n}(X_i - \overline{X})^2}$，$\overline{X} = \frac{1}{n}\sum_{i=1}^{n}X_i$。

根据以上公式计算出Z_i值，可根据Z的正态分布曲线划分等级（表2-1）：

表2-1　以Z值为指标的旱涝等级站的旱涝等级

Z值	等级	类型
$Z > 1.96$	1	重涝
$1.44 < Z \leq 1.96$	2	中涝
$0.84 < Z \leq 1.44$	3	轻涝
$-0.84 < Z \leq 0.84$	4	正常
$-1.44 < Z \leq -0.84$	5	轻旱
$-1.96 < Z \leq -1.44$	6	中旱
$Z \leq -1.96$	7	重旱

3. 降水量距平百分率法

降水量距平百分率（precipitation anomaly in percentage，PA）是指某时段的降水量和常年同期气候平均降水量之差与常年同期气候平均降水量相比的百分率，单位用百分率（%）表示，PA可以反映某时段降水与同期平均状态的偏离程度，从而反映降水量异常引起的干旱和洪涝，其计算公式如下：

$$P_a = \frac{P - \overline{P}}{\overline{P}}$$ （2-4）

式中，P为某年12月至次年12月的总降水量，为多年平均同期降水量。

4. 标准化降水指数

标准化降水指数（standardized precipitation index，SPI）是B. Bonaccorso等（2003）提出的表征某时段降水量出现概率多少的指标，适用于月以上尺度相对当地气候状况的干旱监测与评估，能较好地反映干旱强度和持续时间。中华人民共和国国家标准《气象干旱等级》中，采用SPI对干旱等级划分标准，但无暴雨洪涝划分标准。李虹雨等（2018）采用SPI划分了洪涝灾害等级（表2-2）。

表2-2　标准化降水指数（SPI）与洪涝等级

等级	标准化降水指数（SPI）	洪涝等级
1	$-0.5 < SPI < 0.5$	正常
2	$0.5 \leqslant SPI < 1.0$	轻度洪涝
3	$1.0 \leqslant SPI < 1.5$	中度洪涝
4	$1.5 \leqslant SPI < 2.0$	重度洪涝
5	$\geqslant 2.0$	极度洪涝

有些学者基于历史灾情资料来划分洪涝等级，如Marcos和Llasat等（2017）在研究地中海西北部的洪水演变时，以洪水造成的灾情大小将洪水分为一般、特大和毁灭性三个洪涝等级，李吉顺等（1995）提出了以受灾面积划分洪涝灾害等级的观点，李桂忱等（1997）通过对以省为单位的经济损失、受灾面积、死伤人口、倒塌房屋等灾情数据进行归一化来划分洪涝灾害的等级。

（三）我国雨季的划分

粗略地看，我国雨季主要集中在夏季，对某些地区来说春季和秋季也是重要的雨季，但若要详细讨论我国雨季的特征和影响，那么就需要对不同的雨季进行划分。为此很多学者利用各种方法对我国雨季的开始和结束进行了定义，虽然方法各有不同，但总的来说可以分为两大类——定性划分和定量划分。

1. 定性划分

定性划分主要是根据雨量和雨带位置等要素，对雨季的开始和结束日期进行主观判断。例如，通常将4～9月作为雨季，但根据华南降水的特点，则将4～6月作为华南的雨季。这种划分带有一定的主观性，由于我国地域宽广，各地的集中降雨期又不尽相同，因此不能确切地反映不同区域的雨季特点，但定性划分简单易行、直观易理解，是常用的划分手段。

2. 定量划分

近20年来，有关学者对雨季的研究有一个从定性到定量的变化过程。为了详细了解雨季的时空分布特征，其起始、结束和持续时间等的年际和年代际变化等必须采用量化的标准来对雨季进行描述。例如：5mm的气候平均降雨量作为东南亚季风雨季开始和结束的标准；采用降雨量对亚洲季风雨季进行定义；计算降水相对系数来定义我国雨季的开始和结束等。定量划分比较客观科学，更能细致地表现雨季的特征。

二、近50年来我国洪涝灾害的时空分布特征

（一）时间分布特征

1. 年际变化特征

我国洪水的年际变化存在一定的周期规律。陈莹等（2011）分析发现，1950～2008年全国洪灾总体变化大致为降—升—降—升；20世纪50年代初期基本为下降趋势，20世纪50年代中期至60年代中期

洪灾受灾面积百分比上升，60年代末至80年代初为下降，随后开始持续上升，一直持续至21世纪初。刘九夫等（2008）分析发现，中国外流河（最终汇入海洋的河流称为外流河，是造成洪涝灾害的主要河流区）在20世纪的近50年中，60年代和90年代为洪水极值期，70年代则为洪水极值的低发期，且洪水主要发生在我国南部（长江南部、华南及西南国际流域）。

　　不同年代发生洪涝灾害的区域也不尽相同。20世纪60年代，华北地区、黄淮地区、长江中游和华南地区暴雨日较多；70年代，华北东部、黄淮地区、长江中游地区暴雨日较多，而华南地区暴雨日开始减少；80年代，淮河流域和长江中下游地区暴雨日较多，而华北地区暴雨日明显减少，华南地区暴雨日仍然继续减少；到了90年代，淮河流域和长江中下游地区暴雨日继续偏多，且华南地区暴雨日也开始增多，而华北地区的暴雨日继续减少。因此，从这些统计可以看到：长江中下游地区和淮河流域暴雨日在20世纪80年代显著增多，华南地区暴雨日在20世纪70、80年代偏少，而在90年代增多，华北地区的暴雨日从80年代开始至今一直偏少；长江上游的四川盆地及川东地区暴雨日一直偏多。此外，21世纪初淮河流域暴雨日显著增加。由于中国暴雨主要与东亚夏季风雨带紧密相关，因此中国暴雨灾害发生的年际变化与洪涝灾害的年际变化基本一致。

　　新中国成立以来，我国共发生重大洪涝灾害22次，平均2.7年一遇（表2-3），除1949年发生一次外，50年代为1.7年一遇；20世纪90年代以来的20年间，我国共发生重大洪涝灾害9次，平均2.2年一遇，90年代更是为1.7年一遇。从流域上来看，20世纪90年代以来，长江流域（发生6次）为3.3年一遇；淮海河流域（发生3次）为6.7年一遇；珠江流域（发生2次）为10年一遇；辽河和松花江流域此20年间只发生了一次重大洪涝灾害。重大洪涝灾害的具体分布如表2-4。根据洪涝灾害的周期性，门可佩（1998）对长江流域的洪涝灾害做了初步预测，认为长江流域的洪涝灾害有60年、22年、38年的基本周期，预测洪涝灾害主要发生在2007～2008年、2013～2014年以及2029、2051年前后。

表2-3　1990年以来我国重大洪涝灾害发生的时间和区域

年份	重大洪涝区
1991	淮河和太湖流域
1994	珠江流域
1995	鄱阳湖水系和辽河流域
1996	海河流域、洞庭湖水系、长江下游及太湖流域
1998	长江流域、嫩江、松花江流域
1999	长江下游和太湖流域
2003	淮河流域和长江流域
2005	长江流域和珠江流域
2007	淮河流域

资料来源：《新中国重大洪涝灾害抗灾纪实》。

　　2. 季节特征

　　洪涝发生的季节与各地雨季的早晚（即季风雨带的季节进退）、降水集中时段及热带气旋活动等密切相关。我国洪涝灾害的发生主要受雨季长短和降雨集中度的影响。

（1）华南地区：3月降雨明显增多，到11月仍可受到热带气旋的影响，降水集中时段为4～9月，洪涝灾害主要发生在5～6月和8～9月，即夏涝最多，春涝次之，秋涝第三，偶尔还有冬涝现象。

（2）长江中下游地区：4月前后雨水明显增多，5月洪涝次数显著增加，但主要分布在江南地区。6月中旬至7月上旬是梅雨期，雨量大，是洪涝发生的集中期。7月中旬至8月底为少雨伏旱期，发生洪涝的机会少，但沿海地区受热带气旋影响仍可遭受洪涝灾害。大部分地区的洪涝灾害集中在5～7月，受涝次数占全年的80%左右。从季节上看，夏涝最多，春涝（以渍涝为主）次之，秋涝第三，个别年份有小范围的冬涝现象。

（3）黄淮海地区：这一地区春季雨水稀少，一般无涝害出现；进入6月，华北平原可出现洪涝，但范围一般不大，且多出现在沿淮及淮北一带。7、8月，降水集中，洪涝范围扩大，次数增多，为全年洪涝最多时期。这两个月，淮河流域、河南北部、河北南部、陕西中部等地受涝次数占全年的70%左右，而山东、河北大部、京津地区则占80%以上。从季节上看，夏涝最多，个别年份可发生春、秋渍涝。

（4）东北地区：这一地区受夏季风影响最晚，雨季短，洪涝几乎集中在夏季，特别是7、8月两个月。三江平原因地势低洼，如果上一年秋冬雨雪偏多，春季天气回暖迅速，积雪融化，土壤返浆，也可以发生渍涝，倘若春雨（雪）多，更会加重涝象。

（5）西南地区：这一地区地形复杂，各地雨季开始早晚不一，雨量集中期也不尽相同，所以洪涝出现的迟早和集中期也不完全一样。贵州洪涝多出现在4～8月，偶尔有秋涝。四川、重庆除东部外，一般无春涝现象，洪涝主要集中在6～8月，9、10月还有秋渍现象。云南洪涝主要集中在夏季，但春、秋期间局地性的山洪也时有发生。西藏洪涝灾害很少，一般仅在夏季有局地性的洪涝发生。

（6）西北地区：大部分地区终年雨雪稀少，除东部地区外，几十年来很少发生较大范围的洪涝现象。夏季如降大雨或暴雨，也可发生短时洪涝（多为山洪），但出现次数少，且比较分散。

（7）黄河干流上游的河套一带和下游的山东河段以及松花江哈尔滨以下河段冬季可形成危害较大的冰凌洪水。东北和西北高纬度山区经过漫长的冬季积雪期，到来年春末气温升高，积雪融化可形成融雪洪水。在高温的夏季，新疆和西藏境内的永久积雪区（现代冰川）的冰雪消融可形成冰川（雪）洪水。

总体来说，华南地区雨季长，夏季和秋季降雨比较集中，是我国洪涝受灾时间最长、次数最多的地区；长江中下游自5月出现洪涝，6月到7月加强，8月减退；黄淮海地区7、8月洪涝范围较大，次数较多；东北地区7、8月是洪涝灾害的集中期；西南地区地形复杂，洪涝的出现没有一定的规律；西北地区很少出现大范围的洪涝现象。

（二）空间分布特征

我国长江流域、珠江流域、黄淮海流域和松辽流域等七大江河流域与洪涝的发生有密切关系。查阅《中国气象灾害年鉴》并统计1961～2011年洪涝灾害的数据，长江流域、珠江流域和黄河流域发生洪水的频率分别为487、317、297次，是发生洪水频率最高的三大流域。张辉等（2011）对我国2000～2010年洪涝灾害的损失综合评估显示，湖南、湖北、四川、安徽、河南和广西是我国目前洪涝灾害最为严重的几个地区，洪涝灾害主要集中在长江中下游地区，川、黔、湘、鄂西以及东南沿海地区。根据1971～1993年的农田受灾面积资料，受涝面积最大的省份主要位于江淮流域及东北、华南的9个省份；从相对受灾率来看，我国东部各省相对受灾率高于西部各省；江苏、安徽、湖北、湖南、广东、黑龙江6省受灾面积大，相对受灾率也高，是全国洪涝灾害最严重的地区。

1. 长江流域和珠江流域

长江流域和珠江流域发生洪涝的灾害都有时间早且持续时间长等特点，5月中旬至10月为重大洪涝灾害最集中的时间。6～8月是长江流域的主要雨季，除1991年是在5月中旬开始外，其余各年份都开始于6月，珠江流域则集中在5～7月。

2. 黄淮海流域

淮海流域发生重大洪涝灾害的时间一般集中在6～8月，这时正值雨季，雨水较多，而春季雨水较少，一般没有重大洪涝灾害发生。20世纪90年代以来，淮河流域共发生重大洪涝灾害2次，其中1991年发生的较大洪涝灾害从5月中旬开始到7月中旬结束，2003年发生的1次从6月中旬开始到8月上旬结束，基本上2个月左右；海河流域1996年发生的较大洪涝灾害从8月2日开始到5日结束；黄河流域20世纪90年代以来没有发生过重大洪涝灾害。

3. 松辽流域

松辽流域的重大洪涝灾害都集中在7～8月，由于松辽流域受夏季风影响比较晚且时间比较短，雨季时间很短。松花江流域1998年发生的重大洪涝灾害从6月中旬持续至8月中旬，辽河流域1995年发生的重大洪涝灾害从6月初持续至8月上旬。

我国重大洪涝灾害的形成易受地理环境的影响，其中海陆交错带多受风暴影响，东南季风活动区易发生重大洪涝灾害。区域上，我国东南和华中沿海地区（珠江流域、长江流域以及淮海河流域）为重大洪涝灾害多发区，平均2～3年出现1～2次重大洪涝灾害；东北（松花江、辽河流域）、江南部分地区（汉水流域）和四川盆地为重大洪涝灾害次多发区；云贵高原和黄河中游为重大洪涝少发区；西北大部、青藏高原、内蒙古大部为重大洪涝灾害最少。流域上，长江流域集中在中下游地区（特别是中游地区），重灾区有洞庭湖区、鄱阳湖区、荆江、汉江中下游一带；珠江流域主要集中在西江和北江水系；松花江流域主要集中在嫩江水系；辽河流域主要集中在辽河、浑河、太子河三条大河；海河流域主要分布在太行山迎风坡滹沱河和滏阳河流域。

第二节　暴雨洪涝对健康影响的研究现状

我国是世界上洪涝灾害最严重的国家之一，随着社会的发展，人口增多且相对集中，经济发展的同时带来财产密度增加以及物价上涨，洪涝灾害对社会的危害程度逐渐增加，不仅给人民群众带来巨大的生命财产损失，同时也会对人类健康产生重要影响。根据国际灾害数据库（EM-DAT）统计，2000～2011年，仅在亚洲地区，洪水所致死亡病例就达47 214例，洪涝灾害引发的一系列健康问题也越来越受到学者的重视。洪涝灾害对人类健康造成的最直接的危害是引起伤亡，间接危害则是导致生态环境的破坏、饮用水的污染、食物的匮乏霉烂、居住环境的恶劣、媒介昆虫密度增加，以及病原体、宿主动物和中间宿主的迁移、扩散、疫水的接触，精神和心理创伤使人体抵抗力下降等。国内外暴雨洪涝对人类健康危害的研究显示：直接死亡、外伤、伤口感染、皮炎、传染病、中毒、低温症、呼吸系统疾病和精神障碍等是暴雨洪涝对人类健康的潜在影响疾病。

一、洪涝灾害对传染病的影响

传染病在全世界是一个严重的公共卫生问题。传染病引起的伤残调整寿命年（DALY）占全球疾病负担（global burden of disease，GBD）的23.5%左右，每年大约有1 090.4万人死于此类疾病。暴雨洪涝期间降水、气温、空气湿度、地表植被等条件的变化以及各类生物生活环境的改变，会促使许多病原体迅速繁殖和传播。同时，灾区生活环境恶化，滋生大量蚊蝇等媒介昆虫，由媒介昆虫传播的疟疾、登革热等传染病发病率增加。水资源匮乏和卫生服务措施中断也为肠道传染病的传播创造了有利条件。洪灾时易发生的传染病主要有消化道传染病（霍乱、甲肝、戊肝、痢疾、伤寒、感染性腹泻、肠炎等）、呼吸道传染病（流行性脑脊髓膜炎、麻疹、流感）、自然疫源性疾病（鼠疫、血吸虫病、钩体病、出血热等）、虫媒传染病（流行性乙型脑炎、疟疾、登革热等）、皮肤病（湿疹、皮肤真菌感染等）、急性出血性结膜炎等。

不同传染病的流行有各自的时间特征。洪涝灾害过后，由于饮用水源遭到污染，供水和消毒设施受到不同程度的破坏，加上洪涝灾区居住环境拥挤、卫生条件差，消化道疾病常为灾后早期的首发病；洪涝灾害中期，如果洪水长期不退，受灾人群频繁接触疫水，呼吸道传染病和自然疫源性疾病的发病率将会增加；洪涝灾害后期，洪水消退，鼠类、钉螺以及蚊类易繁殖，使自然疫源性疾病成为主要威胁。

1. 洪涝灾害与消化道传染病

洪涝灾害发生后，饮用水源遭受污染，缺乏净化、消毒措施，饮用不洁净的水极易造成霍乱、痢疾、伤寒等多种肠道传染病的流行，同时洪水的袭击对灾民食物造成不同程度的污染，其途径包括农作物的田间污染、原料的仓储污染、媒介昆虫死亡尸体的污染、潮湿环境下生产和加工的污染，这些受污染的食物被人食用后易导致食源性疾病和食物中毒的发生。

1931年，我国发生的洪涝灾害导致九省的霍乱流行，发病人数达10万余人（班海群 等，2011）。1991年，安徽省发生的洪涝灾害，统计的129 891例患者中腹泻占13.63%，细菌性痢疾占1.92%（付留杰 等，2014）。1998 年，孟加拉国发生了特大洪灾，有60%的土地被淹，受灾人口达3 000万，灾后出现了霍乱的暴发流行，在2004年，孟加拉国发生的洪水引发了达卡市腹泻暴发，2岁以下儿童尤为严重，霍乱和大肠杆菌的肠毒素是疾病发生的主要原因（Schwartz et al.，2006）。2010年，巴基斯坦遭受洪涝灾害，在灾害发生初期的两个月共出现620万例胃肠炎病例，并且出现了大量的霍乱病例（Warraich et al.，2011）。

一项关于印度的观察性研究显示，洪涝灾害灾区腹泻患病率在全人群中非常高（55.6%），其中，6~17个月的儿童患病率为69.3%，高于其他年龄组人群（$P < 0.001$），另有几项研究也表明，腹泻患病率与儿童的年龄和营养状况及父母受教育的程度呈负相关（Joshi et al.，2011）。丁国永等对安徽省阜阳市和亳州市暴雨洪涝与感染性腹泻的研究表明：暴雨洪涝能显著增加感染性腹泻的发病风险，其中阜阳市增加的风险为OR = 3.175（95% CI：1.126~8.954）；亳州市增加的风险为OR = 6.754（95% CI：1.954~23.344）（Ding et al.，2013）。周国甫（2000）的研究表明：1998年，湖北省咸宁市6县市区累计报告急性传染病2类18种，共6 887例，总发病率为251.78 /10万，其中，肠道传染病发病率最高，为110.48 /10万，占报告总病例数的43.88%，与没有受灾的1997年相比，发病率上升了12.62%。

目前，对发达国家腹泻类传染病的发病率情况的研究结果存在分歧。2001年，英国刘易斯发生的洪水导致了肠胃炎发病风险升高，而挪威和美国部分研究显示，洪水并未导致腹泻风险增加（Singh et al.，2001）。在洪水发生的过程中，降雨量可能是影响疾病传播的一个因素，同时，降雨量与腹泻类疾病的发病率可能存在着剂量—反应关系。当降雨量较大的时候，流水可能会冲刷地面和细菌滋生的区域，这就不会导致腹泻类疾病发病率的显著上升；当降雨量极大并形成严重涝灾时，就会引起霍乱弧菌和大肠杆菌的滋生，污染水源，导致疾病传播。发达国家排水系统、洪灾预警和医疗卫生服务设施更为完善，水源污染程度较低，所以对腹泻类疾病的发病率不会产生过多的影响。

2. 洪涝灾害与呼吸道传染病

洪涝灾害发生时，由于阴雨连绵、气候骤变、灾区居住环境拥挤，精神抑郁、心理创伤致人群抵抗力下降（特别是儿童），加之计划免疫工作的中断，易感人群增加，致使呼吸道传染病的发病率上升，病种主要包括流感、猩红热、白喉、百日咳、流脑、麻疹、军团菌病等。1999年，江西水灾后呼吸道传染病报告24 089例，占总病例数的23.25%，死亡28例，占总死亡人数的10.65%（程慧健 等，2000）。对1998年特大洪涝灾害中湖北省传染病发病情况的研究表明，1999年受灾县与非受灾县、全省和全国比较，除了消化道传染病和自然疫源性疾病继续上升外，呼吸道传染病的上升也较明显（曾光 等，2005）。有研究表明，暴雨洪涝对肺结核的发病存在一定的影响，暴雨洪涝持续时间越长，肺结核的发病风险越高，但具体原因尚不清楚。

3. 洪涝灾害与虫媒和自然疫源性疾病

洪水淹没了某些传染病的疫源地，使啮齿类动物及其他病原宿主分散、迁移，使其活动范围扩大，提高了虫媒和自然疫源性疾病（包括钩端螺旋体、出血热、血吸虫、疟疾和流行性乙型脑炎等疾病）在人群之间流行的可能性。

1963年，河北省发生特大洪涝灾害，灾后发生钩体病暴发流行。1975年，河南驻马店因暴雨成灾，灾区也发生钩体病暴发流行，仅8～12月就发病342万例，发病率高达571.8/万。1983年，湖北荆门洪灾，之后出血热发生暴发流行。1991年，安徽水灾，淮河出血热的老疫区受洪涝灾害波及，出血热的发病率比上年增加了68.1%。1991年，湖北省发生水灾期间，抗洪军民约500万人与血吸虫疫水接触，急感病人近万人。

1998年，阿根廷因暴雨引发的洪灾导致钩体病暴发流行。1999年10～11月，印度的奥里萨邦遭受龙卷风和暴雨的袭击，由于宿主动物中携带有病原体，暴雨引发的洪水导致病原体四处播散，因灾民接触疫水的机会增多，导致钩体病暴发流行。2000年，非洲莫桑比克发生的洪灾导致疟疾的病例数提高了1.5～2倍。2001年，巴西东北部海滨发生洪灾，导致大批急性血吸虫病的发生。2010年，巴基斯坦洪灾区疟疾暴发。

孟买的一项有关儿童登革热的观察性试验研究表明，越来越多的低年龄组人群受到登革热的影响，这项研究既表明了登革热的高传染性，还表明了登革热的暴发和降雨所致的洪水有关。泰国的一项研究也证实，儿童登革热发病的主要原因也是强降雨所致的洪水（Pradutkanchana et al.，2003）。印度尼西亚的一项研究显示，空气湿度与登革热的传播模式密切相关（Sukri et al.，2003）。有一项研究显示了不同的结论，洪水会将蚊子滋生的水体冲刷掉，反而会降低疟疾的传播水平（Sidley，2000）。

4. 洪涝灾害与皮肤病

洪涝灾害后，地面、屋内潮湿，容易出现皮肤病，主要以细菌感染性皮肤病、变态反应性皮肤病、浸渍皮炎为主。

1998年，安徽省发生洪涝灾害，造成灾区皮肤病的暴发流行，皮肤病患者占所有就诊人数的58.4%，在常见皮肤病中占前三位的分别为浸渍足（22.9%）、夏季皮炎（14.0%）、下肢湿疹或伴感染（12.2%）。马玉宏等（2011）对2010年入夏以来抗洪救灾武警官兵进行皮肤病防治的研究，结果表明痱、足癣、虫咬皮炎等皮肤病的发病率较高。对巴基斯坦某地区洪涝灾害后皮肤病的研究表明，细菌感染性皮肤病、变态反应性皮肤病较多，分别为29.2%、26.9%（Zaki et al., 2010）。

二、洪涝灾害对心理健康的影响

洪涝灾害是灾害事件的一种表现形式，不仅导致受灾群众生命财产的直接损失，还会使受灾地区各种疾病的发病率提高，心理疾病就是其中重要的一项。有关洪涝灾害给人群带来的心理疾病国内外早已有所报道，包括创伤后压力心理障碍症（post-traumatic stress disorder，PTSD）、抑郁、焦虑等病症。受灾群体可出现不同的心理反应，如分离性反应、创伤后应激反应（闯入、回避、警觉性提高）、抑郁反应、焦虑反应、躯体化反应。

1. 洪涝灾害对人群PTSD的影响

PTSD是由于受到异乎寻常的威胁性、灾难性心理创伤，导致延迟出现或长期持续的精神障碍。最常见的PTSD症状包括持久的灾难重现、逃避、愤怒和复仇四大类。PTSD的临床表现有如下方面：反复重现创伤性体验，不由自主地回想创伤性事件的经历，与创伤性事件相关的事物反复引发触景生情的痛苦（如死者的遗物、旧地重游），同时伴有心跳加快、颤抖、出汗和食欲减退等生理反应；持续地警觉性提高、易激惹、入睡困难、易醒、注意力难集中、过分担惊害怕、产生惊跳反应；持续地回避，极力不想有关创伤性事件的人和事，尽量避免参加能引起痛苦回忆的活动，因而兴趣爱好变得冷淡，对创伤性经历有选择地遗忘，对未来失去信心；抑郁和焦虑是常见的伴发症状，也是求医的主要缘由。

Neria等（2011）在对灾害事件的研究中发现，受灾人群的PTSD负担十分严重：灾害直接受害者的患病率为30% ~ 40%；救援人员的患病率是10% ~ 20%；普通人群的患病率最低，为5% ~ 10%。该研究也显示，最为稳定的危险因素是暴露于灾害事件的程度。多项研究显示，PTSD受到洪灾程度、文化和年龄的影响。Peng等（2011）利用结构式问卷对湖南洪灾区7 ~ 15岁儿童进行面对面PTSD与行为特征关系调查，结果发现，男童患病率（2.12%）高于女童（1.96%）；通过回归分析显示，儿童PTSD阳性率随行为特征分数增加而升高，PTSD的患病率与年龄、洪水类型和严重程度、延迟开学和转学都呈正相关（$P < 0.001$）。湖南省洪灾区7岁以上人群PTSD流行病学调查显示，灾区人群PTSD总阳性率为32.6%，阳性率随受灾程度的加重而升高，20岁以前随年龄的增加而升高，女性（34.0%）高于男性（31.0%，$P < 0.01$）（Liu et al., 2006）。为确定不同年龄组的患病情况，Telles等（2009）选取2008年印度比哈市直接暴露于洪水的1 289人参与评估，灾害心理健康筛选问卷（SQD）筛检结果显示，60岁以上年龄组人群的得分明显高于其他各组（$P < 0.05$），年龄与PTSD的严重程度呈正相关，此外，应用SQD评估了受灾人群的抑郁患病情况后发现，60岁以上人群抑郁患病率也是最高的，分别较15 ~ 20岁高21%，较21 ~ 30岁高15%，较31 ~ 50岁高13%，表明年龄与灾区居民的抑郁程度呈正相关。

分析原因认为灾害对暴露人群的直接刺激可能类似，但成年人来自财产损失及家庭和社会的压力更大，所以PTSD的阳性率更高。

由于国内外受灾人群、检测方法和工具的不同，洪灾地区灾民的PTSD发病率也不一致。根据国内相关文献，在我国，洪灾对受灾人群的心理健康影响显著并且持续时间长，PTSD的发病率与社会支持存在负相关，与儿童是否经历灾害存在正相关，女性、高龄人群、洪水类型、灾情的严重程度是其危险因素，与国外研究结果基本一致。此外，有研究显示受灾者对社会支持满意度越高，发生PTSD的可能性就越小。对受害者来说，从家庭亲友的关心与支持、心理工作者的早期介入、社会各界的热心援助到政府全面推动灾后重建措施，这些都能成为有力的社会支持，缓解受灾者心理压力，降低PTSD的发生率。

2. 洪涝灾害对受灾人群抑郁的影响

抑郁是由于各种原因引起的以显著而持久的情感或心境改变为主要特征的一种心境障碍，其在临床上主要表现为情绪低落、思维迟缓、意志活动减退和躯体症状。

在1998年九江洪灾3个月后，罗颖等（1999）采用症状自评量表（SCL—90）对610名受灾人员的应激水平进行调查，结果表明，洪灾对受灾人员的躯体健康和心理健康均有不利影响，抑郁因子得分均显著高于全国常模。李洁等（2003）对受特大洪水影响的郴州医学高等专科学校的学生进行调查，结果显示，受灾学生的抑郁得分显著高于一般学生，且抑郁的得分随着家庭经济损失的增多而显著增加。吴华、朱志珍、张爱清等的研究均表明受灾人群组抑郁患病率均高于对照组。Brock等（2015）对洪水暴露期的孕妇进行研究，结果表明产前洪水暴露与严重的抑郁相关，此外，与洪水相关的创伤性痛苦是唯一一个与抑郁有关的因素，同时也是洪水暴露导致抑郁的主要机制。Bei等（2013）对大龄人群进行研究，结果发现受灾人群的灾后抑郁有很大的增长，但是抑郁症状和自述健康状况的改变与非受灾人群没有区别。

国内外在对洪水造成的灾民抑郁的研究中采用不同的调查工具进行调查，抑郁发病率也不一致。大部分研究结果显示，洪灾对受灾人员的躯体健康和心理健康均有不利影响，受灾人群的抑郁分子得分均显著高于全国常模，且洪水灾害的危害程度和财产损失情况与抑郁患病率存在正相关，女性比男性更容易患抑郁，体力劳动者的症状自评量表（SCL-90）得分也显著高于脑力劳动者。

3. 洪涝灾害对受灾人群焦虑的影响

焦虑是一种以焦虑情绪为主的神经症，以广泛和持续性焦虑或反复发作的惊恐不安为主要特征，常伴有自主神经紊乱、肌肉紧张与运动性不安，临床分为广泛性焦虑障碍与惊恐障碍两种主要形式。在通常情况下，焦虑与精神打击以及即将来临的可能造成的威胁或危险相联系，主观表现为感到紧张、不愉快，甚至感到痛苦以至于难以自制，严重时会伴有植物性神经系统功能的变化或失调。洪水作为应激源可导致受灾人群产生不同程度的焦虑情况。

国内外研究发现，面临洪水应激时，遭受洪灾的灾民患病率存在差异，严重的自然灾害伤员抑郁和焦虑往往是并存或者互为因果的，抑郁和焦虑常常同时存在，而且与受灾损失程度成正相关（韩布新 等，2009）。

三、洪涝灾害对慢性病的影响

慢性病发病时间长，发病原因复杂，目前有关洪涝灾害对人群慢性病影响的研究在国内外报道中较为少见。Omama等（2014）研究发现，东日本大地震和海啸发生后心血管疾病发病率的升高与海啸有关，与地震的剧烈程度无关，根据洪涝灾害的严重程度进行分级后发现心血管疾病的发病率随洪涝灾害的严重程度增加而增加。李硕颀等（2004）研究发现，按照不同洪灾类型对1996年和1998年均遭受特大洪灾的地区进行分层分析，循环系统、神经系统、消化系统等八大类慢性病的患病率灾区高于非灾区。陈新华等（2001）通过问卷调查对灾后3个月受灾人群进行分析，发现受灾地区的脑血管发病率明显高于非受灾地区。侯贵书等（2003）分析发现，重大灾害事件造成的心理应激可能是洪涝灾害对心血管疾病影响的关键。慢性病发病时间长，发病原因复杂，暴露效应在短时间内不显现，灾后应急处理时很容易被忽视。随着人们生活水平的不断提高，心血管疾病对人群健康的影响日益加重，不仅给人们带来精神负担，影响生活质量，而且其持续的医疗费用也给患者本人、家庭和社会带来了巨额的经济负担。据WHO报告显示，在全球疾病负担分类研究中，因缺血性心脏病死亡的人数占所有死因的首位，发达国家为140万例，而发展中国家则为570万例，心血管疾病死亡数占所有死亡数的30%，可见心血管疾病造成的疾控负担不可忽视。

第三节　暴雨洪涝对健康影响的常用研究方法

洪水灾害往往对人群健康造成严重的影响，既往大量的洪水灾害流行病学研究往往着眼于洪灾危害的某一方面，或者是一两次洪水所造成的人群健康的综合危害，没有从时间和空间角度系统研究洪水事件对人群健康的影响，没能全面反映洪水事件引起的人群疾病负担，而且目前研究人员也不清楚洪水事件时空分布特征及其相关的敏感性疾病类型。因此，研究者迫切需要掌握相关信息，进而定量评估和预测洪水事件对我国人群造成的疾病负担，明确洪水事件对我国人群健康的影响程度。为解决上述关键科学问题，弥补我国洪水事件对疾病影响研究中的缺失和不足，可以先对历史气象数据进行筛查，获得我国洪水事件的时空分布特征，并结合疾病流行和人群健康资料筛选出与高发的洪水事件相关的敏感性疾病，针对典型的洪水事件定量分析相关敏感性疾病和疾病负担的变化情况及发展趋势，最后根据以上结果预估未来洪水对健康的影响。研究地区的选择请参考本章第一节的相关内容，预估方法不成熟的本书中也不予介绍，只针对目前分析、研究过程中常用的方法进行概述。

一、敏感性疾病的筛选

目前，研究者可采用传统统计学方法和空间统计学方法筛选洪水事件的相关敏感性疾病，并确定敏感性疾病的三间分布。

1. 生态学研究方法

生态学研究（ecological study）又称相关性研究（correlational study），是描述性研究的一种类型，它是在自然状态下对疾病、健康或卫生事件与某些暴露因素在群体水平的相关关系进行观察性分析（詹思延，2017），通过描述不同人群中某个因素的暴露状况与疾病的频率，分析该暴露因素与疾病之间的关系。该研究方法与其他研究方法的不同点是：其他研究方法均是以个体作为观察、分析的单位进行研究的（栾荣生，2005），而生态学研究是以群体为单位。

以生态学研究思路筛选洪涝相关敏感性疾病研究主要分为四步：第一步筛选，根据传染病的传播机制和生物学合理性，排除与暴雨洪涝无关的传染病种类；第二步筛选，描述传染病的三间分布特征，剔除发病较少的病种（因在后续评价中会造成结果不稳定）；第三步筛选，通过比较暴露期与对照期及滞后期传染病的发病频率来粗筛暴雨洪涝相关敏感性传染病；第四步筛选，在控制了潜在混杂因素的基础上进行多因素分析，将多因素回归模型认为有关联的传染病进行流行病学综合分析，最终确定暴雨洪涝相关敏感性传染病。

2. 空间流行病学方法

空间流行病学的主要任务是描述疾病的空间分布，分析空间分布的特点与规律，探索病因，服务于疾病的预防和医疗保健工作，其主要研究内容包括绘制疾病地图、评价点和线源的疾病危险度、聚群识别和疾病聚类分析、地理相关性研究等方面，已发展成为一门以空间视角研究人群疾病和健康与空间环境之间关系的学科。

空间流行病学在极端天气与健康的研究中主要可以应用于以下几个方面：

（1）疾病的空间聚集性研究。通过分析患者的空间自相关来定位空间聚集区，从而迅速辨别疾病是否暴发及暴发区域，不但有助于提高分析聚集性的敏感程度，而且在分析聚集性时可提供较为全面及精准的探测结果。

（2）探索疾病分布相关危险因素。通过将各种可能的致病因素（如极端天气事件）与疾病空间分布数据相关联，找出疾病相关危险因素。

（3）空间回归分析。将病例数据与相关危险因素进行逻辑回归或泊松分布回归分析后，与空间信息相结合来探索疾病的分布规律。

3. 趋势研究和突变分析

突变理论是研究不连续现象的一个新兴学科，它是在系统结构稳定性理论、拓扑学和奇点理论等基础上发展起来的，作为数学的一部分，突变理论是研究关于奇点的理论。

在极端天气对健康影响的研究中，获得的疾病数据往往是待研究疾病的病例数时间序列。在某一个时间点突然发生的急性极端天气事件可能会造成病例数时间序列的突变。若多个有极端天气事件发生的时间点同时存在病例时间序列的突变发生，则有理由认为极端天气事件与疾病发生之间有关联，即该种疾病是极端天气事件的可能敏感性疾病。因此，有必要用论证力度更强的方法进一步证实极端天气事件对可能敏感性疾病的影响并估计其大小。

本书后面的章节将重点介绍生态学研究方法和空间流行病学方法。

二、定量关系评估

敏感性疾病筛选方法一般准确性较低，需要针对敏感性疾病进行进一步分析，以确定暴雨洪涝与敏感性疾病的定量关系。近年来，前瞻性研究被逐步应用到洪涝与健康的研究中，且多用于洪涝与心理疾病关系的研究。一些复杂的模型，如广义相加模型、时间序列分析以及面板数据等也被逐渐应用到极端天气事件与健康关系的研究中，如气温—健康领域、大气污染物—健康领域。下面将对此类方法进行简要介绍。

1. 病例交叉研究

病例交叉研究主要用于研究短暂暴露对急性健康效应的影响，设计结合了传统病例对照研究和实验性交叉研究的思想。所谓"病例"指该设计的所有研究对象均为病例，因此属于广义的单纯病例研究。所谓"交叉"是指通过比较同一研究对象在不同暴露水平下的结局来估计暴露效应。该设计的基本原理是：如果暴露与某急性事件有关，那么在事件发生前较短的时间段内，暴露频率（或强度）应大于事件发生前较远的一段时间内的暴露频率（或强度）。

在极端天气事件的研究中，一次极端天气事件即为一次暴露效应，病例交叉研究中病例以自身作为对照，通过设计控制了研究对象在个体固有特征上的混杂（包括可测的和不可测的），如性别、智力、基因和社会经济地位。此外，由于是匹配数据，提高了统计效率。若对照期选择得当，如采用双向病例交叉研究和时间分层病例交叉研究，还可以同时控制一些随时间变化的混杂变量，而不是采用复杂的统计建模，此方法快速、低成本，且不涉及伦理问题。

2. 广义线性模型

广义线性模型（GLM）是常见的经典线性模型的直接推广，其主要思想是将经典线性模型因变量的分布由经典的正态分布推广到指数族分布，同时通过所谓的连接函数（link function）将模型的随机部分与系统部分相连接而构建GLM，从而大大扩展了其在实际中的应用。

广义线性模型主要用于单区域、多次某气候事件对人体健康影响的研究，这类研究主要研究长时间内多次洪涝事件的影响，同时，也可以结合多个地区的研究结果延伸到多地区洪涝影响的比较研究。这类研究的时间跨度长，多以月和年为时间单位，采用的方法主要是基于时间序列的Poisson回归。这种研究方法是通过在模型中设定气候事件分类变量，计算暴露期对非暴露期某疾病发病影响的RR值，定量分析洪涝对人体健康的影响。例如，倪伟等通过基于时间序列的Poisson回归模型分析了河南省新乡市2004～2010年不同程度洪涝对痢疾（包括菌痢和阿米巴痢疾）发病率的影响，结果显示，洪涝能够显著增加痢疾的发病，并且短时间的重涝相比持续时间长的轻涝对痢疾发病的影响更大，重涝过后发生痢疾的RR值为1.74，轻涝过后发生痢疾的RR值为1.55（Ni et al.，2014a）。此外，倪伟等通过应用基于时间序列的Poisson回归模型对河南省郑州市2004～2009年7次洪涝事件与介水传染病之间的关系进行分析，发现在霍乱、甲肝、伤寒、副伤寒和细菌性痢疾5种介水传染病中，洪涝与细菌性痢疾发病率之间存在显著的相关关系，细菌性痢疾是洪涝相关敏感性疾病。洪涝作为细菌性痢疾发病的一个危险因素，能够显著增加细菌性痢疾的发生（Ni et al.，2014b）。

3. 零膨胀模型

零膨胀模型（zero-inflated models，ZIM）是一种混合概率分布模型，其基本思想是把事件的发生看成两个可能的过程：即零计数过程和Poisson/负二项分布计数过程。零计数过程的数据来自零事件的发生，假定服从二项分布，在这个过程中观测值只能为零，该过程产生的零解释了数据中出现零膨胀现象的原因，用于探讨影响结局事件是否发生的因素；Poisson/负二项分布计数过程对应事件数的发生过程，假定服从Poisson/负二项分布，在这个过程中观测值可以为零及正整数，分析影响结局事件发生的影响因素。

在极端天气研究中经常会碰到事件所发生次数相对于普通的Poisson分布存在过分多零，即零膨胀的情况。采用零膨胀模型分析数据的基本思路为：首先，分析计数资料零计数发生的频率是否存在零膨胀现象；其次，在零计数较多的基础上，判断计数资料是否存在过度离散；最后，以Vuong检验决定模型选择。Sammy等（2005）对美国得克萨斯州在1997～2001年发生的832次洪水采用零膨胀负二项回归模型分析，发现洪涝灾害造成的伤亡极大程度地与洪水持续时间、财产损失、人口密度、大坝数量以及各地在洪水发生前采取的预警政策有关。

4. 广义相加模型

广义相加模型是在广义线性模型和相加模型的基础上发展而来的，其通过对非参数函数的拟合来估计因变量与众多自变量之间过度复杂的非线性关系，适用范围更广。在统计分析中，多变量线性回归模型是预测问题中最常用的工具，但它要求反应变量的期望与每个预测变量的关系都是线性的，如果这一假设不成立，可以考虑用广义相加模型进行拟合。

在极端天气事件的研究中，GAM模型可有利于多个非参数平滑函数对多个混杂因子进行控制，包括长期趋势、季节趋势、短期变动、双休日效应、传染病流行以及除极端天气事件之外的其他因素的混杂因子。目前GAM广泛应用于环境流行病学研究中，如张斐斐（2017）运用GAM对时间分层病例交叉设计做出的结果进行验证，在调整日平均气温、日平均相对湿度以及乙脑日发病数时间趋势和星期几效应后，计算暴雨洪涝致乙脑发病的相对危险度。

5. 空间回归模型

空间回归模型或称生态学回归空间模型，是空间流行病学研究的内容之一——地理相关性研究（生态学分析）的主要分析方法，是在传统的回归分析中引入空间自相关关系，将空间位置关系和空间属性数据结合起来，从而能够更好地解释属性变量的空间关系。传染病在特定地理环境中的发生是其自身流行病学机制与环境因素相互作用的结果。这种相互作用使得传染病的发生在地理区域上具有一定的变异，表现为不同区域发病率存在差异，而邻近区域发病水平具有相似性。其中，环境因素主要体现在数据的空间属性上。

空间流行病学方法应用于极端天气事件对健康的影响研究中时，首先要分析发病数据在空间上是随机的还是聚集的，是彼此独立的还是有一定的相关性，然后利用数据的空间位置关系进一步分析，其中，空间回归模型是以空间权重矩阵的形式将空间相互作用纳入模型，能更充分地解释数据的空间自相关性，适用于分析具有空间关系的变量。在用空间回归模型进行传染病的分析时，还可以考虑疾病的聚集性和扩散性，说明各因素间的关系。

6. 面板数据

面板数据（panel data），简单地说就是横断面数据和时间序列数据相结合的一种数据类型，也叫作时间序列—横截面混合数据或平行数据，面板数据的研究数据集中的变量同时包含了横截面信息和时间序列信息，它能够同时反映研究的目标变量在横截面和时间序列的二维的变化规律。

当我们需要研究多个地区多次暴雨洪涝对人群健康的影响时，面板数据的优势就体现出来了，面板数据能够从整体上反映多个地区暴雨洪涝对人群健康的影响，可以为更大范围地研究灾后疾病的预防和控制提供参考和依据。

三、疾病负担计算

疾病负担（diseases burden）指疾病对社会健康状况造成的负担，其中包括由于死亡对个体或人群寿命的影响及疾病伤残状态对生命质量的影响。经济学疾病负担是指疾病对社会经济资源造成的负担，包括医疗保健过程中消耗的医疗相关成本和社会、雇主、家庭、个人等由于疾病产生误工等其他经济成本，也被称作疾病经济负担。本书只关注流行病学疾病负担。

伤残调整生命年（DALY）不仅仅局限于死亡分析的范畴，它将疾病造成的早逝和失能综合考虑，全面考虑病种的发病指标和病死指标，更全面地反映了疾病对人群造成的负担，可通过计算不同病种不同干预措施挽回一个 DALY 所需的成本，以求有限的卫生资源效果的最大化，同时分析一个人群中具有不同特征的亚群（如性别、年龄）的DALY，帮助确定高危人群。

在研究分析的过程中，以空间数据库为基础在典型地区获取洪水暴露人群的年龄、性别分层的人口数、总死亡率、发病率/患病率、治愈率、病死率、相对危险度、超额发病率、超额死亡率等信息，在典型地区开展特定洪水与人群疾病负担关系的案例研究，拟采用的主要研究方法有生态趋势研究、重复横断面研究、病例交叉研究、时间序列分析研究。采用WHO提供的DisModⅡ软件整理资料，输入DisModⅡ所需要的三个变量计算另外的四个变量及发病年龄，检查变量的内部一致性和合理性，采用WHO提供的Excel模板计算DALY值。若灾区洪水相关敏感性疾病的发病资料甚至死亡登记资料质量和数量不完整时，采用间接法计算DALY值。根据比较风险评估模型（comparative risk assessment，CRA），受灾人群按照受灾程度进行分层，获取各层暴露洪水后敏感性疾病的RR值，通过各层RR值估计不同暴露洪水程度的影响分值（impact fraction，IF），结合DALY值计算归因疾病负担（attributable burden）。

（李宜霏　曹明昆）

参考文献

班海群，张流波，2011. 我国洪涝灾害生活饮用水污染及肠道传染病流行特点［C］// 全国环境卫生学术年会. 2011年全国环境卫生学术年会论文集. 深圳：548-550.

陈新华，彭化生，朱明，2001. 洪涝灾害事件与脑血管病发病关系研究［J］. 中国神经精神疾病杂志，27（3）：217-218.

陈莹，尹义星，陈兴伟，2011. 19世纪末以来中国洪涝灾害变化及影响因素研究［J］. 自然资源学报，26（12）：2110-2120.

程慧健，唐音，熊小庆，等，2000. 1999年水灾后江西省传染病疫情特点［J］. 疾病监测（10）：369-371.

付留杰，刘元东，唐功臣，等，2014. 洪涝灾害所致疾病的暴发流行因素及其防控［J］. 实用医药杂志（12）：1101-1102.

韩布新，王婷，黄河清，等，2009. 重大灾害后老年人心理状况研究进展［J］. 中国老年学杂志，029（012）：1543-1547.

侯贵书，华琦，2003. 灾难等重大事件后心理因素对心血管疾病发病机制的影响［J］. 首都医科大学学报（04）：493-495.

李桂忱，胡朝霞，1997. 暴雨洪涝灾害灾情级别及其空间分布 [J]. 中国减灾（02）：47-50.

李吉顺，徐乃璋，1995. 暴雨洪涝灾害灾情等级划分依据和减灾对策 [J]. 中国减灾（01）：36-39.

李洁，黄庆红，王晓，等，2003. 医学生心理健康状况的调查分析 [J]. 郴州医学高等专科学校学报（01）：31-32.

李虹雨，马龙，刘廷玺，等，2018. 基于标准化降水指数的内蒙古地区干旱时空变化特征 [J]. 水文，038（005）：47-51.

李硕颀，谭红专，李杏莉，等，2004. 洪灾对人群疾病影响的研究 [J]. 中华流行病学杂志（01）：44-47.

刘九夫，张建云，关铁生，2008. 20世纪我国暴雨和洪水极值的变化 [J]. 中国水利（02）：35-37.

栾荣生，2005. 流行病学研究原理与方法 [M]. 成都：四川大学出版社：63-71.

罗颖，胡武昌，吴红东，等，1999. 九江洪灾后610名受灾人员应激水平的调查报告 [J]. 九江医学（02）：31-32.

马玉宏，刘向萍，徐皓，等，2011. 抗洪救灾武警官兵皮肤病防治的做法与体会 [J]. 人民军医（09）：767-768.

门可佩，1998. 我国旱涝灾害的可公度性及其预测研究 [J]. 中国减灾（02）：16-20.

曾光，陈伟，张险峰，等，2005.1998年洪灾对湖北省传染病流行的影响 [J]. 实用预防医学（02）：249-252.

翟盘茂，潘晓华，2003. 中国北方近50年温度和降水极端事件变化 [J]. 地理学报，058（增刊1）：1-10.

詹思延，2017. 流行病学 [M]. 北京：人民卫生出版社：52-56.

张斐斐，2017. 四川省2005~2012年暴雨洪涝及气象因素致流行性乙型脑炎短期效应研究 [D]. 济南：山东大学.

张辉，许新宜，张磊，等，2011. 2000~2010年我国洪涝灾害损失综合评估及其成因分析 [J]. 水利经济，29（05）：5-9.

周国甫，2000. 洪涝灾害后急性传染病发病特点及防治对策探讨 [J]. 湖北预防医学杂志（S1）：72-73.

BEI B，BRYANT C，GILSON K M，et al.，2013. A prospective study of the impact of floods on the mental and physical health of older adults [J]. Aging Ment Health，17（8）：992-1002.

BONACCORSO B，BORDI I，CANCELLIERE A，et al.，2003. Spatial variability of drought: an analysis of the SPI in Sicily [J]. Water resources management，17（4）：273-296.

BROCK R L，O'HARA M W，HART K J，et al.，2015. Peritraumatic distress mediates the effect of severity of disaster exposure on perinatal depression: the Iowa flood study [J]. J Trauma Stress，28（6）：515-522.

DING G Y，ZHANG Y，GAO L，et al.，2013. Quantitative analysis of burden of infectious diarrhea associated with floods in northwest of Anhui Province，China: a mixed method evaluation [J]. PLoS one，8（6）：e65112.

JOSHI P C，KAUSHAL S，ARIBAM B S，et al.，2011. Recurrent floods and prevalence of diarrhea among under five children: observations from Bahraich district, Uttar Pradesh, India [J]. Glob health action: 4.

LIU A Z, TAN H Z, ZHOU J, et al., 2006. An epidemiologic study of posttraumatic stress disorder in flood victims in Hunan China [J]. Can J Psychiatry, 51 (6): 350-354.

MARCOS R, LLASAT M C, QUINTANA-SEGUÍP, et al., 2017. Seasonal predictability of water resources in a Mediterranean freshwater reservoir and assessment of its utility for end-users [J]. Sci Total Environ, 575: 681-691.

NERIA Y, DIGRANDE L, ADAMS B G, 2011. Posttraumatic stress disorder following the September 11, 2001, terrorist attacks: a review of the literature among highly exposed populations [J]. Am Psychol, 66 (6): 429-446.

NI W, DING G Y, LI Y F, et al., 2014a. Impacts of floods on dysentery in Xinxiang City, China, during 2004-2010: a time-series Poisson analysis [J]. Glob Health Action (7): 23904.

NI W, DING G Y, LI Y F, et al., 2014b. Effects of the floods on dysentery in north central region of Henan Province, China from 2004 to 2009 [J]. J Infect, 69 (5): 430-439.

OMAMA S, YOSHIDA Y, OGASAWARA K, et al., 2014. Extent of flood damage increased cerebrovascular disease incidences in Iwate prefecture after the great East Japan earthquake and tsunami of 2011 [J]. Cerebrovasc Dis, 37 (6): 451-459.

PENG M N, LIU A Z, ZHOU J, et al., 2011. Association between posttraumatic stress disorder and preflood behavioral characteristics among children aged 7-15 years in Hunan, China [J]. Med Princ Pract, 20 (4): 336-340.

PRADUTKANCHANA J, PRADUTKANCHANA S, KEMAPANMANUS M, et al., 2003. The etiology of acute pyrexia of unknown origin in children after a flood [J]. Southeast Asian J Trop Med Public Health, 34 (1): 175-178.

SAMMY I, 2005. Emergency rooms differ in the detail [J]. Emerg Med J, 22 (5): 391.

SCHWARTZ B S, HARRIS J B, KHAN A I, et al., 2006. Diarrheal epidemics in Dhaka, Bangladesh, during three consecutive floods: 1988, 1998, and 2004 [J]. Am J Trop Med Hyg, 74 (6): 1067-1073.

SIDLEY P, 2000. Malaria epidemic expected in Mozambique [J]. BMJ, 320 (7236): 669.

SINGH R B, HALES S, DE WET N, et al., 2001. The influence of climate variation and change on diarrheal disease in the Pacific Islands [J]. Environmental health perspectives, 109 (2): 155-159.

SUKRI N C, LARAS K, WANDRA T, et al., 2003. Transmission of epidemic dengue hemorrhagic fever in easternmost Indonesia [J]. Am J Trop Med Hyg, 68 (5): 529-535.

TELLES S, SINGH N, JOSHI M, 2009. Risk of posttraumatic stress disorder and depression in survivors of the floods in Bihar, India [J]. Indian J Med Sci, 63 (8): 330-334.

WARRAICH H, ZAIDI A K, PATEL K, 2011. Floods in Pakistan: a public health crisis [J]. Bull World Health Organ, 89 (3): 236-237.

ZAKI S A, SHANBAG P, 2010. Clinical manifestations of dengue and leptospirosis in children in Mumbai: an observational study [J]. Infection, 38 (4): 285-291.

第三章
热带气旋及其影响的研究现状及进展

　　热带气旋是危害人类最严重的自然灾害之一。在全球变暖的背景下，热带气旋发生的频率和强度均将有所增加，所带来的最大平均风速和降雨量也可能增大。据估计，目前全球约有11.5亿人居住在热带气旋的生成源地，暴露于热带气旋的年平均人口从1970年的7 300万人上升至2010年的12 300万人，到2030年将增加11.6%。热带气旋对地球大气的能量和水汽输送具有重要意义，但是它通常会对航运、基础设施、人类活动等造成重大破坏并带来人员伤亡，热带气旋暴露增加无疑将会加大对社会经济发展和人类健康的影响，揭示热带气旋的发生、发展和分布规律，完善热带气旋影响评估的研究方法将为增强人们对热带气旋适应性以及制定应对策略和措施提供一定的理论支持。

第一节　概　述

一、热带气旋的概念与分级

　　在我国，人们对"台风"比较熟悉，在古代就有关于台风及其成灾的记载，但对"热带气旋"这一名称则比较陌生。美国G.D.阿特金森所著、中国科学院大气物理研究所翻译的《热带天气预告手册》一书中，将热带气旋定义为：在热带或副热带洋面任一高度上发展、不具锋面的天气尺度、具有一定形式环流（即风场）的气旋。1974年，世界气象组织第一（非洲）区协西南印度洋热带气旋委员会审议了适应于所有热带地区的气旋定义，规定："热带气旋起源于热带，为直径较小的气旋（数百千米），其最低地面气压通常都低于1 000毫巴，并伴有强风暴雨，有时伴有雷暴。它包含一个中心区，即风暴'眼'，其直径为数十千米，伴有轻风，天空少云。"

　　我国从1989年1月1日起使用国际气象组织台风委员会规定的热带气旋名称和等级标准，将热带气旋划分为热带低压、热带风暴、强热带风暴和台风四个等级。目前采用的是中国气象局2006年发布的热带气旋等级标准（GB/T 19201–2006），定义热带气旋为生成于热带或副热带洋面上，具有有组织的对流和确定的气旋性环流的非锋面性涡旋的统称。热带气旋以底层中心附近最大平均风速为标准划分为六个等级，分别是：热带低压（tropical depression，TD），中心附近最大平均风力为6～7级（风速为10.8～17.1m/s）；热带风暴（tropical storm，TS），中心附近最大平均风力为8～9级（风速为17.2～24.4m/s）；强热带风暴（severe tropical storm，STS），中心附近最大平均风力为10～11级（风速为24.5～32.6m/s）；台风（typhoon，TY），底层中心附近最大平均风力为12～13级（风速为

32.7~41.4m/s）；强台风（severe typhoon，STY），底层中心附近最大平均风力为14~15级（风速为41.5~50.9m/s）；超强台风（super typhoon，Super TY），底层中心附近最大平均风力为16级或以上（风速 ≥ 51.0m/s）。

　　全球的热带气旋主要发生在8个海域——西北太平洋、东北太平洋、北大西洋、孟加拉湾、阿拉伯海、西南太平洋、南印度洋西部和南印度洋东部，由于发生地和影响地区的不同热带气旋具有不同的分级标准和名称。例如，对于底层中心风力达到12级以上（风速 ≥ 32.7m/s）的热带气旋，一般把发生在西北太平洋和南海海域的称之为台风，发生在北大西洋、加勒比海、墨西哥湾和北太平洋东部等海域的称之为飓风，发生在印度洋、孟加拉湾以及阿拉伯海海域的则称之为气旋或气旋性风暴，发生在南半球洋面的称之为热带气旋或强热带气旋（申锦玉 等，2007）。

　　为了便于区别和预防，我国每年对赤道以北、东经180°以西的西北太平洋和南海海面上出现的中心附近最大平均风力达到8级或以上的热带气旋，按照其生成的先后次序进行编号，以后强度升级，编号不变。编号用4位数码，前两位数码表示年份，后两位数码表示出现的先后次序，如"9711"就表示1997年出现的第11个达到编号标准的热带气旋。热带气旋的命名是根据其出现的先后依次循环使用命名表中的名称。热带气旋命名表是由联合国亚洲及太平洋经济社会委员会（U.N. Economic and Social Commission for Asia and the Pacific，ESCAP，简称"亚太经社会"）和世界气象组织（WMO）台风委员会制定的，从2000年1月1日生效至今，共经历了9次变更，最新变更的命名表从2018年1月1日起开始执行（表3-1）。

表3-1　热带气旋命名表（2018年1月1日起执行）

第1列		第2列		第3列		第4列		第5列		名称来源
英文名	中文名	英文名	中文名	英文名	中文名	英文名	中文名	英文名	中文名	
Damrey	达维	Kong-rey	康妮	Nakri	娜基莉	Krovanh	科罗旺	Trases	翠丝	柬埔寨
Haikui	海葵	Yutu	玉兔	Fengshen	风神	Dujuan	杜鹃	Mulan	木兰	中国
Kirogi	鸿雁	Toraji	桃芝	Kalmaegi	海鸥	Surigae	舒力基	Meari	米雷	朝鲜
Kai-tak	启德	Man-yi	万宜	Fung-wong	凤凰	Choi-wan	彩云	Ma-on	马鞍	中国香港
Tembin	天秤	Usagi	天兔	Kanmuri	北冕	Koguma	小熊	Tokage	蝎虎	日本
Bolaven	布拉万	Pabuk	帕布	Phanfone	巴蓬	Champi	蔷琵	Hinnamnor	轩岚诺	老挝
Sanba	三巴	Wutip	蝴蝶	Vongfong	黄蜂	In-Fa	烟花	Muifa	梅花	中国澳门
Jelawat	杰拉华	Sepat	圣帕	Nuri	鹦鹉	Cempaka	查帕卡	Merbok	苗柏	马来西亚
Ewiniar	艾云尼	Mun	木恩	Sinlaku	森拉克	Nepartak	尼伯特	Nanmadol	南玛都	密克罗尼西亚
Maliksi	马力斯	Danas	丹娜丝	Hagupit	黑格比	Lupit	卢碧	Talas	塔拉斯	菲律宾
Gaemi	格美	Nari	百合	Jangmi	蔷薇	Mirinae	银河	Noru	奥鹿	韩国
Prapiroon	派比安	Wipha	韦帕	Mekkhala	米克拉	Nida	妮妲	Kulap	玫瑰	泰国
Maria	玛利亚	Francisco	范斯高	Higos	海高斯	Omais	奥麦斯	Roke	洛克	美国

（续表）

第1列		第2列		第3列		第4列		第5列		名称
英文名	中文名	英文名	中文名	英文名	中文名	英文名	中文名	英文名	中文名	来源
Son-Tinh	山神	Lekima	利奇马	Bavi	巴威	Conson	康森	Sonca	桑卡	越南
Ampil	安比	Krosa	罗莎	Maysak	美莎克	Chanthu	灿都	Nesat	纳沙	柬埔寨
Wukong	悟空	Bailu	白鹿	Haishen	海神	Dianmu	电母	Haitang	海棠	中国
Jongdari	云雀	Podul	杨柳	Noul	红霞	Mindulle	蒲公英	Nalgae	尼格	朝鲜
Shanshan	珊珊	Lingling	玲玲	Dolphin	白海豚	Lionrock	狮子山	Banyan	榕树	中国香港
Yagi	摩羯	Kajiki	剑鱼	Kujira	鲸鱼	Kompasu	圆规	Hato	天鸽	日本
Leepi	丽琵	Faxai	法茜	Chan-hom	灿鸿	Namtheun	南川	Pakhar	帕卡	老挝
Bebinca	贝碧嘉	Peipah	琵琶	Linfa	莲花	Malou	玛瑙	Sanvu	珊瑚	中国澳门
Rumbia	温比亚	Tapah	塔巴	Nangka	浪卡	Nyatoh	妮亚图	Mawar	玛娃	马来西亚
Soulik	苏力	Mitag	米娜	Saudel	沙德尔	Rai	雷伊	Guchol	古超	密克罗尼西亚
Cimaron	西马仑	Hagibis	海贝思	Molave	莫拉菲	Malakas	马勒卡	Talim	泰利	菲律宾
Jebi	飞燕	Neoguri	浣熊	Goni	天鹅	Megi	鲇鱼	Doksuri	杜苏芮	韩国
Mangkhut	山竹	Bualoi	博罗依	Atsani	艾莎尼	Chaba	暹芭	Khanun	卡努	泰国
Barijat	百里嘉	Matmo	麦德姆	Etau	艾涛	Aere	艾利	Lan	兰恩	美国
Trami	潭美	Halong	夏浪	Vamco	环高	Songda	桑达	Saola	苏拉	越南

二、热带气旋的成因与致灾因子

近20年来，随着观测手段和数值模拟条件的提高，研究者对热带气旋的生成机制已做了大量探索研究，但是由于热带洋面上观测资料的稀缺和热带气旋发生、发展的复杂性，该机制目前仍未被完全了解。热带气旋的生成和发展需要巨大的能量，因此它形成于高温、高湿和其他气象条件合适的热带洋面。

20世纪70年代末，Gray（1968）对全球热带气旋的发生、发展进行系统研究，发现热带气旋的生成与以下六个因子有关：① 海水的表面温度不低于26.5 ℃，且水深不低于50米，这个温度的海水导致上层大气非常不稳定，因此能维持对流和雷暴；② 大气温度随高度的增高而迅速降低，这将使潜热被释放，而这些潜热是热带气旋的能量来源；③ 潮湿的空气，尤其在对流层中下层的湿润空气，大气湿润有利于天气扰动的形成；④ 热带气旋必须在离赤道超过五个纬度的地区生成，否则科里奥利力的强度不足以使吹向低压中心的风偏转并围绕其转动，环流中心便不能形成；⑤ 不强的垂直风切变，如果垂直风切变过强，热带气旋对流的发展会被阻碍，使其正反馈机制不能启动；⑥ 一个预先存在且拥有环流及低压中心的天气扰动。

热带气旋也可能在上述六个因子不完全具备的情况下生成。同时，热带气旋的生成还受气候变化和季内动荡、东风波、热带云团等扰动源的影响。热带气旋生成后的移动路径与副热带高压、西风槽等因子在内的环境流场、海面和大气温度场、地形及热带气旋本身的结构和强度等有关，其移动路径大致可分为西移路径、西北移路径、转向路径和特殊路径（如蛇形、停滞、打转等）四种。

尽管适宜的热带气旋降雨可缓解干旱地区的旱情，大风可吹散高污染区的污染物，但热带气旋通常会带来巨大的破坏，是地球上气象灾害破坏性最大的一种天气系统。据粗略统计，全球一次造成死亡人数达5 000人以上的热带气旋灾害至少有22次，其中死亡人数超过10万人的至少有8次。一个中等强度的热带气旋所蕴含的能量相当于20颗百万吨原子弹爆炸所释放的能量，并以狂风、暴雨和风暴潮的形式释放出来。因此，热带气旋的致灾因子主要是狂风、暴雨和风暴潮。

狂风：热带气旋中心附近的风速常达40~60m/s，有的可达100m/s以上，且引起巨浪。热带气旋登陆前，狂风卷起巨浪，可造成海上作业船翻人亡，还往往给海上工程、海上运输、海上军事活动及海洋渔业带来灾害性影响。热带气旋一旦登陆，可摧毁电讯、电力设施，吹倒建筑物，拔起大树，造成严重的人畜伤亡和财产损失。

暴雨：通常一个热带气旋经过时可带来150~300mm的降水，有时甚至带来超过1 000mm的强降水，以致造成洪涝灾害，淹没农田、村庄，冲毁道路、桥梁等，同时还可诱发泥石流、山体滑坡、水土流失等地质灾害，波及范围广，来势凶猛，破坏性大。

风暴潮：热带气旋移近陆地或登陆时，由于其中心气压很低及强风可使沿岸海水暴涨，形成风暴潮。风暴潮具有来势猛、速度快、强度大、破坏力强的特点。风暴潮除造成人畜伤亡、淹没沿岸田舍、毁坏港口设施等直接灾害外，还可引起众多次生灾害，如海岸侵蚀，海水倒灌导致土地盐渍化，沿海地区淡水资源被污染影响人畜饮用，破坏盐场及海水养殖业等。

三、近60年来我国热带气旋的时空分布特征

（一）时间分布特征

1951~2010年登陆我国的热带气旋总数为542个（共登陆712次），平均每年登陆9.03个，其中达到台风等级的有199个，年平均3.32个，占登陆热带气旋总数的36.72%。登陆我国的热带气旋频数的年代际变化总体呈下降趋势（表3-2），其中，20世纪50年代登陆热带气旋最多，60年代台风登陆频数最多，70年代登陆热带气旋最少，80年代以来热带低压和强热带风暴登陆总数呈下降趋势，热带风暴、台风和强台风登陆总数呈上升趋势。各年代登陆我国的热带气旋频数虽然有所减少，但强度有所增强。

表3-2 1951~2010年各年代登陆我国的热带气旋频数

年代	热带气旋	热带低压	热带风暴	强热带风暴	台风	强台风	超强台风
1951~1960	96	38	11	15	32	0	0
1961~1970	95	22	16	13	44	0	0
1971~1980	89	15	17	31	21	2	3
1981~1990	94	24	10	32	22	5	1
1991~2000	82	17	11	26	23	5	0
2001~2010	86	11	19	15	25	14	2
合计	542	127	84	132	167	26	6

1951～2010年登陆我国的热带气旋频数（图3-1）呈下降趋势，其中，1953年是热带气旋登陆最多的一年，1982年最少，仅有4个热带气旋登陆。1997年以来登陆我国的热带气旋频数与之前相比明显减少，但登陆总频次的变化不明显，说明平均每个热带气旋登陆次数有所上升。根据各等级热带气旋登陆频次的分布（图3-2）也可看出，近年来登陆我国的热带气旋中等级较高的登陆频次增多，其中热带风暴和强台风的上升趋势尤为明显，并分别于2009年和2005年达到高峰。

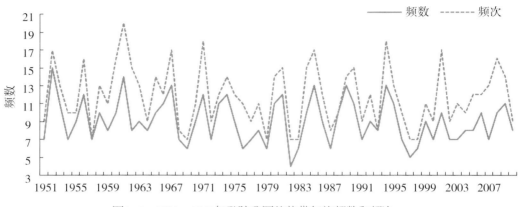

图3-1　1951～2010年登陆我国的热带气旋频数和频次

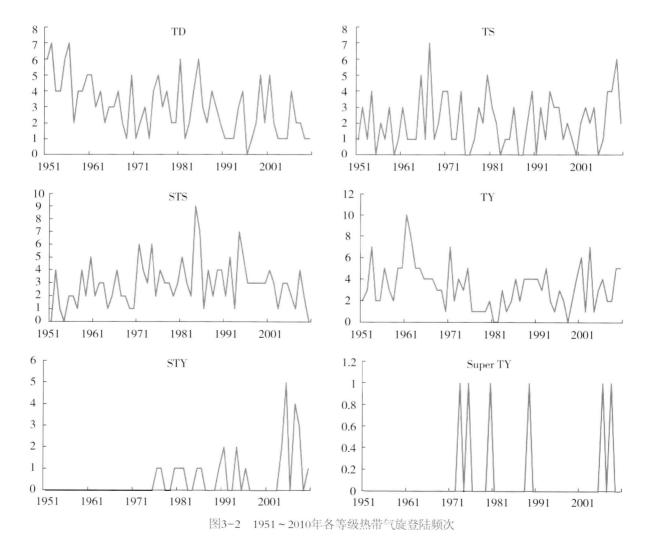

图3-2　1951～2010年各等级热带气旋登陆频次

登陆我国的热带气旋频数的季节分布呈钟形（图3-3），具有明显的季节特点，表现为夏季多、冬季少，6～10月是我国热带气旋登陆较为集中的月份，共有507个热带气旋登陆，占全年登陆热带气旋总数的93.54%。由表3-3可知，1951～2010年我国热带气旋初始登陆时间平均为6月27日，最早在4月18日（2008年），最晚在8月4日（1998年）；末次登陆时间平均为10月7日，最早在8月9日（2006年），最晚在12月4日（2004年）。

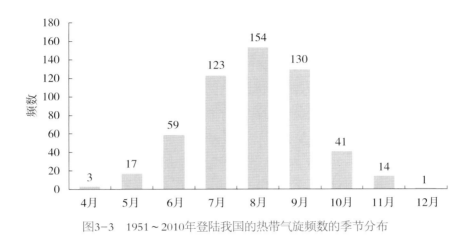

图3-3 1951～2010年登陆我国的热带气旋频数的季节分布

表3-3 1951～2010年热带气旋登陆平均数及初登、末登时间

	4月	5月	6月	7月	8月	9月	10月	11月	12月	初登时间	末登时间
1951～2010年平均	0.02	0.17	0.58	1.90	1.92	1.88	0.53	0.17	0.03	6月27日	10月7日
最多（早）	1	2	3	5	5	5	2	2	1	4月18日	8月9日
最少（晚）	0	0	0	0	0	0	0	0	0	8月4日	12月4日

（二）空间分布特征

中国濒临西北太平洋，是世界上受热带气旋影响最严重的国家之一，从海南到辽宁，我国广阔的海岸线上均可能有热带气旋登陆。由表3-4可以看出，登陆我国的热带气旋具有明显的地域性特点，即东南沿海（桂、粤、琼、闽、台、浙）一带是热带气旋登陆的集中区域，共登陆665次（包括首次登陆和再次登陆），占全国登陆总数的93.14%，其中，登陆次数位于前四位的省份分别是广东、海南、台湾和福建。根据1951～2010年我国热带气旋登陆地点的分布可以看出，4～6月热带气旋的登陆地点只分布在华南沿海，7～9月扩大到全国沿海，10月收缩到长江口以南沿海，11月缩小到广东、台湾、福建、海南四省，12月只在广东省偶有登陆。

热带气旋主要影响区域在我国的东南沿海地区，根据热带气旋潜在影响力指数将热带气旋影响区域划分为5个等级（尹宜舟 等，2011）：第一级为受热带气旋影响最严重的区域，主要分布在我国台湾地区；第二级为海南全省、广东沿海、福建沿海、浙江南部沿海地区，这是我国大陆受热带气旋影响最严重的区域；第三级主要分布在广西东南部、广东北部、福建中西部、浙江、上海等地；第四级主要分布在广西北部、湖南南部、江西、安徽、江苏、山东半岛、辽东半岛等地；第五级主要分布在云南东南部、贵州、湖南北部、河南、山东西部、河北、北京、天津、内蒙古的东部、辽宁中北部、吉林等地。

表3-4　1951~2010年我国热带气旋的登陆地点

地区	4月	5月	6月	7月	8月	9月	10月	11月	12月	合计
广东	1	6	30	55	57	50	17	7	0	223
海南	3	7	15	19	37	36	17	7	0	141
台湾	0	3	11	31	39	32	5	3	1	125
福建	0	0	6	24	43	26	5	0	0	104
浙江	0	1	0	11	16	9	2	0	0	39
广西	1	3	4	8	7	8	2	0	0	33
山东	0	0	0	9	7	0	0	0	0	16
辽宁	0	0	0	4	7	1	0	0	0	12
香港	0	1	3	2	4	2	0	0	0	12
江苏	0	0	0	0	4	0	0	0	0	4
上海	0	0	0	1	1	2	0	0	0	4
天津	0	0	0	1	0	0	0	0	0	1
合计	5	21	69	165	222	166	48	17	1	714

第二节　热带气旋的影响

热带气旋灾害是对社会经济发展和人民生命财产安全威胁最大的自然灾害之一。海洋表面温度的升高可能导致热带气旋强度的增加，有研究表明，在全球变暖的背景下，若至2050年前后西北太平洋海表温度升高1℃，则我国年平均登陆热带气旋总数将比现在增加65%，其中，年平均登陆台风数将可能增加58%左右。同时，随着人口增长和社会经济发展，人们对热带气旋的暴露度和脆弱性不断增加，热带气旋给社会经济发展和人们健康带来的影响也不断增大。热带气旋的影响主要是由其带来的风、雨、潮及其引发的灾害链造成的，具有发生频次高、范围广、程度重等特点以及显著的地域性和季节性特征。

一、热带气旋对社会经济发展的影响

（一）热带气旋灾害造成的损失

热带气旋灾害的严重程度与致灾因子、承灾体暴露度、孕灾环境危险性以及防灾减灾能力等有关，其所造成的损失评估主要采用直接经济损失、农作物受灾面积、死亡人口、受灾人口和倒塌房屋数量等指标。由表3-5可以看出，2004~2013年，热带气旋灾害造成的农作物受灾面积、死亡人口和倒塌房屋数量均比上个十年（1994~2003年）显著减少，虽然直接经济损失的绝对值增加，但是直接经济损失占国内生产总值（GDP）的百分比（0.16%）比上个十年（0.6%）大幅度减少，这与我国经济社会发展和防灾减灾能力提高有关（赵珊珊 等，2015）。

表3-5　2004～2013年我国热带气旋灾害平均损失与1994～2003年对比

年份/年	直接经济损失/亿元	农作物受灾面积/万公顷	死亡人口/人	倒塌房屋/万间
1994～2003	400.0	321.9	478	36.5
2004～2013	447.8	222.0	290	16.9
近10年与上个10年差值（%）	47.8（12.0%）	-99.9（-31.0%）	-188（-39.3%）	-19.6（-53.7%）

（二）热带气旋对农业的影响

登陆我国的热带气旋主要集中在6～10月，这段时间正是农作物生长、成熟的季节，热带气旋不仅直接毁坏农作物生长，还会改变登陆区域的田间小环境，导致病虫害流行蔓延，更大范围地危害农作物。2005～2015年，我国因台风造成的损失达900多亿，其中农业损失占12.8%（侯晓梅 等，2015）[63]。热带气旋降雨可引起洪涝灾害，以及泥石流、山崩、滑坡和水土流失等次生灾害，导致农业耕地的土壤质量下降，影响农作物生长。热带气旋大风使各个生长期的农作物倒伏，导致其减产甚至绝收。热带气旋引起的风暴潮还会引起海水倒灌，导致耕地的土壤含盐量升高，土地盐碱化，不利于农作物生长。2006年，我国华南和长江中下游地区多次受台风引起的大风、暴雨的影响，稻飞虱、稻瘟病和稻纵卷叶螟等病虫害发生面积达9 300万公顷（郭勤 等，2015）[209]。尽管如此，热带气旋也有其有利的一面，它可以为干旱地区带来充沛的降水，缓解旱情，湿润气候，改善局地环境，如2006年台风"珍珠"引起浙江省温州市洞头区降雨量达109.7mm，极大地缓解了洞头区的旱情（郭勤 等，2015）[211]。

（三）热带气旋对渔业的影响

热带气旋登陆次数与渔业损失程度呈显著正相关。沿海地区是我国受热带气旋影响最大的区域，而渔业是沿海地区的支柱产业和基础产业，因此，热带气旋的登陆严重制约了沿海地区渔业的发展。热带气旋灾害给渔业带来的损失主要表现在大风、巨浪、风暴潮等对渔船等的破坏，渔业养殖投入大、周期长、不易转移等特点导致养殖受损严重。2013年，在广东省登陆的超强台风"尤特"带来的渔业损失高达29.3亿元（侯晓梅 等，2015）[63]。

（四）热带气旋对生态环境的影响

热带气旋对生态系统的影响也是生态学家关注的一个热点。热带气旋带来的大风可将森林树木连根拔起，严重破坏园林绿化景观，致使其修复缓慢，进而影响森林景观、碳氮循环、水文系统等。大风引起的巨浪还可使大型浅水湖水体悬浮物增加和富营养化，影响藻类生长。热带气旋引起的风暴潮导致海水入侵或倒灌，导致土壤盐渍化程度加重，影响植被和树木的生长，其所带来的大量降水引起的滑坡、泥石流、水土流失等也对生态系统平衡造成重大影响（侯晓梅 等，2015）[64]。

此外，热带气旋灾害还会对沿海基础设施、电网运行、输电线路以及水利水电基础设施、旅游业等造成不同程度的影响。

二、热带气旋对生理健康的影响

热带气旋是严重威胁人类健康的极端天气事件之一，其对人群健康具有多重影响，但以负面影响为主。除了热带气旋本身带来的狂风、暴雨和风暴潮直接造成人员伤亡外，还可通过损毁住所和健康服务设施、人口迁移、水源污染、粮食减产（导致饥饿和营养不良）等间接影响人群健康，导致死亡率、伤残率和传染病发病率的增加。

（一）热带气旋对传染性疾病的影响

1.肠道传染病

（1）霍乱

登陆的热带气旋通常可导致降水量的大量增加，引发洪水，破坏甚至摧毁受影响地区的地下排水、供水系统以及卫生基础设施，引起受灾地区的水质恶化和饮用水短缺，这些都为霍乱的发生和流行创造了条件。同时，海洋浮游动植物是霍乱弧菌的天然储存库，随着全球变暖，沿海和江河入海口水温升高，导致海藻大量繁殖，促进霍乱的流行。不论是发达国家还是发展中国家，均有台风引起霍乱暴发的相关报告。例如：2009年旋风"AILA"导致印度霍乱弧菌的暴发（Panda et al.，2015）；2005年飓风"Katrina"导致美国因灾迁移人群中霍乱的发生（Palacio et al.，2005）；Khan等（2017）研究显示，台风过后海地西南地区的霍乱疫情发生风险一直相对较高。

（2）细菌性痢疾

近年来，我国关于热带气旋对细菌性痢疾影响的研究主要集中在受热带气旋影响较严重的广东省和浙江省，但研究结果存在地域性差异。2009年，15号台风"巨爵"在广东省台山市登陆，导致13人死亡，6人失踪，直接经济损失达23.93亿元（Wang et al.，2015）。此次台风对广东省细菌性痢疾的影响无统计学意义。2005～2011年，在广东省受热带气旋影响的地区，细菌性痢疾也不是在广东省登陆的热带气旋相关的敏感性传染病（Kang et al.，2015）。但在2005～2011年浙江省登陆的热带气旋中，台风和热带风暴均可增加细菌性痢疾的发病风险，且具有一定的滞后效应，最大效应值分别出现在滞后第6天（OR = 2.30，95% CI：1.81～2.93）和第2天（OR = 2.47，95% CI：1.41～24.33）（Deng et al.，2015）[1060]。同时，热带气旋带来的大量降水，特别是日降水量达25～50mm的降水，是导致细菌性痢疾发病风险增加的重要影响因素。

（3）伤寒和副伤寒

在1979年飓风"David"和"Fredrick"登陆多米尼加共和国5个月后，伤寒和副伤寒的发病数增多，部分原因可能是由于受登陆热带气旋袭击的人群长期居住在比较拥挤的住所，卫生设施缺乏，食物和水源被污染，以及人群机体免疫力下降，从而增加了人们对疾病的易感性（Bissell，1983）。2005～2011年，广东省受登陆的19次热带气旋影响的地区，伤寒和副伤寒发病的周数据在热带气旋登陆前后的差异无统计学意义（荀换苗，2015）[26]。国内外关于热带气旋对伤寒和副伤寒影响的不同可能与研究地区的不同有关。

（4）其他感染性腹泻

2005～2011年，广东省和浙江省受登陆热带气旋影响的地区及热带气旋登陆的地区，各等级热带气旋均可增加全人群和高危人群其他感染性腹泻的发病风险，且对高危人群的影响高于全人群。校正各种气象因素后，广东省热带低压、热带风暴、强热带风暴和台风及以上等级热带气旋登陆使得其他感染性腹泻的发病风险上升，分别是对照期的1.91、2.16、2.43和2.21倍，除热带低压的影响滞后1天外，其余等级热带气旋的影响均无滞后效应（荀换苗，2015）[50]。在浙江省受热带气旋影响的地区，热带风暴和台风对其他感染性腹泻影响的最大效应值分别滞后6天（OR = 2.46，95% CI：1.69～3.56）

和5天（OR = 3.56，95% CI：2.98～4.25）（Deng et al.，2015）[1061]。在韩国，台风登陆使全人群和65岁以上老年人其他感染性腹泻的发病风险分别增加6.9%和12.2%，而且不存在滞后效应（Kim et al.，2013）。因此，各等级热带气旋对不同地区其他感染性腹泻的影响基本一致，但滞后效应可能有所差异。

（5）手足口病

我国于1981年首次报道了手足口病，之后，手足口病的传播范围迅速扩大至十几个省份。手足口病是由多种肠道病毒引起的，是以婴幼儿发病为主的肠道传染病，传播途径广，可经呼吸道、消化道和接触传播。对广东省2008～2011年的数据分析发现，热带低压对手足口病发病的影响无统计学意义，热带风暴及以上等级热带气旋均可使全人群手足口病发病风险增加，并且强热带风暴及以上等级热带气旋对手足口病的影响（OR = 2.36，95% CI：1.85～3.49）明显高于热带风暴（OR = 1.87，95% CI：1.56～2.24），均无滞后效应，但是热带风暴和强热带风暴及以上等级热带气旋对0～5岁手足口病高危人群影响的最大效应值分别在滞后7天（OR = 2.46，95% CI：2.13～2.84）和滞后3天（OR = 2.52，95% CI：2.04～3.13）（荀换苗，2015）[56]。手足口病发病与气压、风速和湿度等气象因素有关：气压每升高1hPa，手足口病周发病数降低7.53%；剔除平均气温的影响，风速每增加1m/s，手足口病周发病数增加2.18%；相对湿度每增加1%，手足口病周发病数将增加1.48%（Li et al.，2014）。热带气旋的登陆常伴随大风和降雨，天气系统呈现低气压、低温、日照少、湿度大、风速大等特点，可使手足口病发病风险增加。

2. 呼吸道传染病

热带气旋相关的呼吸道传染病包括麻疹、风疹、流行性腮腺炎和水痘等。在我国的不同省份，热带气旋对流行性腮腺炎的影响不同，具有地域性差异。在有些地区，台风可能引起流行性腮腺炎发病数的增加。2005～2013年，广州市流行性腮腺炎每年病例期（台风期及后续3天）与对照期相比均存在超额发病数，其中发病数增多具有统计学意义的年份分别为2006年、2008年和2010～2012年，可能是由于热带气旋登陆引起的大风、高湿和低气压等气候特点为病毒的生存和传播创造了适宜的条件，同时，天气骤变导致人体免疫力下降，热带气旋的登陆使人们长期处于通风不良的室内，从而进一步增加了传染病发病的风险。然而，在2006～2010年浙江省热带气旋登陆的地区，流行性腮腺炎周发病数在热带风暴登陆前后差异无统计学意义，但是台风登陆后5周流行性腮腺炎的发病数较登陆前减少，可能与台风强度大，所带来的大风稀释了空气中病毒的浓度有关（康瑞华 等，2015）。目前，关于热带气旋对麻疹、风疹和水痘等呼吸道传染病影响的研究则较少。

3. 自然疫源性和虫媒传染病

（1）钩体病

自然疫源性疾病的传播媒介和中间宿主的地区分布及数量取决于各种气象因素（如温度、湿度、雨量、地表水及风等）和生物因素（如宿主种类、病原体变异及人类干预），因此，登陆热带气旋带来的强降雨可影响自然疫源性疾病如钩体病的传播。台风导致的洪涝灾害促进了动物尿液渗入土壤或挥发，使得钩端螺旋体在水中或淤泥中生存繁殖。人群可通过破损的皮肤或黏膜接触被动物尿液污染从而携带钩端螺旋体的水、食物和土壤等，从而感染钩体病。2001年，台风"Nali"引发的洪水导致台湾地区钩体病的发病风险增加乃至疾病的暴发（Yang et al.，2005）。2009年，台风"Morakot"登陆台湾地区后，钩体病发病数增多，且高于2006～2008年同期（Su et al.，2009）[1323]。

（2）疟疾和登革热

全球变暖导致的热带气旋等极端天气事件会触发某些虫媒传染病的暴发流行，特别是疟疾和登革热。当前虫媒传染病的三大流行趋势是：新的病种不断被发现，原有的流行区域不断扩展，疾病流行的频率不断增强。疟疾和登革热均通过被寄生虫或病毒感染的蚊子叮咬传播给人类。登革热呈季节性流行，通常发生在温度较高和湿度较大的天气情况下，雨量增加可影响媒介密度和登革热的传播机会。台风带来的降雨形成的积水给蚊子提供了良好的滋生地，同时，台风过后人群拥挤及环境暴露增加使得人们感染疟疾和登革热的机会增加。

台风或飓风等极端天气事件所带来的大量降水与登革热和疟疾的发病相关且有几周的滞后效应（Hsieh et al.，2009）。2001年，古巴哈瓦那12 889例登革热的流行呈现先下降后升高的趋势，而台风"Michelle"恰好在转折点相应的日期登陆，之后便出现了更为严重和更长时间的登革热流行（Hsieh et al.，2013）。这表明尽管台风"Michelle"不是造成登革热流行的直接原因，但对登革热的流行起到了促进作用。1963年，飓风"Flora"袭击海地，导致75 000多例恶性疟疾暴发。1998年，飓风"Mitch"导致危地马拉和洪都拉斯登革热患病率显著上升，在危地马拉和尼加拉瓜还出现了大量疟疾病例（Shultz et al.，2005）。2004年，台风"Jeanne"袭击海地，之后发现的116例发热患者中，有3例为疟疾感染，有2例为急性登革热感染（Beatty et al.，2007）。

（3）其他

2005年，飓风"Katrina"在美国路易斯安那州和密西西比州登陆，在受其直接影响的地区，西尼罗河病毒神经感染性疾病发病数较飓风登陆前有所增加，在100例西尼罗河病毒感染者中通常能发现1例西尼罗河神经感染性疾病病例，所以西尼罗河病毒神经感染性疾病的少量增加代表着西尼罗河病毒在人群中造成大规模人际传播。此外，热带气旋还可能与类鼻疽发病风险的上升有关：2009年，台风"Morakot"登陆台湾地区后，类鼻疽的发病数与2006～2008年相比明显增加，且具有统计学意义（Su et al.，2009）[1323]。

（二）热带气旋对非传染性疾病的影响

1. 导致伤亡

（1）导致各种伤害

随着海洋表面温度的升高，热带气旋发生的频率和强度不断增加，其所带来的强风暴雨可直接破坏甚至摧毁受影响地区的基础设施和卫生系统，增加受灾当地人群发生伤害的风险。热带气旋登陆后，因房屋倒塌、玻璃碎片、飘浮物碰撞、高空坠落等导致的各种伤害具有高致残率、高死亡率等特征。伤害的发生与热带气旋伴随的风速和降雨量息息相关，在风速最大时达到高峰（龚震宇 等，2005）。此外，伤害罹患率呈现男性高于女性的趋势，且随着年龄的增长显著上升，70岁以上的男性和50～59岁的女性罹患率最高。

（2）造成人员死亡

在过去的两个世纪里，全球因热带气旋约造成1 900万人死亡。1980～2009年，热带气旋共造成412 644人死亡，290 654人受伤，466 100万人受影响，并且伤亡主要集中在东南亚和太平洋西部等欠发达国家（Doocy et al.，2013）。在台风造成的死亡中，创伤相关的直接死亡不足4%，但是台风造成的心脏病（34%）、癌症（19%）、事故（9%）和糖尿病（5%）等导致的死亡占很大比例。研究显示，台风登陆后全死因死亡率的增加与心脏病、癌症和事故等导致的死亡相关，并具有统计学意义。其中，台风后事故死亡率增加，平均持续22天，心脏病和癌症死亡率升高均长达2个月（Mckinney et al.，2011）。在台风所致的直接伤亡中，硬物击伤病死率最高，达31%，其次为碰撞伤，达19%。1975~2009年，全国因台风所致的平均死亡率呈总体下降趋势，在台风高发的省份中，广东省、浙江省、福建省、海南省和广西壮族自治区以及低发省份中的山东省因台风所致的平均伤亡率变化趋势与全国一致，这可能与各省份防灾减灾力度的加强有关（亓倩 等，2015）。广州市是受热带气旋影响较大的城市，2008~2011年，台风导致广州市越秀区居民死亡率升高，而且由此造成的疾病负担男性高于女性，儿童和老年人高于其他人群，这可能与男性的台风暴露度以及儿童和老年人的脆弱性较高有关（王鑫 等，2015）。

2. 增加心血管系统疾病发病水平

2005年，飓风"Katrina"和"Rita"对美国新奥尔良市和佛罗里达东部海岸带来了灾难性破坏，在政府组织的撤离者中，至少25%~41%的人患有高血压（29%）、哮喘（12%）、糖尿病（9%）、冠心病（4.6%）等慢性疾病当中的一种，甚至有过心肌梗死（3%）或中风（2%）。美国疾病预防控制中心的研究报告指出，飓风登陆后的第10天为发病高峰期，而且慢性疾病占33%（Averhoff et al.，2006）。台风袭击后，糖尿病患者由于长期处于不适宜的环境中，会出现血糖控制不佳的情况，导致病人因糖尿病并发症而发病和死亡的危险性增加（Miller et al.，2008）。因此，在飓风发生后抗糖尿病药物的及时供应将会是一个重要的问题。1992年，佛罗里达州遭受飓风"Andrew"袭击后，就出现了胰岛素和注射器供应不足的情况。飓风对心血管疾病的影响具有长期效应。2005年发生的"Katrina"飓风是美国遭受的历史上最严重的飓风之一，造成直接经济损失800亿美元。急性心肌梗死发病率在飓风"Katrina"发生后2年内由0.71%升高至2.18%（Gautam et al.，2009）。为继续观察该飓风对心血管疾病的长期效应，Jiao等（2012）在飓风发生后3年对当地的急性心肌梗死人群进行回顾性队列研究，结果仍显示急性心肌梗死发病率由0.7%升高至2.0%，平均发病年龄也由飓风发生前的62岁下降至59岁，而且多数病人为男性。

3. 增加呼吸系统疾病和过敏性疾病的发病风险

热带气旋登陆所带来的降雨使受灾人群居住环境的室内湿度增加，更适宜真菌孢子、霉菌的生长繁殖，使其在空气中的浓度增大，进而造成过敏性疾病如枯草病、过敏性哮喘和其他呼吸系统疾病发病率的增加（Barbean et al.，2010）。台风可明显增加过敏性鼻炎和过敏性皮炎的发病风险，其效应值均在台风登陆后7天达到最大值，RR值分别为1.075和1.134。但是也有研究显示台风登陆后患有哮喘的门诊病人有所减少，这与其他研究结果不太一致，因此还需要进一步研究证实。

4. 影响其他非传染性疾病的发病和死亡

台风可增加恶性肿瘤的死亡率，且在受台风影响的地区，癌症新发病例的增加还会加重当地癌症疾病的负担（Ford et al.，2006）。同时，台风发生后，昆虫等各种动物咬伤的发病率也有所升高，这可能与环境危险因素暴露、增加有关（CDC，2000）。2013年，23号台风"Fitow"重创浙江省和上海市，其中杭州、余姚市受灾严重，其所导致的水灾前后腹泻、胃肠功能紊乱、皮肤感染和失眠病例分别较台风前增加了1.24、1.11、1.28和2.48倍（李小勇，2014）。

三、热带气旋对心理健康的影响

热带气旋不仅造成严重的人员伤亡和经济损失，而且给灾民带来了焦虑、沮丧、抑郁、创伤后应激障碍等严重的心理影响和精神伤害。

（一）创伤后应激障碍（PTSD）

PTSD为至少持续一个月的焦虑症候群，具有记忆再现、逃避、麻木和反应过激等特征，常伴随焦虑、抑郁、生活疏离感以及对家人、朋友和社会的不信任感。热带气旋对人类心理健康最主要的影响就是PTSD。目前，针对自然灾害后PTSD的研究对象多为成年人，只有6.3%的研究是关于儿童和青少年人群的（Neria et al., 2008）。女性在自然灾害中更易出现沮丧、焦虑、PTSD等精神疾病，但是台风或飓风的暴露并未导致孕产妇心理问题的发病率高于一般人群（Harville et al., 2009）。尽管老年人在日常生活中已经形成了有效的应对策略，但是他们在经济、心理和体力上仍处于劣势，因此老年人是台风后沮丧、焦虑、PTSD等精神疾病的易感人群（Pietrzak et al., 2012）。2009年，台风"Morakot"登陆台湾地区，调查显示灾后政府项目安置的老年人更容易出现创伤后应激障碍症状。此外，台风及其引发的次生灾害不仅影响当地受灾居民的身心健康，对救援人员的精神健康也造成了很大的影响。

（二）对心理健康的长期影响

PTSD可能是慢性的，即在创伤事件发生多年以后，仍有1/3～2/3的患者未完全恢复。在2005年的飓风"Katrina"发生1年后，受灾地区居民PTSD患病率仍高达38.2%（Mills et al., 2012）。美国疾病预防控制中心对警察和消防员的调查也发现，在该飓风发生后的2～3个月，警察和消防员的PTSD患病率分别为19%和22%。在飓风灾区，尽管低收入群体的PTSD有所改善，但在43～54个月后症状仍然比较明显（Paxson et al., 2012）。对受飓风影响的居民进行随访发现，有39%已经恢复，平均恢复时间为16.5个月，但是大部分的成年人在18～27个月的随访中均未恢复。由此可见，热带气旋对不同人群精神健康的长期影响有所差异。

（三）物质滥用

压力、PTSD、沮丧和抑郁等心理危险因素与烟酒的使用甚至滥用有关。受飓风影响的人群烟酒使用率较飓风"Katrina"发生前明显升高（Mclaughlin et al., 2011），其中，香烟的使用率为53%，而且36%的受飓风影响的人群具有高度尼古丁（烟碱）依赖，72%的受飓风影响的人群饮用酒或含酒精的饮料，也有研究显示，飓风登陆后，幸存者酒精的使用率较飓风发生前有明显提高，但是香烟的使用率未有明显变化。经历过2008年飓风"Ike"的美国休斯敦青年常选择饮酒及使用大麻、甲基苯丙胺和"伟哥"等药物来缓解灾后的精神压力（Beaudoin，2011）。

（四）行为影响

研究表明，热带气旋（台风）会导致青春期女性出现严重的不良行为（Robertson et al., 2010）。飓风会导致青少年产生创伤后应激障碍症状，且症状重者与轻者相比有更频繁的性行为发生，通过性传播感染疾病的可能性也是对照组的2倍（Seng et al., 2005）。通过结构方程模型发现，台风还会导致青少年自杀风险增加，这与台风暴露和由此引起的PTSD、抑郁等有关（Tang et al., 2010）。

第三节　热带气旋对健康影响的常用研究方法

一、监测数据分析

（一）资料来源

我国热带气旋的相关数据主要来源于《台风年鉴》（1989年以前）、《热带气旋年鉴》、《中国气象灾害大典》、《中国气象灾害年鉴》、《全国气候影响评价》、中国气象局热带气旋资料中心和中国台风网等，主要指标包括热带气旋的中英文名称、序号和国内编号、登陆时间、登陆地点、登陆次数、登陆强度、中心位置、最大风力、最大风速、最低气压、热带气旋伴随的降水和大风、最佳路径等基本信息，以及热带气旋所造成的受灾地区、受灾面积、死亡人口、受伤人口、倒塌房屋、损毁房屋和直接经济损失等灾害信息。在热带气旋对健康影响的研究中，所用到的疾病或健康状况的资料通常来源于疾病监测资料、各级卫生部门常规报告资料和用于其他研究的调查资料，如传染病数据可从国家传染病报告信息管理系统获得。

（二）可开展的研究

前面提到的资料可用于下列一些研究中：热带气旋登陆频数、热带气旋登陆强度、热带气旋伴随的降水和大风、热带气旋的灾害的影响、热带气旋的路径等特征；热带气旋致灾因子的危险度和承灾体脆弱性的研究；我国热带气旋灾害的风险评估和区划研究；热带气旋灾害的影响因素分析；筛选热带气旋相关的敏感性传染病；热带气旋对传染性疾病、非传染性疾病的影响等。

（三）常用研究方法

1. 描述性研究方法

在地理信息系统的支持下，采用绘制统计图表和时间趋势检验等方法分析热带气旋相关指标的时空分布特征，采用生态学研究方法分析热带气旋对疾病和死亡的影响，并评估其所造成的疾病负担。

2. 自然灾害风险分析法

自然灾害风险是指一定的区域和时间段内，因某种自然灾害而引起的人们生命财产和经济活动的期望损失值，由危险性、暴露性、脆弱性和防灾减灾能力等四个因素相互作用形成。

$$自然灾害风险度 = 危险性 \times 暴露性 \times 脆弱性 \times 防灾减灾能力 \tag{3-1}$$

3. 层次分析法（AHP）

层次分析法是美国著名运筹学家Saaty教授提出的一种新的定性分析与定量分析相结合的决策评价方法。应用层次分析法可以评估各因素之间的相互关系，把参与评估的指标进行分层，建立一种分析结构，使指标体系条理化，从而达到评估的目的（李春梅 等，2006）。同时，还可以在每一层次中按已确定的准则对该元素进行相对重要性的判别，并辅之以一致性检验以保证评价人的思维判断的符实性。该方法主要由构造出的各层次判断矩阵、层次单排序、一致性检验、层次总排序等步骤组成。

4. 加权综合评价法

综合考虑各个具体指标对评价因子的影响程度，用一个数量化指标加以集中，计算公式为

$$V = \sum_{i=1}^{n} W_i \cdot D_i \qquad (3-2)$$

式中，V是评价因子的值，是指标i的权重，是指标i的规范化值，n是评价指标个数。权重可由各评价指标对所属评价因子的影响程度的重要性通过层次分析法或专家决策打分得出。

5. 灰色关联分析

灰色关联分析是灰色系统理论的重要内容之一，灰色系统理论是由我国著名学者邓聚龙教授首先提出的新兴学科知识。灰色关联分析的基本思想是根据序列曲线几何形状的相似程度来判断其联系是否紧密（刘晓庆，2015）。曲线之间发展态势越接近，相似序列之间的关联度就越大，反之，关联度就越小。灰色关联分析非常适用于样本少、数据规律不明显的动态历程分析。

二、调查问卷或量表

（一）调查问卷

目前，我国绝大多数与热带气旋相关的研究都是分析利用常规监测资料，较少采用现场调查资料，但是热带气旋登陆后及时进行问卷调查所得到的资料更能够准确记录登陆区居民的实际情况和需求，从而更具针对性地提升热带气旋的防灾减灾能力和居民的灾害应对能力。采用调查问卷可用于研究热带气旋高发地区居民的风险认知与应对行为、登陆区居民的脆弱性以及热带气旋对灾区居民的疾病影响和健康需求。同时，也可采用小组访谈和问卷调查相结合的研究方法。

（二）量表

通过对国内外文献回顾发现，目前关于热带气旋对人群心理健康影响的研究基本上都是国外的，我国缺少相关的研究，今后应不断开展这方面的研究。采用心理量表评估热带气旋灾后居民的心理健康情况可以更好地开展灾后"心理救援"。《心理健康自评问卷》是用于筛查一般精神障碍的量表，该量表可适用于不同文化背景下精神障碍的筛查，特别适用于发展中国家。在一些研究中将《心理健康自评问卷》用于评估热带气旋灾后抑郁、精神障碍，结果显示该量表有效而且可靠。热带气旋对心理健康的影响具有长期效应，可通过长期随访评估心理健康状况的变化。同时，还可以自制更适合我国国情以及人群心理健康状况的量表进行相关研究。

三、敏感性疾病筛选

（一）相对危险度法

在流行病学中，相对危险度（RR）是指暴露组的危险度与非暴露组的危险度之比。基于暴露组和非暴露组的数据（表3-6），RR的计算公式如下：

$$RR = \frac{a/(a+b)}{c/(c+d)} \qquad (3-3)$$

式中，a和b分别为暴露组的病例数和非病例数，c和d分别为非暴露组的病例数和非病例数。RR等

于1，表示暴露组和非暴露组的发病风险相同；RR大于1，表示暴露组的发病风险高于非暴露组；RR
小于1，表示暴露组的发病风险比非暴露组低。

表3-6　流行病学相对危险度计算表

	病例	非病例	合计
暴露组	a	b	$a+b$
非暴露组	c	d	$c+d$
合计	$a+c$	$b+d$	$a+b+c+d$

热带气旋属于急性事件，采用相对危险度法筛选热带气旋敏感性疾病时，可假设在这段时间内研究地区人口总数不变，并且选择具有相同天数和"星期几"分布的时段作为对照期，使得暴露组和非暴露组发病率的分母具有相同的人时数。因此，相对危险度可表示为暴露组发病数与非暴露组发病数的比值，即

$$RR\ 95\%\ CI = \exp\left(\ln RR \pm 1.96\sqrt{1/a + 1/b}\right) \tag{3-4}$$

研究显示，热带气旋对传染病的影响存在一定的滞后效应。因此，可根据所研究传染病的潜伏期长短进一步分析热带气旋对该传染病的滞后效应。

（二）曼—惠特尼秩和检验

1947年，H.B. Mann和D.R. Whitney基于Wilcoxon非参数检验提出了判断独立非配对样本总体间是否存在差异的曼—惠特尼秩和检验（孙允午，2009），其具体步骤为：混合两组数据，按照大小顺序编秩次。如果有数据相同的情况，则把这几个数据顺序的平均值作为其秩次，分别求出两个样本的秩次和W_1、W_2，计算U检验统计量（n_1、n_2分别为两个样本量），计算公式如下：

$$U_1 = n_1 n_2 + \frac{n_1(n_1+1)}{2} - W_1 \tag{3-5}$$

$$U_2 = n_1 n_2 + \frac{n_2(n_2+1)}{2} - W_2 \tag{3-6}$$

由于相应的临界值表中仅有较小的临界值，因此选择较小的统计量与临界值U_a比较，当U统计量小于临界值时，拒绝原假设，接受备择假设，反之亦然。

（三）突变分析方法

20世纪60年代，法国数学家勒内·托姆创立了突变理论，这种理论经过了从理论到应用方面的不断改进和完善。目前确定可能突变点的方法较多，如有序聚类、累积距平法、秩和检验、综合诊断方法、贝叶斯方法、滑动T检验、F检验法、R/S分析、Cramer法、Yamamoto法、Pettitt参数检验方法等。突变分析是时间序列研究的一个重要方面，一般来说，时间序列中的突变点指的是序列中某个或某些量起突然变化的地方。突变分析方法可初步探索极端天气事件（如热带气旋）对疾病序列的影响，是一种粗略的研究方法，通过观察极端天气事件出现的时间点是否会造成疾病序列的突变，进而确定该疾病是否为该极端天气事件可能的相关敏感性疾病。

四、定量关系评估

（一）病例交叉研究

传统流行病学方法多集中于对长期暴露所引起的慢性疾病研究，而对于急性病（如心肌梗死、车祸等）的研究相对较少，同时对照选择所造成的偏倚一直是传统流行病学研究难以克服的问题。因此，Maclure（1991）提出了病例交叉研究，它属于观察性研究方法，是通过比较同一个研究对象在事件发生时与事件尚未发生时的暴露情况及程度，来判断暴露与该事件有无关联及关联程度大小。目前，病例交叉研究已成为环境流行病学常用的研究方法，广泛用于道路交通伤害、气象因素对疾病的影响、极端天气事件（如洪涝灾害、热浪、热带气旋等）对疾病影响的研究中。

病例交叉研究是用于研究短暂暴露对罕见急性病瞬间影响的流行病学方法。在病例交叉研究中，"病例"和"对照"的相关信息均来自同一个个体，避免了研究变量在时间上存在的自相关性的影响，使结果更为客观，同时自身对照消除了性别、年龄、遗传、社会阶层和经济状况等个体特征对环境因素构成的混杂。其中，"病例"是事件发生时或发生之前的一段时间的暴露情况，被定义为危险期或病例期；"对照"是指"病例"部分以外特定的一段时间，即对照期。病例交叉研究关键在于危险期和对照期的确定，特别是危险期，估计得过长或过短都会低估事件与暴露的关联程度。登陆热带气旋生命期较短，属于短暂暴露，因此病例交叉研究可用于定量分析热带气旋对敏感性传染病、死亡等影响的大小。目前，我国已有热带气旋对细菌性痢疾、其他感染性腹泻、手足口病、流行性腮腺炎等传染病影响的病例交叉研究。

（二）广义线性模型或广义相加模型

广义线性模型主要用于单区域、多次某气候事件对人体健康影响的研究，也可以结合多个地区的研究结果延伸到多地区的比较研究。这类研究的时间跨度长，多以月和年为时间单位，采用的主要方法是基于时间序列的Poisson回归。这种研究方法是通过在模型中设定气候事件分类变量，计算暴露期对非暴露期某疾病发病影响的RR值，定量分析极端天气事件对人体健康的影响。我国每年有多次热带气旋登陆（特别是在东南沿海省份），且热带气旋分为热带低压、热带风暴、强热带风暴、台风、强台风和超强台风6个等级，符合该研究方法对研究资料和数据的要求，证明广义线性模型也可适用于热带气旋对健康影响的定量关系评估。

若对有过多零的计数资料进行Poisson回归，会造成模型参数估计的结果与实际情况偏差较大，会低估事件零发生的概率，面对这种零膨胀结构数据，可采用零膨胀模型较好地解决计数资料中零计数过多的问题，同时也使估计结果更加有效和无偏，获得可靠的假设检验和参数估计，研究结果更符合实际情况，便于解释。

广义相加模型是在广义线性模型和广义相加模型的基础上发展而来的，通过对非参数函数的拟合来估计因变量与众多自变量之间过度复杂的非线性关系，适用范围更广，且具有较高的灵活性，也适用于这类流行病学研究中。

（三）分布滞后非线性模型

在评估环境暴露的短期效应时，经常出现的现象是暴露对人群健康的效应可能不局限于暴露发生的时期，效应的出现经常在时间上存在着滞后现象。近年来，分布滞后非线性模型在环境暴露与健康研究中应用广泛。相关研究中的暴露变量由气象变量（如湿度、降雨量等）不断扩展至各种极端天气事件，结局变量也由人群死亡数逐渐扩展至分病种死亡数、传染病发病数、医院门诊量等。截至目前，关于热带气旋对传染病发病、慢性病所致死亡的研究结果显示，热带气旋对人群健康的研究具有一定的滞后效应，因此，分布滞后非线性模型也适用于热带气旋对人群健康影响的相关研究。

（四）空间回归模型

空间回归模型又称为生态学回归空间模型，是在传统的回归分析中引入空间自相关关系，将空间位置关系和空间属性数据结合起来，从而能够更好地解释属性变量的空间关系。热带气旋从生成到消亡的过程中，其气旋中心的强度、位置等一直处于动态变化中，采用空间回归模型分析热带气旋对健康的影响更加客观、准确。

（荀换苗　马　伟）

参考文献

郭勤，杨诗定，2015.台风对我国农业的影响及其防范措施［J］.南方农业，9（30）：209-211.

龚震宇，柴程良，屠春雨，等，2005."云娜"台风对人群伤害现状的流行病学研究［J］.中华医学杂志，85（42）：3007-3009.

侯晓梅，郇长坤，2015.我国沿海地区台风灾害防范分析［J］.新乡学院学报，32（4）：62-68.

康瑞华，姜宝法，荀换苗，等，2015.2006—2010年浙江省热带气旋与流行性腮腺炎发病关系的初步研究［J］.环境与健康杂志，32（4）：307-311.

李春梅，罗晓玲，刘锦銮，等，2006.层次分析法在热带气旋灾害影响评估模式中的应用［J］.热带气象学报，22（3）：223-228.

李小勇，王慧，2014."菲特"台风水灾前后相关疾病监测结果分析［J］.浙江预防医学，26（10）：1005-1006.

刘晓庆，2015.基于灰色关联度的台风灾害影响因素分析［J］.农业灾害研究，5（7）：32-33，48.

亓倩，荀换苗，王鑫，等，2015.1975—2009年台风导致死亡的时间趋势分析［J］.环境与健康杂志，32（4）：303-306.

申锦玉，冯子健，洪荣涛，等，2007.台风引发的伤害及其危险因素研究［J］.海峡预防医学杂志，13（3）：33-35.

孙允午，2009.统计学——数据的搜集、整理和分析［M］.2版.上海：上海财经大学出版社：250-252.

王鑫，荀换苗，康瑞华，等，2015.2008—2011年广州市越秀区台风对居民死亡率的影响及疾病负担研究［J］.环境与健康杂志，32（4）：315-318.

荀换苗，2015.2005—2011年广东省热带气旋对传染病的影响研究［D］.济南：山东大学.

尹宜舟，肖风劲，罗勇，等，2011.我国热带气旋潜在影响力指数分析［J］.地理学报，66（3）：367-375.

赵珊珊，任福民，高歌，等，2015.近十年我国热带气旋灾害的特征研究［J］.热带气象学报，31（3）：424-432.

AVERHOFF F，YOUNG S，MORT J，et al.，2006. Morbidity surveillance after Hurricane Katrina：

Arkansas，Louisiana，Mississippi，and Texas，September 2005［J］. MMWR，55（26）：727-731.

BARBEAU D N，GRIMSLEY L F，WHITE L E，et al. ，2010. Mold exposure and health effects following Hurricanes Katrina and Rita［J］. Annu Rev Public Health，31（1）：165-178.

BEATTY M E，HUNSPERGER E，LONG E，et al. ，2007. Mosquito-borne infections after Hurricane Jeanne，Haiti，2004［J］. Emerg Infect Dis，13（2）：308-310.

BEAUDOIN C E，2011. Hurricane Katrina：addictive behavior trends and predictors［J］. Public Health Rep，126（3）：400-409.

BISSELL R A，1983. Delayed-impact infectious disease after a natural disaster［J］. J Emerg Med，1（1）：59-66.

CDC，2000. Morbidity and mortality associated with Hurricane Floyd-North Carolina，September-October 1999［J］. MMWR，49（17）：369-372.

DENG Z Y，XUN H M，ZHOU M G，et al.，2015. Impacts of tropical cyclones and accompanying precipitation on infectious diarrhea in cyclone landing areas of Zhejiang Province，China［J］. Int J Environ Res Public Health，12（2）：1054-1068.

DOOCY S，DICK A，DANIELS A，et al. ，2013. The human impact of tropical cyclones：a historical review of events 1980-2009 and systematic literature review［J］. PLoS Currents Disasters（16）：5.

FORD E S，MOKDAD A H，LINK M W，et al. ，2006. Chronic disease in health emergencies：in the eye of the hurricane［J］. Prev Chronic Dis，3（2）：1-7.

GAUTAM S，MENACHEM J，SRIVASTAV S K，et al. ，2009. Effect of Hurricane Katrina on the incidence of acute coronary syndrome at a primary angioplasty center in new Orleans［J］. Disaster Med Public Health Prep，3（3）：144-150.

GRAY W M，1968. Global view of the origin of tropical disturbances and storms［J］. Mon Wea Rev，96（10）：669-700.

HARVILLE E W，XIONG X，PRIDJIAN G，et al. ，2009. Postpartum mental health after Hurricane Katrina：a cohort study［J］. BMC Pregnancy Child Birth（9）：21.

HSIEH Y H，CHEN C W，2009. Turning points，reproduction number，and impact of climatological events for multi-wave dengue outbreaks［J］. Trop Med Int Health，14（6）：628-638.

HSIEH Y H，DE ARAZOZA H，LOUNES R，2013. Temporal trends and regional variability of 2001-2002 multiwave DENV-3 epidemic in Havana City：did Hurricane Miehelle contribute to its severity?［J］. Trop Med Int Health，18（7）：830-838.

JIAO Z，KAKOULIDES S V，MOSCONA J，et al.，2012 .Effect of Hurricane Katrina on incidence of acute myocardial infarction in New Orleans three years after the storm［J］. Am J Cardiol，109（4）：502-505.

KANG R H，XUN H M，ZHANG Y，et al.，2015. Impacts of different grades of tropical cyclones on infectious diarrhea in Guangdong，2005-2011［J］. PLoS One，10（6）：e0131423.

KHAN R，ANWAR R，AKANDA S，et al.，2017. Assessment of risk of cholera in Haiti following Hurricane Matthew［J］. Am J Trop Med Hyg，97（3）：896-903.

KIM S，SHIN Y，KIM H，et al. ，2013. Impacts of typhoon and heavy rain disasters on mortality and infectious diarrhea hospitalization in Soum Korea［J］. Int J Environ Health Res，23（5）：365-376.

LI T G，YANG Z C，LIU X Y，et al.，2014. Hand-foot-mouth disease epidemiological status and relationship with meteorological variables in Guangzhou， southern China，2008-2012［J］. Revista do Instituto de Medicina Tropical de São Paulo，56（6）：533-539.

MACLURE M，1991. The case-crossover design：a method for studying transient effects on the risk of acute events［J］. Am J Epidemiol，133（2）：144-153.

MCKINNEY N，HOUSER C，MEYER-ARENDT K，2011. Direct and indirect mortality in Florida during the 2004 hurricane season［J］. Int J Biometeorol，55（4）：533-546.

MCLAUGHLIN K A，BERGLUND P，GRUBER M J，et al.，2011. Recovery from PTSD following Hurricane Katrina［J］.Depress anxiety，28（6）：439-446.

MILLER A C，ARQUILLA B，2008. Chronic diseases and natural hazards：impact of disasters on diabetic，renal，and cardiac patients［J］. Prehosp Disaster Med，23（2）：185-194.

MILLS L D，MILLS T J，MACHT M，et al.，2012. Post-traumatic stress disorder in an emergency department population one year after Hurricane Katrina［J］. J Emerg Med，43（1）：76-82.

NERIA Y，NANDI A，GALEA S，2008. Post-traumatic stress disorder following disasters：a systematic review［J］. Psychol Med，38（4）：467-480.

PALACIO H，SHAH U，KILBORN C，et al.，2005. Norovirus outbreak among evacuees from hurricane Katrina：Houston，Texas［J］. MMWR（54）：1016-1018.

PANDA S，PATI K K，BHATTACHAYA M K，et al.，2011. Rapid situation & response assessment of diarrhoea outbreak in a coastal district following tropical cyclone AILA in India［J］. Indian J Med Res（133）：395-400.

PAXSON C，FUSSELL E，RHODES J，et al.，2012. Five years later：recovery from post-traumatic stress and psychological distress among low-income mothers affected by Hurricane Katrina［J］. Soc Sci Med，74（2）：150-157.

PIETRZAK R H，SOUTHWIEK S M，TRACY M，et al.，2012. Posttraumatic stress disorder，depression，and perceived needs for psychological care in older persons affected by Hurricane Ike［J］. J Affect Disord，138（1/2）：96-103.

ROBERTSON A R，STEIN J A，SCHAEFER-ROHLEDER L，2010. Effects of Hurricane Katrina and other adverse life events on adolescent female offenders：a test of general strain theory［J］. J Res Crime Delinq，47（4）：469-495.

SENG J S，GRAHAM-BERMANN S A，CLARK M K，et al.，2005 .Posttraumatic stress disorder and physical comorbidity among female children and adolescents：results from service-use data［J］. Pediatrics，116（6）：e767-e776.

SHULTZ J M，RUSSELL J，ESPINEL Z，2005. Epidemiology of tropical cyclones：the dynamics of disaster，disease，and development［J］. Epidemiol Rev（27）：21-35.

SU H P，CHAN T C，CHANG C C，2009. Typhoon-related leptospirosis and melioidosis，Taiwan，2009［J］. Emerg Infect Dis，17（7）：1322-1324.

59

TANG T C，YEN C F，CHENG C P，et al., 2010. Suicide risk and its correlate in adolescents who experienced typhoon-induced mudslides：a structural equation model［J］. Depress anxiety，27（12）：1143-1148.

WANG W，XUN H M，ZHOU M G，et al., 2015.Impacts of Typhoon "Koppu" on infectious diarrhea in Guangdong Province，China［J］. Biomed Environ Sci，28（12）：920-923.

YANG H Y，HSU P Y，PAN M J，et al.，2005. Clinical distinction and evaluation of leptospirosis in Taiwan-a case-control study［J］. J Nephrol，18（1）：45-53.

第四章
高温热浪及其与健康关系的研究现状及进展

随着全球气候变化和城市化进程的加快，近百年来地球正经历着一次以全球变暖为主要特征的显著变化。气温升高使得高温热浪的频率和强度不断增强，给世界各国、各地区不断地带来巨大的经济损失和健康危害。例如：2003年夏季，一系列反常热浪造成了欧洲大陆7万多人的死亡；2010年夏季，高温热浪袭击北半球多国，俄罗斯遭受了40年来最严重的高温干旱；2012年夏季，美国经受了近半个世纪以来最严重的高温热浪。

在这一背景下，中国的大部分地区也呈现出变暖的趋势。近100年来中国的年平均气温上升了0.5～0.8℃，近50年来增温尤为明显。天津、济南、郑州、西安、石家庄、上海、重庆、福州、长沙、南昌、杭州、武汉、南京、合肥等地是中国夏季热浪袭击的重灾区。近50多年来中国平均高温日呈现先减后增的态势：20世纪50年代至80年代初高温日数减少，20世纪80年代以后高温日数明显增加。西北、华北高温日数存在线性增加的趋势，其中，华北地区增加趋势最为明显。

目前的研究表明，高温热浪会对人类健康造成不同程度的影响，已成为21世纪全球公共卫生领域面临的重要挑战。高温热浪的危害是多方面的：危害人体健康，诱发疾病的发生、加重，甚至导致死亡；造成供水、供电紧张；加剧光化学污染；影响工农业生产等。这些都会严重影响到人类的生存和生活质量，对国民经济和社会生活构成了极大的威胁。因此，如何应对高温热浪对人类社会造成的种种影响已然成为世界各国共同面对的问题。

第一节　概　述

一、高温热浪的定义及其标准

1. 定义

高温热浪又叫高温酷暑，是一个气象学术语，通常指持续多天的35℃以上的高温天气（多伴有高湿度），可引起人、动物和植物不能适应并产生不利影响的气象灾害。由于高温热浪发生的频率、强度，以及所在发生地区的社会经济水平、人群适应性等因素有所不同，目前关于高温热浪还没有统一的定义。

2. 标准

世界气象组织建议日最高气温高于32℃，持续3天以上的天气过程为热浪；荷兰皇家气象研究所认定热浪为日最高温度高于25℃，且持续5天以上（期间，至少有3天气温高于30℃）的天气过程；美国国家气象局和加拿大、以色列等国家的气象部门依据综合考虑了温度和相对湿度影响的热指数（显温）发布高温警报。例如：美国规定当白天热指数预计连续2天有3小时超过40.5℃或者热指数在任一时间超过46.5℃时，发布高温警报；德国科学家基于人体热量平衡模型制定了人体生理等效温度（physiological equivalent temperature，PET），当PET超过41℃，热死亡率显著上升，这可用作热浪监测预警的标准；澳大利亚阿德莱德市认定高温热浪为一段日最高气温高于35℃且持续5天以上或日最高气温高于40℃且持续3天以上的天气过程。

中国气象局规定日最高气温≥35℃为高温日，连续3天以上的高温天气称为高温热浪。由于中国幅员辽阔，不同地区气候差异很大，中国气象局同时还规定，各省市区可以根据本地天气气候特征规定界限温度值。例如，甘肃省气象局规定，河西地区日最高气温≥34℃，河东地区日最高气温≥32℃即定为一个高温日。

我国学者通常以35℃作为热浪的阈值，也有人利用历史气象资料，以日最高气温的P_{90}来确定阈值，如刘卫平等（2013）在对甘肃高温天气的分析中，将1981~2010年所选的每个气象站的逐年气温序列的P_{90}的30年平均值作为极端高温阈值。张尚印等（2005）根据我国的气候和环境特点，参照美国的做法，将我国每日极端高温分为三级：高温≥35℃，危害性高温≥38℃，强危害性高温≥40℃。某站连续3天出现高温≥35℃或虽仅连续2天≥35℃，但其中1天≥38℃者定义为一次高温过程；连续5天出现≥35℃或连续2天出现≥38℃高温者定义为中等高温过程；连续8天出现≥35℃或连续3天出现≥38℃高温者定义为强高温过程。黄卓等（2011）[347]根据世界各国气象部门对热浪的研究，结合热浪的两个特征（气温异常升高或高温闷热且持续一段时间）制定出了炎热临界值，它能够反映不同地域气候差异和当地人对炎热状态的不同感受。

表4-1列出了西方部分国家和国际组织对高温热浪的定义及其标准。

表4-1　西方部分国家和国际组织对高温热浪的定义及其标准

国家/国际组织	测度指标	标准	备注
世界气象组织（WMO）	日最高气温与持续天数	日最高气温高于32℃，持续3天以上	主要考虑温度
荷兰皇家气象研究所	日最高气温与持续天数	日最高气温高于25℃，持续5天以上（期间，3天以上高于30℃）	主要考虑温度
美国、加拿大、以色列等	热指数（显温）	热指数连续2天有3小时超过40.5℃或在任意时间超过46.5℃	综合考虑温度和相对湿度
德国	人体生理等效温度（PET）	PET超过41℃作为高温热浪监测预警的标准	基于人体热量平衡模型

二、高温热浪的类型

综合人体对冷热的感觉、气温、湿度、风速和太阳热辐射等因素，通常将高温热浪分为干热型高温和闷热型高温两种类型。

1. 干热型高温

干热型高温是指气温极高、太阳辐射强且空气湿度小的高温天气，一般出现在我国华北、东北和西北地区的夏季，表现为日最高气温高、日最低气温较高、昼夜温差小、太阳辐射强、相对湿度较小的高温天气。

2. 闷热型高温

闷热型高温是指由于夏季水汽丰富，相对湿度大，加上日最高气温高、日最低气温高、昼夜温差小，使得人们感觉闷热，如同在桑拿浴室里蒸桑拿一样的天气过程，一般出现在我国沿海和长江中下游以及华南等地区。

三、高温热浪的成因

高温热浪形成的天气成因一般包括自然因素和人为因素。

1. 自然因素

自然因素是指天气系统的影响，主要包括副热带高压、大陆暖高压、热带气旋等。

（1）副热带高压

大陆暖高压控制下的大陆变性高压型和副热带高压控制下的副热带高压型是华北地区出现高温天气的主要因素。在夏季，大陆暖高压控制下的地区多为下沉气流，且天气晴朗、空气湿度小，这样在太阳辐射以及下沉增温效应的作用下，气温就会升高，从而易形成高温天气。在西北太平洋上出现的副热带高压被称为西太平洋副热带高压，可对大陆气候产生影响。强盛的副热带高压控制是形成高温热浪的主要原因。每年1月，东亚副热带高压停留在华北地区上空，受大陆辐射加热作用和副高脊线附近的下沉气流增温，温度骤升且相对湿度偏大，从而形成高温高湿闷热天气。

长江中下游地区通常在梅雨过后进入盛夏高温时期，其环流形式主要分为两种：一种是西太平洋副热带高压呈东西带状分布，脊线稳定在28～32°N，其强中心位于长江口，长江中下游地区受其西伸的高压脊控制；一种是西太平洋副热带高压断裂为块状高压，盘踞在长江中下游地区上空，其强中心在大陆上，在淮河流域到长江中下游以南地区活动。通常梅雨季节过后紧接着的高温天气以第一种居多，而盛夏期间出现的高温天气以第二种为多，但也兼有第一种。华南地区高温天气的出现一般与副热带高压和热带气旋相联系。当副热带高压西伸至110°E以西，脊线在28°N以南且稳定少动，华南大部分地区就出现高温天气。

内陆和西北地区因为处于亚洲腹地，四周环山，从而阻挡了印度洋、大西洋的暖湿气流，当其上空受大陆暖高压或西伸强大的副热带高压控制时，天气晴朗，太阳光照强烈，由于地表水分缺乏，没有足够的水分蒸发，从而起到耗热降温的作用，加之日照增温，气温快速上升而形成高温天气。

（2）热带气旋

热带气旋为发生在热带、亚热带地区海面上的气旋性环流，由水蒸气冷却凝结时放出潜热发展而出的暖心结构。热带气旋向西北方向的移动有助于位于其北侧的西太平洋副热带高压西伸北抬。位于南海地区的热带气旋，其西北侧地区因受较强的辐散下沉气流控制，易出现高温天气。位于福建、浙江一带的热带气旋，在气旋登陆前且外围云系未影响到区域，受地形影响，强烈的西北下沉气流使其增温明显，从而造成高温天气。

2. 人为因素

城市热岛效应、城市人口密度较大等因素也会导致高温热浪的形成。

（1）城市下垫面

城市化作为一种强烈的土地利用和土地覆被变化，改变了各类下垫面类型地表的能量分配情况，使城市热岛效应（urban heat island，UHI）加剧，极大地影响了全球变暖的幅度和进程。UHI是指城市因大量的人工发热、建筑物和道路等高蓄热体及绿地减少等因素，造成城市"高温化"，表现为城市中的气温显著高于外围郊区。在近地面温度图上，相比于气温变化不大的郊区，高温的城市区域就像突出海面的岛屿，被形象地称为城市热岛。

谢德寿（1994）分析了长江中下游地区的沿江城市经常在西太平洋副热带高压控制下出现高温酷热天气的现象，提出热岛效应是大城市高温灾害的主要成因。谈建国等（2008）对上海市区及几个区县1975～2004年30年间的逐年极端最高气温、夏季半年（5～10月）平均最高气温和盛夏（7～8月）平均最高气温的增温趋势进行了统计分析，发现上海夏季城区和郊区各站点均表现出增温的趋势，并且UHI的存在使得市中心比近郊区和远郊区有更多的高温日数、更高的极端最高气温和更长的高温持续时间。蒙伟光等（2010）应用天气研究和预报模式（weather research and forecasting model，WRF）及其耦合的城市冠层模式对2004年6月底至7月初广州地区的一次高温天气过程进行了数值模拟，发现低反射率引起的短波辐射吸收增加会导致日间城区高温，另外，因城区缺少水汽蒸发蒸腾冷却过程，致使大部分的能量收入被分配为感热加热大气；到了夜间，地表能量收入来自土壤热通量的向上输送，收入能量除部分用于长波辐射之外，其余部分仍主要以感热形式加热大气。在夜间，热岛效应有利于夜间高温的维持，它的形成与感热加热的持续有关。

随着城市耕地和森林面积的不断减少，城市地面被混凝土和沥青构成的不透水路面和建筑物所覆盖，由于这些人工建筑物吸热快而热容量小，导致相同太阳辐射条件下城区升温更快，从而造成城市区域温度增加。郑祚芳等（2012）研究发现，城市化可显著改变能量平衡中各项所占的比重，城区反射率低，可吸收更多的短波辐射能量，从而增大城区日间出现高温的可能，夜间感热加热的持续使城区夜间具有较高的最低温度并表现出较强的热岛特征。潘娅英等（2008）分析了不同材质地表（水泥、沥青、瓷砖、花岗岩、草地、裸地）对城市温度的影响，发现年平均地表温度最高的是沥青铺成的地面，可达25.4℃，最低的是草地，为19.7℃，从而建议在城市建设中应根据需求选择合适的建筑材质并增加植被覆盖，同时，还对道路设计也做了研究，并提出了改造建议。

（2）绿地面积

城市绿地和水体的减少也导致了高温天气的形成。王喜全等（2008）利用北京自动气象站风速、温度、湿度观测资料，初步研究了北京城市集中绿地缓解夏季高温的效果，发现集中绿地具有缩短高温持续时间的作用。苗世光等（2013）模拟分析了成都绿地规划前后城市气象环境的差异，发现绿地面积的增加能有效降低城市气温、增大城市风速、增加城市湿度，并且分散型布局与集中型布局相比调节作用更好。陈燕等（2005）利用区域边界模式探讨了城市的植被覆盖对城市区域的气象环境的影响，发现绿化林能使北京气温降低。

（3）人工热源和空气污染

随着城市规模的扩大和城市人口的发展，家庭炉灶、工业生产等会排放一定的"废热"，均会造成城市区域的温度升高。居民生活、交通及工业生产产生的气体和烟尘包裹在城市上空，阻碍了热量的消散。

四、高温热浪的影响

IPCC评估报告指出，在一系列排放情景下，预计到21世纪末，全球地表平均将会增温1.1~6.4℃，并且随着UHI和城市人口老龄化等问题的凸显，高温热浪将会给人类社会和自然系统带来范围更广、强度更大的风险。

高温热浪给人类带来的危害是多方面的，主要表现在以下方面：

1. 高温热浪对人体健康的影响

环境温度一旦超过人体的承受极限，将会导致热相关疾病，如中暑、休克，严重者甚至导致人死亡。高温天气除了直接损害人体健康外，它还会诱发或加重原有疾病，特别是对老年人、儿童以及患有呼吸系统疾病、心脑血管疾病、精神疾病的患者而言，给他们造成严重的身心伤害。另外，高温天气有利于传染病的发生、发展，包括传染性疾病的媒介物、感染性寄生虫的流行和活动范围的改变以及经食物或水传播的病原体生态状况发生改变，从而对人类健康构成威胁。高温热浪还会降低人的工作效率，使事故率增高。白永清等（2015）利用2006~2008年汉宜高速公路交通事故数据定义了交通事故频次和灾害严重程度，并用多项式曲线拟合了气象条件与事故指数的关系，发现高温天气条件下的事故率明显高于气候平均态下的事故率，当气温≥33℃时，事故率迅速增长；在潮湿、闷热的条件下，事故率要高于一般高温条件下的事故率。潘娅英等（2006）的研究发现夏季高温易引发交通事故，分析认为，高温时人的大脑组织和心肌较为敏感，高温酷热容易使人出现头晕、恶心、疲劳、烦躁等心理和生理问题，致使司机或行人等的机敏度和判断力下降，从而容易酿成交通事故。程琛等（2014）通过实验测定了个体在高温环境下生理、心理及动作稳定性的指标，研究认为，高温环境会造成疲劳加重、心情烦躁、动作的出错率明显增加，是引发人不安全行为的一个重要环境因素。

2. 高温热浪对生产和生活的影响

高温热浪造成水电供应紧张，给城市供水供电部门带来不小的压力，同时工厂也会因此停工停产，从而造成了巨大的经济损失。范碧航等（2011）分析了2008年长春市6~8月日供电量、日平均电力与温度的关系后发现，6月9~17日温度持续升高，而供电量也相应地呈上升趋势，这说明高温天气会加大城市生产、生活对电的要求和城市供电系统的负荷，在一定程度上对城市供电系统带来影响与危害。赵德应等（2000）研究了武汉气温与用电负荷之间的关系，发现气温在30~35℃时用电负荷增长缓慢，在35~38℃时用电负荷急剧上升的结论。姜滨生等（2000）根据黑龙江各地区电网的自身特点，应用多元线性回归方法分析了1993~1995年的电力负荷统计与气温数据的关系，发现在二、三季度，当气温升高时，各地区用电负荷会有不同程度的上升。

高温热浪可影响工业产值，导致经济损失严重。从事冶炼与化工工业的工作人员在高温环境下作业容易中暑，且工作效率不高，机械设备在高温下容易出现故障，部分化工工业生产的适宜温度在25℃左右，超过这个温度将不能正常生产或产品质量下降，而食品加工生产与温度也关系密切，温度超过30℃时，有些食品易挥发又难以保存，其保质期也会大大缩短，造成经济损失。随着城市化进程的加快，人口及住宅密度加大，城市物质财富增多，加之工业生产过程中水、电、气的大量使用和化学易燃物品的集中存放，在持续高温干燥时期，火灾事件发生的概率也将增大。这些都给人们的生命财产安全带来了极大的威胁。

持续的高温天气还可能引发大面积蓝藻暴发事件的发生，导致水污染，造成饮用水源污染。例如，2007年我国太湖因高温天气出现了大面积蓝藻，污染了水源，造成无锡市居民用水危机。

3. 高温热浪对农业、林业、牧业的影响

高温的出现常伴随着干旱，对农业、林业、牧业生产的危害严重，长时间高温少雨易造成干旱或加重干旱的严重程度，从而干扰作物的生长发育，降低农业、林业、牧业的产量和质量。杨绚等（2013）运用CERES-Wheat模型对中国六个代表站点的小麦产量受高温的影响设计了敏感性试验，发现小麦产量受高温影响最重要的敏感时期为开花前期，在开花前期遭遇短暂的高温天气（单日最高气温>32℃）就会造成产量的急剧下降。同时，高温事件和过程也使得草木失水严重，遇明火极易引发森林或草原火灾。

五、高温热浪的预警

1. 国外预警系统情况

世界上许多国家和地区都构建了自己的热浪健康风险预警系统并取得了令人满意的应用效果。1995年，美国费城率先建立了高温健康风险预警系统。根据LS Kalkstein的研究，该系统为一种全新的热天气—健康观测/预警系统（hot weather-health watch/warning system，PWWS），旨在提醒人们危险气候状况（会对人们的健康状况产生消极影响）的出现。为了减轻危险天气的危害，费城的公共卫生部门利用该系统提供一些必要的指导。PWWS的建立基于能识别"压迫性"空气气团的天气过程，一旦出现，往往与高死亡率紧密相连。利用模型输出统计指导预测数据，空气气团在出现之前的48小时之内便可以被预测到。PWWS的应用能有效提高公众提前防灾的意识，降低费城热相关疾病的死亡率。在随后十年中，美国华盛顿、俄亥俄州西南部及意大利罗马、中国上海、加拿大多伦多等地先后建立了高温健康风险预警系统。中国疾病预防控制中心环境与健康相关产品安全所于2013年开始在我国4个城市试点启动高温热浪健康风险预警模型。表4-2为欧洲部分国家制定的热浪预警发布标准。

表4-2　欧洲部分国家热浪预警发布标准

方法类型	国家或地区	发布热浪预警的标准
界限温度	阿塞拜疆	30%以上的地区超过40℃或有一个地区超过42℃
	白俄罗斯	气温35℃以上
	捷克	日最高气温29℃中等热胁迫；日最高气温33℃强热胁迫
	希腊	日最高气温≥38℃连续3天以上
	拉脱维亚	气温33℃以上
	马耳他	日最高气温40℃以上
	葡萄牙（里斯本区）	日最高气温32℃以上
	塞尔维亚和黑山	最高气温35℃以上，最低气温20℃以上
温湿指数	罗马尼亚	温湿指数≥80
	土耳其	温度>27℃且相对湿度>20%
复杂指数	德国（西南部）	最大体感温度>26℃

2.国内预警系统情况

谈建国等（2002）对比分析了天气类型与上海市居民死亡率，建立了"侵入型"气团下因受热浪侵袭而超额死亡数的回归方程，并在此基础上建立了上海热浪与健康监测预警系统。

陈辉等（2009）利用全国358个重点城市1996～2005年逐日地面气象观测资料对气象要素与中暑做了相关分析，选择炎热指数为气象指标对引发中暑的气象条件做了等级划分，同时考虑到不同程度高温天气的持续时间而确定了高温中暑气象等级（可能发生中暑、较易发生中暑、易发生中暑和极易发生中暑）。

马建国等（2006）收集了安徽省六安市1961～2000年地面观测资料和普查历史天气图资料，而后总结了其高温气候特点和形势场特征，在这一基础上，利用数值预报产品提取了非高温（<35℃）、一般高温（≥35℃）、橙色高温（≥37℃）和红色高温天气（≥40℃）的预报指标，从而建立了高温预报方法和预警信号发布流程，最后通过业务应用和历史回代对高温的预报和预警进行了效果检验，发现结果准确性和稳定性都比较令人满意。

兰莉等（2014）探讨了哈尔滨市试点社区热浪健康风险预警系统的构建、作用，并发布了其预测结果。利用城市近10年气象数据、空气污染物数据、健康影响数据、人口学数据以及社会经济学数据建立数据库，再以死亡为健康效应终点，运用广义相加模型（GAM）建立起高温热浪预警模型，以此来预测超额死亡人数、当地人口信息、社会经济水平等信息，并划分预警级别，制订相应的适应性措施。在应用上，热浪健康风险预警分为四级：一级预警（红色预警）、二级预警（橙色预警）、三级预警（黄色预警）和四级预警（蓝色预警）。当达到预警级别后，热浪健康风险工作小组会通过社区内电子屏、手机短信、电话等方式发布热浪健康风险预警信息并依照预警级别采取相应防控措施，从而有效地保护了居民健康。通过预警系统的建立及其在试点社区的试运行，哈尔滨市热浪健康风险预警系统已初步实现了数据管理、健康风险的早期预测和预警功能。

吴剑坤等（2015）基于集合预报及模式历史预报累积概率密度分布函数连续差异特征的极端温度天气预报方法，建立了极端温度天气预报指数（extreme temperature forecast index，EFI）的数学模型，并通过S指数评分方法确定了发布极端温度预警信号的阈值，在此基础上，对2013年1月中国极端温度天气进行预报试验，发现EFI能较好地识别极端温度天气，可提前一周发出极端温度预警信号，但预报技巧会随预报时效的延长而降低。

汪庆庆等（2014）分析了2013年7月15日至9月30日预警模型发出的预警信号数，比较预警信号与试点医院同期门急诊、住院病例的相关性，以中暑病例评估模型的灵敏度和错误预警率，发现观察期间预警模型共发出预警信号170条，平均每日2.18条，各项健康风险预警与当日气象高温预警均呈正相关（r_s值为0.650～0.724，$P<0.01$），中暑预警灵敏度为72.7%（8/11），中暑错误预警率为34.9%（22/63），但与医院实际就诊数比较发现，现有模型对总呼吸系统和总心血管系统疾病预警效果不明显，故还需进一步调整和完善模型。

陈静等（2013）分析了河北省中暑病例资料与气象资料，确定了河北省可能发生中暑的日最高气温临界最低指标，建立了基于温湿度组合的暑热指数计算公式；张国华等（2015）用2000～2010年的高温和闷热日资料建立了京津冀城市夏季高温和闷热天气预报概念模型；李玲萍（2010）研究了武威市高温诊断预报指标和高温定量预报方程，开发出了高温预报业务系统；刘博（2014）运用

GAM、逐步回归模型、神经网络模型及决策树方法构建了北京脑卒中和冠心病预报模型；黄卓等（2011）[348]设计了综合表征炎热程度和过程累积效应的热浪指数作为热浪的判别指标，并提出了热浪的分级标准。

高温热浪已被纳入气象灾害预警信号中，信号分为黄、橙、红三种，卫生行政部门和气象行政主管机构联合通过广播、电视、互联网、电子显示装置等多种形式对公众发布高温预警信号。

第二节　高温热浪的时空变化和人群分布

一、高温热浪的时空变化特征

（一）总体特征

我国的高温热浪频次、日数、强度高值区基本相同，且主要集中在5~10月。从地理位置上看，江南、华南、西南和新疆都是高温热浪的频发地。

据1951~2009年的资料统计，在我国省级以上除拉萨以外的城市中，重庆出现高温天气的次数最多，达1 853天，西宁最少，只有3天。新疆的盆地是高温的频发地，像吐鲁番多次出现全月（6、7、8月）所有天气都为高温的情况。

叶殿秀等（2013）收集整理了1961~2010年全国753个站夏季（6~8月）均一化的日最高气温资料，根据以往基于居民死亡率显著增加所确定的高温热浪指标统计分析了我国高温热浪频次、日数和强度的时空分布特点，从总体上来看，发现我国夏季高温热浪近50年来的频次、日数和强度呈增多增强的趋势，但也呈现出明显的阶段性变化特征。20世纪60~80年代前期高温热浪频次和强度呈减少减弱的趋势，到了80年代后期，高温热浪频次和强度呈增多增强的趋势。我国高温热浪的区域变化特征明显，华北北部和西部、西北中北部、华南中部、长江三角洲和四川盆地南部呈显著增多增强的趋势，而黄淮西部、江汉地区呈显著减少的趋势。自20世纪90年代以来，我国高温热浪的范围明显扩大。

（二）地区特征

1. 华北地区

施洪波（2012）查阅了1960~2009年华北地区90个台站逐日最高气温数据，发现近50年来华北地区累计高温过程频次表现出微弱的减少趋势，1972年高温过程频次最多，高达154次，1984年和1989年最少，仅为12次，中等高温过程频次表现出微弱的增加趋势，高温日数呈现出"多—少—多"的年代际变化特征，高温主要集中在5~8月，特别是6、7月。张尚印等（2004）分析了华北地区主要城市1961~2000年夏季（6~8月）高温（≥35℃）的日数变化，发现60年代到70年代初，夏季高温日数较多，变化幅度大，70年代中期到90年代初高温日数较少，90年代中后期高温日数较多，变化幅度显著增大。从年代际上看，以石家庄和济南为例，60年代强高温过程出现频次偏多，80年代未出现强高温过程，90年代强高温过程显著增多。相比于60年代，华北地区2000年高温日数在7月有所增加，在5月和8月有所减少，但南部、北部高温日数的变化存在着区域差异。

2. 长江中下游地区

长江中下游地区是指包括长江三峡以东的中下游沿岸带状平原的区域，其北接淮阳山，南接江南丘陵，占地约20万平方千米，气候类型为副热带湿润季风性气候，主要高温城市有武汉、合肥、南京、上海和杭州。到了夏季，在西太平洋副热带高压影响下会出现高温酷热天气，成为我国夏季热浪侵袭的重灾区。谈建国等（2013）的研究表明长江中下游地区的主要城市高温出现频次自6月下旬开始逐渐增多，高温高峰集中出现在7月中旬至8月上旬，其中上海和福州高温出现频率峰值出现在7月中旬，杭州高温峰值出现在7月下旬，南京和合肥高温峰值出现在7月底至8月初。长江中下游地区年代际分布特征是：少高温年主要集中于20世纪70年代到80年代，90年代以后呈增加态势。以南京为例，高温总日数在20世纪60年代中期、70年代中期和90年代中期出现较多，而在70年代初、80年代、90年代初和90年代后期出现较少，进入21世纪后高温天气有增加的态势。

3. 华南地区

华南地区地处中国最南部，在南北方向上基本以北回归线为准分成南部和北部，东西方向上则以福建与广东、广东与广西交界线为准分成东部、中部和西部，高温天气具有明显的地域性。方宇凌（2008）对1961~2004年华南22个代表站的高温日数统计后发现，高温天气主要集中在7、8月，20世纪60年代前中期、80年代至90年代初以及90年代后期至21世纪前期为高温发生频次较多的三个阶段。广西西部、福建北部为持续高温多发期，广东、广西南部沿海、福建南部、海南西南部为持续高温少发区。

4. 西北地区

西北地区地处亚洲腹地，四面高山环绕，属于温带大陆性干旱气候。在新疆，南疆高温天气数高于北疆，尤其是吐鲁番，作为中国夏季气温最高的地方，极端最高气温可达49.5℃。极端高温事件主要发生在新疆、河西西部、甘肃中北部、陇东南、宁夏北部以及陕西，常年极端最高气温的最大值主要出现在南疆，其次是陕南，这些区域高于35℃的高温日数较多。4~10月都可出现高温，但高温主要集中于7、8月。据统计，1961~2006年间，西北东部年高温日数平均为5.6天，高温日数最多年在1997年（6.4天），最少年在1989年（0.5天）；西北西部高温日数平均为14.8天，高温日数最多年在1997年（23.8天），最少年在1993年（6.8天）。

5. 其他地区

徐金芳等（2009）研究发现，华东地区高温热浪主要集中在7、8月，7月中旬出现高温热浪的频率最大。华中、华南和西南地区主要集中在7、8月，占高温天气总频数分别为85%、78%和80%。华东地区近55年来超过35℃的高温日数年平均为10.9天，从20世纪80年代后期开始，高温日数有明显增多趋势，特别是2001~2006年间，平均高温日数达27天，2003年为40天。近35年来，华中地区高温天气在1993年以前年平均在20天以下，从1994年以后年平均维持在24天以上。西南地区高温天气在20世纪50年代末到70年代中期为多发时期，70年代末至80年代有所下降，90年代又有所回升，但较60、70年代偏少。

二、高温热浪的人群分布特征

1. 年龄分布特征

很多研究表明，老年人和婴幼儿热调节机能较差，对热应力及相关的空气污染更敏感，易受其影响。相比于成年人，儿童和婴幼儿因自身有限的体温调节机制而更易受高温天气的伤害，尤其是先前患有腹泻、呼吸道感染和精神性缺陷的群体最易受高温危害。热浪期间，各种病原体活跃，婴幼儿患腹泻和呼吸道传染性疾病的数量也会较平时增多，也会增加婴幼儿的死亡风险。Nakai等（1999）研究日本1968～1994年热相关死亡和气象学资料发现，热相关死亡倾向于在日高温峰值超过38℃的日子里出现，此外，在所有热相关死亡者中，儿童（≤4岁）与老人（≥70岁）各占一半。

对近30年间美国、中国、日本及欧洲不同城市的热浪研究发现，在年龄超过50岁的人群中，热浪相关死亡率随年龄的增长而上升，特别是在64岁以上人群中最为显著。此外，缺少运动、患有慢性病、住在顶楼、缺少隔热设施和没有空调设备等都会增加老年人在热浪期间的发病和死亡风险，特别是对于那些卧病在床、生活不能自理的老年人，热浪期间死亡的危险性显著增加。Garssen等（2005）研究了荷兰2003年夏季热浪对死亡率的影响，发现这种影响与年龄有关，老年人群对热浪更为敏感：65岁以下人群，相关系数仅为0.16；65～79岁的老人，相关系数达0.43；超过80岁的老人，相关系数高达0.65。

2. 性别分布特征

黄方经等（1985）研究显示，女性在生理学和形态学上与男性存在差异，因此在高温环境中的生理反应，尤其是体温调节方式与男性有所区别；刘娅等（2014）探索了2010年北京高温热浪对总就诊量以及不同的年龄段、性别、病种人群急诊就诊量的影响，结果发现热浪期较对照期不同性别人群急诊就诊风险均有所增加，男性RR值为1.08（95%CI：1.03～1.14），女性RR值为1.11（95%CI：1.05～1.16），两者差异不大；余兰英等（2009）的研究表明高温期间门诊就诊病例中女性病例相对较多，尤其是在特大高温干旱期间表现更为明显，原因可以归结为两个方面，一是由于女性自身的生理结构较易受外界环境影响，二是由于女性对身体异常的敏感性和关注度相对更强，因此到医院就诊的机会相对较多，从而表现出较高的危害风险；李永红等（2005）[7]的研究显示，男性、女性死亡率差异无统计学意义，因此不能说明男性、女性对温度的敏感性有差异。

总之，有关热浪对不同性别影响的研究，国内外的结论尚不一致，今后还需要更大时空尺度的流行病学研究及相关的实验研究来阐明高温热浪对不同性别的致病机制。

3. 职业分布特征

有些职业人群，如炼钢厂工人、地下矿工和户外劳动者等是高温热浪的脆弱人群：周琳等（2013）采用定额抽样方法对济南市公共交通总公司的532名公交驾驶员夏季高温期间患病情况的影响因素进行了调查，分析后发现女性和有既往慢性疾病诊断史的驾驶员在高温热浪期间患病的危险性增加，空调车型与驾驶员高温期间患病风险降低有关；许明佳等（2015）分析了2010～2014年上海市某郊区高温中暑病例资料，发现体力劳动工人、居家老年人和户外劳作的农民应作为防暑的重点人群；王华义等（2010）用因子分析的方法分析了高温作业工人高血压患病的相关危险因素，发现主要影响因素为时间、高温和性别；王承志等（2014）对唐山市某钢铁企业的1 010名高温、热辐射作业工人进行了研究，发现该企业高温、热辐射作业工人代谢综合征和各代谢异常组分患病率均较高；肖萍等（2013）的研究认为炼钢厂的高温作业环境使得工人空腹血糖受损和糖尿病异常检出率增加。

第三节 高温热浪对人体健康的影响及其研究方法

一、高温热浪对人体健康的危害

1. 高温热浪导致中暑

当高温环境造成个体热平衡或水盐代谢严重紊乱时，就会引发中暑。中暑的主要表现为中枢神经系统和心血管系统障碍。中暑按程度可分为三个等级：中暑先兆、轻症中暑和重症中暑。重症中暑又包括热射病、热痉挛和热衰竭三种类型：热射病是由于人体处于热环境下散热受阻，体温调节机制紊乱所致，表现为突然发病，体温高达40℃以上，由大量出汗变为无汗、干热、意识昏迷等中枢神经系统症状，属于最严重的一类，治疗后死亡率仍高达20%；热痉挛常因剧烈活动丢失过多体液和钠盐所致，其神经系统表现为肌肉痛性痉挛而生命体征平稳，通常影响腓肠肌或腹壁肌肉；热衰竭通常发生于高温环境和脱水的状态下，一般起病迅速，表现为突发头痛、乏力、头晕、晕厥等。王长来等（1999）对南京市区三个高温年份共563例重症中暑病例和逐日气象因素做了多元逐步回归分析，认为相比于日最高气温，日平均气温的变化对机体生理功能的影响更加持久和明显，更能体现热应激状态下机体的病理生理变化程度，研究亦发现当平均气温连续3天超过30℃及相对湿度超过73%时最易出现重症中暑病例。

有学者统计了1994～2005年武汉市居民的中暑发病年龄，发现中暑年龄主要集中在16～90岁（98.1%），尤其是在36～55岁（33.7%），加之中暑出现的两个峰值（20岁、50岁），推测20～50岁人群高发病率是由于过多的热环境暴露所导致的，75～80岁人群是由于年老体弱、生理功能下降所导致的，按性别来看，男性占61.2%，女性占38.8%，推测其与男性从事更多重体力劳动及户外活动有关。

2. 高温热浪导致创伤和消化道疾病的发病增加

冀翠华等（2015）对2008～2012年北京市三家医院急诊就诊的创伤患者数据和相应的气象要素进行了相关分析，发现6、7月为创伤发病的高峰期，且发病人数与气温、相对湿度呈显著正相关；马盼等（2016）利用分布滞后非线性模型和GAM分析了2009～2011年气象环境要素与北京市消化系统疾病急诊人数的暴露—反应关系，认为高温对消化系统疾病急诊人数具有显著的增加效应，且气温越高其风险越大；安庆玉等（2012）采用单因素相关分析和多元回归分析，同时应用圆形分布法，研究了大连市气象因素与细菌性痢疾发生的关系，结果发现随着气温的升高、日照时数的减少和风速的下降，细菌性痢疾的发病高峰日前移，高峰持续时间也会延长。

3. 高温热浪导致死亡

生理学研究发现，当环境温度≥38℃时，汗腺分泌已经难以将体温维持在正常的范围内，机体会代偿性地进行一系列反应，从而帮助人体散热。例如，肺部呼吸急促，心脏跳动加速，伴随着高温热浪的低气压也会加重呼吸困难。随着温度进一步升高，体温调节能力越来越差，最终影响正常的生命活动。大量研究结果显示，高温热浪对老年人以及患有心血管疾病、呼吸系统疾病、神经系统疾病的患者影响尤为明显，患有上述疾病的患者易于死亡，导致人群死亡率显著增加。

栾桂杰等（2015）研究了2010年北京市高温热浪对居民死亡的影响，发现2010年7月的两次热浪共致558人超额死亡，与对照期相比，人群总死亡率心血管疾病、呼吸系统疾病的超额死亡分别增加了28%和40%；许遐祯等（2011）利用1951~2009年（6~9月）气象数据、2005~2008年（6~9月）南京市逐日死亡人数，采用描述性研究、回归分析后发现，南京市频发的高温灾害导致人群超额死亡率大于20%，其中女性超额死亡率稍大于男性，对冠心病和脑血管病患者的伤害较大，而且没有滞后性，夏初的高温热浪所造成的人群超额死亡率大于夏末的，但热浪持续的时间对超额死亡率的影响较小；李永红等（2005）[6]的研究表明，南京的高温天气对死亡数有显著影响；杨宏青等（2013）采用逐步回归法建立了定量评估模型，分析了极端高温对武汉居民超额死亡率的影响程度及其阈值，发现极端高温对超额死亡率影响最大，且高温导致超额死亡的阈值为35.0℃；杜宗豪等（2014）定量评估了2013年上海高温热浪对人群造成的超额死亡风险，发现热浪所导致的热相关总超额死亡人数为1 889人/年。

有研究显示，城市生活状况是高温热浪期间影响疾病发生的一个重要因素，贫富差异、社交面、受教育程度等社会经济因素也是影响因素，居住在高犯罪率地区、很少接触媒介（如电视、报纸）的人也易受影响，经济水平低、社会地位低、受教育程度低的人群在高温热浪期间死亡人数所占的比例较大，住在顶楼、闹市区、没有空调环境的居民区具有较高的热相关疾病的发病率和死亡率。

高温热浪期间，花粉、孢子、霉菌等更活跃，易引发过敏性呼吸道疾病。夏季温度升高，各次级大气污染物（如臭氧和悬浮颗粒）更易产生，臭氧增多，易引发呼吸道疾病，对慢性阻塞性气管疾病和哮喘的影响尤为显著；可吸入颗粒物、二氧化硫、二氧化氮等空气污染物的增多会增强支气管敏感度，从而影响肺功能，造成呼吸系统疾病，诱发或加重呼吸系统疾病的发生，导致心肺功能异常和死亡的发生率相应增加。

4. 高温热浪导致心脑血管疾病的发生

20世纪60~70年代，美国、英国热浪期间的心脑血管疾病发病率、死亡率有所增加，相似的结果在20世纪90年代的费城和芝加哥等地热浪期间也得到了证实。

研究显示，高温作业诱发高血压，使工人发病年龄提前。况正中等（2015）对南京2005~2008年以及2010、2012年的气象数据进行统计分析后发现，高温热浪期间突然的强降温会显著增加高血压疾病的发病率和死亡率，中老年人在所有发病和死亡的人群中是最高危的人群。

通过对实验小鼠和志愿者进行研究，发现高温能够导致冠心病和脑血管疾病的发生，对心血管疾病的影响比脑血管疾病更严重。吴凡等（2013）利用广义相加模型分析了南京地区2004~2010年的居民每日死亡资料和同期气象资料，发现心脑血管疾病日死亡人数受最高气温影响较大，而且随最高温度的升高而增加，日最高气温对心脑血管疾病的影响也存在着滞后效应。另有研究显示，心脑血管疾病的发病风险还与年龄有关，老人更易受影响，但尚存争议。

有关学者的研究显示人体心肌蛋白增加过多会损害心肌，热浪引起的大气颗粒物浓度增大可引发急性心肌梗死等疾病，热浪期间，高温和污染物的共同作用会使急性心肌梗死发病率增高。

关于高温对脑卒中的致病机制的相关研究显示，对于缺血性脑卒中，高温虽不是直接致病原因，但可改变血流动力学，增加血液黏稠度，从而诱发血管内小血栓的形成，间接引起疾病的发生；对于出血性脑卒中，其发病的重要环节是血管脆性的增加和血压的突然升高，可能血管脆性的增加在发病中更为主要，但目前的研究还不能确认高温是诱发出血性脑卒中的因素。

5. 高温热浪导致传染病频发

气候变化对传染病的影响表现在多个方面，包括传染性疾病的媒介物与感染性寄生虫流行范围和活动能力改变、经水或食物传播的病原体生态状况改变，以及对农业生产的不利影响等，其中，气候变化对媒介生物性疾病流行范围的影响最为显著。气温升高为虫媒及病原体的寄生、繁殖和传播创造了适宜的条件，同时也可使虫媒体内的病原体的致病能力增强，从而增加传染病的流行程度和范围，进而对人体健康造成间接危害。近年来，不断有学者提出，气候变化可能引起疟疾、登革热、腹泻、血吸虫病、黄热病、日本脑炎等传染病频发。向伦辉等（2015）对2010～2013年上海市宝山区的气象资料和手足口病的发病资料进行了相关分析，发现手足口病的周发病数与前一周的周平均气温、周最高气温、周最低气温和周平均湿度呈正相关（$P < 0.05$）。

研究表明，全球气温每升高约1℃，登革热的潜在传染危险将增加3.1%～4.7%。据估计，全球疟疾发病率可能从目前的每年3亿人次增加到3.5亿～3.8亿人次，并且主要集中在发展中国家。李国栋等（2013）认为全球气候变暖扩大了媒介疾病的流行范围，有利于很多病原微生物的存活和传播，从而引发霍乱、痢疾等疾病的流行或暴发。近年来全球气候逐渐变暖，新的虫媒传染病不断出现，原有传染病的流行区域也不断扩展，这将成为今后公共卫生领域所面临的一个重要问题。

6. 高温热浪导致心理和精神疾病增加

据心理专家研究：气温在18～20℃时，人的工作效率最高；在20～22℃时，人的心情舒畅；当环境温度超过34℃时，人会出现大汗淋漓、心慌气短、思维紊乱、情绪暴躁等各种心理问题，并且容易作出过激行为，这也就是人们所说的"心理中暑"。

干热天气下，太阳辐射中的红外线能透过颅骨，从而升高脑组织的温度，使大脑皮层调节中枢的兴奋性增加，中枢神经系统运动功能受到抑制，脑神经功能受损，造成反应迟钝、头昏、失眠、烦躁等症状。高温中暑还可引发帕金森和小脑共济失调综合征，易诱发神经系统紊乱和癫痫，对老年人的影响更大。

郝向阳等（2004）选择了10名生理、心理状态相近的某型坦克乘员，用交叉研究法将实验对象分为对照组和驾驶员组，模拟和观测他们在高温噪声和近似实战条件下持续作业时的生理、心理变化情况，结果发现，相比作业前，驾驶员组作业后会出现心理紧张、迷茫、愤怒、忧郁等心理问题，同时会有视感知—操作错误数升高，灵敏度下降等表现；张景钢等（2015）研究了高温、高湿环境对井下工人生理、心理的影响，得出了人的注意力、反应能力、认知能力会随温度和湿度的增加而下降的结论；刘卫东（2007）采用标准的疲劳主观反应问询表、烦恼问询表和主观劳动负荷指数调查问卷，调查了工人的主观反应及其对所处的工作环境各因素的烦恼程度，疲劳主观症状问询结果显示，高温矿井工人在身体症状、精神症状和感觉症状方面的反应都明显高于非高温矿井工人，尤以采煤工种更为突出；李勃等（2014）利用静息态分数低频振幅技术结合精神运动警觉性实验研究了高温诱导人脑脑力疲劳的神经活动变化及意义，结果显示高温后精神运动警觉性实验测试反应时增加，证实了高温诱发人脑脑力疲劳现象的存在。

研究表明，心理疾病患者对极高气温尤其敏感，也就是说，在热浪期间，心理疾病患者的症状可能会因此加剧。国外的研究也显示，热浪期间心理疾病的发病率和死亡率呈显著升高趋势，从而直接影响人们的身体健康和生活质量。有证据显示，这种极端天气事件不仅会直接影响心理健康，还会通过一系列因素（如社会环境因素、生理因素、生物学因素、行为因素等）间接影响心理健康。

此外，研究发现，心理疾病患者对极高气温尤其敏感，也就是说，在热浪期间，心理疾病患者的症状可能会因此加剧或导致死亡。例如，心理疾病患者服用的很多药物会通过影响人体正常的体温调节而增加患者对热的敏感性，从而加大他们在热浪期间的死亡风险。另外，对心理疾病患者来说，由于他们受到某些行为学因素和生理学因素的影响，在热浪期间能够主动、及时地采取应对措施对他们而言是有一定困难的，因此这也可能会增加他们暴露于高温环境中的危险性。

高温热浪还会加重精神病人的症状。有学者通过研究调查发现，每一次热浪冲击，低压闷热期间约有10%的病人症状加重。这是因为情绪中枢毗邻体温调节中枢，外界高温的影响不仅会造成体温调节中枢的功能紊乱，而且还会直接影响情绪中枢。医学研究表明，一个正常人在烈日下暴晒的时间持续4~8小时，就会引起不同程度的头痛、心悸、胸闷、疲乏等症状，而精神病人除出现这些症状以外还突出表现为兴奋、失眠、烦躁不安、易激动或惊恐不安、思绪杂乱、行为失控等，如不及时采取措施加以纠正，还会出现精神错乱。此外，有研究发现煤矿工人、炼钢厂工人等工种由于职业原因会长时间暴露于高温或高湿环境中，导致矿工的生理、心理反应失常，从而引发不安全行为，增大了事故发生率。

高温热浪及其对人群健康问题的研究已成为当今国际上环境与健康领域的热点问题，但是国际上专门针对热浪与心理健康关系的研究相对较少。由于种种原因，国内关于热浪对心理健康影响的研究也非常少。随着全球气候的变暖，未来情景下中国区域极端高温气候事件呈现增加趋势，这种变化趋势暗示了未来中国区域高温热浪事件可能增加，在这种大环境下，对高温热浪与心理健康关系的研究迫在眉睫。

二、高温热浪对人体健康影响的常用研究方法

1. 指标法

目前热指标在热浪研究中被广泛应用，包括单要素、双要素和多要素指标。单要素指标依据最高温度高于某一界限温度（30℃、35℃或40℃等）或高于某一温度以上连续的小时数或者天数这一指标。典型的双要素指标为考虑了温度和湿度的温湿指数。多要素指标则综合考虑了温度、湿度、风、云量、降水、辐射、空气状况、热连续天数、人体热量平衡等因素的影响。各地应根据局地条件选用适宜的指标。

使用最多的单要素指标是最高温度，通过日最高温度和死亡的关系来寻找高温热浪死亡影响的阈值。当温度升高到某临界温度，死亡数会明显增加。不同地方界限温度差异很大：纬度低、气候炎热的地方，高温出现频繁，人群适应炎热的环境，临界温度高；反之，纬度高、气候寒冷的地方，高温出现稀少，人群不适应炎热的环境，临界温度低。

温湿指数是加拿大、美国用于高温预警的双要素指标，它是综合考虑温度和湿度后提出的指标，最早由Thom于1959年提出，后经Boserl进一步发展而来，又称为炎热指数，常用于评价夏季环境的舒适度（姚鹏等，2019）。温湿指数简单实用，可通过三种公式计算得到。三种公式采用不同温度指标

（干球温度、湿球温度和露点温度）与相对湿度的组合计算，计算结果虽略有差异，但不明显。常用的公式为：

$$\text{THI} = T - 0.55 \times (1 - \text{RH}) \times (T - 58) \tag{4-1}$$

式中，T为干球温度（℉），RH为相对湿度（%）。

华氏温度T的计算公式为：

$$T = \text{Temp} \times 9/5 + 32 \tag{4-2}$$

式中，Temp为气温（℃）。

相比单纯采用温度作为衡量标准，综合考虑温度和湿度共同作用的温湿指数评价城市热环境的舒适度则更为合理。

除单要素、双要素的温度指标外，国内外还开发了许多组合指标，如体感温度、显温、程度日指数、PET等。

2. 多元回归分析法

多元回归分析法是通过拟合多个气象因素和健康结局的线性关系来研究热浪对死亡的影响。例如：陈正洪等（2002）综合温度、相对湿度、风速、有效累计温度而建立了城市暑热危险度统计预报模型。谭冠日等（1991）考虑温度、南北风速、气压和热浪持续时间因素建立了"热日天气—死亡关系"模型，探究了上海和广州的热浪对死亡的影响。

3. 使用广义相加模型的方法

广义相加模型可拟合参数回归、非参数和半参数的回归及反映变量与单个解释变量之间的关系，也可拟合反应变量与多个解释变量之间的关系，它适用于对复杂的资料进行探索性分析或研究反应变量和解释变量之间复杂的非线性关系。基本公式为：

$$g(u_i) = \beta_0 + f_1(x_{1i}) + f_2(x_{2i}) + \cdots + \varepsilon \tag{4-3}$$

式中，$g(u_i)$代表各种连接函数关系，可以是多种概率分布，包括正态分布、二项分布、Poisson分布、负二项分布等。$f_1(x_{1i})$，$f_2(x_{2i})$等代表各种平滑函数，如平滑样条、局部回归、自然立方样条、B样条和多项式等。

与传统的方法相比，广义相加模型在探索研究因素关系的形状和大小方面更加灵活方便，因而被较多地应用于气候与健康效应的研究中。

4. 天气分型法

天气分型法即对某地逐日天气进行分类，确定对人类健康有负面影响的高危险天气类型或者说是"侵入型"天气，在该种天气控制下的热浪天气和人群死亡率的增加存在直接的联系。天气分型法综合考虑了多项气象因素，由Sheridan等首次提出，而后Greene，Kalkstein等进一步发展了此法，开发出了SCC天气分类方法（spatial synoptical classification，SCC）（谈建国，2008；Greene et al., 1996），先对天气进行分类，再把当日天气从资料库中选取天气类型进行相似性比较，从而确定天气类型进行预报。我国上海、意大利罗马等地就是基于此方法建立了热浪与健康监测预警系统。

除上述方法外，还可建立温度或热浪与健康结局变量的时间序列、分布滞后非线性模型。病例交叉研究通过自身对照的方式控制年龄、性别、经济收入等混杂因素的影响，其优点在于不需要高级统计模型，用SAS、SPSS或者R统计软件即可完成。此外，基于GIS的评价可综合健康效应、气候、地理等多方面的因素，并进行分类、归纳，从空间整体的视角来进行评估。

（艾思奇）

参考文献

安庆玉，吴隽，王晓立，等，2012.气象因素变化与大连市肠道传染病发病时间分布关系的研究［J］. 中国预防医学杂志，13（04）：288–291.

白永清，何明琼，刘静，等，2015.高速公路交通事故与气象条件的关系研究［J］.气象与环境科学，38（02）：66–71.

陈辉，黄卓，田华，等，2009.高温中暑气象等级评定方法［J］.应用气象学报，20（04）：451–457.

陈静，韩军彩，张素果，等，2013.基于暑热指数的河北省中暑气象等级预报指标研究［J］.气象与环境学报，29（05）：86–91.

陈燕，蒋维楣，徐敏，等，2005.城市规划中绿化布局对区域气象环境影响的数值试验研究［J］.地球物理学报，48（2）：265–274.

陈正洪，王祖承，杨宏青，等，2002.城市暑热危险度统计预报模型［J］.气象科技，30（2）：98–101.

程琛，张骥，徐阿猛，等，2014.高温作业环境中人的不安全行为实验研究［J］.华北科技学院学报，11（09）：79–82.

杜宗豪，莫杨，李湉湉，2014. 2013年上海夏季高温热浪超额死亡风险评估［J］.环境与健康杂志，31（9）：757–760.

范碧航，李宁，张继权，等，2011.城市高温灾害性天气影响分析与危害评估——以长春市为例［J］.灾害学，26（04）：93–97.

方宇凌，2008.华南持续性高温的气候特征及成因［D］.广州：中山大学.

郝向阳，刘洪涛，杨邵勃，等，2004.装甲车辆驾驶员在热环境下持续作业时机体生理及心理的变化趋势［J］.中华劳动卫生职业病杂志，22（4）：21–24.

黄方经，张国高，1985.高温环境中生理反应的性别差异［J］.国外医学（卫生学分册）（05）：261–263.

黄卓，陈辉，田华，2011.高温热浪指标研究［J］.气象，37（03）：345–351.

冀翠华，王丽萍，王式功，等，2015.北京市创伤发病特征及其与气象条件的关系分析［J］.兰州大学学报（自然科学版），51（01）：98–102.

姜滨生，赵旭，江琪，等，2000.黑龙江省电力网负荷与气温的关系研讨［J］.黑龙江电力，22（5）：19–21.

况正中，张书余，2015.南京地区高温热浪期间突然强降温天气对高血压疾病的影响研究［C］//中国气象学会.第32届中国气象学会年会论文集：1–10.

兰莉，王建，崔国权，等，2014.热浪健康风险预警系统构建与应用［J］.中国公共卫生，30（06）：849–850.

李勃，钱绍文，姜庆军，等，2014.高温诱发人脑脑力疲劳的功能磁共振研究［J］.医学影像学杂志，24（03）：342-346.

李国栋，张俊华，焦耿军，等，2013.气候变化对传染病暴发流行的影响研究进展［J］.生态学报，33（21）：6762-6773.

李玲萍，李岩瑛，钱莉，等，2010.河西走廊东部高温天气成因分析及预报研究［J］.干旱区研究，27（01）：142-147.

李永红，陈晓东，林萍，2005.高温对南京市某城区人口死亡的影响［J］.环境与健康杂志，22（1）：6-8.

刘博，2014.脑卒中和冠心病对天气变化响应及预测模型研究［D］.兰州：兰州大学.

刘卫东，2007.高温环境对煤矿井下作业人员影响的调查研究［J］.中国安全生产科学技术，03（03）：43-45.

刘卫平，李艳，马玉霞，等，2013.1981—2010年甘肃高温天气分析［C］//中国气象学会.第30届中国气象学会年会论文集：1-7.

刘娅，杜宗豪，王越，等，2014.2010年北京热浪对医院急诊量的影响［J］.华南预防医学，40（04）：322-326.

栾桂杰，李湉湉，殷鹏，等，2015.2010年北京市高温热浪对居民死亡的影响［J］.环境卫生学杂志，5（06）：525-529.

马建国，钱霞荣，李强，等，2006.六安市高温特征及其预警信号发布［J］.气象科技，34（6）：693-697.

马盼，李若麟，乐满，等，2016.气象环境要素对北京市消化系统疾病的影响［J］.中国环境科学，36（05）：1589-1600.

蒙伟光，张艳霞，李江南，等，2010.WRF/UCM在广州高温天气及城市热岛模拟研究中的应用［J］.热带气象学报，26（03）：273-282.

苗世光，王晓云，蒋维楣，等，2013.城市规划中绿地布局对气象环境的影响——以成都城市绿地规划方案为例［J］.城市规划，37（06）：41-46.

潘娅英，柏春，王亚云，2008.丽水城区道路规划设计中的气候问题研究［J］.科技导报，26（8）：67-70.

潘娅英，陈武，2006.引发公路交通事故的气象条件分析［J］.气象科技，34（6）：778-782.

施洪波，2012.华北地区高温日数的气候特征及变化规律［J］.地理科学，32（7）：866-871.

谈建国，殷鹤宝，林松柏，等，2002.上海热浪与健康监测预警系统［J］.应用气象学报，13（03）：356-363.

谈建国，郑有飞，彭丽，等，2008.城市热岛对上海夏季高温热浪的影响［J］.高原气象，27（B12）：144-149.

谈建国，郑有飞，2013.我国主要城市高温热浪时空分布特征［J］.气象科技，41（2）：347-351.

谈建国，2008.气候变暖、城市热岛与高温热浪及其健康影响研究［D］.南京：南京信息工程大学.

谭冠日，黄劲松，郑昌幸，1991.一种客观的天气气候分类方法［J］.热带气象，07（01）：55-62.

汪庆庆，李永红，丁震，等，2014.南京市高温热浪与健康风险早期预警系统试运行效果评估［J］.环境与健康杂志，31（05）：382-384.

王长来，茅志成，程极壮，1999. 气象因素与中暑发生关系的探讨［J］. 气候与环境研究，4（1）：40-43.

王承志，刘楠，关维俊，等，2014. 唐山市某钢铁企业高温作业人群代谢综合征流行现状分析［J］. 中国煤炭工业医学杂志，17（06）：962-965.

王华义，谭卫红，李春燕，2010. 钢铁企业高温作业工人血压影响因素的因子分析［J］. 职业与健康，26（19）：2171-2173.

王喜全，王自发，郭虎，等，2008. 北京集中绿化区气温对夏季高温天气的响应［J］. 气候与环境研究，13（1）：39-44.

吴凡，景元书，李雪源，等，2013. 南京地区高温热浪对心脑血管疾病日死亡人数的影响［J］. 环境卫生学杂志，03（04）：288-292.

吴剑坤，高丽，乔林，等，2015. 基于T213集合预报的中国极端温度预报方法研究［J］. 气象科学，35（04）：438-444.

向伦辉，袁国平，杨兴堂，等，2015. 上海市宝山区手足口病与气象因素关系的反向传播神经网络模型研究［J］. 中华疾病控制杂志，19（02）：138-141.

肖萍，李妍，黎丹倩，等，2013. 508名高温作业人员空腹血糖检测结果分析［J］. 柳州医学，26（01）：24-26.

谢德寿，1994. 城市高温灾害及其预防［J］. 灾害学，09（03）：29-33.

徐金芳，邓振镛，陈敏，2009. 中国高温热浪危害特征的研究综述［J］. 干旱气象，27（02）：163-167.

许明佳，程薇，2015. 2010—2014年上海市金山区高温中暑流行特征及其与气温的关系［J］. 职业与健康，31（19）：2657-2659，2663.

许遐祯，郑有飞，尹继福，等，2011. 南京市高温热浪特征及其对人体健康的影响［J］. 生态学杂志，30（12）：2815-2820.

杨宏青，陈正洪，谢森，等，2013. 夏季极端高温对武汉市人口超额死亡率的定量评估［J］. 气象与环境学报，29（5）：140-143.

杨绚，汤绪，陈葆德，等，2013. 气候变暖背景下高温胁迫对中国小麦产量的影响［J］. 地理科学进展，32（12）：1771-1779.

叶殿秀，尹继福，陈正洪，等，2013. 1961-2010年我国夏季高温热浪的时空变化特征［J］. 气候变化研究进展，9（1）：15-20.

余兰英，钟朝晖，刘达伟，等，2009. 高温期间城乡医院疾病谱调查［J］. 环境与健康杂志，26（03）：226-228.

姚鹏，赵清扬，张梦竹，等，2019. 近37年成都地区基于温湿指数的气候舒适度变化特征分析［J］. 高原山地气象研究，039（001）：61-66.

张国华，张延宾，关健，等，2015. 京津冀城市高温及闷热预报概念模型［J］. 干旱区资源与环境，29（11）：133-138.

张景钢，杨诗涵，索诚宇，2015. 高温高湿环境对矿工生理心理影响试验研究［J］. 中国安全科学学报，25（01）：23-28.

张尚印，宋艳玲，张德宽，等，2004. 华北主要城市夏季高温气候特征及评估方法［J］. 地理学报，59（03）：383-390.

张尚印，张海东，徐祥德，等，2005. 我国东部三市夏季高温气候特征及原因分析［J］. 高原气象，24（05）：829-835.

赵德应，李胜洪，张巧霞，2000. 气温变化对用电负荷和电网运行影响的初步探讨［J］. 电网技术，24（01）：55-58.

郑祚芳，高华，王在文，等，2012. 城市化对北京夏季极端高温影响的数值研究［J］. 生态环境学报，21（10）：1689-1694.

周琳，辛正，白莉，等，2013. 济南公交驾驶员高温期间患病影响因素分析［J］. 中国公共卫生，29（10）：1410-1412.

GARSSEN J，HARMSEN C，DE BEER J，2005. The effect of the summer 2003 heat wave on mortality in the Netherlands［J］. Euro surveillance： bulletin Europeen sur les maladies transmissibles = European communicable disease bulletin，10（7）：165-168.

GREENE J S，KALKSTEIN L，1996. Quantitative analysis of summer air masses in the eastern United States and an application to human mortality［J］. Climate Research，7（1）：43-53.

NAKAI S，ITOH T，MORIMOTO T，1999. Deaths from heat-stroke in Japan： 1968-1994［J］. International journal of biometeorology，43（3）：124-127.

第五章
干旱及其对健康影响的研究现状及进展

在全球变暖的背景下，大部分陆地存在干旱化的趋势，尤其是近半个世纪，全球极端干旱区面积扩大了两倍以上。联合国政府间气候变化专门委员会预测全球气候变化极有可能增加干旱等极端天气事件发生的频率和强度。Dai等（2004）利用1870～2002年Palmer的计算结果分析表明，20世纪70年代后期以来，全球极端干旱面积增加了一倍多，特别是20世纪80年代前期出现了大幅度的跳跃，这种干旱趋势的加剧主要是由于干旱化地区降水的减少和气温的升高造成的。在我国，干旱灾害发生频繁，1949～2006年平均每年受旱面积达2 122万公顷，约占各种气象灾害受灾面积的60%。我国北方地区继1997年发生了大范围的干旱后，1999～2002年又连续4年干旱少雨。2000年全国受旱面积高达4 054万公顷，为中华人民共和国成立以来之最，其中北方15省（市、区）受旱面积占全国的70%。近几十年来我国干旱事件频繁发生，再加上经济迅速发展、人口增长等原因，干旱给社会带来的不利影响和对人类生存环境的危害日趋严重，给人类健康带来威胁。

第一节　概　述

一、干旱的概念和分类

（一）概念

目前国内外对干旱的定义多达100余种，国际气象界对干旱的定义是"长时期缺乏降水或降水明显短缺"或"降水短缺导致某方面的活动缺水"，我国国家气象局认为干旱是"因水分的收与支或供与求不平衡而形成的持续的水分短缺现象"。干旱和干旱灾害是两个不同的科学概念。《中华人民共和国抗旱条例》中将干旱灾害定义为由于降水减少、水工程供水不足引起的用水短缺，并对生活、生产和生态造成危害的事件，它属于偶发性的自然灾害。

（二）分类

1. 气象干旱

气象干旱是由降水和蒸发的收支不平衡造成的异常水分短缺现象。气象干旱通常以降水的短缺程度作为干旱指标，如连续无雨日数、降水量低于某一数值的日数、降水量的异常偏少以及各种天气参数的组合等。

2. 水文干旱

水文干旱是由于降水的长期短缺而造成某段时间内地表水或地下水收支不平衡，出现水分短缺，使江河流量、湖泊水位、水库蓄水等减少的现象，研究人员通常利用某段时间内径流量、河流平均日流量、水位等低于一定数值作为干旱指标或采用地表径流与其他因子组合成多因子指标，如水文干湿指数、作物水分供需指数、最大供需比指数、水资源总量短缺指数等来分析干旱。

3. 农业干旱

农业干旱是由外界环境因素造成作物体内水分失去平衡，发生水分亏缺，影响作物正常生长发育，进而导致减产或失收的现象。农业干旱是各类干旱中最复杂的一种，按其成因的不同可将农业干旱分为土壤干旱、生理干旱、大气干旱。

（1）土壤干旱：由于土壤含水量少，土壤颗粒对水分的吸力大，植物的根系难以从土壤中吸收到足够的水分去补偿蒸腾的消耗，植株体内的水分收支失去平衡，从而影响植株生理活动的正常进行，以致发生危害。

（2）生理干旱：由于土壤环境条件不良，使植物根系的生理机能活动受阻，吸水困难，导致植物体内的水分失去平衡而发生危害。

（3）大气干旱：由于太阳辐射强，温度高，空气湿度小，有时还伴有一定的风力，使大气蒸发力强，导致作物蒸腾消耗的水分很多，即使土壤含水量很大，但根系吸收的水分不足以补偿蒸腾的支出，导致植物体内的水分严重缺乏而造成危害。

4. 社会经济干旱

社会经济干旱是指自然系统与人类社会经济系统中水资源供需不平衡造成的水分短缺现象。社会对水的需求通常分为工业需水量、农业需水量以及生活与服务行业需水量。如果需求大于供给，那么就会发生社会经济干旱。

尽管存在上述不同的干旱定义，但是在上述四类干旱中，气象干旱是最普遍和最基本的。从某种意义上说，大气降水是水资源的主要来源，它直接影响着地表径流、地下水、土壤水分的短缺程度和作物、人类社会等对水分需求的满足程度。因此，下面涉及的有关干旱发生和变化的规律等都是用气象干旱指标来进行讨论的。

二、气象干旱等级和气象干旱指数

《气象干旱等级》国家标准（GB/T 20481-2017）规定了全国范围气象干旱指数的计算方法、等级划分标准、等级命名、使用方法等，并界定了气象干旱发展不同进程的术语。《气象干旱等级》国家标准中将干旱划分为五个等级，并评定了不同等级的干旱对农业和生态环境的影响程度：无旱，正常或湿涝，特点为降水正常或较常年偏多，地表湿润；轻旱，特点为降水较常年偏少，地表空气干燥，土壤出现水分轻度不足，对农作物有轻微影响；中旱，特点为降水持续较常年偏少，土壤表面干燥，土壤出现水分不足，地表植物叶片白天有萎蔫现象，对农作物和生态环境造成一定的影响；重旱，特点为土壤出现水分持续严重不足，土壤出现较厚的干土层，植物萎蔫、叶片干枯、果实脱落，对农作物和生态环境造成较严重的影响，对工业生产、人畜饮水产生一定的影响；特旱，特点为土壤出现水分长时间严重不足，地表植物干枯、死亡，对农作物和生态环境造成严重影响，对工业生产、人畜饮水产生较大影响。

1. 降水量距平百分率

降水量距平百分率是表征某时段降水量较常年值偏多或偏少的指标之一，能直观反映降水异常引起的干旱，多用于评估月、季、年发生的干旱事件，适合半湿润、半干旱地区平均气温高于10℃的时段。

降水量距平百分率气象干旱等级划分见表5-1。

表5-1　降水量距平百分率气象干旱等级划分表

等级	类型	降水量距平百分率（%）		
		月尺度	季尺度	年尺度
1	无旱	$-40 < PA$	$-25 < PA$	$-15 < PA$
2	轻旱	$-60 < PA \leqslant -40$	$-50 < PA \leqslant -25$	$-30 < PA \leqslant -15$
3	中旱	$-80 < PA \leqslant -60$	$-70 < PA \leqslant -50$	$-40 < PA \leqslant -30$
4	重旱	$-95 < PA \leqslant -80$	$-80 < PA \leqslant -70$	$-45 < PA \leqslant -40$
5	特旱	$PA \leqslant -95$	$PA \leqslant -80$	$PA \leqslant -45$

2. 相对湿润度指数（relative moisture index，MI）

相对湿润度指数是指某时段的降水量与同期潜在蒸散量之差再除以同期潜在蒸散量。相对湿润度指数是表征某时段降水量与蒸发量之间平衡的指标之一，适用于作物生长季节月以上尺度的干旱监测和评估。

相对湿润度指数气象干旱等级划分见表5-2。

表5-2　相对湿润度指数气象干旱等级划分表

等级	类型	MI
1	无旱	$-0.40 < MI$
2	轻旱	$-0.65 < MI \leqslant -0.40$
3	中旱	$-0.80 < MI \leqslant -0.65$
4	重旱	$-0.95 < MI \leqslant -0.80$
5	特旱	$MI \leqslant -0.95$

3. 标准化降水指数

标准化降水指数是表征某时段降水量出现的概率多少的指标，该指标适用于不同地区不同时间尺度的干旱监测与评估。

标准化降水指数气象干旱等级划分见表5-3。

表5-3　标准化降水指数气象干旱等级划分表

等级	类型	SPI
1	无旱	$-0.5 < SPI$
2	轻旱	$-1.0 < SPI \leq -0.5$
3	中旱	$-1.5 < SPI \leq -1.0$
4	重旱	$-2.0 < SPI \leq -1.5$
5	特旱	$SPI \leq -2.0$

4. 标准化降水蒸散指数（standardized precipitation evapotranspiration index，SPEI）

标准化降水蒸散指数是用于表征某时段降水量与蒸散量之差出现概率多少的指标，该指标适用于半干旱、半湿润地区不同时间尺度干旱的监测与评估。

标准化降水蒸散指数划分的干旱等级见表5-4。

表5-4　标准化降水蒸散指数划分的干旱等级表

等级	类型	SPEI
1	无旱	$-0.5 < SPEI$
2	轻旱	$-1.0 < SPEI \leq -0.5$
3	中旱	$-1.5 < SPEI \leq -1.0$
4	重旱	$-2.0 < SPEI \leq -1.5$
5	特旱	$SPEI \leq -2.0$

5. 帕默尔干旱指数（palmer drought severity index，PDSI）

帕默尔干旱指数是表征在一段时间内，该地区土壤实际水分供应相对于当地气候适宜水分供应的亏缺程度，该指数适用于月以上尺度的水分盈亏监测和评估。

帕默尔干旱指数气象干旱等级划分见表5-5。

表5-5　帕默尔干旱指数气象干旱等级划分表

等级	类型	PDSI
1	无旱	$-1.0 < PDSI$
2	轻旱	$-2.0 < PDSI \leqslant -1.0$
3	中旱	$-3.0 < PDSI \leqslant -2.0$
4	重旱	$-4.0 < PDSI \leqslant -3.0$
5	特旱	$PDSI \leqslant -4.0$

6. 气象干旱综合指数（meteorological drought comprehensive index，MCI）

气象干旱综合指数考虑了60天内的有效降水（权重累积降水）、30天内蒸散（相对湿润度）以及季度尺度（90天）降水和近半年尺度（150天）降水的综合影响。该指数考虑了业务服务的需求，增加了季节调节系数，适用于作物生长季逐日气象干旱的监测和评估。

依据气象干旱综合指数划分的气象干旱等级见表5-6。

表5-6　气象干旱综合指数划分表

等级	类型	MCI
1	无旱	$-0.5 < MCI$
2	轻旱	$-1.0 < MCI \leqslant -0.5$
3	中旱	$-1.5 < MCI \leqslant -1.0$
4	重旱	$-2.0 < MCI \leqslant -1.5$
5	特旱	$MCI \leqslant -2.0$

第二节　我国干旱的时空动态特征

干旱几乎是世界各地、各季节都可能出现的气象灾害。有学者根据1930~1969年全球每月平均表面湿度绘制了干旱半干旱区分布图，将全球分为八大主要干旱半干旱区，即北非、澳大利亚、西南亚、中亚、中蒙、美国中西部、非洲南部和南美洲南部干旱区（杨丽萍 等，2013）。我国各地区干旱的发生时间、发生强度和频率存在很大差异。

一、我国各区域干旱的长期变化特征

1. 干旱面积的长期变化

图5-1显示了基于综合气象干旱指数（CI，GB/T 20481-2006）指数统计的全国干旱面积百分率的历年变化图，可以看出，在半个多世纪里，我国干旱较重的时期主要出现在20世纪60年代、70年代后期至80年代前期、80年代中后期和90年代后期至21世纪初，其中以2001年干旱最为严重。（邹旭恺 等，2007）[366]

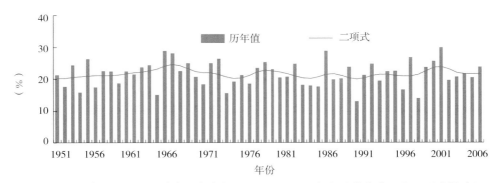

图5-1　我国年干旱面积百分率历年变化图（1951～2006年）（曲线为11点二项式滑动）

2. 各区域干旱面积的长期变化

干旱在我国不同地区的变化特点存在差异性。从图5-2可以看出，东北和华北地区的干旱有显著加重趋势，半个多世纪中，最严重的干旱均出现在20世纪90年代后期至21世纪初。西北地区东部的干旱面积在近半个世纪没有明显的增加或减少的趋势，但在20世纪90年代中后期至21世纪初也出现了连续数年的大范围干旱。西北西部、长江中下游地区、华南地区和西南地区的干旱面积也没有显著的趋势存在，但存在着明显的年代际变化，其中西北地区西部在20世纪80年代中期以后干旱面积有较明显的减少。青藏高原地区的干旱面积有减少趋势。

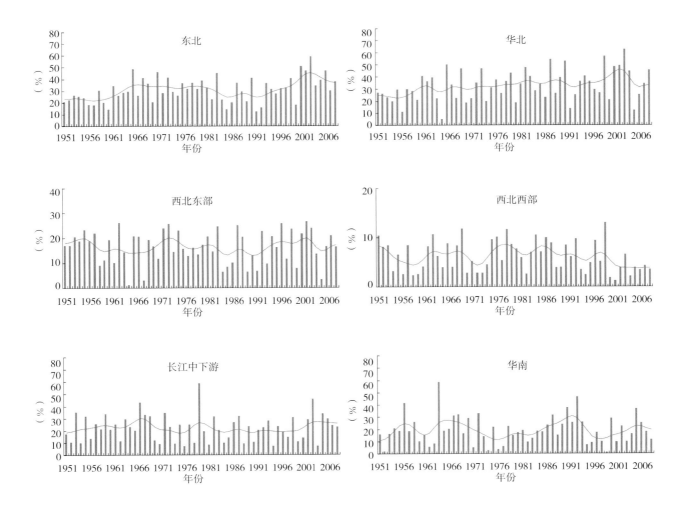

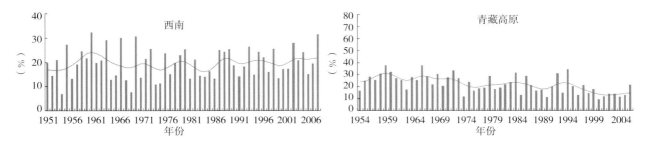

图5-2　各区域年干旱面积百分率历年变化图（1951~2006年）（曲线为11点二项式滑动）（青藏高原地区由于20世纪50年代初期站点稀少，从1954年开始计算）

二、干旱持续时间和发生频率

我国各地区干旱持续时间存在差异性，干旱持续时间长的几个中心分别位于东北地区西部、华北中部和云南等地，最长持续时间一般为4个月以上，另外，东北中东部、华北大部、黄淮、华南中南部和西南东部部分地区干旱最长持续时间一般也有3个月左右。我国干旱频率分布存在空间差异，其中华北、华南和西南地区的干旱发生频率较高，西北地区的干旱发生频率较低。（邹旭恺 等，2007）[367]

第三节　干旱对健康影响的研究进展

一、干旱对健康的影响

与其他自然灾害不同，干旱一般发生缓慢、持续时间长、影响范围广，并表现为复杂的空间分布模式，对人类健康的影响通常是间接的，主要表现为以下几个方面（表5-7）（王宁 等，2015）：

表5-7　干旱对健康的影响

疾病种类	干旱对健康的影响
人体营养状况	营养不良：干旱期间，蛋白质—能量营养不良患病率升高，且干旱对营养不良的患病率的影响存在性别和年龄差异。
	维生素缺乏：印度干旱地区5岁以下儿童维生素A、维生素B缺乏的患病率高于对照；干旱期间赞比亚地区孕妇血浆维生素E含量低于对照。
	微量元素缺乏：发生干旱的埃塞俄比亚地区儿童血样中铁、转铁蛋白饱和度、铁蛋白的中位数水平偏低。
消化道疾病	1998年秋冬，贵州省德江县干旱少雨引起伤寒暴发流行。
	1984年干旱期间，马里霍乱暴发。
	1976年海地干旱时，腹泻发病率增加。
呼吸道相关疾病	干旱时，呼吸道自觉症状发病率增加。
	球孢子菌病的发病率与干旱指数呈正相关。

（续表）

疾病种类	干旱对健康的影响
虫媒传播疾病	呼吸道传染病：平均蒸发量与流行性脑膜炎、麻疹、百日咳呈正相关，平均降水量与流行性脑膜炎、麻疹的发病率呈负相关。
	蚊媒传染病：委内瑞拉疟疾死亡率与前一年干旱事件密切相关。
	蜱媒传染病：干旱是塞内加尔地区蜱传回归热传播到西非大草原的一个因素。
	血吸虫病：肯尼亚沿海地区经过长期干旱，血吸虫病患病率下降。
心理健康	成人心理健康问题：干旱地区受试者的焦虑状态、特征性焦虑和情绪困扰水平高于对照。
	儿童心理健康问题：主要包括社会孤立，担心家庭和未来。
死亡	干旱期间婴儿和各年龄组死亡率均增高。
癌症	高干旱指数区域的食管癌死亡率高。
生殖系统疾病	干旱年份或下一年份，妇科病发病率大幅升高。
自杀	研究表明干旱指数由第一四分位数上升到第三四分位数时，新南威尔士州农村30～49岁男性自杀的相对危险度上升，相反，大于30岁的农村女性自杀风险随干旱指数增加而降低。另一项研究表明，干旱期间维多利亚地区的农民自杀率没有增加可能与该地区农民心理健康意识的提高以及社区支援计划有关。结论不尽相同。
其他	干旱季节，饮用水微囊藻毒素超标。
	干旱迫使游牧人群移居城市，引起寄生虫病等疾病的传播。
	长期干旱引发野火。

下面针对干旱对健康的影响进行详细论述。

（一）人体营养状况

1.营养不良

干旱期间，粮食短缺导致人体能量供应不足，营养不良的患病率升高。Singh等（2006）对印度西部拉贾斯坦邦受干旱影响的沙漠区914名5岁以下儿童健康状况的研究结果表明，蛋白质—能量营养不良患病率为44.4%。Singh等（2008）还发现该干旱地区成人的慢性能量缺乏症（BMI < 18.5）的患病率为42.7%（WHO提出的"临界水平"是BMI > 40%），而且严重慢性能量缺乏者（BMI < 16）中男性的患病率（12.7%）高于女性（8.7%）。McDonald等（1994）研究肯尼亚干旱期间暂时粮食短缺对母亲、学龄儿童和幼儿的影响发现，学龄儿童的能量摄入、体重、活动力、注意力明显下降，但是幼儿由于受到保护，这些指标稳定，不过贫困的家庭更易受到粮食短缺的影响。可见，干旱对营养不良的患病率的影响存在性别和年龄差异，因此，在研究干旱对人体营养状况的影响时，还应考虑性别、人群、经济状况等因素。

2.维生素和微量元素缺乏症

干旱期间人体某些维生素和微量元素缺乏症的患病率升高。印度干旱地区5岁以下儿童维生素A（缺乏导致夜盲症、毕脱氏斑）、B族维生素（缺乏导致口角炎、皮炎、舌炎）缺乏的患病率高于对照组。Arlappa等（2011）对2003年印度干旱地区的3 657名农村学龄前儿童进行横断面研究，发现毕脱氏斑患病率高于对照组（$P < 0.01$，$OR = 2.0$，95% CI：1.6~2.7）。Gitau等（2005）研究发现干旱期间赞比亚地区孕妇血浆维生素A和维生素E的含量低于对照时期，并指出这可能与干旱所致的玉米价格上涨有关。Wolde-Gebriel等（1993）针对1982年发生干旱的埃塞俄比亚地区，用横断面调查方法调查了240名儿童，采集其中76名有夜盲症等眼征的儿童和9名随机抽取的儿童血样，发现铁、转铁蛋白饱和度、铁蛋白的中位数水平偏低，但是碘营养状况的参数都在正常范围内，这说明干旱期间人体内不同微量元素的缺乏程度不同。有关干旱对人体内不同微量元素影响的研究大多采用病例对照和横断面研究方法，具体影响机制仍然缺乏实验论证，此外，这些研究主要针对儿童和孕妇，仍缺少对其他人群（如老年人）的研究。

（二）消化道疾病

干旱地区的水资源供应不足，水源的排放量和水位降低，水的稀释能力减弱，持续的干旱使不符合饮用水标准的二次供水和自备水源比例增加，水质中余氯量、细菌总数和大肠菌群均不合格（杨海，2001）。因此，干旱期间的水源更容易受到粪尿和病原体污染，引起消化道疾病的暴发流行。1998年秋冬季，贵州省德江县由于干旱少雨，镇内6口水井供不应求，又无公用取水设备，污染严重，引起伤寒病暴发流行（周丽森 等，2013）。Tauxe等（1988）用病例对照研究方法发现，干旱期间井水和食物受污染导致马里霍乱暴发。另外，干旱通过影响居民生活用水量，间接影响腹泻发病率。例如，Thacker等（1980）研究发现1976年海地干旱时人均用水量小于19升的家庭腹泻发病率（28.7%）高于对照（25.5%），可能与节水导致病原菌的接触（手和餐具）有关。由此可见，干旱可以引起消化道传染病的暴发，而且与水源或者餐具污染有关。因此，在干旱期间，相关部门和居民应该注意保护水源，并采取定期消毒等措施。

（三）呼吸道相关疾病

Lindtjrn等（1992）研究埃塞俄比亚南部地区828名0~5岁儿童的发病情况，结果表明干旱季节发病率最高的疾病是呼吸道传染病和轻度腹泻。干旱地区的土壤干燥，灰尘更容易被人体吸入，不仅对呼吸系统造成直接损害，还能成为病原体的载体。Gomez等（1992）研究发现，枯竭湖中的灰尘能引起暴露组呼吸道自觉症状（如咳嗽、喘息等）发生频率增加，但暴露组和对照组的肺功能没有差异。另外，其他一些研究发现：球孢子菌病的发病率与干旱指数呈正相关（$P < 0.01$）（Centers for Disease Control and Prevention，2003）；平均蒸发量与流行性脑膜炎、麻疹、百日咳呈正相关，平均降水量与流行性脑膜炎、麻疹的发病率呈负相关（施海龙 等，2006）。气温、日照时数、气压等气象因素对各类呼吸系统疾病的发病率或死亡率也有影响，较多的混杂因素可能导致结论存在不确定性。因此，今后的研究应尽可能排除其他气象因素对呼吸道相关疾病的影响。

（四）虫媒传播疾病

1. 蚊媒传播疾病

在虫媒传播疾病中，蚊子是虫媒病原体的重要节肢动物媒介。1994年，登革热在巴西干旱地区暴发，这与长期干旱导致的公共供水短缺、病媒蚊在居民储存的水中滋生有关（Pontes et al.，2000）。Bouma等（1997）研究发现委内瑞拉的疟疾死亡率与疟疾暴发前一年的干旱事件密切相关。另一项研究（Gagnon et al.，2002）表明干旱有利于哥伦比亚、圭亚那疟疾疫情的发展，这说明蚊媒传染病的暴发与干旱为蚊子营造有利的生存条件有关。因此，干旱地区的居民应注意采取防蚊、灭蚊等措施，来预防蚊媒传染病的暴发。另外，美国的一项研究（Chase et al.，2003）发现，在先干旱后潮湿的条件下不利于蚊子的竞争者和天敌生存，从而导致蚊子大量繁殖，促使圣路易斯脑炎病毒在库蚊属和部分野生鸟类中增殖，继而传染人类（Shaman et al.，2002）。由此可以推断，旱涝交替也可能引起蚊媒传播疾病的暴发。因此，后续研究应注重干旱与其他极端天气事件对人体健康的交互效应。

2. 蜱传播疾病

干旱还能影响蜱传播疾病。Vial等（2006）研究塞内加尔蜱传回归热发现，干旱是该病传播到西非大草原的一个因素。

3. 血吸虫病

与其他媒介传播疾病不同，血吸虫病在干旱期间的发病率会下降。有研究比较2000年与2009年埃及血吸虫病在肯尼亚沿海地区的患病率，结果表明，经过长期干旱，血吸虫患病率下降了12.5%（$\chi^2 = 28.0$，$P < 0.000\,1$）（Mutuku et al.，2011）。这是因为血吸虫寄生在钉螺中，干旱使钉螺数量减少，从而降低了血吸虫传播的可能性。

（五）心理健康

针对干旱对人类心理健康影响的研究，研究对象大多是农村工作者或居民，因为他们容易受到环境、气候、经济、社会压力的影响，从而影响到心理健康（Fragar et al.，2008）。Edwards等（2008）研究发现，干旱地区农民的心理疾病发病率是非干旱地区农民的2倍以上。Stain等（2008）用凯斯勒心理困扰量表（Kessler10，K10）衡量干旱期间受试对象的压力，结果表明78%的农民（或者是农场工作者）压力处于高水平。Coêlho等（2004）用状态—特征性焦虑量表测量焦虑，采用心理健康自评问卷（self-reporting questionnaire 20SRQ-20）测量情绪困扰，结果表明干旱地区受试者的焦虑状态（$P < 0.05$）、特征性焦虑（$P < 0.01$）和情绪困扰水平（$P < 0.01$）高于非干旱地区受试者。另外，儿童的心理健康同样会受干旱的影响。Carnie等（2011）调查干旱引起的儿童心理问题主要包括担心家庭和未来、社会孤立等。因此，政府应重点加强对农村干旱地区居民的经济救助和心理指导，降低其心理疾病的发病率。目前，关于干旱与自杀的关系，研究结论存在差异。Hanigan等（2012）研究1970～2007年澳大利亚新南威尔士州农村居民自杀与干旱的关系，发现干旱指数由第一四分位数上升到第三四分位数时，农村30～49岁男性自杀的相对危险度上升15%（95% CI：8%～22%），相反，大于30岁的农村女性自杀风险随干旱指数的增加而降低。但是，Guiney（2012）发现在澳大利亚的维多利亚地区，2001～2007年长期干旱期间的农民自杀率没有增加，这可能与该地区农民心理健康意识的提高及社区支援计划有关。这说明干旱事件对自杀的影响还可能与研究对象性别、社区干预以及环境等因素有关。因此，干旱对心理健康的潜在影响（包括压抑、焦虑、自杀）还需要进行更严谨的研究，以便确定问题的严重程度以及研究结论是否能够推广。

（六）死亡

干旱引起饥荒，死亡率也会增高。Biellik等（1980）在1980年乌干达干旱期间对309名儿童进行研究，用1969年人口普查的相应指标作为对照，发现婴儿以及各年龄组的死亡率均增高。De等（De et al.，2006）针对埃塞俄比亚在2002年3月发生的干旱，用横断面研究方法调查了4 816户居民，结果表明受干旱影响地区的儿童死亡率高，还发现死亡率的影响因素包括家庭人口、社会地位、街区特征、获取粮食救济情况。由此可见，死亡率受多种因素影响，因此，在研究干旱对死亡率的影响时，应考虑区域、经济状况、环境等因素，注意对照人群的选择和混杂因素的排除，以免发生偏倚。

（七）癌症

吴库生等用地理信息系统研究发现，高食管癌死亡率多发生于高干旱指数区域，可能是缺水地区植物中生成的致癌物质亚硝胺以及污染玉米的烟曲霉毒素B1通过食物链进入人体所致（Wu et al.，2007；Wu et al.，2008）。目前，有关干旱对癌症的研究甚少，后续的研究需要论证干旱是否对其他类型癌症也有影响。

（八）生殖系统疾病

郭钰娉等（2002）通过半对数线图的图形分布法研究妇科病与年降水量的关系发现，干旱年份或下一年女性的单纯性阴道炎、滴虫性阴道炎、宫颈癌、宫颈糜烂、宫颈息肉、子宫肌瘤、卵巢囊肿、附件炎、盆腔炎、子宫脱垂等妇科疾病的发病率大幅上升，并指出干旱经常导致庄稼绝收，农民经济收入来源单一，从而严重制约家庭医疗费用的支出，加之交通不便、卫生条件差，导致干旱年份的妇科疾病发病率大幅上升。目前，仍缺少干旱对其他生殖系统疾病影响的研究。

（九）其他

1. 水质

干旱影响水中藻类的生长，从而间接影响人体健康。研究表明，在干旱季节，作为饮用水源的水库水中微囊藻毒素浓度超过了饮用水推荐安全限值（Mwaura et al.，2003）。1996年，巴西东北部干旱发生后，126名病人在使用被蓝藻污染的水进行血液透析时出现急性的神经毒性和肝毒性症状，导致60人死亡（Pouria et al.，1998）。

2. 移民

干旱条件可能迫使游牧人群移居城市，会带来一系列的疾病传播（如寄生虫病）（Macpherson et al.，1994）。

3. 热浪和野火

长期干旱与热浪和野火也有关，干旱时地表土壤缺水，导致地面温度异常增高，土壤水分减少和温度增高会使植物水分含量减少，植物变得更易燃，这也是加剧火灾的因素之一（Fischer et al.，2007）。

综上所述，干旱对人体多个系统均有影响。从长远来看，干旱在世界的某些地区可能会变得更严重、更频繁，干旱对人类的影响也会更加显著。虽然有不少文献针对干旱的健康效应进行了研究，但是仍存在许多亟待解决的问题：首先，干旱的健康效应受多种因素的影响，导致研究结论存在性别、年龄、区域性等差异，因此，需要筛选出不同区域的干旱敏感性疾病以及不同干旱相关疾病的敏感人群；其次，大多数文献采用横断面和病例对照的方法，且干旱期间还可能存在其他极端天气事件，混杂因素较多，因此，后续的研究需要现场研究和实验室研究相结合，并注意排除其他气象因素的干扰，还要开展干旱与其他极端事件同时发生（如旱涝交替）对人类健康影响的研究，增加论证强度；再次，目前关于干旱与人体健康的研究多集中于国外，中国区域的研究较少，因此，需要搜集良好的基线数据以便更好地研究干旱的影响；最后，不同地区、不同人群应对干旱事件的适应能力不同，因此，需要因地制宜，研究干旱敏感性疾病的适应机制，制定政府、社区和个人适应干旱的策略和措施。

二、主要研究方法

针对干旱对健康的影响的研究方法有很多，常见流行病学方法有描述性研究、主成分回归模型、面板数据模型、基于时间序列的泊松回归模型等，其中，利用主成分回归模型、面板数据模型、基于时间序列的泊松回归模型研究干旱对某种疾病的影响时，通常用干旱指数、降水量、蒸发量、相对湿度等指标反映干旱情况，即构建某种疾病与气象指标的模型。下面对这几种研究方法进行简单介绍。

1. 描述性研究

描述性研究是流行病学研究方法中最基本的类型，主要用来描述人群中疾病或健康状况及暴露因素的分布情况，可以利用ArcGIS软件，采用空间插值制出某种疾病的发病率或干旱指标的空间分布图，描述其空间分布特征。空间插值是把离散数据转换为连续的数据曲面的一种常用的方法，其理论假设是：空间位置上距离越近的点，其特征值相似的可能性越大；空间位置上距离越远的点，相似的可能性就越小。因此，根据这个假设就可以利用已知点的空间分布规律对未知的点进行估计，最终制作整个区域的专题地图。

2. 主成分回归模型

主成分回归模型是运用主成分分析获得 P 个主成分中的前 q 个贡献大的主成分，利用这 q 个主成分建立回归方程、估计参数的一种方法，它可以消除变量间的多重共线性。基本过程是：第一步，把原始数据标准化，保证结果不受量纲的影响；第二步，求出标准化数据的相关系数矩阵、协方差；第三步，导出相关系数矩阵的特征值和特征向量，最大特征值对应的特征向量即为第一主成分的系数，第二大特征值对应的特征向量即为第二主成分的系数，以此类推；第四步，用得出的主成分系数与标准化了的数据进行向量相乘，即可得出相应的主成分，然后用主成分对因变量进行普通最小二乘法就可以获得各个主成分对因变量的解释程度；第五步，根据主成分个数的确定准则确定主成分。在利用主成分回归模型研究干旱对健康的影响时，通常可以用干旱指数、湿润指数等指标以及降水量、蒸发量等气象因素反映干旱情况，建立各指标以及气象因素与某种疾病的回归方程，从而评价干旱与这种疾病的关系。

3. 面板数据模型

面板数据，简单说就是横断面数据和时间序列数据相结合的一种数据类型，也叫作时间序列—横截面混合数据或平行数据，面板数据的研究数据集中的变量同时包含了横截面信息和时间序列信息，它能够同时反映研究的目标变量在横截面和时间序列的二维的变化规律。面板数据按照数据规模可分为微观面板和宏观面板，按照数据完整程度可分为平衡面板数据和非平衡面板数据。面板数据的优点是：可以控制个体异质性；综合反映时间和空间上的异质效应；具有更多的信息、更大的变异、更大的自由度和更高的效率，提高了估计结果的有效性；比单纯截面数据建模获得更多的动态信息，更适合于研究动态调整过程。面板数据模型根据对个体效应的处理方式不同分为固定效应模型和随机效应模型。面板数据模型的分析步骤是：整理数据，声明截面变量和时间变量，数据的平稳性检验，构建面板数据模型，应用豪斯曼检验（Hausman检验）判断究竟选择固定效应模型还是随机效应模型。利用面板数据可以对干旱敏感性疾病进行筛选。

4. 基于时间序列的泊松回归模型

广义线性模型（GLM）是由Nelder和Wedderburn（1972）首先提出的。1995年，Flambers和Kleinbaum（1995）把GLM应用于离散型、非正态分布流行病学数据。GLM在线性模型的基础上增加了连接函数和误差函数，这使很多线性模型的方法能够应用于一般问题。GLM的响应变量可以是计数变量、二分类或有序分类变量等，响应概率分布为指数分布族中的任何一种，连接函数是任何单调可微函数。泊松回归模型是GLM非常重要的一类，它的基础是假定事件的分布类型为泊松分布。泊松分布是一种常用的离散型概率分布，在流行病学领域应用非常广泛，常用于描述健康事件，尤其是发生概率比较低的事件，能够通过一系列连续性和类别性的预测变量来预测计数型的结果变量。研究干旱对某种疾病的影响时，可以建立这种疾病与各气象因素及干旱指标的基于时间序列的泊松回归模型。根据模型的偏回归系数信息，可以计算出各变量的相对危险度、变化百分比，定量地评价气象因素对该疾病的影响。其中，RR值可以解释为保持其他变量不变，某一气象因素变化一个单位，期望的疾病发病数将变为原来的多少倍，变化百分比则意味着保持其他气象变量不变，某一气象因素变化一个单位，期望的疾病发病数将增加或减少的百分数。由于各个气象因素的测量单位不同，因此用偏回归系数的绝对值来评价各气象因素对疾病发病数的相对贡献大小是不合适的，还需要对各气象因素的系数进行标准化，来消除测量单位的影响。

（王　宁）

参考文献

郭钰娉，李巧梅，2002. 干旱半干旱地区年降水量与妇科疾病发生的相关程度分析［J］. 中国妇幼保健，17（3）：164-166.

施海龙，曲波，郭海强，等，2006. 干旱地区呼吸道传染病气象因素及发病预测［J］. 中国公共卫生，22（4）：417-418.

王宁，李杰，李学文，等，2015. 极端天气事件干旱对人类健康影响研究进展［J］. 中国公共卫生，31（3）：379-382.

杨海，2001. 特大干旱对传染病流行趋势的影响［J］. 职业与健康，17（2）：15-16.

杨丽萍，韩德彪，姜宝法，2013. 干旱对人类健康影响的研究进展［J］. 环境与健康杂志，30（5）：453-455.

周丽森，付彦芬，2013. 干旱对健康及卫生行为影响的研究进展［J］. 环境卫生学杂志，3（3）：264-267.

邹旭恺，张强，2007. 1951—2006年我国干旱时空变化特征分析［C］// 中国气象学会. 中国气象学会2007年年会气候学分会场论文集. 广州：中国气象学会：373-379.

ARLAPPA N，VENKAIAH K，BRAHMAM G N V，2011. Severe drought and the vitamin A status of rural pre - school children in India［J］. Disasters，35（3）：577-586.

BIELLIK R J，HENDERSON P L，1980. Mortality，nutritional status，and diet during the famine in

Karamoja, Uganda [J]. Lancet, 2（8259）: 1330-1333.

BOUMA M J, DYE C, 1997. Cycles of malaria associated with El Niño in Venezuela [J]. Jama, 278（21）: 1772-1774.

CARNIE T, BERRY H L, BLINKHORN S A, et al., 2011. In their own words: young people's mental health in drought - affected rural and remote NSW [J]. Aust J Rural Health, 19（5）: 244-248.

CENTERS FOR DISEASE CONTROL AND PREVENTION（CDC）, 2003. Increase in coccidioidomycosis--Arizona, 1998-2001 [J]. MMWR. Morbidity and mortality weekly report, 52（6）: 109-112.

CHASE J M, KNIGHT T M, 2003. Drought - induced mosquito outbreaks in wetlands [J]. Ecol Lett, 6（11）: 1017-1024.

COÊLHO A E L, ADAIR J G, MOCELLIN J S P, 2004. Psychological responses to drought in northeastern Brazil [J]. Interam J Psychol, 38（1）: 95-103.

DAI A, TRENBERTH K E, QIAN T, 2004. A Global data set of palmer drought severity index for 1870-2002: relationship with soil moisture and effects of surface warming [J]. J Hydrometeorol, 5（6）: 1117-1130.

DE W A, TAFFESSE A S, CARRUTH L, 2006. Child survival during the 2002-2003 drought in Ethiopia [J]. Glob Public Health, 1（2）: 125-132.

EDWARDS B, GRAY M, HUNTER B, 2008. Social and economic impacts of drought on farm families and rural communities: submission to the productivity commission's inquiry into government drought support [M]. Melbourne: Australian Institute of Family Studies Press.

FISCHER E M, SENEURATNE S I, VIDALE P L, et al., 2007. Soil moisture-at-mosphere interactions during the 2003 European summer heat wave [J]. J Climate, 20（2）: 5081-5099.

FLAMBERS W D, KLEINBAUM D G, 1995. Basic models for disease occurrence in epidemiology [J]. Int J Epidemiol, 24（1）: 1-7.

FRAGAR L, HENDERSON A, MORTON C, et al., 2008. The mental health of people on Australian farms: the facts-2008 [M]. Wagga Wagga: Rural Industries Research and Development Corporation Press.

GAGNON A S, SMOYER-TOMIC K E, BUSH A B, 2002. The El Nino southern oscillation and malaria epidemics in South America [J]. Int J Biometeorol, 46（2）: 81-89.

GITAU R, MAKASA M, KASONKA L, et al., 2005. Maternal micronutrient status and decreased growth of Zambian infants born during and after the maize price increases resulting from the southern African drought of 2001-2002 [J]. Public Health Nutr, 8（07）: 837-843.

GOMEZ S R, PARKER R A, DOSMAN J A, et al., 1992. Respiratory health effects of alkali dust in residents near desiccated Old Wives Lake [J]. Arch Environ Health, 47（5）: 364-369.

GUINEY R, 2012. Farming suicides during the Victorian drought: 2001-2007 [J]. Aust J Rural Health, 20（1）: 11-15.

HANIGAN I C, BUTLER C D, KOKIC P N, et al., 2012. Suicide and drought in New South Wales, Australia, 1970-2007 [J]. P Natl Acad Sci USA, 109（35）: 13950-13955.

LINDTJRN B, ALEMU T, BJORVATN B, 1992. Child health in arid areas of Ethiopia: longitudinal study of the morbidity in infectious diseases［J］. Scand J Infect Dis, 24（3）: 369-377.

MACPHERSON C N L, 1994. Epide mialysis and control of parasites in nomadic situations［J］. Vet Parasitol, 54（1）: 87-102.

MCDONALD M A, SIGMAN M, ESPINOSA M P, et al., 1994. Impact of a temporary food shortage on children and their mothers［J］. Child Dev, 65（2）: 404-415.

MUTUKU F M, KING C H, BUSTINDUY A L, et al., 2011. Impact of drought on the spatial pattern of transmission of Schistosoma haematobium in Coastal Kenya［J］. Am J Trop Med Hyg, 85（6）: 1065-1070.

MWAURA F, KDYO A, ZECH B, 2003. Cyanobacterial blooms and the presence of cyanotoxins in small high altitude tropical headwater reservoirs in Kenya［J］. J Water Health, 2: 49-57.

NELDER J A, WEDDERBURN R M W, 1972. Generalized linear model［J］. J R Statist Soc A, 135: 370-384.

PONTES R J, FREEMAN J, OLIVEIRA-LIMA J W, et al., 2000. Vector densities that potentiate dengue outbreaks in a Brazilian city［J］. Am J Trop Med Hyg, 62（3）: 378-383.

POURIA S, D A DRAPE A, BARBOSA J, et al., 1998. Fatal microcystin intoxication in haemodialysis unit in Caruaru, Brazil［J］. Lancet, 352（9121）: 21-26.

SHAMAN J, DAY J F, STIEGLITZ M, 2002. Drought-induced amplification of Saint Louis encephalitis virus, Florida［J］. Emerg Infect Dis, 8（6）, 575-580.

SINGH M B, LAKSHMINARAYANA J, FOTEDAR R, et al., 2006. Childhood illnesses and malnutrition in under five children in drought affected desert area of western Rajasthan, India［J］. J Commun Dis, 38（1）: 88.

SINGH M B, LAKSHMINARAYANA J, FOTEDAR R, 2008. Chronic energy deficiency and its association with dietary factors in adults of drought affected desert areas of Western Rajasthan, India［J］. Asia Pac J Clin Nutr, 17（4）: 580-585.

STAIN H J, KELLY B, LEWIN T J, et al., 2008. Social networks and mental health among a farming population［J］. Soc Psych Psych Epid, 43（10）: 843-849.

TAUXE R V, HOLMBERG S D, DODIN A, et al., 1988. Epidemic cholera in Mali: high mortality and multiple routes of transmission in a famine area［J］. Epidemiol infect, 100（02）: 279-289.

THACKER S B, MUSIC S I, POLLARD R A, et al., 1980. Acute water shortage and health problems in Haiti［J］. Lancet, 315（8166）: 471-473.

VIAL L, DIATTA G, TALL A, et al., 2006. Incidence of tick-borne relapsing fever in west Africa: longitudinal study［J］. Lancet, 368（9529）: 37-43.

WOLDE-GEBRIEL Z, GEBRU H, FISSEHA T, et al., 1993. Severe vitamin A deficiency in a rural village in the Hararge region of Ethiopia［J］. Eur J Clin Nutr, 47（2）: 104-114.

WU K S, HUO X, ZHU G H, 2008. Relationships between esophageal cancer and spatial environment factors by using Geographic Information System［J］. Sci Total Environ, 393（2）: 219-225.

WU K S, LI K, 2007. Association between esophageal cancer and drought in China by using Geographic Information System［J］. Environ Int, 33（5）: 603-608.

第二篇　极端天气事件敏感性疾病的筛选

第六章

生态学研究在极端天气事件敏感性疾病筛选中的应用

全球气候变化大背景下，各类极端天气事件频繁发生，不仅给人民群众的生命财产造成重大损失，而且还带来严重的公共卫生问题。随着我国信息科学和数字卫生领域的发展，越来越多的极端天气事件数据、人群健康资料汇总到相关的管理部门。生态学研究在应用这些数据信息来揭示事物内在联系方面发挥着重要作用。

生态学研究常可应用常规资料或现成资料进行研究，因此节省了时间、人力和物力，可以很快得到结果。同时，生态学研究可以在群体水平上对人群干预措施进行评价，还可以为病因不明疾病的深入研究提供病因线索，特别是个体的暴露无法测量时，生态学研究是唯一可供选择的研究方法（沈洪兵 等，2013）[53]。这些特点均显示了生态学研究适用于筛选极端天气事件敏感性疾病的研究。

第一节　概　　述

一、生态学研究的基本原理

在前文中已经简单介绍过，生态学研究分析了暴露因素与疾病之间的关系，在研究中以群体为单位。疾病测量的指标可以是发病率、死亡率等，暴露因素也可以用一定的指标来测量，如不同地区的暴雨洪涝资料可以查阅《中国气象灾害年鉴》，高温热浪的发生情况可以从中国气象数据网获得，登陆热带气旋的基本信息可以从《热带气旋年鉴》和温州台风网等有关部门获得。

由于生态学研究的基本特征是以群体作为观察、分析的单位，而不是以个体为单位，所以在收集疾病或健康状态以及某些暴露因素或特征资料时，只掌握研究因素和疾病等结局变量的暴露比例（R_{1j}/N_j）和病例数（C_{1j}），而不知道暴露者和非暴露者中各有多少病例（表6-1）。这种生态学研究资料是以R_{1j}/N_j作为自变量（x），以疾病频率（C_{1j}/N_j）作为因变量（y），分析因素与疾病之间的关系，从而探求病因线索。

表6-1　生态学研究资料（第/组）框架

研究因素	疾病状态		合计
	病例	非病例	
暴露	?	?	R_{1j}
非暴露	?	?	R_{0j}
合计	C_{1j}	C_{0j}	N_j

（赵仲堂，2005）[63]

二、生态学研究的目的和用途

1. 生态学研究的目的

（1）产生或检验病因学假设

对人群中某疾病的频率与某因素的暴露情况的研究，可分析该暴露因素与疾病之间分布上的关联，产生或探讨某种病因学假设。

（2）评价人群干预措施效果

通过对人群中某干预措施的实施情况及某种（些）疾病的频率的比较和分析，对该干预措施的效果予以评价。

2. 生态学研究的用途

（1）生态学研究被广泛应用于对慢性病的病因学研究，为研究假设的建立提供依据。

（2）生态学研究可用于探讨某些环境变量与人群中疾病或健康状态的关系。

（3）生态学研究可用于评价人群干预试验或现场试验的效果。

（4）在疾病监测工作中应用生态学研究可估计某种疾病发展的趋势，为疾病控制或促进健康的对策与措施提供依据。

三、研究类型

研究人员通常将生态学研究分为四种类型：

1. 探索性研究

探索性研究是生态学研究中最简单的一种研究类型。这种研究是观察不同人群或地区某种疾病的分布，然后根据疾病分布的差异提出某种病因学假设。这种研究不需要暴露情况的资料，也不需要特别的资料分析方法。例如，描述全国不同地区某种疾病的发病率或死亡率，描述不同地区人群在高温热浪期间心血管疾病的死亡率。

2. 生态比较研究

生态比较研究（ecological comparison study）是生态学研究中应用较多的一种方法，它常用来比较不同人群中某因素的平均暴露水平和疾病频率之间的关系，又称为多组比较研究，即比较不同人群中疾病的发病率或死亡率的差异，了解这些人群中某些因素的暴露率，并将其与疾病的发病率或死亡率进行对比，从而提供病因线索。例如，选取发生洪灾灾害的地区作为受灾区，在此基础上，按照自然地理类似、经济发展水平相近的原则，以受灾区毗邻地区作为对照区，通过分析这两个地区肠道传染病的发病水平，提出肠道传染病的流行与暴雨洪涝之间存在密切的联系。此外，有人根据联合国粮食及农业组织提供的129个国家的食品消耗种类和数量以及由世界卫生组织提供的129个国家的胃癌和乳腺癌死亡率的资料，以人均食物种类的消耗量为暴露变量，分别与胃癌和乳腺癌的死亡率做比较分析，发现以淀粉类食物为主的国家，胃癌高发，而平均脂肪消耗量高的国家，则乳腺癌高发，从而提出了这两种癌症与饮食因素之间病因假设的线索（詹思延，2017）。环境流行病学研究中常采用生态比较研究的方法，此法也可应用于评价社会设施、人群干预以及政策、法令的实施等方面的效果。

3. 生态趋势研究

生态趋势研究（ecological trend study）是连续观察人群中某因素平均暴露水平的改变与某种疾病的发病率、死亡率变化的关系，了解其变动趋势，通过比较暴露水平变化前后疾病频率的变化情况，来判断某因素与某种疾病的联系。例如：根据研究现场暴雨洪涝状况选取暴露期和具有可比性的对照期，通过比较暴露期与对照期传染病的发病频率来粗筛暴雨洪涝相关敏感性传染病，研究发现细菌性痢疾、阿米巴痢疾、其他感染性腹泻、流行性感冒、流行性乙型脑炎、钩端螺旋体病等传染病可能是暴雨洪涝相关敏感性传染病；心血管疾病的MONICA方案实施结果发现，人群的吸烟率、血压平均水平、血清胆固醇水平等的变化与心血管疾病的发病率和死亡率的变化有显著的相关关系（赵仲堂，2005）[64]；某地在实施了结直肠癌序贯筛检等综合防治措施后，十余年的结直肠癌死亡率曲线有一个明显的下降趋势，提示这一综合措施在降低结直肠癌死亡率方面是有效的（沈洪兵 等，2013）[52]。

4. 混合型研究

混合型研究是观察在几个组中某因素平均暴露水平的变化与疾病频率变化之间的关系，常常是将第2、3种方法结合起来，与多组比较研究的分析方法相似。不同的是，混合型研究测量两个变量在同样两个时间之间的绝对变化，然后再计算相对危险度（RR）、相关系数（r）和病因学分数（EF）等指标。通常混合型研究的研究设计和分析结果受到混杂因素的影响较小，其准确性优于其他类型的生态学研究方法。例如：根据研究现场暴雨洪涝状况选取暴露期和对照期，比较不同滞后期下暴露期和对照期各种传染病的发病状况，在控制气象因素、季节效应和滞后效应基础上，利用生态趋势研究分析发生暴雨洪涝后各种传染病的发病风险，然后根据研究现场的暴雨洪涝状况选取暴雨洪涝灾区和具有可比性的对照区，利用生态比较研究分析暴雨洪涝与传染病的关系。经过生态趋势和生态比较研究后，研究的传染病若对暴雨洪涝事件前后或灾区非灾区地理差异敏感，并符合生物学合理性解释，将此传染病界定为暴雨洪涝的敏感性疾病，最终确定出暴雨洪涝对传染病的敏感性疾病谱。

四、优点与局限性

（一）优点

1. 研究速度快

生态学研究常常可应用常规资料或现成资料（如数据库）进行研究，因而节省时间、人力和物力，可以很快得到结果。

2. 适用范围广

对于某些问题的研究，生态学研究优于其他研究方法，甚至目前只能用生态学研究方法进行。例如，研究热带气旋与肠道传染病的关系，由于个体的暴露量目前尚无有效的方法测量，一般只可做生态学研究。再如，若研究因素在一个人群中的暴露变异范围较小，在一个人群中很难测量其与某种疾病的关系，这种情况下更适用于应用多组比较生态学研究方法进行研究，如脂肪摄入量与乳腺癌关系的研究等。

3. 适合于对人群干预措施的评价

对人群干预措施的评价，在某些情况下我们不一定需要做出个体水平的评价，而是需要做出群体水平的评价，此时应用生态学研究方法更为适宜。例如：对已知干预有效的干预方案的效果评价；对不是直接控制危险因素，而是通过多种途径（如宣传、教育等）减少人群对一些危险因素的暴露的干预措施的评价等。

4. 可提供病因未明疾病的病因线索

生态学研究最显著的优点是在所研究的疾病病因不明、方向尚不清楚时，它能提出病因线索供深入研究。

（二）局限性

1. 生态学谬误

生态学谬误（ecological fallacy）是由于生态学研究以各个不同情况的个体"集合"而成的群体（组）为观察和分析的单位，以及存在的混杂因素等原因而造成研究结果与真实情况不符。在生态学研究中，生态学谬误是此类研究最主要的缺点。例如，前述各个国家的淀粉类、脂肪类食物的消耗量并不等于实际摄入量，如果在群体水平上分析食物种类消耗量与乳腺癌和胃癌的关系，由此推论为"不同种类食物的消耗量不同会影响个体发生这两类恶性肿瘤的发病或死亡的概率"，就可能会出现生态学谬误。又如在研究高温热浪与心血管疾病的关系时，个体在高温期间应对措施不同，其暴露水平往往只是近似值或平均水平，并不是个体的真实暴露情况，就难以避免出现生态学谬误。因此，生态学研究发现的某因素与某疾病分布上的一致性，可能是两者存在真正的因果联系，也可能两者毫无关系，在对生态学研究的结果做结论时应慎重。

生态学研究提示的病因线索既可能是疾病与某因素之间真实的联系，也可能是由个体到群体观察后所造成的一种虚假联系，反之亦然。当在群体水平上的生态学研究提示的联系线索与该人群中个体的真实情况不符时，就发生了"生态学谬误"。由于生态学研究是把高层次的群体水平上的信息、经验或发现直接推论到群体包含的低层次的个体水平，因此生态学谬误在生态学研究中常难以避免。生态学谬误的产生主要有以下几种情形：

（1）缺乏暴露与结局联合分布的资料。研究者只知道每个研究人群内的暴露和非暴露人群暴露量及发生结局数和未发生数，但不知道暴露、非暴露人群中各有多少个体发生了研究结局，即没有在个体水平确定暴露与研究结局联合分布的信息。

（2）无法控制可疑的混杂因素。由于生态学研究是在群体水平上进行观察分析，因此无法对个体水平上混杂因素的分布不均进行控制。

（3）相关资料中的暴露水平只是近似值或平均水平，并不是个体的真实暴露情况，无法精确评价暴露与疾病的关系，造成对暴露与研究结局之间联系的一种曲解。

2. 生态学研究缺乏控制潜在混杂因素的能力

生态学研究是利用群体的暴露资料和疾病资料来评价两者之间的关系，它不能收集协变量资料，无法消除潜在的混杂偏倚。例如，在研究暴雨洪涝与肺结核的关系时，研究控制了气象因素和社会经济因素对结果的影响，但结核杆菌的微生物化、人的行为因素、卫生服务可用性和环境卫生状况等因素却没有纳入研究中。又如研究1964~1965年28个国家平均每日猪肉摄入量和乳腺癌死亡率之间的关系时，发现两个变量间有很强的正相关，提出猪肉摄入量与乳腺癌死亡率之间可能有联系。但是，猪肉消耗量的增加可能是增加乳腺癌危险的其他因素的一个标志，诸如饮食中脂肪的增加、蔬菜摄入量的减少或较高的社会经济地位，不可能利用相关的资料把这些潜在混杂因素的影响分离出来（赵仲堂，2005）[67]。

3. 生态学研究很难对非线性关系作出正确结论

人群中的某些变量，特别是有关社会人口学和环境方面的一些变量，易于彼此相关，即存在多重共线性问题，影响了变量与疾病之间的真实联系。

4. 两变量间的因果关系有时难以确定

生态学研究疾病或暴露是非时间趋势设计，其时间关系不易确定，一般是第二手的常规资料，疾病或暴露水平测量准确性相对较低。例如，在一生态学研究中发现口服避孕药与良性乳房疾病呈负相关，这一结论可能是患者被诊断为该病后反而不再服用此药的结果。

（三）生态学研究应注意的问题

鉴于生态学研究的局限性，应用时应注意以下方面：
（1）研究目的应尽可能集中。
（2）选择研究人群时，应尽可能使组间可比，应用较多的组、较小的组。
（3）分析时尽可能用生态学回归分析，分析模型中应尽可能多地纳入一些变量。
（4）有关病因学的研究结果，推论时应慎重，应尽量与其他非生态学研究（如病例对照研究等）结果相比较，并结合所研究疾病的基础、临床知识，以及研究人群中有关的人类行为等综合分析、判断。

五、发展趋势和应用前景

随着我国信息科学和数字卫生领域的发展，越来越多的数据汇总到相关的管理部门。为了充分利用这些数据的信息来揭示科学问题，生态学研究方法在这方面能够发挥其重要作用。例如：地理信息系统（geographic information system，GIS）近年来在生态学研究中得到了广泛应用。作为一类以计算机软硬件为支持平台，综合了空间科学、信息学、地理学和地图学等多个学科与理论的技术，GIS可实现对空间数据的获取、存储、处理、分析与输出等操作，通过对地理空间数据进行科学管理和综合分析，为各类生态学研究提供具有参考价值的科学信息（詹思延，2017）[53]。利用GIS可分析疾病流行的空间特征和分布模式，探索其病因及可能的影响因素，为疾病流行的预警、监控、防治效果评价等提供策略和制订措施的参考依据，还可对各类环境有害因素进行监测，通过进行空间分析和模型估计，对环境污染状况进行形象与直观的展示等。又如时间序列分析可以通过非参数函数控制时间序列资料的长期趋势、季节效应以及其他与时间长期变异有关的混杂，同时控制气候变量和社会经济等因素的混杂，此外，时间序列分析还考虑暴露因素的滞后效应和暴露—反应的非线性关系以及不同变量间的交互作用，从而阐明极端天气事件对敏感性疾病的发病影响。因此，在今后发展中：在理论层面上，生态学研究将向完善已有的理论、开创新的理论的方向发展，将各类信息和数字技术融入生态学研究中；在应用层面上，生态学研究将结合数据信息融合更多的学科知识，扩大应用领域，从而使其更为简便、实用，为研究公共卫生事件、疾病发生与发展及其影响因素提供新视图。

21世纪是全球经济、科学与技术一体化的信息时代，数字地球的概念已提出多年，其核心思想是用数字化的手段来处理整个地球自然和社会活动诸方面的问题，最大限度地利用资料，并使人们能够通过一定的方式方便地获取他们所想了解的有关地球的信息，这其中就包括环境与健康关系的各类信息（周晓农，2009）。生态学研究从群体的角度来观察生物、环境、社会经济对全球公共卫生事件和疾病的影响，从而提出科学的综合性防治策略与技术措施，预防全球公共卫生事件及疾病的发生。

第二节　研究设计与实施

一、明确研究目的与类型

1. 确定研究目的

在复习文献、掌握资料的基础上，提出本项研究的假设。

2. 确定研究类型

根据研究目的确定合适的研究类型。例如：根据不同人群或地区某种疾病的分布差异提出某种病因学假设，可选择探索性研究；为探索病因提供线索，可选择多组比较研究；判断某种因素与某疾病的联系（或某项干预措施的效果），可选择时间趋势研究；分析在几组中某因素平均暴露水平的变化与疾病发病率变化直接的关系，可选择混合型研究（徐飚，2011）[67]。

3. 确定研究人群

研究人群可以由不同行政区域或地理区域的全部人群组成，也可以由不同年龄、性别、种族、职业、宗教和社会经济地位的人群所组成。同时，需要考虑能否收集到有关人群疾病或健康状况的频数或频率以及暴露的资料。例如：通过文献复习和查阅资料发现，在全球变暖的背景下，登陆我国的热带气旋频数和强度有增强的趋势，广东省是我国热带气旋登陆的高发省份。目前我国尚未有热带气旋相关传染病的筛选研究，因此以广东省全部传染病发病患者作为研究人群，通过比较热带气旋危险期和对照期传染病的发病水平，探索热带气旋相关的敏感性传染病（荀换苗，2015）。

二、资料来源与收集

1. 疾病或健康状况资料

疾病或健康状况的资料通常来源于疾病监测资料、各级卫生部门常规报告资料和用于其他研究的调查资料，主要收集不同人群年龄、性别、职业等基本人口学特征以及疾病或健康状态的频数或频率（如发病率、死亡率、现患率等）（赵仲堂，2005）[65]。

2. 研究因素暴露资料

暴露资料的来源取决于研究因素，一般是从其他部门或其他研究的资料中获得。例如，社会经济发展相关指标可以从人口普查资料或统计年鉴中获得，气象因素和极端天气事件等相关数据可以从气象局或其主编的相关年鉴、《全国气候影响评价》《全国气象灾害大典》等资料中获取，空气污染质量指标可以从当地环境监测部门获得。例如，在筛选热带气旋相关敏感性传染病的研究中，传染病资料来源于国家传染病信息报告管理系统，热带气旋资料来源于《热带气旋年鉴》，气象数据来源于中国气象数据网等。

三、资料分析

生态学研究分析的数据总量通常比较大，数据分析处理的方式也比较多，其统计分析方法主要包括传统的统计分析方法和空间统计分析方法（孙海泉 等，2014）。

（一）传统的统计分析方法

1. 单因素分析

描述研究因素与疾病或健康状况的关系，可以采用图示法直观表述，也可以采用统计学分析方法进行比较分析，常用的单因素分析包括t检验、F检验、Mann-Whitney检验、相对危险度法和相关分析等（郭志荣 等，2006；徐飚 等，2001）。例如，在筛选热带气旋相关敏感性传染病的研究中，采用了Mann-Whitney检验和相对危险度法进行统计分析（Wang et al.，2015）[921]。

2. 多因素分析

（1）对应分析

对应分析又称为相应分析，主要用于分析二维数据矩阵中行因素和列因素间的关系，其基本原理是对二维数据矩阵进行对应变换，使变换后数据的行与列是相对应的，可以同时对行列进行分析，以便发现行列因素间的关系。

（2）回归分析

回归分析是处理两个及两个以上变量间线性依存关系的统计方法，包括一般线性回归分析和多重线性回归分析。其中，多重线性回归分析的解释变量为确定性变量时，一般用于预测研究，当解释变量为随机变量时，一般用于变量之间关系的探索性研究。

（3）主成分分析

主成分分析是将多个变量通过线性变换提取出尽可能少的新变量，使得这些变量在反映问题的信息方面尽可能保持原有的信息。在生态学研究中，为了全面分析问题，往往收集很多相关的变量或因素，容易产生多元共线性，增加参数估计值的标准误，引起拟合模型的不合理甚至矛盾，而主成分分析可以较好地解决这一问题。

（4）聚类分析

聚类分析又称为群分析或点群分析，它是直接比较各事物之间的性质，将性质相近的归为一类，将性质差别较大的归入不同类的一种多元统计分析方法，其基本思想是运用一定的方法将相似程度较大的数据或单位划为一类，划类时关系密切的聚合为一小类，关系相对疏远的聚合为一大类，直到把所有的指标聚合完毕。常见的聚类分析有系统聚类、动态聚类、最优分割法和模糊聚类等。

（5）时间序列分析

时间序列是某一统计指标长期变动的数量表现，时间序列分析就是估算和研究某一时间序列在长期变动过程中所存在的统计规律性。例如，自回归移动平均模型（auto-regression integrated moving average model，ARIMA）常用于对疾病的发病趋势进行预测，其基本思想是将自回归与时间序列中的移动平均相结合（王振龙，2002）。近年来，广义相加模型广泛应用于气象因素与健康关系的研究中，其采用非参数拟合模型，利用可加性原理对混杂因子进行控制，调整长期趋势、季节趋势和短期波动等，具有线性模型所不具备的灵活性（Crawley，2018）。

（二）空间统计分析方法

空间上分布的对象与事件在空间上的相互依赖性普遍存在，这使得大部分空间数据样本并不独立，因而不适用于传统统计分析。在传染病研究中，空间统计分析方法的运用为疾病的空间聚集性、影响因素的探索及疾病的预防控制提供了更有力的研究方法，有关空间流行病学方法在极端天气事件与健康研究中的应用将在后面的内容中进行详细介绍。

空间统计分析方法包括统计描述和统计推断两部分。统计描述主要包括中心化指标、密度指标、凸壳与标准差椭圆等。统计推断主要包括空间自相关分析、空间插值分析、空间回归分析和流行病学标点地图法等。

四、质量控制

1. 研究设计

尽可能集中研究目的，不要在一个研究中设置过多的研究问题。确定研究人群时，应尽可能使组间可比，观察分析的单位尽可能多，每单位内人数尽可能少，尽可能控制潜在的影响因素。

2. 资料收集

生态学研究的资料来源一般为第二手常规资料，因此，在收集、整理资料的过程中，尽可能保证资料的齐全、完整，核对数据的真实性，尽可能填补缺失值。

3. 统计分析

对资料进行分析时，尽可能用生态学回归分析，分析模型中尽可能多地纳入一些变量计算偏回归系数来估计暴露与疾病是否相关。同时，可采用主成分分析等方法消除多重共线性，避免影响暴露因素与疾病之间关系的正确判断。

4. 结果解释

在对生态学研究的结果做结论时应慎重，应尽可能与其他非生态学研究（如病例交叉研究、队列研究等）结果相比较，并结合所研究疾病相关的专业知识以及研究人群中有关的人类行为等因素进行综合分析和判断。

第三节　应用实例

一、筛选暴雨洪涝相关传染病的生态学研究

1. 研究背景

在全球气候变化的大背景下，暴雨洪涝是全球发生最频繁的自然灾害，洪涝灾害不仅给人民群众的生命财产造成重大损失，而且带来严重的公共卫生问题。虽然现有的研究对暴雨洪涝与个别传染病进行了探讨，但是这些研究多是采用现况调查的方法研究洪涝期间某些传染病的流行强度及其流行的影响因素，未能全面反映暴雨洪涝引起的人群传染病敏感性疾病谱。广西境内河流众多，水力资源丰富，主要分属西江水系，众多的河流和丰沛的降水带来了频繁的暴雨洪涝灾害。据统计，在2001～2012年的12年间，暴雨洪涝共造成14 496.85万人受灾，795人死亡，经济损失达882.24亿元。暴雨洪涝过后，往往会造成某些传染病的暴发或流行。为减少与暴雨洪涝相关的传染病负担，本案例研究通过既往疫情资料对2001～2012年广西壮族自治区法定报告传染病数据进行生态趋势研究，识别研究区域暴雨洪涝相关传染病。

2. 数据来源

（1）疾病数据：39种法定传染病数据来自中国疾病预防控制中心中国疾病预防控制系统的法定报告传染病数据库。

（2）暴雨洪涝和气象数据：2001～2012年的暴雨洪涝数据来自《中国气象灾害年鉴（2005—2013）》《中国水利年鉴（2002—2013）》《全国气候影响评价（2002—2013）》《广西年鉴（2002—2013）》和中国气象数据网的农业气象灾情数据集。广西壮族自治区气象观测站点的气象数据来源于中国气象数据网。

（3）人口数据：广西壮族自治区的人口数据来自中国疾病预防控制中心公共卫生科学数据中心以及第六次全国人口普查数据。

3. 研究设计与分析

采用生态趋势研究探讨暴雨洪涝与人群传染病的关系，进而筛选暴雨洪涝相关敏感性传染病，其整个筛选过程主要分为四步：第一步筛选，根据传染病的传播机制和生物学合理性，排除与暴雨洪涝无关的传染病种类；第二步筛选，描述传染病的三间分布特征，剔除发病较少的病种（因在后续分析中会导致结果不稳定）；第三步筛选，通过比较暴露期、对照期和滞后期传染病的发病频率来粗筛暴雨洪涝相关敏感性传染病；第四步筛选，在控制了潜在混杂因素的基础上进行多因素分析，将多因素回归模型认为有关联的传染病进行流行病学综合分析，最终确定暴雨洪涝相关敏感性传染病。根据各种传染病在人群中的分布类型及各种模型的适用条件，本案例研究最终选择了负二项回归模型、零膨

胀负二项回归模型、零膨胀Poisson回归模型拟合暴雨洪涝与不同传染病发病的关系。

4. 结果

第一步筛选时首先排除了不符合暴雨洪涝期间生物学合理性的血源和性传播传染病（5种）以及体表传染病（2种），这两大类传染病不在本案例进一步筛选范围内。第二步筛选时将发病数太少的脊髓灰质炎、霍乱、严重急性呼吸系统综合征、白喉、包虫病、丝虫病、日本血吸虫病、黑热病、布鲁氏菌病、鼠疫和登革热排除。第三步经过Wilcoxon秩和检验筛选，细菌性痢疾、阿米巴痢疾、其他感染性腹泻、急性出血性结膜炎、甲型H1N1流感、肺结核、百日咳、流行性感冒、麻疹、肾综合征出血热、狂犬病、流行性乙型脑炎、炭疽、钩端螺旋体病和恶性疟可能是暴雨洪涝相关敏感性传染病（表6-2）。在控制了潜在混杂因素的基础上，第四步筛选中的多因素回归模型结果显示：暴雨洪涝相关敏感性肠道传染病为细菌性痢疾和急性出血性结膜炎，其RR值分别为1.268（95% CI：1.072～1.500）和3.230（95% CI：1.976～5.280）；暴雨洪涝相关敏感性呼吸道传染病为甲型H1N1流感、肺结核和流行性感冒，其RR值分别为1.808（95% CI：1.721～1.901）、1.200（95% CI：1.036～1.391）和2.614（95% CI：1.476～4.629）；暴雨洪涝相关敏感性自然疫源性和虫媒传染病为肾综合征出血热、流行性乙型脑炎、钩端螺旋体病和恶性疟，其RR值分别为1.284（95% CI：1.104～1.493）、2.232（95% CI：1.302～3.827）或2.334（95% CI：1.119～4.865）、1.138（95% CI：1.075～1.204）和3.476（95% CI：1.497～8.075）。

表6-2　暴雨洪涝暴露期、对照期和滞后期敏感性传染病的粗筛情况

疾病种类	暴露期（1/10万）	对照期（1/10万）	滞后期	RR值	Z	P
细菌性痢疾*	0.773	0.707	1 旬	1.093	2.226	0.026
阿米巴痢疾*	0.046	0.023	2 旬	1.986	2.828	0.005
其他感染性腹泻*	1.942	1.910	6 旬	1.017	2.148	0.032
急性出血性结膜炎*	2.834	2.762	0 旬	1.026	2.470	0.014
甲型H1N1流感*	0.108	0.039	7 旬	2.767	2.048	0.041
肺结核*	4.011	3.476	9 旬	1.154	2.546	0.011
百日咳#	0.073	0.026	0 月	2.808	1.964	0.049
百日咳*	0.004	0.001	8 旬	4.098	4.065	< 0.000 1
流行性感冒*	0.606	0.250	0 旬	2.425	2.086	0.037
麻疹#	0.852	0.393	0 月	2.168	4.841	< 0.000 1
麻疹*	0.104	0.076	0 旬	1.368	2.520	0.012

（续表）

疾病种类	暴露期 (1/10万)	对照期 (1/10万)	滞后期	RR值	Z	P
肾综合征出血热*	0.007	0.001	8旬	7.108	6.542	< 0.000 1
狂犬病*	0.030	0.016	9旬	1.881	3.072	0.002
流行性乙型脑炎#	0.087	0.069	0月	1.261	2.120	0.034
流行性乙型脑炎*	0.032	0.008	0旬	3.971	3.853	< 0.000 1
炭疽*	0.002	0.000 5	12旬	4.148	4.562	< 0.000 1
钩端螺旋体病*	0.013	0.005	5旬	2.593	2.877	0.004
恶性疟#	0.011	0.002	1月	5.606	2.012	0.044

备注："*"为2005~2012年数据分析，"#"为2001~2004年数据分析。

5. 结论

近年来，广西壮族自治区暴雨洪涝相关敏感性传染病谱为细菌性痢疾、急性出血性结膜炎、甲型H1N1流感、肺结核、流行性感冒、肾综合征出血热、流行性乙型脑炎、钩端螺旋体病和恶性疟（丁国永，2015）。

二、筛选热带气旋相关传染病的生态学研究

（一）采用相对危险度法探讨台风"巨爵"对感染性腹泻发病的影响

1. 明确研究目的和研究类型

台风"巨爵"于2009年9月15日在广东省台山市北陡镇沿海地区登陆，登陆时中心风力12级（风速35m/s），经过广东省13个城市，造成13人死亡、6人失踪以及直接经济损失23.93亿元。热带气旋是一个复杂的天气系统，通常可引起气温、气压、湿度等气象因素的变化。有研究显示，感染性腹泻发病风险的增加与气象因素密切相关，因此，本案例研究以台风"巨爵"为例，采用生态比较研究探讨台风对广东省痢疾、伤寒和副伤寒以及其他感染性腹泻发病的影响（Wang et al.，2015）[920]。

2. 资料来源

台风"巨爵"的相关信息来源于《热带气旋年鉴》和温州台风网。2009年广东省感染性腹泻的个案数据来源于中国疾病预防控制中心的传染病报告监测系统，基本信息包括性别、职业、出生日期、现住地址、疾病名称、发病日期等。

3. 资料分析

（1）台风期和对照期根据《热带气旋年鉴》中台风"巨爵"影响的持续时间，选择2009年9月13日至16日为台风期。为避免时间趋势效应的影响，本研究拟选择具有相同星期几分布以及相同天数的

时间段作为对照期。同时，考虑到台风对感染性腹泻影响可能具有滞后效应，最终选择2009年8月30日至31日和9月29日至30日两个时间段作为对照期。

（2）统计分析方法采用相对危险度的方法分析台风对感染性腹泻的影响。由于研究时间较短，总人口数基本保持不变，因此，相对危险度可以采用台风期（a）和对照期（b）发病频数的比值进行计算，同时分析10天内的滞后效应，效应值采用RR值和95% CI表示，公式如下：

$$RR = a/b \qquad (6-1)$$

$$RR（95\% \ CI）= exp（ln\ RR \pm 1.96 \sqrt{\frac{1}{a} + \frac{1}{b}}） \qquad (6-2)$$

4. 研究结果

台风"巨爵"登陆后，广东省感染性腹泻的发病风险增加。台风"巨爵"对痢疾、伤寒/副伤寒和其他感染性腹泻影响的最大效应值分别为1.44（95% CI：1.08～1.92）、2.13（95% CI：1.16～3.94）和1.15（95% CI：1.05～1.26），分别滞后5天、6天和5天（图6-1）。

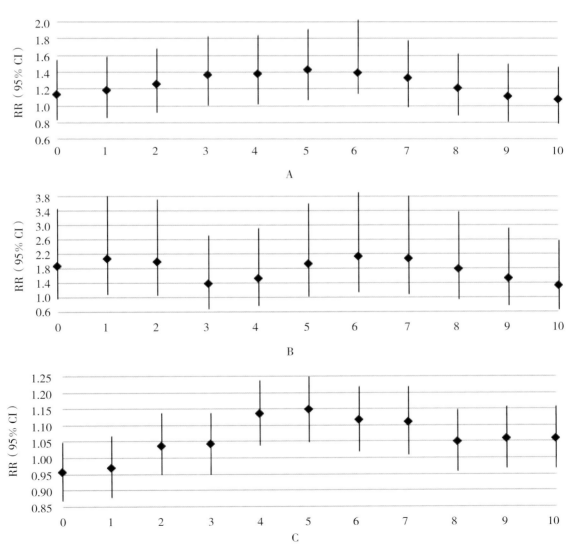

图6-1 台风"巨爵"对痢疾（A）、伤寒和副伤寒（B）以及其他感染性腹泻
（C）影响的滞后效应（Wang et al.，2015）[922]

107

（二）采用Mann-Whitney U检验筛选广东省登陆热带气旋相关的传染病

1. 研究目的和研究类型

我国是全球受热带气旋影响最严重的国家之一，年平均约有7个热带气旋登陆。我国沿海各省份几乎均可受到登陆热带气旋的影响，其中，广东省受热带气旋的影响最大，年平均约3个。国内外研究发现，热带气旋可使肠道传染病、呼吸道传染病和虫媒传染病等的发病风险增加。我国目前尚未有系统筛选热带气旋相关传染病的研究，因此，以2005～2011年广东省受热带气旋影响的地区作为研究地区，采用生态学比较研究从当时的39种法定传染病和水痘中筛选热带气旋相关的传染病。

2. 资料来源

（1）热带气旋资料

2005～2011年广东省登陆热带气旋的基本信息来源于《热带气旋年鉴》《广东省防灾减灾年鉴》《全国气候影响评价》和温州台风网。

（2）传染病个案数据

传染病数据为广东省2005～2011年4～10月当时的39种法定报告传染病和水痘的个案信息，来源于中国疾病预防控制中心的传染病监测报告系统，基本信息包括卡片编号、性别、出生日期、现住地址、行政区划代码、疾病名称、疾病代码、病例分类、发病日期和死亡日期。

（3）气象资料

2005～2011年广东省36个气象监测点的逐日气象数据由中国气象数据网提供，气象信息主要包括降水量、风速、水汽压、气压、气温、湿度和日照时数等变量。

3. 资料分析

（1）影响地区和影响时间界定

根据文献中对某地区有影响的热带气旋的定义，本案例研究将热带气旋定义为研究区域内至少有一个气象观测站具备以下条件：① 热带气旋7级风圈覆盖地区；② 24h降水量（20～20时）达到25mm以上或最大风速达到6级或阵风达到7级；③ 台风登陆前后受影响的天数。2005～2011年广东省登陆热带气旋的影响地区和影响时间如下（表6-3）。

表6-3　2005～2011年广东省登陆热带气旋的影响地区和影响时间

序号	名称	影响地区	影响天数
1	珊瑚	汕头、潮州、梅州、揭阳	4
2	珍珠	阳江、江门、珠海、深圳、汕尾、汕头、揭阳、潮州、梅州、河源	2
3	杰拉华	湛江	1
4	派比安	汕尾、河源、惠州、深圳、东莞、广州、珠海、中山、佛山、肇庆、云浮、江门、阳江、茂名、湛江	2
5	帕布	汕头、汕尾、惠州、东莞、江门、中山、深圳、珠海、阳江	4

（续表）

序号	名称	影响地区	影响天数
6	浣熊	湛江、茂名、阳江、江门、珠海、中山、佛山、东莞、惠州、广州、肇庆、清远、河源	2
7	风神	广东省全省	4
8	北冕	广东省全省	4
9	鹦鹉	汕头、揭阳、汕尾、河源、清远、惠州、深圳、东莞、广州、珠海、中山、佛山、江门、阳江、茂名、湛江	2
10	黑格比	广东省全省	2
11	海高斯	湛江、茂名	2
12	浪卡	东莞、广州、惠州、江门、中山、珠海、深圳、汕尾、河源、清远	3
13	苏迪罗	湛江	1
14	莫拉菲	韶关、清远、河源、梅州、肇庆、汕头、揭阳、潮州、惠州、东莞、广州、深圳、佛山、江门、阳江、茂名、汕尾	1
15	天鹅	深圳、东莞、广州、佛山、中山、珠海、江门、云浮、阳江、茂名、湛江	2
16	巨爵	清远、惠州、汕尾、深圳、东莞、广州、珠海、中山、佛山、肇庆、云浮、江门、阳江、茂名、湛江	2
17	灿都	惠州、汕尾、广州、东莞、深圳、佛山、中山、珠海、江门、肇庆、云浮、阳江、茂名、湛江	3
18	莎莉嘉	梅州、潮州、汕头、揭阳、汕尾	2
19	海马	汕尾、深圳、东莞、广州、肇庆、佛山、江门、中山、珠海、阳江、茂名、湛江	3

（2）统计分析方法

Mann-Whitney U 检验的具体步骤：混合两组数据，按照大小顺序编秩次；如果有数据相同的情况，则把这几个数据顺序的平均值作为其秩次，分别求出两样本的秩次和 W_1、W_2，计算 U 检验统计量（n_1、n_2 分别为两样本量）。计算公式如下：

$$U_1 = n_1 n_2 + \frac{n_1(n_1+1)}{2} - W_1 \qquad (6-3)$$

$$U_2 = n_1 n_2 + \frac{n_2(n_2+1)}{2} - W_2 \qquad (6-4)$$

由于相应的临界值表中仅有较小的临界值，因此选择较小的 U 统计量与临界值 U_a 比较，当 U 统计量小于临界值时，拒绝原假设，接受备择假设，反之亦然。

本案例研究使用Excel 2013整理2005～2011年广东省热带气旋登陆前5周和登陆后5周的39种法定报

告传染病和水痘的周发病数，采用Mann-Whitney U检验对广东省热带气旋影响地区的40种传染病进行统计分析，通过比较热带气旋登陆前后传染病周发病数是否有统计学差异来确定热带气旋相关的敏感性传染病。

4. 研究结果

在登陆热带气旋的影响地区，麻疹、流行性腮腺炎（简称"流腮"）、风疹、手足口病、水痘、其他感染性腹泻和流行性乙型脑炎（简称"乙脑"）7种传染病的周发病数在热带气旋登陆前后差异具有统计学意义（$P<0.05$）（表6-4）。因此，麻疹、风疹、流行性腮腺炎、流行性乙型脑炎、手足口病、水痘和其他感染性腹泻可能是广东省热带气旋相关敏感性传染病。

表6-4　2005～2011年广东省登陆热带气旋影响地区相关敏感性传染病的P值[#]

名称	麻疹	流腮	风疹	乙脑	其他感染性腹泻	手足口病[*]	水痘
珊瑚	0.074	0.009	0.735	0.317	0.600	–	0.606
珍珠	0.754	0.675	0.751	0.053	0.347	–	0.173
杰拉华	0.045	0.242	0.751	0.022	0.602	–	0.221
派比安	0.009	0.009	0.011	0.572	0.047	–	0.009
帕布	0.016	0.009	0.036	0.053	0.009	–	0.009
浣熊	0.053	0.053	0.696	0.334	0.439	–	0.699
风神	0.009	0.251	0.009	0.248	0.076	0.009	0.009
北冕	0.008	0.009	0.142	0.018	0.047	0.009	0.009
鹦鹉	0.009	0.016	0.833	0.317	0.175	0.117	0.047
黑格比	0.016	0.251	0.009	0.017	0.028	0.009	0.028
海高斯	0.787	0.018	0.264	1.000	0.050	0.902	1.000
浪卡	0.203	0.347	0.008	0.242	0.047	0.251	0.016
苏迪罗	0.513	0.032	1.000	0.032	0.548	0.095	0.690
莫拉菲	0.012	0.016	0.016	0.009	0.009	0.009	0.009
天鹅	0.009	0.009	0.009	0.136	0.016	0.009	0.009
巨爵	0.140	0.346	0.011	0.017	0.117	0.016	0.251
灿都	0.074	0.028	0.015	0.005	0.009	0.009	0.047
莎莉嘉	0.548	0.008	0.151	0.310	0.095	0.016	0.841
海马	0.070	0.016	0.009	0.671	0.117	0.251	0.175

备注："#"为Mann-Whitney U检验，"*"为2008年5月之前手足口病尚未纳入国家法定报告传染病，未进行相关分析。

（三）采用Mann-Whitney U检验探讨浙江省登陆热带气旋对流行性腮腺炎发病的影响

1. 研究目的和研究类型

目前国内外关于热带气旋与流行性腮腺炎发病关系的研究较少，本案例研究选择≤14岁的流行性腮腺炎患者为研究对象，以2006～2010年浙江省的热带气旋登陆市或者热带气旋进入浙江省的第一个市作为研究地区，采用生态学比较研究探讨热带气旋对浙江省流行性腮腺炎发病的影响（康瑞华 等，2015）。

2. 资料来源

流行性腮腺炎个案数据来源于中国疾病预防控制中心的传染病监测报告系统。气象数据来源于中国气象数据网，包括24h降水量、极大风速、平均风速、最大风速、最高气温、最低气温、平均气温、最高气压、最低气压、平均气压、平均相对湿度、最小相对湿度、日照时数和平均水汽压。热带气旋资料来源于温州台风网和《热带气旋年鉴》。

3. 资料分析

将热带气旋登陆周及后推4周作为热带气旋后期，登陆周前推5周作为热带气旋前期，采用Mann-Whitney U检验方法比较热带气旋登陆前后浙江省≤14岁年龄组和不同性别流行性腮腺炎发病数是否有差异。

4. 研究结果

2006～2010年热带气旋登陆浙江省共6次，包括3次热带风暴，台风、强台风和超强台风各1次，热带气旋编码、名称、登陆地点、登陆时间、登陆强度等见表6-5。

表6-5 2006～2010年登陆浙江省的热带气旋

编码	名称	登陆地点	登陆时间	风速（m/s）	强度
200608	桑美	温州市苍南县	2006-08-10	60	超强台风
200713	韦帕	温州市苍南县	2007-09-19	45	强台风
200716	罗莎	浙闽交界	2007-10-07至 2007-10-08	33	台风
200807	海鸥	温州市泰顺县	2008-07-19	20	热带风暴
200908	莫拉克	温州市泰顺县	2009-08-10	23	热带风暴
201010	莫兰蒂	丽水市庆元县	2010-09-10	20	热带风暴

热带气旋登陆前后流行性腮腺炎的发病数和Mann-Whitney U检验的结果见表6-6。热带气旋海鸥和莫拉克登陆前后≤14岁年龄组全人群和不同性别的流行性腮腺炎发病数差异均有统计学意义（$P < 0.05$）。热带气旋桑美登陆前后≤14岁年龄组全人群和男性的流行性腮腺炎发病数差异具有统计学意义（$P < 0.05$）。热带气旋登陆后流行性腮腺炎的发病数较登陆前有所下降。热带气旋登陆后常伴随大风、降雨、降温等一系列气象因素的变化，在一定程度上起到净化空气的作用，而且热带气旋的登陆也会很大程度上减少易感人群之间接触的机会，进而减少腮腺炎病毒在人与人之间的传播。

表6-6　热带气旋登陆前后≤14岁人群流行性腮腺炎发病数及Mann-Whitney U 检验结果

名称	男			女			合计		
	前期	后期	U值（P）	前期	后期	U值（P）	前期	后期	U值（P）
桑美	153	74	2.0（0.03）	65	37	6.5（0.29）	218	111	2.5（0.04）
韦帕	122	173	7.0（0.25）	56	79	10.0（0.60）	178	252	9.0（0.46）
罗莎	122	172	7.5（0.30）	56	85	7.0（0.25）	178	257	7.0（0.25）
海鸥	961	385	0（0.01）	496	210	0（0.01）	1457	595	0（0.01）
莫拉克	337	141	0（0.01）	153	72	2.5（0.04）	490	213	1.5（0.02）
莫兰蒂	29	23	8.5（0.39）	31	15	5.0（0.12）	60	38	6.5（0.20）

三、筛选干旱相关传染病的生态学研究

1. 研究背景

干旱已经成为影响面最广、持续时间长、造成经济损失最大的自然灾害，对农牧业生产、社会经济和人民生活均会造成严重影响。干旱不仅是农业生产的天敌，对生态环境也造成了严重的负面影响，可致森林草原植被退化，破坏湿地生态系统，加剧土地荒漠化的进程及生物物种的灭绝。干旱亦可诱发多种疾病，危害人类健康。山东省属典型暖温带季风气候，对农业生产非常有利，但由于受大气环流和季风气候不稳定性的影响，各种自然灾害的发生频率较高。山东省常年遭受的旱害面积一般为1 333～2 000千公顷，占各类自然灾害总受灾面积的50%左右，是发生年份最多、涉及面积最大的一种自然灾害。持续的干旱不仅降低人体免疫力，还会加剧空气、水源的污染以及食品中细菌、霉菌等的滋生，引发传染病的流行。干旱对传染病的影响很复杂，国内外对其多为单一或少量疾病专题调查，干旱对人类传染病的影响仍缺乏强有力的流行病学证据。本案例研究通过既往疫情资料对2005～2013年山东省法定报告传染病数据进行生态学研究，识别研究区域干旱相关传染病，进而为后续的定量评估及预测奠定重要基础。

2. 资料来源

2005～2013年的山东省法定报告传染病数据来自中国疾病预防控制中心法定报告传染病数据库，共39种（2008年6月后增加了手足口病，2009年6月后增加了甲型H1N1流感）。山东省的人口数据来自中国疾病预防控制中心公共卫生科学数据中心以及第六次全国人口普查数据。恙虫病是山东省常见的一种传染病，因此本案例研究也将恙虫病纳入筛选范畴。2005～2013年干旱数据来自《中国气象灾害年鉴（2006—2014）》《中国水利年鉴（2006—2014）》《全国气候影响评价（2006—2014）》和中国气象数据网的农业气象灾情数据集。山东省气象观测站点的气象数据来源于中国气象数据网，变量主要包括日照时数、平均最低气温、降水距平百分率、平均气压、平均最高气温、平均气温、平均风速、平均相对湿度、降水量等。

3. 研究设计与统计分析

采用生态趋势研究探讨干旱与人群传染病的关系，进而筛选干旱相关敏感性传染病。首先，根据传染病的传播机制和生物学合理性，排除与干旱无关的传染病种类，并描述传染病的发病水平，剔除

发病较少的病种；其次，采用Wilcoxon秩和检验比较暴露期与对照期传染病的发病率来粗筛干旱相关敏感性传染病，干旱对各种传染病可能存在滞后效应（根据传染病的传播规律及潜伏期，对每种传染病给予不同滞后效应分析，肠道传染病一般为0~2个月，呼吸道传染病与自然疫源性及虫媒传染病一般为0~3个月），对于不同滞后期传染病的发病率也采用Wilcoxon秩和检验进行差异性比较；最后，在控制潜在混杂因素的基础上进行多因素分析，将多因素回归模型认为有关联的传染病进行流行病学综合分析，最终确定干旱相关敏感性传染病。根据各种传染病在人群中的分布类型及各种模型的适用条件，选择负二项回归模型、零膨胀负二项回归模型（ZINB）和零膨胀Poisson回归模型（ZIP）拟合干旱与粗筛传染病发病率关系，并计算干旱对各传染病的OR值及其95% CI。

4. 结果

传染病初筛结果显示肠道传染病中的脊髓灰质炎（0例）、霍乱（7例）和副伤寒（38例），呼吸道传染病中的严重急性呼吸系统综合征（0例）和白喉（0例），自然疫源性和虫媒传染病中的鼠疫（0例）、钩体螺旋体病（0例）、日本血吸虫病（0例）、黑热病（0例）、丝虫病（0例）、炭疽（2例）、登革热（2例）和包虫病（7例）因发病人数太少在初筛中被剔除。

经Wilcoxon秩和检验，未观察到干旱对肠道传染病中的甲肝、戊肝、伤寒、急性出血性结膜炎和其他感染性腹泻有影响，也未观察到干旱对呼吸道传染病中的百日咳、流行性感冒、流行性腮腺炎、甲型H1N1流感有影响，亦未观察到干旱对自然疫源性和虫媒传染病的肾综合征出血热有影响。

干旱与传染病的多因素回归分析结果（表6-7）显示，在控制了潜在混杂效应的基础上，多因素回归模型显示干旱对肠道传染病中的细菌性痢疾、阿米巴痢疾和手足口病的发病有影响，细菌性痢疾的发病率在干旱滞后2个月时显著降低，而阿米巴痢疾的发病率在干旱滞后3个月时增加，OR值及其95% CI分别为0.671（0.474~0.949）和2.457（1.609~3.752），干旱和手足口病的发病率也有一定关联，OR值及其95% CI为0.453（0.313~0.657）。干旱对呼吸道传染病中的麻疹和风疹的发病率也有一定影响，麻疹的发病率在干旱发生后降低，而风疹的发病率却在干旱滞后0个月时增加，OR值及其95% CI分别为0.666（0.444~0.999）和2.206（1.436~3.388）。干旱在滞后1个月时可显著增加流行性乙型脑炎的发病风险，滞后3个月时可降低恙虫病的发病风险，OR值及其95% CI分别为1.192（1.058~1.344）和0.919（0.871~0.968）。

表6-7　多因素回归模型中干旱对传染病的发病风险

疾病种类	滞后期（月）	模型	β值	标准误	z	P	OR值（95% CI）
痢疾	0	负二项回归模型	0.168	0.171	0.99	0.324	1.183（0.846~1.654）
痢疾	1	负二项回归模型	-0.035	0.165	0.21	0.931	0.966（0.699~1.334）
痢疾	2	负二项回归模型	-0.400	0.176	2.27	0.023	0.670（0.475~0.946）
细菌性痢疾	0	负二项回归模型	0.172	0.171	1.01	0.313	1.188（0.849~1.661）
细菌性痢疾	1	负二项回归模型	-0.038	0.165	0.23	0.820	0.963（0.697~1.330）
细菌性痢疾	2	负二项回归模型	-0.399	0.177	2.26	0.024	0.671（0.474~0.949）
阿米巴痢疾	3	ZINB	0.899	0.216	4.16	<0.000 1	2.457（1.609~3.752）

（续表）

疾病种类	滞后期（月）	模型	β值	标准误	z	P	OR值（95% CI）
手足口病	2	负二项回归模型	−0.791	0.189	4.17	< 0.000 1	0.453（0.313～0.657）
麻疹	0	ZINB	−0.407	0.207	1.96	0.049	0.666（0.444～0.999）
麻疹	1	ZINB	−0.313	0.198	1.58	0.115	0.731（0.496～1.078）
肺结核	1	负二项回归模型	−0.027	0.079	0.34	0.730	0.973（0.834～1.136）
流行性脑脊髓膜炎	1	ZINB	0.116	0.328	0.35	0.723	1.123（0.590～2.136）
猩红热	3	ZIP	0.188	0.015	32.43	< 0.000 1	1.207（1.172～1.243）
风疹	0	ZIP	0.791	0.219	20.79	< 0.000 1	2.206（1.436～3.388）
狂犬病	2	ZINB	−0.069	0.199	0.34	0.730	0.933（0.632～1.379）
狂犬病	3	ZINB	−0.107	0.161	0.66	0.506	0.899（0.655～1.232）
流行性乙型脑炎	1	ZINB	0.176	0.061	4.27	< 0.000 1	1.192（1.058～1.344）
流行性乙型脑炎	2	ZINB	0.036	0.226	0.16	0.872	1.037（0.666～1.614）
布鲁氏菌病	3	ZINB	−0.342	0.249	1.37	0.171	0.710（0.436～1.157）
疟疾	3	ZINB	0.128	0.128	1.00	0.318	1.137（0.844～1.461）
斑疹伤寒	0	ZINB	−0.032	0.205	0.16	0.875	0.969（0.648～1.447）
恙虫病	2	ZINB	−0.115	0.301	0.38	0.703	0.891（0.494～1.608）
恙虫病	3	ZINB	−0.085	0.027	3.13	0.002	0.919（0.871～0.968）

5. 结论

山东省干旱相关敏感性传染病谱为细菌性痢疾、阿米巴痢疾、手足口病、麻疹、猩红热、风疹、斑疹伤寒、流行性乙型脑炎和恙虫病，其中干旱发生后能明显增加发病风险的传染病病种为阿米巴痢疾、猩红热、风疹和流行性乙型脑炎，而干旱发生后对细菌性痢疾、手足口病、麻疹、斑疹伤寒和恙虫病有潜在的保护作用（薛晓嘉，2017）。

第四节　趋势研究和突变分析在疾病筛选中的应用

凡是被认为具有复杂性的事物，都具有突变的特征。突变有两个方面的含义：其一是指复杂性事物整体或者某一层次整体上的涌现属性；其二是指复杂性事物内部或者某个层次内部各个可分解部分的突变性变化。当应用于科学问题时，突变理论直接处理不连续而且不联系任何特殊的内在机制。因此，它特别适用于内部作用尚属未知的系统的研究，同时也适用于仅有的可信观察存在连续性的情况。突变分析在多个领域的研究中得到运用，也是时间序列研究的一个重要方面，常与趋势研究相结合，以探索时间序列数据中包含的变化规律（Partal，2006；李毅，2015）。时间序列中的突变点指的是序列中某个或某些量起突然变化的地方。本节将基于Mann-Kendall（简称"M-K"）趋势检验方法对传染病的时间序列数据先进行趋势分析，然后在此基础上进行突变分析。

一、概述及Mann-Kendall趋势分析

（一）用突变分析筛选疾病的流行病学思想

在极端天气事件对健康影响的研究中，获得的疾病数据往往是待研究疾病的病例数时间序列。在某一个时间点突然发生的急性极端天气事件可能会造成病例数时间序列的突变。若多个有极端天气事件发生的时间点同时存在病例数时间序列的突变发生，则有理由认为极端天气事件与疾病发生之间有关联，即该种疾病是极端天气事件的可能敏感性疾病。因此，有必要用论证力度更强的方法进一步证实极端天气事件对可能敏感性疾病的影响并估计其大小。

（二）M-K趋势检验方法概述

1. M-K趋势检验

M-K趋势检验是一种非参数检验方法，其优点是不需要遵循一定的分布，也不受到少数异常值的干扰（Mann，1945）。在M-K趋势检验中，其统计量的计算方法如下：

$$S = \sum_{i=1}^{n-1} \sum_{j=i+1}^{n} \text{Sgn}(x_j - x_i) \tag{6-5}$$

其中，n代表时间序列中的数据点的数量，x_i和x_j分别代表时间序列中第i和第j个数值。$\text{Sgn}(x_j - x_i)$是一个符号函数，其定义方式如下：

$$\text{Sgn}(x_j - x_i) = \begin{cases} +1, & \text{若}(x_j - x_i) > 0 \\ 0, & \text{若}(x_j - x_i) = 0 \\ -1, & \text{若}(x_j - x_i) < 0 \end{cases} \tag{6-6}$$

若给定时间序列的时间点数据个数超过10（$n > 10$），则S的均数$\mu(S)$和方差$\delta^2(S)$的计算遵从下式：

$$\mu(S) = 0 \tag{6-7}$$

115

$$\sigma^2 (S) = \frac{n (n-1) (2n+5)}{18} \qquad (6-8)$$

Z检验的统计量Z_S的计算如下：

$$Z_S = \begin{cases} \dfrac{S-1}{\sqrt{\sigma^2 (S)}} & , \ 若 \ S > 0 \\ \\ 0 & , \ 若 \ S = 0 \\ \\ \dfrac{S+1}{\sqrt{\sigma^2 (S)}} & , \ 若 \ S < 0 \end{cases} \qquad (6-9)$$

统计检验的检验水准$\alpha = 0.05$，若Z_S为正数，代表增加的趋势，若Z_S为负数，则代表减少的趋势。在给定检验水准的条件下，若｜Z_S｜>1.96，则拒绝无效假设，即时间序列数据中存在有统计学意义的变化趋势。

2. 趋势检验结果的稳健性

很多研究在应用M-K法进行趋势检验时忽略了时间序列内数据自相关的影响，然而，时间序列内数据自相关的存在导致拒绝无趋势的零假设的概率更高。因此，基于自相关现象会影响趋势检验结果的可靠性，且传染病病例数时间序列中很有可能存在自相关，所以应该注意检验趋势检验结果的可靠性，采取的方式比较简单，即对传染病病例时间序列进行自相关分析。对于存在自相关性的时间序列，用区块自助法（block bootstrap）可以获得更加准确的检验结果。

3. Sen斜率估计

对于有特定趋势的时间序列，Sen斜率可以用来估计趋势变化的程度，即时间序列数据平均在每个时间单位变化多少，从而可以结合趋势检验结果描述传染病病例数时间序列变化的大体特征。对于N对数据的Sen斜率的计算遵从下式：

$$Q_i = \frac{x_j - x_i}{j - i} \qquad i = 1, \ 2, \ 3, \ \cdots, \ N \qquad (6-10)$$

这N个斜率的中位数就是Sen斜率估计值的大小。对于有n个数据的时间序列来说，$N = n (n-1)/2$。

（三）M-K趋势检验的软件实现和应用举例

1. M-K趋势检验在Excel中的实现

以福建省福州市2010年4月的逐日手足口病例数的趋势检验为例，在Excel2007中演示M-K趋势检验的实现过程（图6-2），操作步骤如下：

（1）在Excel中的A、B两列分别输入日期（共30天）和病例数，在第一行和第二行存放日期以及病例数。

（2）在D3中输入"D\$2-\$B3"，用鼠标选择D3，当黑色"十"字符号出现时，横向拖到最后一列，依次选择E4，F5，… AC32，分别输入E\$2-\$B4，F\$2-\$B5，…AF\$2-\$B32，重复上述拖拉操作计算差值。

（3）在最后一列再加上AG、AH两列，依次存放上述计算得出的差值正负值的相应个数。在AG中输入"=COUNTIF（D3:AF3,">0"）"，拖拉至最后一行。在AH中输入"=COUNTIF（D3:AF3,

"<0"）"，拖拉至最后一行。

（4）对AG、AH两列数据分别求和，再将得到的两个求和值相减，得到$S=350-78=272$。令$n=31$，$VAR(S)=n(n-1)(2n+5)/18=3\ 461.7$。由于$S>0$，且$n>10$，所以$Z=(S-1)/sqrt(VAR(S))=4.61$。由于$Z>2.32>0$，所以福建省福州市2010年4月的逐日手足口病例数呈现总体上升趋势。

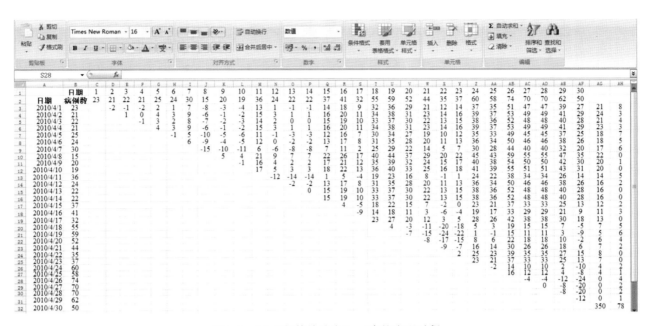

图6-2 M-K趋势检验在Excel中的实现过程

Excel是人们比较熟悉的统计分析软件，用其实现M-K趋势检验有助于掌握该方法的基本思想，但是如果需要进行多次趋势检验，则操作量较大。此外，趋势检验结果的稳健性和Sen斜率计算在Excel里的实现比较困难。

2. M-K趋势检验在R软件中的实现

以福建省福州市2010年4月的逐日手足口病例数为例演示趋势检验和Sen斜率估计的实现过程。在R软件中，M-K趋势检验是利用"Kendall"软件包，而对于Sen斜率估计则没有现成的软件包可供利用。当时间序列数据存在自相关时，用"boot"软件包中的区块自助法检验结果的稳健性。

```
trend<-structure(c(23,21,22,21,25,24,30,15,20,19,36,24,22,22,37,41,32,55,59,52,44,35,37,60,58,74,70,70,62,50),
        .Tsp = c(1,30,1),
        class = "ts",
        title = "natural disaster,1985-2014")       #定义时间序列#
m<-lm(trend~time(trend))
plot(trend)
lines(lowess(time(trend),trend),lwd=3, col=2)
abline(m,col="blue",lty=4)
acf(trend)                       #检验自相关性#
```

```
MannKendall(trend)
library(Kendall)
library(boot)              #利用区块自助法检验结果的稳健性#
MKtau<-function(z)   MannKendall(z)$tau
tsboot(trend, MKtau, R=500, l=4, sim="fixed")
```

该段代码的输出结果有时间序列变化趋势图（图6-3）、时间序列自相关分析结果（图6-4）、M-K法趋势检验结果以及用Boot Strap法进行的稳健性分析结果。

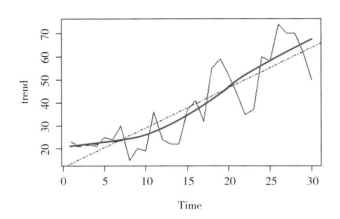

图6-3　福建省福州市2010年4月逐日手足口病例数时间序列变化趋势

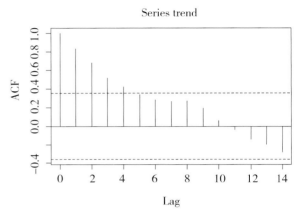

图6-4　福建省福州市2010年4月逐日手足口病例数时间序列的自相关分析结果

M-K检验的结果如下：

tau = 0.63, 2-sided pvalue =1.293e-06

用区块自助法检验稳健性的结果如下：

Bootstrap Statistics :

　　original　　bias　　std. error

t1*　0.63038　−0.6155412　0.214538

由图6-3可以看出时间序列值大体呈现上升的趋势，由图6-4可以看出时间序列内存在4阶自相关。经统计检验，该上升趋势有显著性统计学意义，考虑时间序列内的自相关性后，其显著性有所下降。

3. Sen斜率估计在R软件中的实现

在R软件中运行如下代码：

```
a<-c(23,21,22,21,25,24,30,15,20,19,36,24,22,22,37,41,32,55,59,52,44,35,37,60, 58,74,70,70,62,50)
n<-length(a)
i=0
slope<-c( )
for (j in 2:30)
        {for (l in 1:(j−1) )
```

```
        {i<-i+1
        slope[i]<-(a[j]-a[l])/(j-l)
        l<-l+1
        end}
j<-j+1
end}
print(slope)
sen_slope<-median(slope)
print(sen_slope)
```

得到该时间序列的Sen斜率的估计值为1.6，表示福建省福州市2010年4月的手足口病例数总体上以每天1～2例的幅度增加。

二、用M-K突变分析筛选疾病

（一）M-K突变分析概述

作为一种非参数方法，M-K法用于突变分析的优点就是样本不需要遵从一定的分布，也不受少数异常值的干扰，其具体计算方法如下：

对于有n个样本量的时间序列，构造一个秩序列：

$$S_k=\sum_{i=1}^{k}r_i \tag{6-11}$$

其中，$r_i=\begin{cases}+1, & x_i>x_j \\ 0, & x_i\leq x_j\end{cases}$ $(j=1, 2, \cdots, i)$ $\tag{6-12}$

在时间序列随机独立的假设下，定义统计量：

$$UF_k=\frac{S_k-E(S_k)}{\sqrt{VAR(S_k)}} \quad (k=1, 2, \cdots, n) \tag{6-13}$$

公式中$UF_1=0$，$E(S_k)$和$VAR(S_k)$分别为累积值S_k的均值和方差，在x_1，x_2，$\cdots$，x_n相互独立且有相同连续分布时，其均值和方差可由下式计算得出：

$$E(S_k)=\frac{n(n-1)}{4} \tag{6-14}$$

$$VAR(S_k)=\frac{n(n-1)(2n+5)}{72} \tag{6-15}$$

UF_k为标准正态分布，它是按照时间序列x的顺序x_1，x_2，$\cdots$，x_n计算出的相应统计量序列，给定显著性水平α，查正态分布表，若$|UF_k|>U_\alpha$，则表明时间序列内存在明显的趋势变化。按照原时间序列的逆序x_n，x_{n-1}，$\cdots$，x_1再重复上述过程，同时使$UB_k=-UF_k$（$k=n$，$n-1$，$\cdots$，1），$UB_1=0$。

主要计算步骤如下：

（1）计算顺序时间序列的秩序列S_k，按照方程计算UF_k。

（2）计算逆序时间序列的秩序列S_k，按照方程计算UF_k。

119

（3）给定显著性水平，若$\alpha=0.05$，那么临界值$U_{0.05}=\pm1.96$，将UF_k和UB_k的两条时间序列曲线和±1.96两条直线绘制在同一张图上。

（4）分析绘制出的UF_k和UB_k曲线图，若UF_k或UB_k的值大于0，则表明序列呈现上升趋势，若小于0，则表明序列呈现下降趋势，当它们的值超过临界点时表明上升或者下降趋势显著，若UF_k或UB_k的两条曲线出现交点，并且交点位于两条临界线之间，那么交点对应的时刻即为突变开始的时刻。

（二）M-K突变分析在Excel中的实现

以福建省2010年8~10月的逐日手足口病例数为例，演示M-K突变分析在Excel中的实现过程（图6-5），其步骤如下：

（1）在Excel中的A~M列分别存储日期、病例数、k、r_k、S_k、$E(S_k)$、$VAR(S_k)$、UF_k、逆序列、r'_k、S'_k、UF'_k、UB_k数据。

（2）k列中一次输入1，2，…，n；在r_k列中输入函数"=COUNTIF(B2:Bi-1, "<"&Bi)"，如"=COUNTIF(B2: B8, "<"&B9)"，而$r_1=0$；在S_k列中输入"=Ei-1+Di"，如"=E8+D9"，而$S_1=0$；在$E(S_k)$中输入"=Ci*(Ci-1)/4"，而$E(S_1)=0$；在$VAR(S_k)$列中输入公式"=Ci*(Ci-1)*(2*Ci+5)/72"，而$VAR(S_1)=0$；在UF_k列中输入公式"=(Ei-Fi)/SQRT(Gi)"，如"=(E8-F8)/SQRT(G8)"，而$UF_1=0$；在逆序列中输入与病例数顺序相反的数据；r'_k、S'_k的计算同r_k、S_k；在UF'_k列输入"(Ki-Fi)/SQRT(Gi)"，如"(K8-F8)/SQRT(G8)"，而$UF'_1=0$；在UB_k中输入"=$-UF'_{n-k}$"。

（3）选择UF_k和UB_k两列数据，在菜单选择插入折线图，并在折线图中加入$U_{0.05}=\pm1.96$两条直线。

（4）在"布局"菜单中分别设置图表标题、图例和坐标轴等即可完成。

	A	B	C	D	E	F	G	H	I	J	K	L	M	N	O	P	Q	R
1	日期	病例数	k	r_k	S_k	$E(S_k)$	$VAR(S_k)$	UF_k	逆序列	r'_k	S'_k	UF'_k	UB_k	$\alpha=0.05$ Upper limit	$\alpha=0.05$ Lower li	$\alpha=0.01$ Upper	$\alpha=0.01$ Lower limit	
2	2010/4/1	23	1	0	0	0	0	0.00	50	0	0	0	5.0803	1.96	-1.96	2.58	-2.58	
3	2010/4/2	21	2	0	0	0.5	0.24	-1.021	62	1	1	1.0206	5.0925	1.96	-1.96	2.58	-2.58	
4	2010/4/3	22	3	1	1	1.5	0.88	-0.533	70	2	3	1.599	4.92	1.96	-1.96	2.58	-2.58	
5	2010/4/4	25	4	3	4	3	2.08	-1.387	70	2	5	1.3868	4.7873	1.96	-1.96	2.58	-2.58	
6	2010/4/5	25	5	4	8	5	4	0	74	4	9	2	4.6117	1.96	-1.96	2.58	-2.58	
7	2010/4/6	24	6	4	9	7.5	6.8	0.5752	58	1	10	0.9587	4.6243	1.96	-1.96	2.58	-2.58	
8	2010/4/7	30	7	6	15	10.5	10.64	1.3796	60	2	12	0.4599	4.5569	1.96	-1.96	2.58	-2.58	
9	2010/4/8	15	8	0	14	15.68	0.2525	-0.505	37	0	12	-0.505	4.5554	1.96	-1.96	2.58	-2.58	
10	2010/4/9	20	9	1	16	18	22.08	-0.426	35	0	12	-1.277	4.2306	1.96	-1.96	2.58	-2.58	
11	2010/4/10	19	10	1	17	22.5	30	-1.004	44	2	14	-1.552	3.9449	1.96	-1.96	2.58	-2.58	
12	2010/4/11	36	11	10	27	27.5	39.6	-0.079	52	4	18	-1.51	3.5762	1.96	-1.96	2.58	-2.58	
13	2010/4/12	24	12	7	34	33	51.04	0.14	59	6	24	-1.26	3.535	1.96	-1.96	2.58	-2.58	
14	2010/4/13	22	13	5	39	39	64.48	0	55	5	29	-1.245	3.286	1.96	-1.96	2.58	-2.58	
15	2010/4/14	25	14	5	44	45.5	80.08	-0.168	31	3	32	-1.844	2.8589	1.96	-1.96	2.58	-2.58	
16	2010/4/15	37	15	14	58	52.5	98	0.5556	41	3	32	-2.071	2.3894	1.96	-1.96	2.58	-2.58	
17	2010/4/16	41	16	15	73	60	118.4	1.1947	37	2	34	-2.389	2.0708	1.96	-1.96	2.58	-2.58	
18	2010/4/17	32	17	13	86	68	141.44	1.5135	22	0	34	-2.859	1.8438	1.96	-1.96	2.58	-2.58	
19	2010/4/18	55	18	17	103	76.5	167.28	2.0489	22	0	34	-3.286	1.2453	1.96	-1.96	2.58	-2.58	
20	2010/4/19	59	19	18	121	85.5	196.08	2.5352	24	2	36	-3.535	1.2598	1.96	-1.96	2.58	-2.58	
21	2010/4/20	52	20	17	138	95	228	2.8477	36	5	41	-3.576	1.5096	1.96	-1.96	2.58	-2.58	

图6-5　M-K突变分析在Excel中的实现过程

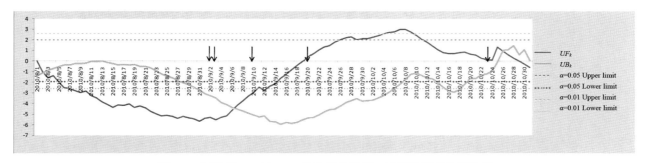

图6-6　福建省2010年8～10月的逐日手足口病例数突变分析结果

如图6-6所示为福建省2010年8～10月的手足口病突变情况，之所以选择该年8～10月的手足口病例数分析，主要的依据是该年热带气旋在福建省的登陆情况（表6-8）。该年登陆福建省的热带气旋有5次，其中有4次热带气旋在9月登陆，有1次台风在10月登陆。由于9月初有热带气旋登陆，所以将8月的病例也纳入待分析时间序列，以免遗漏可能存在的热带气旋登陆前的发病影响。突变分析结果显示：从福建省全省范围内来看，"狮子山""南川""鲇鱼"这3次热带气旋登陆后，数天内出现了手足口病例数的增加，其中，"狮子山"和"南川"这2次热带气旋距离很近，在其发生后2～3天出现的病例数增加可能是这2次热带气旋的累加效应。"鲇鱼"登陆福建省后3天手足口病例数增加，而"莫兰蒂"和"凡亚比"登陆后则没有出现相应的病例数突变。

表6-8　2010年登陆福建省的台风情况汇总

编号	名称	等级	登陆地点	登陆时间
201006	狮子山	热带低压	福建漳浦	2010/9/2
201008	南川	热带低压	福建石狮	2010/9/3
201010	莫兰蒂	热带低压	福建石狮	2010/9/10
201011	凡亚比	热带低压	福建漳浦	2010/9/20
201013	鲇鱼	热带低压	福建漳浦	2010/10/23

三、用滑动T检验进行突变分析

1. 滑动T检验方法介绍

滑动T检验作为一种突变分析的常用方法，是通过考察时间序列中处于检测点前后的2组样本的平均值差异是否显著来检测突变的。把一连续的随机变量 x 分成2个自样本集 x_1 和 x_2，让 μ_i，S_i^2 和 n_i 分别代表 x_i 的平均值、方差和样本长度（$i=1$，2），其中 n_i 需要人为定义长度。统计检验中的原假设为不存在均值突变，通过小概率事件的发生，否定原假设，则可证明这个过程中存在均值突变（金鸿章，2003），具体过程如下：

原假设（H_0）为 $\mu_1-\mu_2=0$，定义统计量为：

$$t_0 = \frac{\overline{x_1} - \overline{x_2}}{\sqrt{S_p^2 \left(\frac{1}{n_1} + \frac{1}{n_2} \right)}} \tag{6-16}$$

121

上式中，S_p^2是联合方差，其计算如下：

$$S_p^2 = \frac{S_1^2(n_1-1)+S_2^2(n_2-1)}{n_1+n_2-2} \quad (6-17)$$

t_0遵从自由度$v=n_1+n_2-2$的t分布，给出显著性水平α，得到临界值t_α，计算t_0后在H_0下比较t_0和t_α，否定原假设H_0，说明存在显著性差异，即序列中存在均值突变，反之，则不存在。由于序列长度的选择有人为的任意性，可以反复变动子序列的长度，提高计算的可靠性。

2. 滑动T检验在R软件中的实现

用滑动T检验探索2010年福建省台风季节手足口病的发病特点，试探讨台风对手足口病发病的影响，不同于M-K趋势检验的是，滑动T检验需要人为设置一个滑动步长。考虑到手足口病的潜伏期在一周左右，因此将滑动步长设置为7天。此外，2010年福建省最后一次台风的发生时间为10月23日，截止到10月的手足口病逐日数据无法反映最后一次台风的滞后影响，因此需要将11月的病例数据也纳入分析，即此例中分析的是2010年8~11月的逐日手足口病发病数。"date"和"case"分别代表日期和手足口发病人数。整理含有"date"和"case"两个字段的.csv文件，命名为"HFMD"。在R软件中可通过以下代码实现基于滑动T检验的突变分析：

```
mydata<-read.table("HFMD.csv",header=TRUE,sep=",")
T<-c( )
for (i in 1:83)
{ index1<-mydata$case[i:(i+4)]
  index2<-mydata$case[(i+5):(i+9)]
  n1<-length(index1)
  n2<-length(index2)
  s1<-var(index1)
  s2<-var(index2)
  b<-(n1+n2)/(n1*n2)
  sp<-((n1-1)*s1+(n2-1)*s2)/(n1+n2-2)
  ti<-abs(mean(index1)-mean(index2))/(sqrt(sp*b))
  T[i]<-ti
  i<-i+1
  end

}
print(T)
```

将获得的T统计量的时间序列数据导入Excel中，绘制如下线图：

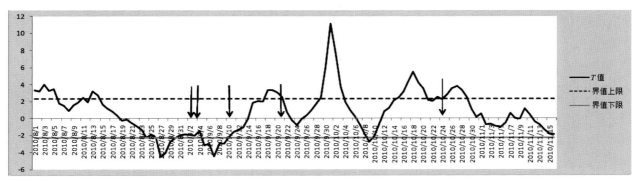

图6-7 福建省2010年8~11月的逐日手足口病例数突变分析结果

在图6-7中，箭头对应的日期为台风登陆的日期，T值为负值表示出现病例数的增加，超过界值下限时表示病例的增加具有显著性意义。突变分析结果显示从福建全省范围内来看，"狮子山"和"南川"2次热带气旋距离很近，在其发生2~3天后开始出现手足口病的显著性增加，其他台风发生后没有观察到有统计学意义的病例增加。可见滑动T检验突变分析的结果和M-K突变分析的结果是略有差异的。此外，滑动步长的选择也可能会对分析结果造成一定的影响，因此，与M-K趋势检验一样，突变分析的方法在极端天气事件和健康关系的研究中是一种粗线条的研究方法，适合初步探索病例出现规律。影响疾病发病的因素非常复杂，想要深入研究极端天气事件对健康的影响，还需要用更多设计严密的方法，以排除各种混杂因素的影响。

（荀换苗 丁国永 韩微笑）

参考文献

丁国永，2015.气候变化背景下暴雨洪涝致人群敏感性传染病发病影响的研究［D］.济南：山东大学.

郭志荣，蒋国雄，陆启新，2006.基本消灭血吸虫病后不同时期的结肠、直肠癌死亡情况的生态学研究［J］.江苏医药，32（08）：785-787.

金鸿章，郭健，韦琦，等，2003.基于滑动t检验法的非典型性肺炎疫情的脆性分析［J］.哈尔滨工程大学学报，24（6）：640-645.

康瑞华，姜宝法，荀换苗，等，2015.2006—2010年浙江省热带气旋与流行性腮腺炎发病关系的初步研究［J］.环境与健康杂志，32（04）：307-311.

李毅，周牡丹，2015.气候变化情景下新疆棉花和甜菜需水量的变化趋势［J］.农业工程学报（4）：121-128.

沈洪兵，齐秀英，2013.流行病学［M］.北京：人民卫生出版社：51-53.

孙海泉，肖革新，郭莹，等，2014.流行病生态学研究的统计分析方法［J］.中国卫生统计，31（02）：352-356.

王振龙，2002.时间序列分析［M］.北京：中国统计出版社：29-37.

徐飚，俞顺章，李旭亮，等，2001.乳腺癌与围产期激素水平的生态学研究［J］.中国公共卫生，17（11）：26-28.

徐飚，2011.流行病学基础［M］.2版.上海：复旦大学出版社：65-67.

薛晓嘉，李学文，李晓梅，等，2017.山东省干旱事件对人群传染病发病影响的研究［J］.中国媒介生物学及控制杂志，28（06）：538-542.

苟换苗，2015.2005-2011年广东省热带气旋对传染病的影响研究［D］.济南：山东大学.

詹思延，2017.流行病学［M］.北京：人民卫生出版社：52-56.

赵仲堂，2005.流行病学研究方法与应用［M］.北京：科学出版社：63-68.

周晓农，2009.空间流行病学［M］.北京：科学出版社：3-35.

CRAWLEY MICHAEL J，2018. Generalized additive models［M］. London：Chapman and Hall.

MANN H B，1945. Nonparametric tests against trend［J］. Econometrica，13（3）：245-259.

PARTAL T，KAHYA E，2006. Trend analysis in Turkish precipitation data［J］. Hydrological processes，20（9）：2011-2026.

WANG W，XUN H M，ZHOU M G，et al.，2015. Impacts of typhoon "Koppu" on infectious diarrhea in Guangdong Province，China［J］. Biomed Environ Sci，28（12）：920-923.

第七章
空间流行病学方法在极端天气事件与健康研究中的应用

空间流行病学的发展是以计算机科学、地理信息系统、环境科学、现代信息技术、现代流行病学理论的发展为基础的，在地理信息系统与地统计学等其他相关技术进一步融合的背景下，融合了多学科、多技术的优势而逐渐形成的一门新兴学科。

空间流行病学的理论与技术具备融合性强、智能化强、更新率高、共享性强、应用广泛等特色。空间流行病学的主要任务是描述疾病的空间分布，分析空间分布的特点与规律，探索病因，服务于疾病的预防和医疗保健工作，其主要研究内容包括绘制疾病地图，评价点源、线源的疾病危险度，聚群识别和疾病聚类分析，地理相关性研究等。在极端天气事件与健康的研究中，空间流行病学的相关方法可用于制作疾病分布地图，探讨危险因素，确定疾病或媒介的空间分布特征，了解疾病随时间的变化规律等方面。

第一节　概　述

一、空间流行病学方法的起源与发展

1854年8月28日，伦敦宽街霍乱暴发，5天内127人死于霍乱，3周后死亡人数达到500人。英国流行病学家约翰·斯诺分析了政府提供的宽街附近霍乱死亡名单，并和病人及死者家属交谈，然后将调查结果标记在一张地图上，用"标点地图法"研究了当地水井分布和霍乱患者分布之间的关系（图7-1），结果发现绝大多数病人和病死者都在发病前喝了宽街井水。斯诺立即建议当局拆掉水泵的把手，这样水泵就用不成了，不久之后，疫情就开始得到缓解。

约翰·斯诺是全面应用发病人数、分布规律和致病因素（即流行病学三元素）开展现场调查的第一人，开创了流行病学史上理论联系实际、通过现场调查分析和干预有效地防控传染病的先例。他在这次事件中的工作被认为是流行病学的开端，同时描述病例空间分布规律的"标点地图法"也可看作空间流行病学的起源。

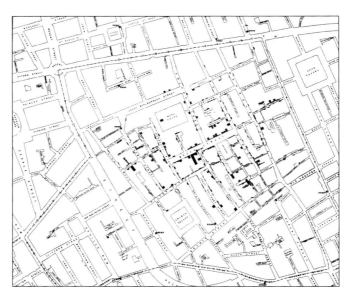

图7-1　约翰·斯诺伦敦霍乱地图

近些年来，一门空间信息分析技术——地理信息系统技术迅速发展起来，到20世纪80年代已开始应用于医学与流行病学研究，各学科相互渗透，新方法和新概念相互融合，于20世纪90年代发展成为一门新的学科——空间流行病学（周晓农，2009）。在近10年中，空间流行病学发展较快，已发展成为一门以空间视角研究人群疾病和健康与空间环境之间关系的学科，被越来越多的国内外研究者应用于疾病预防控制与公共卫生等研究领域。

如今，空间流行病学方法广泛应用于流行病学研究：肺结核、手足口病、血吸虫病、乙脑、恙虫病、鼠疫等传染性疾病，胃癌、肺癌等肿瘤，心脑血管疾病等慢性病，甚至于道路交通伤害的流行病学研究均可使用空间流行病学的研究方法，分析其空间异质性、空间自相关性、空间尺度依赖性和时空聚集性特征。

极端天气事件与健康研究中常用的空间流行病学方法主要有空间自相关、空间聚类、空间插值、缓冲区分析、空间回归和时空扫描等。空间自相关是研究空间中某位置的观察值与其相邻位置的观察值是否相关以及相关程度的一种空间数据分析方法。空间聚类作为聚类分析的一个研究方向，是将空间数据集中的对象分成由相似对象组成的类，同类中的对象间具有较高的相似度，而不同类中的对象间差异较大。空间插值常用于将离散点的测量数据转换为连续的数据曲面，以便与其他空间现象的分布模式进行比较。缓冲区分析是用来解决邻近度问题的空间分析工具之一，邻近度描述了地理空间中两个地物距离相近的程度。

二、空间流行病学方法的特色与局限性

1. 空间流行病学方法的特色

地理信息系统可将结果数据或图形以表格、线图、地图等多种形式输出，以地图为背景，在相应位置或区域用散点、密度、条图等多种方式展示，使得结果生动、直观、易于接受。在全球疾病监测与防控中，地理信息系统内的决策支持系统可以自动从不同来源收集数据、确定数据可信性、查阅知识库、确定流行和提醒监控部门传染病的暴发。

空间流行病学融合了多个学科的知识与技术，并由地理信息系统将多学科、多部门海量信息完成空间整合，使人与环境的关系可定量化以数值表达出来，为疾病预防控制工作服务。

空间流行病学的研究与应用先要基于空间属性和专题属性两类数据的收集与处理，形成空间数据库，用于专题分析。一旦建立较大的空间数据库，其信息挖掘就成为空间流行病学的重要工作，智能化地获得有效信息，为疾病、健康干预服务。

空间流行病学的各类技术与方法具有各种各样的空间分析功能，能充分利用传统统计方法未曾利用的空间信息。例如，克里金插值法能将离散检测点数据转换成更符合实际的曲面连续数据，从而将环境与健康研究有效地联系起来。由于传染性疾病和非传染性疾病在空间和时间上都是不断变化的，更新的数据能及时反映疾病流行谱，通过现代采集系统及时与空间数据库整合，能更有效地监控传染病的迅速蔓延。

2. 空间流行病学方法的局限性

空间流行病学在发展过程中也有其自身的缺陷和局限性。例如，空间流行病学方法的滥用和曲解、数据质量与安全性问题、技术繁复与缺陷以及应用与共享不足等。

在空间流行病学中，结果是易于理解且能令人信服的可视化图像，存在滥用和曲解的可能，在许多研究中，都可得到疾病发生与地理因素相关的阳性结论。空间流行病学的任务是理解人群的特征，而不是地理因素本身决定疾病的暴发和聚集性，因此，忽略了主要的研究目的和任务时直接应用空间分析结果容易得出错误的研究结论。

地理信息系统通常以某行政区划地址作为输入数据，收集来的原始数据的地理编码或数据库里提取的数据必须与准确地址相对应。空间流行病学所运用的各类空间数据或专题属性数据往往尺度不一致，或是采集时间不一致，或是系统格式不一致，在数据转换处理过程中极易出现错误，由此产生不同类型和大小的误差，以至于影响最终的分析结果。

空间流行病学中常用的系统软件包括数据采集软件、数据库管理软件、GIS软件、RS软件、数理统计软件、空间分析统计软件、图像分析与输出软件等几类，各类软件的主要功能和侧重点均不一样，一个软件不可能包含所有功能，因此需要由不同专业人员合作完成相关技术分析与解释，使得技术难度增加。

目前，由于缺乏部门之间的相互协作，流行病学家很难即时获得环境、气象、土壤、水文、遥感资料等常规监测资料，空间流行病学的各种方法和技术很难进一步扩大应用范围。但是，随着网络和信息技术的发展，信息共享已越来越容易实现，相信数字化地理空间信息的共享会使得空间流行病学研究更加方便。

三、空间分析方法的数据准备

假如需要一张山东省县级地图，并了解山东省各县人口数分布，那么地图数据准备如下：

第一步，先用ArcMap打开一幅中国的区县地图，从目录拖入即可（图7-2）。

图7-2 空间分析方法的数据准备——打开地图源

第二步，用最上面的"选择"选项选取山东省各区县的代码范围370 000～380 000（图7-3）。

图7-3 空间分析方法的数据准备——筛选指定区域

第三步，将选中的数据导出到新图层，另存为"文件名.shp"（图7-4），以下的操作内容均以山东省为例示范。

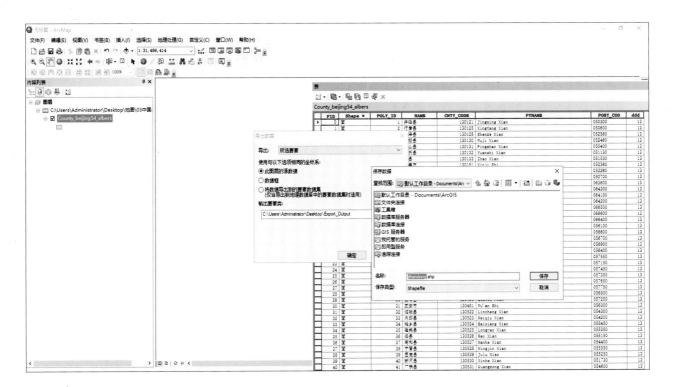

图7-4　空间分析方法的数据准备——导出指定区域地图

第四步，将新图层显示在ArcMap上，将其他移除，则得到一份完整的山东省地图（图7-5）。

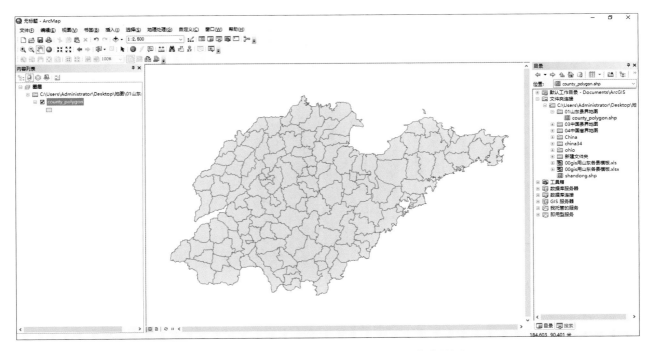

图7-5　空间分析方法的数据准备——打开指定地图

第五步，将地图与待分析的数据关联，点击连接数据（图7-6）。

图7-6 空间分析方法的数据准备——连接分析数据

第六步，打开属性表查看（图7-7）。

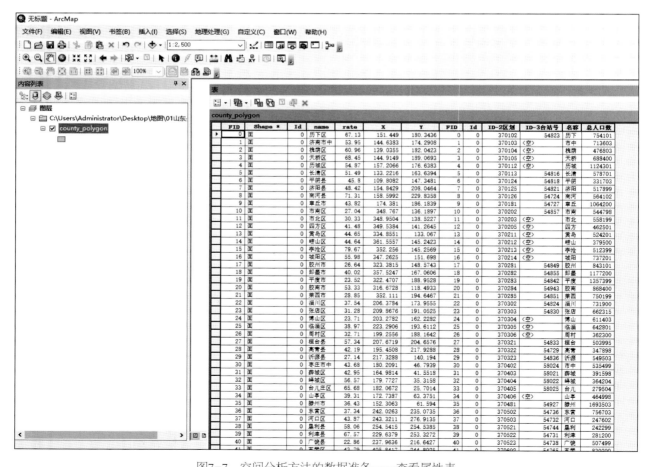

图7-7 空间分析方法的数据准备——查看属性表

第七步，将有新属性表的图层另存一份，将其他图层移除。

第八步，打开属性表，将特征值显示在图层上，选可视化所需的变量（人口）要素，操作界面进行可视化（图7-8）。

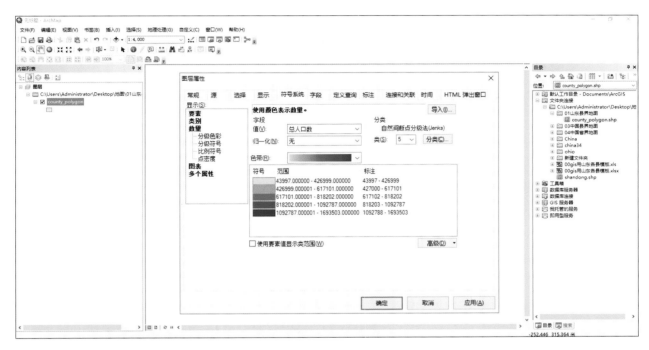

图7-8　空间分析方法的数据准备——根据目标数据显示分级色彩

第九步，数据的结果可以是颜色，可以是小圆，可以是密度点，也可以是柱状图（图7-9）。

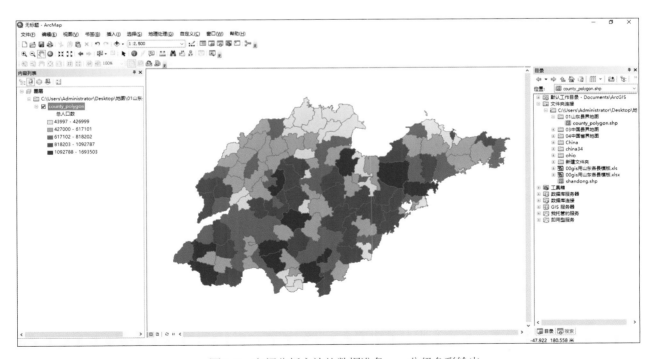

图7-9　空间分析方法的数据准备——分级色彩输出

将以上数据导出保存，即可得到一份完整的用于空间流行病学分析的数据，除ArcGIS外，OpenGeoda、SatScan等空间统计分析软件亦可通用。

第二节　空间自相关

一、空间自相关的概念与基本原理

统计学中，我们比较熟悉的是传统的相关：同一群观察对象的两个不同变量值之间关联性之间的形式、方向和程度。自相关与传统的相关不同，它是指观察对象的一个变量值按某一顺序排列时的相关性。当该观察对象为不同地理单元时，即为空间自相关，也就是某一变量在某一地理单元上的取值与该变量在其邻近地理单元上的取值之间的相关性。若存在某个变量，其值受到其邻近地理位置该变量值大小的影响，那么该变量值之间的相关性就称为空间自相关（陈彦光，2009）。换言之，空间自相关就是指地理事物分布于不同空间位置的某一属性值的统计相关性，进行空间自相关性方向以及程度的计算，以分析这些空间单元在空间分布现象的特征。散点图常用于观察关联性的形式（线性或非线性），相关系数常用于描述线性关联的方向和大小。

空间自相关分析一般分为三个主要步骤：① 取样；② 计算空间自相关系数或建立自相关函数；③ 自相关显著性检验。

空间自相关可分为正相关和负相关，正相关是指分布在邻近空间单元的事物属性具有相似的取值和趋势，相反，负相关指的是分布在邻近空间单元的事物属性具有相反的取值和趋势。此外，空间自相关分析还可分为全局空间自相关分析和局部空间自相关分析：全局空间自相关分析是用来分析整个研究范围内事物属性的自相关性，其局限性在于只能确定全局范围内空间自相关性的存在与否，不能确切地指出其具体位置；局部空间自相关分析是用来确定在特定局部地点事物属性的自相关性。

空间自相关分析是非常有必要的：其一，空间自相关性的存在会导致传统统计方法的空间数据分析出现问题，这是因为大多数传统统计方法建立在观测值独立性的假设基础上，然而，相邻地理单元观测值之间的相关性违背了这一假设，如果忽视了观测值的空间自相关性，将对统计方法和结论造成严重影响，如正性空间自相关的存在使结论更倾向于拒绝实际上成立的零假设；其二，空间自相关分析可以让我们更了解某个空间范围内某事物属性的整体分布模式，有助于空间预测和异常值观测。

最常用的表示空间自相关的指标是Moran's I 和Geary's C。要进行空间自相关度量，先需要通过空间权重矩阵定量表达地理要素之间的空间关系。就空间统计而言，空间权重矩阵可以很好地表达空间关系，它利用量化的方法表达了数据之间的空间结构。空间权重矩阵是一个 $n \times n$ 的二进制表（冯昕等，2011）。除空间自相关以外，这种空间关系的权重矩阵在很多空间统计方法里都有使用，如热点分析、聚类和异常值分析等。

二、全局空间自相关

所谓全局空间自相关，是对属性值在这个研究区域的空间特征的描述。常用于表示全局空间自相关的指标很多，主要有全局Moran's I、全局Geary's C和全局Getis-Ord G，这些指标都是通过比较临近空间位置观察值的相似程度来反映空间自相关。

1. 全局Moran's I

全局Moran's I用于研究随机现象在二维和三维空间维度上的分布，该指标在其后的空间自相关研究中得到广泛使用。类似于相关系数，该指标的取值范围为［-1，1］：若Moran's $I = 1$，代表完全正相关；Moran's $I = 0$，代表不相关；Moran's $I = -1$，代表完全负相关。适用于连续变量数据（如气象数据）、离散数据（如病例数）和相对数（如发病率），其计算方法如下：

$$I = \frac{\sum_{i=1}^{n} \sum_{j=1}^{n} w_{ij} (x_i - \overline{x})(x_j - \overline{x})}{s^2 \sum_{i=1}^{n} \sum_{j=1}^{n} w_{ij}} \qquad (7\text{-}1)$$

x_i表示在i时刻上的观察值，$\overline{x} = \dfrac{\sum_{i=1}^{n} x_i}{n}$，$s^2 = \dfrac{1}{n}\sum_{i=1}^{n}(x_i - \overline{x})^2$，$s^2$为$x_i$的离散方差，$w_{ij}$表示$n$个时间对象的时间邻近关系的权重度量指标，其定义方式为$w_{ij} = \begin{cases} 1, & i和j相邻 \\ 0, & i和j不相邻 \end{cases}$。

我们需要依据一个准则来定义i和j地理单元是否相邻。目前，根据研究问题的不同，有不同的准则可供采纳，常用的定义方式如图7-10所示。Rook准则将与某地理单元共边的4个地理单元定义为其相邻单元，Bishop准则将在某地理单元对角线上的4个地理单元定义为其相邻地理单元，Queen's（King's）准则将与某地理单元共边的4个地理单元和共对角线的4个地理单元都定义为其邻近单元。

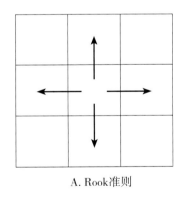
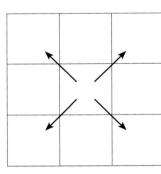
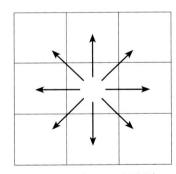

A. Rook准则　　　　　　　　B. Bishop准则　　　　　　　　C. Queen's（King's）准则

图7-10　定义相邻的三种不同准则

我们还需要检验Moran's I是否存在显著性：全局Moran's I统计方法先假设研究事物属性不存在空间自相关，通过Z得分检验来验证该假设是否成立，Z统计量的计算方法如下：

$$Z = \frac{I - E(I)}{\sqrt{\text{VAR}(I)}} \qquad (7\text{-}2)$$

在零假设成立的情况下，Moran's I的期望值和方差的计算如下：

$$E(I) = \frac{1}{n-1}$$

$$VAR（I）= \frac{1}{S_0^2（n^2-1）}（n^2S_1 - nS_2 + 3S_0^2）- E（I）^2 \qquad （7-3）$$

2. 全局Geary's C

全局Geary's C和全局Moran's I的不同之处：全局Moran's I的交叉乘积项代表的是邻近空间位置的观察值与均值偏差的乘积，而全局Geary's C的交叉乘积代表的是邻近空间位置的观察值之差。全局Geary's C的计算如下：

$$C = \frac{（n-1）\sum\limits_{i=1}^{n}\sum\limits_{j=1}^{n} w_{ij}（x_i - x_j）^2}{2\sum\limits_{i=1}^{n}\sum\limits_{j=1}^{n} w_{ij}\sum\limits_{i=1}^{n}（x_i - \bar{x}）^2} \qquad （7-4）$$

Geary's C的取值范围为 [0, 2]：Geary's $C \in$ [0, 1]，代表正性空间自相关；Geary's $C \in$ (1, 2)，代表负性空间自相关；Geary's $C = 1$，代表不存在空间自相关。Geary's C的期望值恒定为1，2 000次随机试验的Geary's C的平均值非常接近1，其显著性检验的方法与Moran's I相同。

3. 全局Getis-Ord G

全局Getis-Ord G与全局Moran's I、全局Geary's C之间的区别同样在于分子的交叉乘积，它直接采用邻近位置的观测值交叉乘积来衡量其近似程度。全局Getis-Ord G的计算方法如下：

$$G（d）= \frac{\sum\limits_{i}\sum\limits_{i} w_{ij}（d）x_i - x_j}{\sum\limits_{i}\sum\limits_{j} x_i - x_j}（i \neq j） \qquad （7-5）$$

全局Getis-Ord G利用距离来定义空间权重矩阵，即定义在某一特定距离d内的位置是邻近的，表示为 $w_{ij}（d）= \begin{cases} 1，空间位置i与j的距离小于d \\ 0，空间位置i与j的距离大于d \end{cases}$。

全局Getis-Ord G可以区分热点区和冷点区，但是识别空间自相关的效果不好，其期望值为$E（G）=W/n（n-1）$。若全局Getis-Ord G观察值大于期望值，且存在统计学意义，代表存在热点区；若全局Getis-Ord G观察值小于期望值，且存在统计学意义，代表存在冷点区。

三、局部空间自相关

1. 局部空间自相关的特点

局部空间自相关与全局空间自相关之间的不同之处在于：全局空间自相关是用全局指标探测整个区域的空间模式，使用单个指标值来反映该区域的自相关程度；局部空间自相关是用局部指标计算每个空间单元与相邻近单元在某一属性上的相关程度。进行局部空间自相关分析的意义在于：若不存在全局空间自相关，寻找可能被掩盖的局部聚集性；若存在全局空间自相关，分析聚集现象是否存在异质性。局部空间自相关分析为每一个空间单元计算出一个空间自相关统计量值和统计检验的相应P值，分别在聚集点图和显著性图中展示。

2. 局部空间自相关的指标

最常用的局部空间自相关指标是Moran指数（I）和G系数（张松林 等，2007）。

（1）Moran指数

每个空间位置（i）的局部Moran指数的计算如下：

$$I_i = \frac{(x_i - \bar{x})}{S^2} \sum_j w_{ij} (x_i - \bar{x})$$ （7-6）

其统计检验的统计量为：

$$Z(I_i) = \frac{I_i - E(I_i)}{\sqrt{\text{VAR}(I_i)}}$$ （7-7）

其中$E(I_i)$和VAR（I_i）分别是零假设基础上的理论期望和理论方差。$Z(I_i) > 0$，且$P < \alpha$，说明存在局部正性空间自相关；$Z(I_i) < 0$，且$P < \alpha$，说明存在局部负性空间自相关。

（2）G系数

局部Getis-Ord G只能用距离定义的空间邻近方法创建权重矩阵，其计算如下：

$$G_i = \sum_i w_{ij} x_j / \sum_j x_j$$ （7-8）

其统计检验与前述类似，$Z(I_i) > 0$，且$P < \alpha$，说明存在热点区；$Z(I_i) < 0$，且$P < \alpha$，说明存在冷点区。

四、实现软件与实例分析

应用空间自相关分析探讨2010年福建省新发手足口病的空间聚集性。

1. 研究背景

手足口病是婴幼儿常见的一种疾病，是由肠道病毒感染引起的症候群，以发热和手、足、口腔等部位的皮疹或疱疹为主要特征。传染源为现症患者和隐性感染者，在人群中主要通过消化道、呼吸道和分泌物密切接触等途径传播。手足口病自2008年5月列入法定丙类传染病并执行网络直报以来，福建省一直将其作为重点传染病进行防控。为了解福建省2010年手足口病空间聚集性，采用空间自相关分析技术对手足口病监测数据进行分析。

2. 资料来源

病例数据：2010年手足口病监测数据来自中国疾病预防控制信息系统中的传染病报告信息管理系统，数据均按照发病日期和现住地址统计。手足口病的临床诊断、实验室诊断的病例定义参照《手足口病预防控制指南（2009年版）》，以福建省区县界行政区划图作为基础地图。

3. 资料整理

本例在Excel中建立数据集，其中包含两个变量——"CNTY_CODE"和"CASES"，前者代表区县国标代码，后者是该区县的手足口病发病数（图7-11）。

连接数据在ArcGIS中打开福建省区县界地图，命名该图层为"FUJIAN"。在内容列表右击该图层，选择"连接"，基于"CNTY_CODE"字段，将准备好的发病数数据集连接到该地图上，右击地图图层，选择"数据"-"导出"，将连接好数据的新图层导出为Shapefile文件。

	A	B	C	D	E
1	CNTY_CODE	CASES			
2	350102	1129			
3	350103	1088			
4	350104	2486			
5	350105	351			
6	350111	2096			
7	350121	1078			
8	350122	671			
9	350123	192			
10	350124	129			
11	350125	463			
12	350128	1593			
13	350181	745			
14	350182	1150			
15	350203	1293			
16	350205	602			
17	350206	1659			
18	350211	687			
19	350212	335			
20	350213	273			
21	350302	156			
22	350303	216			
23	350304	233			
24	350305	201			
25	350306	10			
26	350309	77			
27	350322	239			

H ◀ ▶ H｜2010年 ╱ Sheet2 ╱ Sheet3 ╱ ✦｜

图7-11　构建Excel数据集

4. 空间自相关分析在OpenGeoda软件中的实现过程

（1）打开OpenGeoDa软件

点击"File"-"Open Shapefile"，打开需要分析的Shapefile文件（图7-12）。

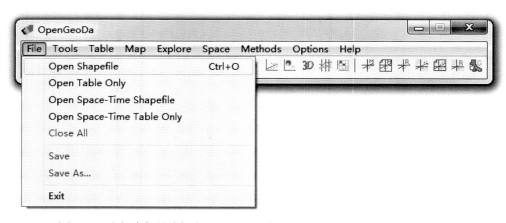

图7-12　空间自相关分析在OpenGeoDa中的实现——Shapefile 文件打开界面

（2）创建空间权重

点击"Tools"-"Weights File Creation"-"Create"打开权重创建对话框（图7-13），本例中选择的创建空间权重的方法为第一种——Queen Contiguity。点击"Create"开始创建，生成后缀为.gal的权重文件。

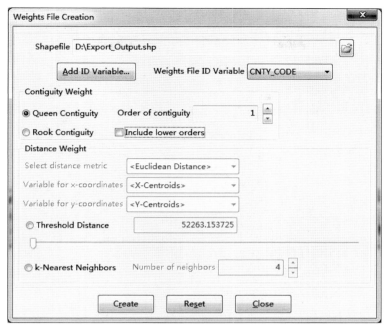

图7-13 空间自相关分析在OpenGeoDa中的实现——空间权重创建界面

（3）进行空间自相关分析

先进行全局自相关分析：点击工具栏的"Space"–"Univariate Moran's I""Variable Settings"，选择要分析的变量"CASES"（图7-14），得到结果Moran's I = 0.380 359（图7-15），这与ArcGIS中的Moran's I值相似但稍有差距，这是由于建立权重的方式不同造成的。

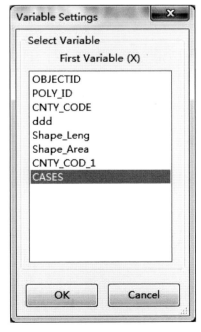

图7-14 空间自相关分析在OpenGeoDa中的实现——分析变量选择界面

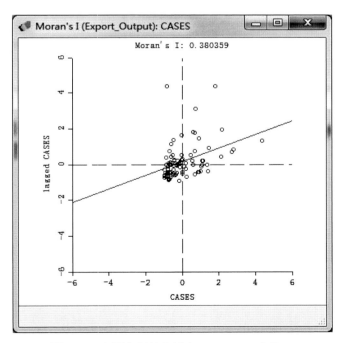

图7-15 空间自相关分析在OpenGeoDa中的实现——结果输出界面

进行局部空间自相关分析：在工具栏上选择"Space"–"Univariate Local Moran's I"，选择要分析的变量"CASES"。图7-16和图7-17分别显示局部相关区域、相关类型及其对应的P值。

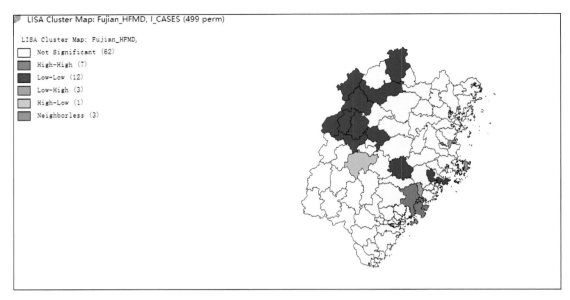

图7-16　局部相关区域输出界面

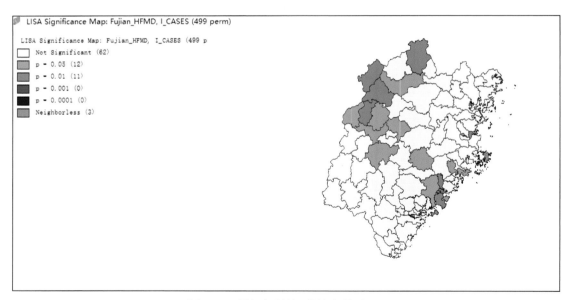

图7-17　局部相关性P值输出界面

5. 主要结果

结果表明福建省2010年手足口病新发病例为非随机分布，存在空间自相关性，在整个研究范围内存在聚集性。从局部范围来看，高—高聚集区位于沿海地区，低—低聚集区位于西北部地区，这提示该省沿海地区的手足口病防治应受到更多关注，也需要进一步探索手足口病在沿海地区存在聚集的原因。

第三节　空间聚类

一、空间聚类的概念和应用

1. 空间聚类的概念

作为科学研究中的一种重要分析方法，空间聚类分析广泛应用于地理学、公共健康、犯罪学、生态学及其他诸多领域。它是指将数据集中的对象分成由相似对象组成的类，使同类对象的属性值有较高的相似度，而不同类的对象间差异较大。空间聚类不需要任何先验知识，需要采取适当方式定义和处理空间关系，结合空间位置信息进行分析，也就是需要专门的技术措施来定义距离、邻近位置、不规则的地理位置等。对空间聚类算法的要求包括：① 聚类算法的稳健性；② 发现任意形状的聚类；③ 最少的输入的参数；④ 较少受到噪声数据影响；⑤ 对数据记录的输入顺序不敏感；⑥ 能够处理高维数据（戴晓燕 等，2003）。

2. 空间聚类算法的应用

空间聚类分析的目的是探测事件在时间和空间上发生的聚集，并检验这种聚集是不是随机产生的。观察所获取的气象或疾病数据，可以对其进行空间聚类分析，探索其在空间和时间维度上的分布特点，发现可能存在的聚集现象，可以为后续的极端天气事件和疾病之间的定性和定量关系研究方法的选择提供线索，也可以通过对比极端天气事件和疾病发生的聚集情况初步探索极端天气事件和疾病是否存在关联。例如，可以利用SatScan软件对疾病发病情况进行时间和空间扫描，根据得到的空间聚集区域和时间聚集区间描述疾病的分布特点，同时为下一步极端天气事件和疾病之间关联性研究的区域和时段的选择提供依据。

二、空间聚类的主要算法

空间聚类的算法通常分为五大类，分别为划分法、层次聚类算法、基于密度的方法、基于网格的方法和基于模型的算法。算法的选择取决于应用目的：如果根据研究内容要求距离总和最小，一般选用K-均值法或K-中心点法；如果研究数据是栅格数据，则基于密度的算法更合适。算法的速度、聚类质量和数据特征，以及数据的维数、噪声的数量等因素都影响到算法的选择（张丽芳，2009）。

1. 划分法

划分法的基本思想是将一个包含n个对象或数据的集合划分成k个子集，每个子集代表一个聚类，K-均值法是一种比较典型的划分法，它根据簇中数据对象的平均值计算相似度，将簇中对象的平均值作为簇中心。K-均值法是从n个数据对象随机地选择对象，每个对象初始地代表一个簇中心，剩余的每个对象根据其与各个簇中心的距离，将其归给最近的簇，然后重新计算每个簇的平均值。不断重复这个过程，直到准则函数收敛，通常选用均方差作为测度函数。该算法可以较好地达到聚类分析的本质要求，但其缺点是容易陷入局部最优解，很难找到全局最优解，且其聚类结果对噪声和异常数据敏感。

2. 层次聚类算法

层次聚类算法将数据对象组成一棵聚类树，根据层次分解是自底向上还是自顶向下进一步分为凝聚的层次聚类算法和分裂的层次聚类算法。凝聚的层次聚类算法是先将每个对象作为一个簇，然后将这些初始簇合并成越来越大的簇，直到达到终结条件。相反，分裂的层次聚类算法是先将所有数据对象作为一个簇，然后逐渐分为越来越小的簇，直到达到终结条件。

层次凝聚和层次分裂代表算法分别是AGNES算法和DIANA算法。AGNES算法利用两个不同簇中距离最近的数据点的相似度来衡量这两个簇间的相似度，不断重复合并过程，直到满足终结条件。AGNES算法简单，其缺点为一旦对象被组合即不能撤销，聚类之间不能交换对象，因此某次欠佳的合并选择将会对最后的聚类结果造成较大影响。DIANA算法是先将对象整个当成一个初始簇，在初始簇中找出其他点平均相异程度最大的一个点，并将其放入分裂簇中，剩余的放在原始簇中。在原始簇中找出到最近的分裂簇中点的距离不大于到原始簇中最近点的距离的点，并将该点加入分裂簇中，重复该过程，直到没有原始簇中的点被分配到分裂簇中。分裂簇和原始簇是被选中的簇分裂成的两个簇，与其他簇共同组成新的簇集合。层次聚类算法比较简单，但是常常会遇到合并或分裂选择的困难。

3. 基于密度的算法

基于密度的空间聚类算法的基本思想是：只要邻近区域的对象或数据点的数目超过某个阈值，就继续聚类，这类算法不受噪声数据的影响，可以发现任意形状的类。DBSCAN算法在该类中比较常用，它利用类的高密度连通性快速发现任意形状的类，其基本思想是：对于一个类中的每个对象，在其给定半径的邻域中包含的对象不能少于某一给定的最小数目，即DBSCAN算法将聚类定义为基于密度可达性最大的密度相连对象的集合。DBSCAN算法不进行任何的预处理而直接对整个数据进行聚类操作，该算法对参数Eps和Minpts非常敏感，而且这两个参数很难确定（曾泽林 等，2012）。

4. 基于网格的算法

基于网格的空间聚类算法利用多维网格数据结构将空间划分为有限数目的单元，以构成一个可以进行网格聚类分析的网格结构。在网格单元中，同一单元中的点属于同一类的可能性比较大，所以落入同一网格中的点可以被当成同一个对象进行处理，其处理速度要远比以元组为处理对象的效率要高得多。基于网格的空间聚类算法适用于比较分散且并不密集的空间多维数据的挖掘，弥补了基于密度的聚类算法的缺陷，其代表性算法包括STING算法、CLIQUE算法、WAVE-CLUSTER算法等（刘敏娟，2007）。

5. 基于模型的算法

基于模型的空间聚类算法是给每一个聚类假定一个模型，然后寻找能够很好地满足这个模型的数据集。常用模型主要有两种：一种是统计学方法，代表性算法是COBWEB算法；另一种是神经网络的算法，代表性算法是竞争学习算法。COBWEB算法是一种通用且简单的增量式的概念聚类算法，它用分类树的形式来表现层次聚类，为了利用分类树对一个对象进行分类，需要利用一个匹配函数来寻找最佳路径。该算法能自动调整类的数目的大小，不需要像其他算法那样自己设定类的个数。竞争学习算法采用若干个层次单元的层次结构，以一种"胜者全取"的方式对系统当前所处理的对象进行竞争。

三、应用SaTScan与ArcGIS软件实现空间聚类

1. SaTScan软件中空间聚类的实现

SaTScan是一个借助空间、时间和空间—时间扫描统计量来分析时间、空间和空间—时间数据的免费软件。它是专门为达到以下目的而设计的：

（1）进行疾病的地理监测，发现疾病的空间、空间—时间聚集点，并检验其统计学意义。

（2）检验某种疾病是否在空间维度、时间维度以及空间—时间维度上随机分布。

（3）评价疾病聚集点预警的统计学意义。

（4）进行前瞻性的实时或者周期性的疾病监测，以便发布疾病暴发的早期预警。

SaTScan软件可以应用于离散型扫描统计和连续型扫描统计。所谓的离散型扫描统计指的是观测数据的地理位置是由用户非随机选择的。这些地理位置可以是实际的观察位置，如房屋、学校等，也可以是代表一个较大区域的中心位置，如某个行政区划（国家、省份）以地理或人口为权重的质心。对于连续型扫描统计而言，观测值的位置是随机的，可以是预定研究地区的任何一个位置。

对于离散型扫描统计，SaTScan软件可以采用以下几种模型：离散泊松模型，在该模型中假定任何一个地理位置上的人群中发生结局事件的人数是符合泊松分布的；伯努利模型，结局事件的发生用0/1变量来表示；空间—时间排列模型，只需要病例数据；多项式模型，适用于分类变量；顺序模型，适用于顺序分类变量；指数模型，适用于生存分析数据；高斯模型，适用于其他连续型数据；空间变异模型，用来发现有上升或者下降趋势的范围。

对于离散型扫描统计，要将数据在普查区、行政区划、国家或者其他地理水平上进行汇总。SaTScan会调整背景人口的空间异质性，还可以调整由用户定义的协变量的影响、时间趋势、已知的空间—时间聚集区以及缺失数据。

对于连续型扫描统计，SaTScan使用连续型泊松模型进行分析。

2. ArcGIS软件中空间聚类的实现

ArcGIS软件中分析聚集性的工具包括空间自相关（全局 Moran's I）、热点分析（Getis–Ord Gi）和聚类与异常值分析（Anselin 局部 Moran's I）。由于空间统计分析和传统（非空间）统计分析的一个重要区别是空间统计分析将空间和空间关系直接整合到算法中，因此ArcGIS空间统计工具箱中的很多工具都要求在执行分析之前为空间关系的概念化表述参数选择一个值。常见的概念化包括反距离、行程时间、固定距离、K 最近邻域和邻接。

使用"反距离"选项时，空间关系的概念模型是一种阻抗或距离衰减。任何要素都会影响其他所有要素，但距离越远，影响越小。使用"反距离"这一概念化表述时，通常要指定一个距离范围或距离阈值以减少所需的计算数（尤其对于大型数据集而言）。如果未指定任何距离范围或距离阈值，将会计算默认阈值。通过将距离范围或距离阈值设置为零，可将每一个要素都强制指定为其他所有要素的邻域。反欧氏距离适用于对连续数据（如温度变化）进行建模，当分析涉及硬件存储的位置或其他固定的城市设施位置时，道路网络数据不再适用，而反曼哈顿距离可能最为合适。使用"反距离平方"选项时的概念模型与使用"反距离"时相同，只是曲线的坡度更陡，因此邻域影响下降得更快，并且只有目标要素的最近邻域会对要素的计算产生重大影响。

对于热点分析，固定距离范围是默认空间关系的概念化。通过"固定距离范围"选项，可以对数据施加一个空间交互的影响范围或移动窗口概念模型。在距离范围或距离阈值指定的距离范围内，对邻近要素环境中的每个要素进行分析。指定距离范围内的邻域具有相等的权重，指定距离范围之外的要素不会影响计算（它们的权重为零）。如果要评估处于特定（固定）空间尺度下数据的统计属性，应使用"固定距离范围"方法。

对于面要素类，可选择 CONTIGUITY_EDGES_ONLY（Rook's Case）或 CONTIGUITY_EDGES_CORNERS（Queen's Case）。对于 EDGES_ONLY，共享边（具有重合边界）的面包含在目标面的计算中。不共享边的面被排除在目标要素计算之外。对于 EDGES_CORNERS，共享边或角的面包含于目标面的计算中。如果两个面存在重叠的部分，则将视为相邻要素并包含在彼此的计算中。要对某些类型的传染过程进行建模或要处理以面的形式显示的连续数据时，可以对面要素使用这些邻接概念中的一种。

对要素在空间中彼此交互方式构建的模型越逼真，结果就越准确。空间关系的概念化参数的选择应反映要分析的要素之间的固有关系。

四、空间聚类的实现过程

以SaTScan软件中的空间扫描统计为例演示2010年福建省手足口病聚集性分析的实现过程。此例为SaTScan软件中的纯空间扫描。

1. 数据整理

在SaTScan软件平台下，一般应用泊松模型或者伯努利模型来进行离散点的空间聚类分析。不同的分析方法需要的数据文件的类型不同：使用泊松模型扫描时需要的文件包括Case File（病例数据文件）、Population File（人口数据文件）和Coordinates File（坐标数据文件）；使用伯努利模型扫描时所需要的文件包括Case File、Control File（对照数据文件）和Coordinates File。可先将所需的病例数、人口、坐标信息等先整理到一个Excel中，然后在SaTScan软件中转换成所需要的文件类型（表7-1）。原始数据整理的数据如图7-18所示，在图中所示的数据文件中，FID可以由"1"依次编号，是简单计数，不是分析所需字段。CNTY_CODE为各个区县行政编码，为了将扫描结果在ArcGIS中进行可视化，此ID字段应与地图中保持一致。X-Coordinate为各地对应经度，Y-Coordinate为各地对应纬度。POPULATION为各地人口数，CASES为各地手足口病发病例数。

表7-1 SaTScan软件中不同文件所需格式

文件类型	文件名	内容（必要内容）
Case File	xx.cas	<ID><CASES><YEAR>
Population File	xx.pop	<ID><YEAR><population>
Coordinates File	xx.geo	<ID><X-Coordinate><Y-Coordinate>
Control File	xx.cas	<ID><NON CASES><YEAR>

	A	B	C	D	E	F	G	H	I
1	FID	NAME	CNTY_CODE	X-Coordinate	Y-Coordinate	CASES	DATE	POPULATION	
2	1	鼓楼区	350102	119.295683	26.095967	1129	2010	705000	
3	2	台江区	350103	119.346997	26.052284	1088	2010	460000	
4	3	仓山区	350104	119.319755	26.01661	2486	2010	790000	
5	4	马尾区	350105	119.509325	26.077695	351	2010	246000	
6	5	晋安区	350111	119.31106	26.219017	2096	2010	827000	
7	6	闽侯县	350121	119.100947	26.231402	1078	2010	693000	
8	7	连江县	350122	119.559728	26.29829	671	2010	570000	
9	8	罗源县	350123	119.453338	26.502516	192	2010	205000	
10	9	闽清县	350124	118.767457	26.207751	129	2010	233000	
11	10	永泰县	350125	118.783495	25.852887	463	2010	247000	
12	11	平潭县	350128	119.757798	25.532734	1593	2010	400000	
13	12	福清市	350181	119.365439	25.636977	745	2010	1262000	
14	13	长乐市	350182	119.551754	25.910835	1150	2010	702000	
15	14	思明区	350203	118.12595	24.467787	1293	2010	970000	
16	15	海沧区	350205	117.971134	24.535414	602	2010	312000	
17	16	湖里区	350206	118.134157	24.518296	1659	2010	989000	
18	17	集美区	350211	118.018855	24.636445	687	2010	617000	
19	18	同安区	350212	118.10476	24.776102	335	2010	523000	
20	19	翔安区	350213	118.271856	24.670697	273	2010	319000	
21	20	城厢区	350302	118.931137	25.42047	156	2010	423000	
22	21	涵江区	350303	119.050934	25.610998	216	2010	478000	
23	22	荔城区	350304	119.074395	25.417013	233	2010	510000	
24	23	秀屿区	350305	119.217491	25.261497	201	2010	570000	
25	24	湄洲湾北岸经	350306	119.087064	25.15993	10	2010	135000	
26	25	湄洲岛区	350309	119.125782	25.064799	77	2010	38000	
27	26	仙游县	350322	118.684857	25.475568	239	2010	840000	

图7-18　空间聚类在SaTScan软件中的实现过程——Excel数据整理

2. 执行空间聚类分析

运行SaTScan软件，选择"Creat New Session"，弹出一个新的对话框（图7-19）。

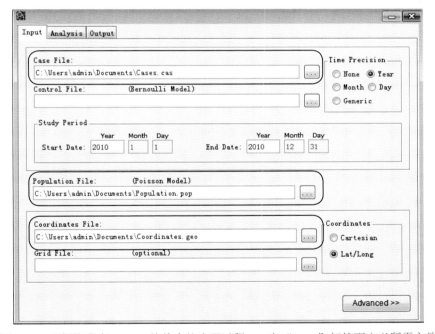

图7-19　空间聚类在SaTScan软件中的实现过程——在"Input"标签下定义所需文件

（1）在第一个标签"Input"下分别定义"Case File""Coordinates File"和"Population File"。当运用伯努利方程时，在此处则应定义"Case File""Coordinates File"和"Control File"。在纯空间扫描中，"Time Precision"可选择"none"。定义文件时可以直接用.cas，.geo，.Pop文件进行定义，也可以用"Import File Wizard"进行定义，即可以用Excel中的数据分别生成SaTScan软件所需要的.cas，.geo，.Pop文件。点击定义框中右侧的"□"打开整理好的Excel文件，进入"Import File Wizard"

页面（图7-20），以"Case File"的定义为例，先选择分析离散的泊松分布模型，然后定义"Case File"中需要的变量，点击"Next-Import"完成"Case File"的定义，之后按照相同的步骤分别定义"Coordinates File"和"Population File"。本例中"Coordinates"选择"Lat/Long"，"Time Precision"选择"Year"，"Study Period"中的"Start Date"和"End Date"分别设置在2010/1/1和2010/12/31，"Coordinates"处选择"Lat/Long"。

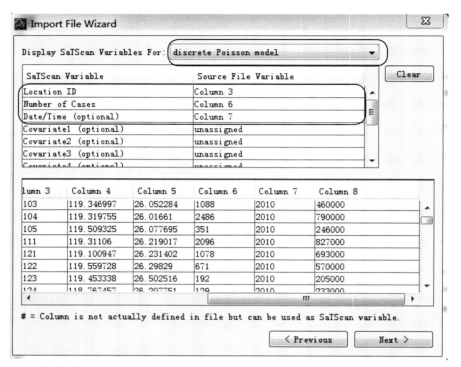

图7-20　空间聚类在SaTScan软件中的实现过程——在"Import File Wizard"界面定义所需文件

（2）"Analysis"标签里的设置（图7-21）。

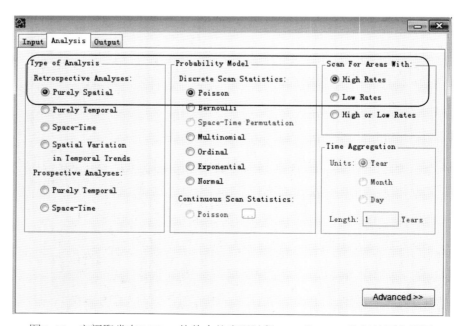

图7-21　空间聚类在SaTScan软件中的实现过程——"Analysis"标签下的设置

（3）在"Output"标签下"Text Output Format"中点击"□"，在合适位置保存结果输出文件，在"dBase"下点击所有选项按钮，最后点击"▶"运行（图7-22）。

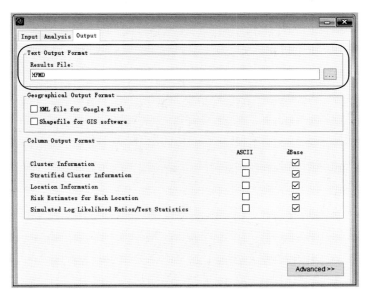

图7-22 空间聚类在SatScan软件中的实现过程——在"Output"标签下设置结果输出文件

（4）如果以上操作无误，会弹出结果报告对话框（图7-23），其内容保存在输出文件HFMD.txt中，同时会生成多个文件（图7-24），其中包括可视化文件HFMD.gis.dbf.

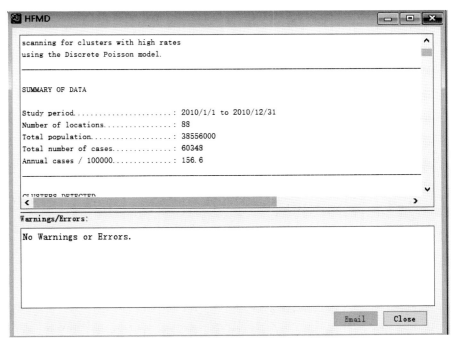

图7-23 空间聚类在SaTScan软件中的实现过程——结果报告对话框

图7-24 空间聚类在SaTScan软件中的实现过程——输出的结果文件

（5）由于在HFMD.gis.dbf中空间位置的ID字段LOC_ID是文本格式，导致无法基于该字段HFMD.gis.dbf与地图文件的连接，因此，先在Excel中将HFMD.gis.dbf打开，将LOC_ID的格式修改为数字型，并将文件另存为HFMD.gis.xls（图7-25）。

	A	B	C	D	E	F	G	H	I	J	K
1	LOC_ID	CLUSTER	P_VALUE	CLU_OBS	CLU_EXP	CLU_ODE	CLU_RR	LOC_OBS	LOC_EXP	LOC_ODE	LOC_RR
2	350521	1	0.00000000000000001	8289	4797.3498288204	1.7278289672	1.8437162165	986	1516.6825396825	0.6501030863	0.6442913152
3	350505	1	0.00000000000000001	8289	4797.3498288204	1.7278289672	1.8437162165	1440	505.5608465608	2.8483218386	2.8935038758
4	350503	1	0.00000000000000001	8289	4797.3498288204	1.7278289672	1.8437162165	2137	857.7317149082	2.4914550352	2.5462082505
5	350504	1	0.00000000000000001	8289	4797.3498288204	1.7278289672	1.8437162165	656	316.1711795829	2.0748254185	2.0866374783
6	350502	1	0.00000000000000001	8289	4797.3498288204	1.7278289672	1.8437162165	1182	563.4733893557	2.0977033207	2.1196328973
7	350581	1	0.00000000000000001	8289	4797.3498288204	1.7278289672	1.8437162165	1888	1037.7301587302	1.8193554308	1.8458169952
8	350123	2	0.00000000000000001	13174	9320.7889822596	1.4133996623	1.5288473062	192	320.8667911609	0.5983791570	0.5970973031
9	350122	2	0.00000000000000001	13174	9320.7889822596	1.4133996623	1.5288473062	671	892.1661998133	0.7521020188	0.7493146879
10	350902	2	0.00000000000000001	13174	9320.7889822596	1.4133996623	1.5288473062	1385	671.4724556459	2.0626311450	2.0875916140
11	350111	2	0.00000000000000001	13174	9320.7889822596	1.4133996623	1.5288473062	2096	1294.4235916589	1.6192535531	1.6415352850
12	350121	2	0.00000000000000001	13174	9320.7889822596	1.4133996623	1.5288473062	1078	1084.6862745098	0.9938357526	0.9937236376
13	350105	2	0.00000000000000001	13174	9320.7889822596	1.4133996623	1.5288473062	351	385.0401493931	0.9115932470	0.9110760416
14	350102	2	0.00000000000000001	13174	9320.7889822596	1.4133996623	1.5288473062	1129	1103.4687208217	1.0231372931	1.0235784016
15	350103	2	0.00000000000000001	13174	9320.7889822596	1.4133996623	1.5288473062	1088	719.9937752879	1.5111241754	1.5205082980
16	350104	2	0.00000000000000001	13174	9320.7889822596	1.4133996623	1.5288473062	2486	1236.5110488640	2.0104955813	2.0539108109
17	350922	2	0.00000000000000001	13174	9320.7889822596	1.4133996623	1.5288473062	571	510.2564581388	1.1190451211	1.1201822602
18	350981	2	0.00000000000000001	13174	9320.7889822596	1.4133996623	1.5288473062	1625	889.0357920946	1.8278229228	1.8507306804
19	350923	2	0.00000000000000001	13174	9320.7889822596	1.4133996623	1.5288473062	502	212.8677248677	2.3582720223	2.3696654747
20	350128	3	0.00000000000000001	1593	626.0815437286	2.5443969974	2.5862695941	1593	626.0815437286	2.5443969974	2.5862695941
21	350821	4	0.00000000000000001	1147	619.8207282913	1.8505350784	1.8670139171	1147	619.8207282913	1.8505350784	1.8670139171
22	350481	5	0.00000005097634732	697	544.6909430439	1.2796247283	1.2828920404	697	544.6909430439	1.2796247283	1.2828920404
23	350802	6	0.00049985105451300	1249	1084.6862745098	1.1514850232	1.1546865122	1249	1084.6862745098	1.1514850232	1.1546865122
24	350427	7	0.00054247188536727	453	356.8664799253	1.2693823194	1.2714197214	453	356.8664799253	1.2693823194	1.2714197214
25											
26											
27											

图7-25 空间聚类在SaTScan软件中的实现过程——将dbf文件另存为xls文件

3. 空间聚集性结果可视化

运行ArcGIS，打开福建省地图，基于HFMD.gis.xls中的LOC_ID字段和地图中的行政编码字段，将HFMD.gis.xls连接到图层文件。具体操作步骤如下：

（1）将空间扫描获得聚集性结果HFMD.gis.xls和福建省地图文件放在同一个文件夹"HFMD CLUSTER"下，在ArcGIS目录窗口下点击"   "，选择该文件夹，点击"确定"，将该文件夹连接到ArcGIS工作环境下（图7-26）。

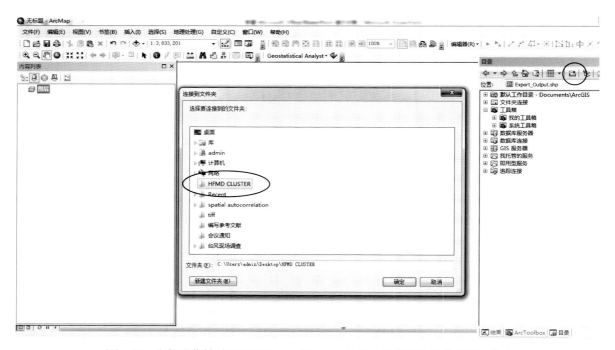

图7-26 空间聚集性结果可视化——在ArcGIS软件中选择要连接的结果文件夹

（2）在目录窗口中打开"HFMD CLUSTER"，将福建省地图的shp文件和HFMD.gis.xls中储存聚集性结果的表单分别拖拽到工作区。在地图图层上点击右键"连接"，弹出对话框（图7-27），基于地图属性表中的CNTY_CODE字段和HFMD.gis.xls中的LOC_ID字段，将聚集性结果连接到地图图层中。

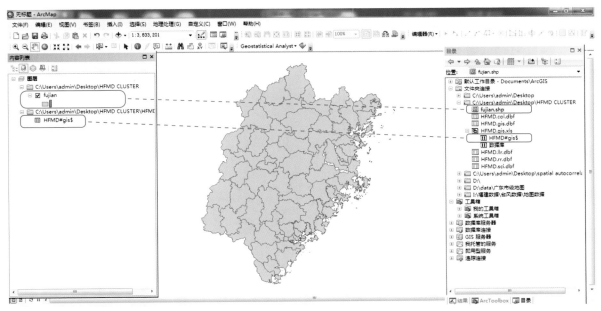

图7-27　空间聚类在SaTScan软件中的实现过程——将空间聚集性结果和地图拖拽至ArcGIS工作区

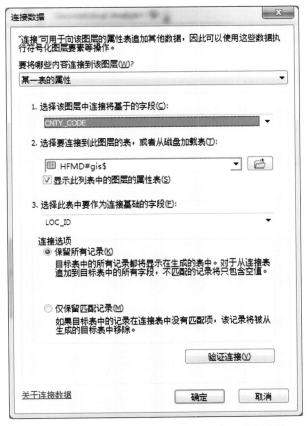

图7-28　空间聚集性结果可视化——完成数据连接

（3）在连接好数据的地图图层上点击右键"属性""符号系统"，在左侧列表中选择"类别"，在"值字段"下选择"CLUSTER"，点击"添加值"，在"添加值"对话框中选择"1"和"2"，单击"确定"，列表内即已经添加相应CLUSTER值，点击"确定"（图7-29）。地图中即显示了第一和第二可能聚集区（图7-30）。

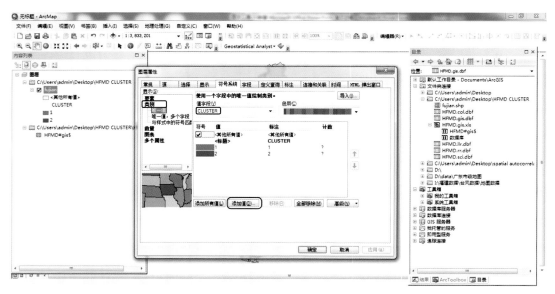

图7-29　空间聚集性结果可视化——在符号系统标签下进行设置

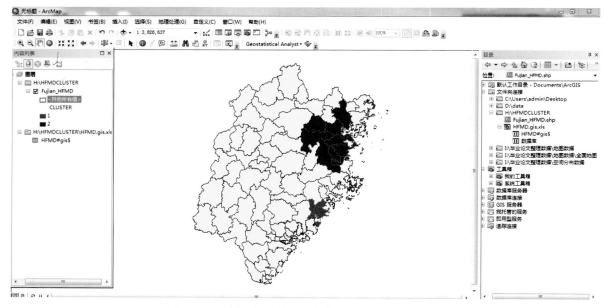

图7-30　空间聚集性结果可视化——可视化结果输出

4. 主要结果

福建省2010年手足口病新发病例的第一和第二可能聚集区都位于沿海地区，第一聚集区主要由泉州市的惠安县、泉港区、丰泽区、洛江区、鲤城区和石狮市构成，第二聚集区由宁德市的古田县、福安市、平南县、蕉城区和福州市的连江县、罗源县、晋安县、闽侯县、鼓楼区、台江区、仓山区、马尾区构成。聚集性分析结果提示福建省沿海区域更容易发生手足口病的聚集，这可能是由沿海区域的气候特点、人口密度以及人口流动性造成的。

第四节　空间插值

一、空间插值的概念与基本原理

空间插值常用于将离散点的测量数据转换为连续的数据曲面，以便与其他空间现象的分布模式进行比较，它包括了空间内插和外推两种算法。空间内插算法是通过已知点的数据推求同一区域未知点的数据，空间外推算法是通过已知区域的数据推求其他区域的数据。空间插值的理论假设是：空间位置上越靠近的点越可能具有相似的特征值，而距离越远的点，其特征值相似的可能性就越小。

空间数据往往是根据用户要求所获取的采样观测值。观测点的分布往往是不规则的，因此只能达到一般的平均水平或"象征水平"，但是在某些时候却需要获知未观测点的某种特征值的精确值，这就促使了空间数据插值技术的产生。

利用样本点的空间分布规律可以对未抽样点值进行估计，估计值可以制作疾病地图。空间插值分析就是这样的一类方法，采用空间插值分析，通过有限的样本点数据可以对地图平面上的所有点位置的值进行估计，采用这些估计值所制作的疾病地图可以连成一个光滑的表面，所以空间插值分析又被认为是一种平滑技术。常用的插值方法有距离倒数插值（IDW）、样条函数插值（Spline）和克里金插值等。

二、空间插值的模型结构

1. 距离倒数插值

距离倒数插值的基本思想是两空间位置的属性的相似性或相关性与距离成反比，距离越远，影响越小。

位于点 (x_j, y_j) 处的估计值 $Z^*(x_j, y_j)$ 可通过其最近的 m 个样本观测值 $Z_{obs}(x_j, y_j)$ 的线性方程求得：

$$Z^*(x_j, y_j) = \sum_{i=1}^{m} \overline{\omega}_{ij} Z_{obs}(x_i, y_i) \tag{7-9}$$

ω_{ij} 为权重，与点 (x_j, y_j) 到其周围样本点 (x_j, y_j) 的距离 d_{ij} 成反比，即

$$\overline{\omega}_{ij} = \frac{1/d_{ij}^k}{\sum_{i=1}^{m} 1/d_{ij}^k} \tag{7-10}$$

$$\sum_{i=1}^{m} \overline{\omega}_{ij} = 1 \tag{7-11}$$

$$d_{ij} = \sqrt{(x_i - x_j)^2 + (y_i - y_j)^2} \tag{7-12}$$

k 为大于或等于0的整数，反映距离对插值结果的影响强度，k 取较大的值，则最近处的样本点值对插值结果的影响较大；k 取较小的值，则远处的样本点值对插值结果也有一定的影响，通常 $k=2$。

2. 样条函数插值

在多项式插值分析中，低阶插值函数拟合程度差，高阶插值函数的计算量大，有剧烈振荡，数值稳定性差，分段线性插值在分段点上仅连续而不光滑（导数不连续），而样条函数插值是使用一种叫作样条的特殊分段多项式进行插值的形式，可以同时解决上述问题，使插值函数既是低阶分段函数，又是光滑的函数。样条函数插值以低阶多项式样条实现较小的插值误差，避免了使用高阶多项式可能带来的问题，因此一般认为在插值问题中样条函数插值优于多项式插值。与其他插值方法不同的是，样条函数插值的拟合表面通过已知点，这种方法能很好地模拟高程、水位高度或污染浓度这样的渐变曲面。样条函数插值采用两种不同的计算方法：规则样条（regularized spline）和张力样条（tension spline）。

3. 克里金插值

克里金插值不同于距离倒数插值和样条函数插值，前两种插值是确定性插值，克里金插值是一种基于统计学的插值方法。

克里金插值法分为普通克里金方法和通用克里金方法：普通克里金方法是最普遍和应用最广的克里金插值方法，它假定采样点值不存在潜在的全局趋势，只用局部的因素就可以很好地估测未知值；通用克里金方法假设存在潜在趋势，可以用一个确定性的函数或多项式来模拟。通用克里金方法仅用于数据的趋势已知并能合理而科学地描述，其原理是空间距离相关和方向相关，在数学上被证明是空间分布数据局部最优线性无偏估计技术，所谓线性是指估计值是样本值的线性组合，无偏是指估计值的数学期望等于理论值（即估计的平均误差为0），最优是指估计的误差方差最小。根据相邻变量的值，利用变异函数揭示的区域化变量的内在联系来估计空间变量数值。克里金插值法分为两步：第一步是对已知点进行结构分析，也就是说在充分了解已知点性质的前提下，提出变异函数模型；第二步是在该模型的基础上进行克里金计算。

三、应用ArcGIS软件实现空间插值

第一步，打开属性表，检查数据（图7-31）。

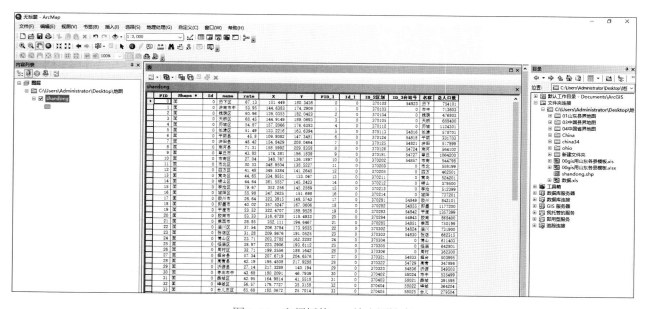

图7-31　空间插值——检查属性表

　　第二步，选择"Geostatistical Analyst工具"，下拉选择"插值分析"，选择需要的插值方法和数据，点"确定"（图7-32）。

图7-32　空间插值——工具箱选项

　　第三步，"Method Report"对话框出现后点"OK"，结果输出（图7-33）。

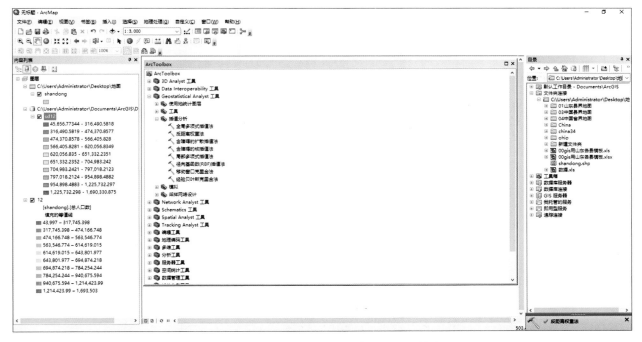

图7-33　空间插值——反距离权重法结果输出

第四步，最原始的插值图层出现（图7-34）。

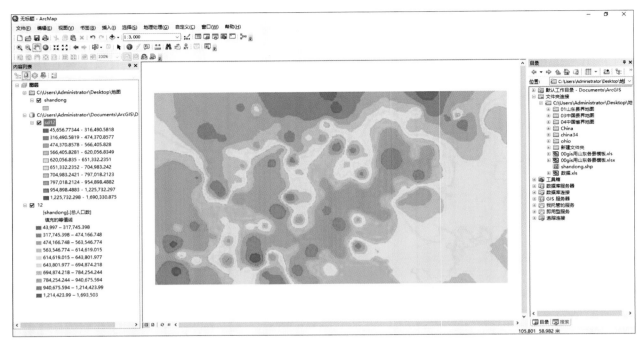

图7-34　空间插值——插值图层显示

第五步，打开插值图层属性表，扩展到图层（图7-35）。

图7-35　空间插值——图层扩展

图层扩展结果（图7-36）：

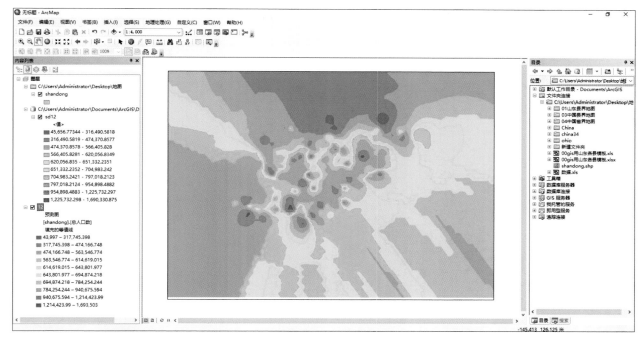

图7-36　空间插值——图层扩展结果

第六步，打开图片属性表，按山东省形状切割。

切割（图7-37）：

图7-37　空间插值——根据目标区域图层裁剪

切割后（图7-38）：

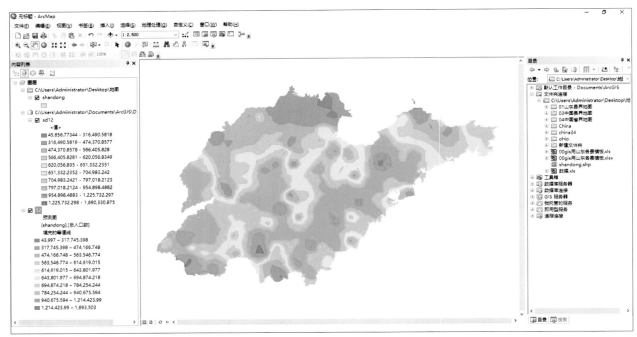

图7-38　空间插值——裁剪结果

第七步，可以在图中添加标注（图7-39）。

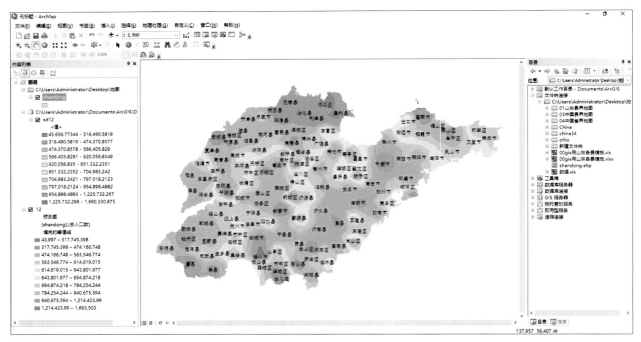

图7-39　空间插值——添加标注

第八步，转化为栅格数据。

打开结果raster output，查看栅格数据结果。

结果如下（图7-40）：

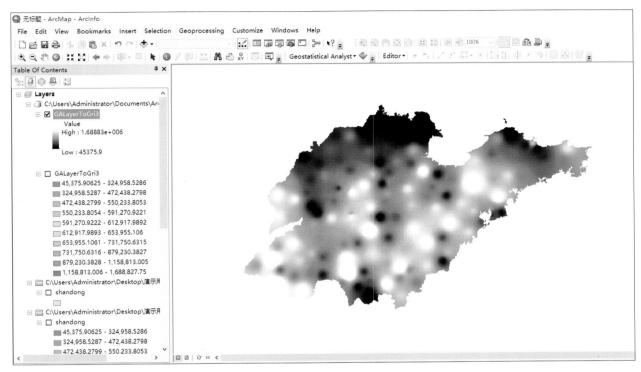

图7-40 空间插值——栅格化图层

栅格数据在某一栅格的值的大小可以用灰度表示，也可以用其他颜色表示（图7-41和图7-42）。

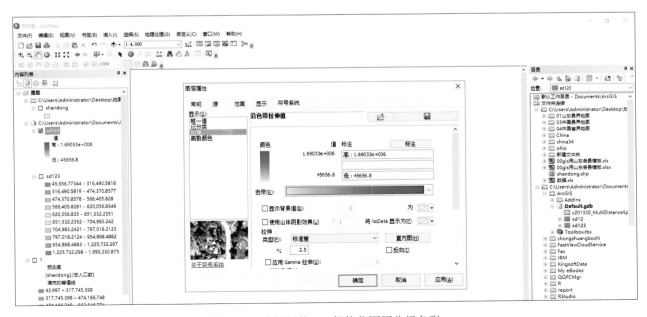

图7-41 空间插值——栅格化图层分级色彩

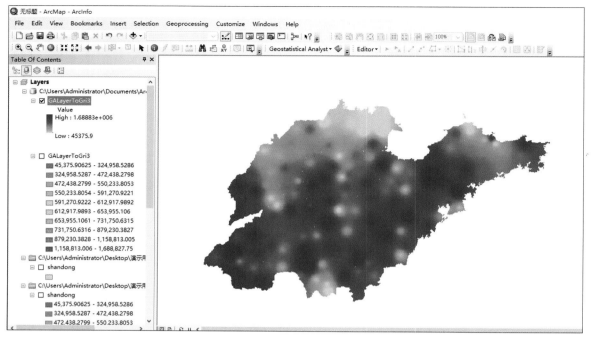

图7-42　空间插值——栅格化分级色彩输出

（高　璐　韩德彪　韩微笑）

参考文献

陈彦光，2009.基于Moran统计量的空间自相关理论发展和方法改进［J］.地理研究，28（6）：1449-1463.

戴晓燕，过仲阳，李勤奋，等，2003.空间聚类的研究现状及其应用［J］.上海地质（04）：41-46.

冯昕，杜世宏，舒红，2011.空间权重矩阵对空间自相关的影响分析——以我国肾综合征出血热疾病为例［J］.武汉大学学报，36（12）：1410-1413.

刘敏娟，2007.基于网格的聚类算法分析与研究［D］.郑州：郑州大学.

曾泽林，段明秀，2012.基于密度的聚类算法DBSCAN的研究与实现［J］.科技信息（30）：163.

张丽芳，2009.3种聚类算法性能比较分析［J］.长江大学学报（自然科学版）（02）：264-265.

张松林，张昆，2007.空间自相关局部指标Moran指数和G系数研究［J］.大地测量与地球动力学，27（3）：31-34.

周晓农，2009.空间流行病学［M］.北京：科学出版社：27-29.

第三篇　极端天气事件与相关敏感性疾病关系的定量评估

第八章
病例交叉研究在定量关系研究中的应用

极端天气事件会造成水源、空气湿度和温度等生态环境变化，并对人群免疫系统产生影响，而且往往直接或间接地给人类健康带来极为严重的影响。前面的章节已经介绍了如何通过生态学研究及空间流行病学的方法识别与极端天气事件相关的敏感性疾病类型，但这些极端天气事件对人群健康的影响程度尚未阐述，因此本章及后续章节将对如何测量极端天气事件与敏感性疾病的定量关系进行方法学介绍，为后续预估极端天气事件对人群造成的疾病负担奠定方法学基础。本章首先介绍在极端天气事件与敏感性疾病定量关系研究中较为常用的病例交叉研究。

病例交叉研究由美国学者Maclure（1991）[144]首次提出，主要用于研究短暂暴露对急性健康效应的影响。该研究结合了传统病例对照研究和实验性交叉研究的思想，现已广泛地应用到环境流行病学中，尤其在有关大气污染的急性健康效应研究和气候变化与人群健康关系的研究中经常应用。

第一节 概　　述

一、病例交叉研究的基本原理和相关概念

（一）基本原理

病例交叉研究是一种病因学研究方法，最初用于探索急性健康事件（如心肌梗死、车祸）的诱发因素，它是病例—对照研究的一种特殊形式，其在设计上与配对病例—对照研究类似，区别在于它的"病例"和"对照"分别对应"病例期"（hazard period）和"对照期"（control period）。从名称看，所谓"病例"，是指该研究的所有研究对象均为病例，因此属于广义的单纯病例研究。从名称看，所谓"交叉"，是指同一研究对象经历了暴露水平不同的两个或多个时期。该研究的基本原理是：如果暴露与某急性事件有关，那么在事件发生前较短的时间段内，暴露频率（或强度）应大于事件发生前较远的一段时间内的暴露频率（或强度）。

在病例交叉研究中，病例和对照两个部分的信息均来自同一研究对象。其中，"病例部分"即病例期，是急性事件发生前的一段时间；"对照部分"即对照期，是病例期外的一段时间。病例交叉研究就是对个体病例期和对照期内的暴露信息（如运动、极端天气事件等）进行比较（图8-1）。例如，如果某传染病与暴雨洪涝事件有关，那么在传染病发生前的一段时间内应该有暴雨洪涝发生或有更

多、更强的暴雨洪涝发生。

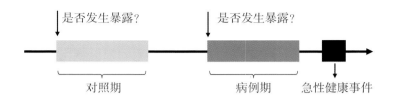

图8-1　病例交叉研究基本原理示意图

（二）相关概念

1. 暴露效应期（effect period）

暴露效应期是指因暴露于危险因素而使发病风险发生改变的一段时期，风险可能增加，可能降低，也可能保持不变。如果在瞬时暴露产生效应之前存在延迟（delay），即存在诱导期（induction period）或潜伏期（latency period），或滞留（carry-over），即个体从急性事件状态恢复至正常状态的时间延长，那么效应期并不等于暴露期，而是事件发生前最长滞留期和最短诱导期之差。

除了一些传染病（如细菌性痢疾、流行性乙型脑炎、肾综合征出血热等）存在其固有的诱导期外，病例交叉研究在大多数非传染性疾病的应用研究中，通常假定最短诱导期为0，即效应期等于最长滞留期。最长滞留期相当于实验性交叉研究中的洗脱期，洗脱期过后认为不存在滞留效应。

暴露效应期的定义以心肌梗死机制为例说明（图8-2），图中实线表示瞬时暴露（x）后的急性事件流行曲线，虚线表示简化后的阶梯函数近期暴露因素x（如发怒）会使研究对象血压升高，进一步可致动脉粥样硬化斑块破裂，血栓形成。血栓逐渐增大的过程可视为诱导期（图8-2中的I_x，指人群所有个体中的最短诱导期，而非人均最短诱导期）。当血栓造成周围组织局部缺血时，研究个体则进入一个心肌梗死的相对高风险期（E_x），即效应期，效应期可分成高风险效应期（E_{x_1}）和中风险效应期（E_{x_2}）。随之发生的结局可能是血栓溶解，局部缺血缓解，也可能是发生了心肌梗死，即急性事件。存在心肌梗死风险的某个体可能经历多次不同程度和不同持续时间的高风险期，而心肌梗死的发生是多个刺激因素同时触发的结果，如血小板聚集增多及纤维蛋白溶解减少所导致的血栓形成，或者是血管收缩导致某条已经有斑块和血栓形成的动脉完全闭塞。这些因素和其他生理因素均会影响诱导期的长短，短至几分钟，长至数天。

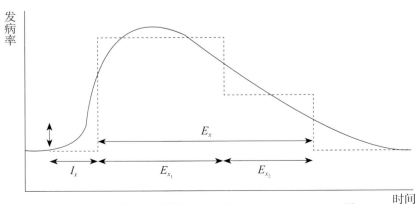

图8-2　瞬时暴露后急性事件流行曲线（Maclure，1991）[149]

2. 病例期

病例期是触发事件（暴露）开始后的一个时间段，这段时间内人群可能有更高的风险发生不良结局。病例期相当于暴露持续时间加上暴露效应期。如果暴露是瞬时的，病例期的长度等于暴露效应期。如果暴露不是瞬时的，如暴露洪涝持续了几天甚至几十天，病例期的长度则大于暴露效应期。

相对危险度（RR）的大小直接取决于病例期的长短，因此病例期的估计相当重要。与暴露效应期类似，病例期的长短可根据研究者以往的经验来确定。病例期的高估和低估均会导致错分，导致暴露因素与疾病的关联程度小于真实情况。最合适的病例期应能够使得错分最小，也就是使得RR值最大。

实际应用中，暴露效应期和病例期的估计通常都不确切，因为不仅诱导期在个体间存在差异，而且触发事件和不良结局的时间点也具有不确定性。例如，在暴雨洪涝和细菌性痢疾定量关系的研究中，尽管从疾病预防控制中心获得的传染病资料记录了患者的发病时间，但该时间一般是通过患者的回忆和患者就医时间确定的，因此存在一定的偏倚。

3. 对照期

对照期是研究事件未发生时的一段时间。对照期可以选择一个，也可以选择多个。根据选择对照的方式不同可将病例交叉研究分成不同的种类，具体参见本节的设计类型。

二、病例交叉研究与其他流行病学研究的关系

1. 病例交叉研究与实验性交叉研究的关系

在实验性交叉研究中，每个研究对象先后接受两种不同干预。一般来讲，每个研究对象接受两种干预的顺序是随机的，前后干预的时间间隔应足够长，以便于每种干预的效应可以测量，并且在另一种干预之前第一种干预效应已消失。第一种干预的维持效应叫作遗留效应，只有效应出现的诱导期很短并且效应不持续，也就是不存在遗留效应时，实验性交叉研究才有效，以确保第二种干预的效应不和第一种干预的效应发生混合。在病例交叉研究中，同样要求暴露是急性的，暴露效应必须短暂，并且对照期和病例期之间保持一定的时间间隔。与实验性交叉研究不同的是，每个研究对象经历的暴露期和对照期不能人为决定，即不能保证随机化。

2. 病例交叉研究与暴露交叉研究的关系

暴露交叉研究由Redelmeier（2013）提出，与病例交叉研究类似，暴露交叉研究是以自身为对照，通过观察暴露期和非暴露期结局事件的发生情况判断暴露和结局事件有无关联及关联程度大小。与病例交叉研究不同的是，暴露交叉研究的起点为暴露发生开始，因此暴露必须有明确的日期，并且研究方向为双向，即需要调查暴露发生时（诱导期）、发生前（基线期/诱导前期）和发生后（诱导后期）3个阶段结局事件的发生情况。此外，暴露交叉研究还要求结局事件是重复发生的，如克罗恩病、心绞痛复发等常见疾病。

3. 病例交叉研究与传统病例对照研究的关系

在病例交叉研究中，病例期和对照期的信息来自同一个体，因此可以看作病例对照研究的配对设计。与传统病例对照研究不同的是，病例交叉研究仅仅包含病例，可以控制个体固有特征（如眼的颜色或血型等）造成的混杂。

4. 病例交叉研究与队列研究的关系

病例交叉研究与队列研究类似，对照数据可以是暴露人时，而不像传统病例对照研究一样只能是病例个数，因此，病例交叉研究也可以看作回顾性的队列研究，其效应估计值可以通过计算平均发病率的比值而获得。

三、病例交叉研究的设计类型

随着病例交叉研究在应用上的不断发展和完善，病例交叉研究的研究类型可分为以下几类：

1. 单向病例交叉研究

单向病例交叉研究只在急性事件发生前的一段时间选择对照，这是Maclure（1991）[145]首次提出病例交叉研究时所采用的对照期选择策略，这样选择对照的原因是考虑到急性事件发生后可能会影响研究对象的后续暴露，如果在事件发生后选择对照，可能导致反向病因偏倚（reverse-causation bias），从而错误地估计暴露和急性事件的关系。

在单向病例交叉研究中，对照期的选择有如下两种方式：

（1）全历史单向对照选择策略（total history unidirectional referent sampling design）：急性事件发生前的所有时间段均可选作对照［图8-3（a）］，因为对照期可以选在距急性事件很远的时间段，因此当暴露不稳定时，即使不存在暴露时间趋势、季节性或星期几效应等混杂，该方法也会造成很大的偏倚，解决的办法是选择离病例期比较近的对照期，如选在病例期前30天内。

（2）限制性的单向对照选择策略（restricted unidirectional referent sampling design）：所有对照在病例期前相对固定的位置，又可分为1：1配对法［图8-3（b）］和1：M匹配法［图8-3（c）（d）］，其中，图8-3（d）所采用的方法是将对照选在病例期前7、14、21天以控制星期几效应。

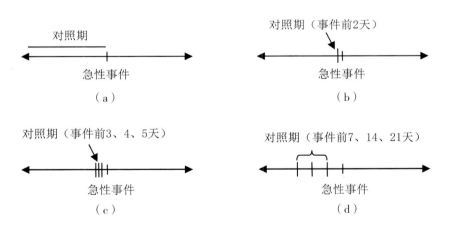

图8-3　单向病例交叉研究对照选择示意图（Janes et al.，2005b）[288]

需要注意的是：在任何给定的病例交叉研究中，对照期的选择策略必须权衡精度、效率和潜在的偏倚。有学者以重体力劳动和急性心梗为例，比较了上述三种单向病例交叉选择策略，结果发现，限制性的1：1配对单向对照病例交叉研究所得RR值95% CI是全历史单向对照选择策略（通常频率法）的2.7倍，相对效率仅是通常频率法的14%。限制性的1：1配对单向对照和1：M匹配单向对照病例交叉研究相比，随着对照期个数的增加，相对效率增加，但也仅是通常频率法的一半。不过，通常频率法不能控制个体内的偏倚，而其他两种方法可以通过条件Logistic回归很好地控制个体内的偏倚。

2. 双向病例交叉研究

与传统的病例对照研究一样，病例交叉研究所选对照期的暴露分布必须和能产生病例的病例期暴露分布相同，即所选对照期必须具有代表性。Greenland（1996）和Navidi（1998）[597]均发现，单向回顾性的对照选择方法会造成效应估计值受到暴露时间趋势（包括季节效应、星期几效应、长期趋势、短期自相关等）的影响。Navidi（1998）[599-602]提出，当急性事件的发生不影响后续暴露（如环境暴露）时，可以采用双向病例交叉研究的方法选择对照。双向病例交叉研究中，在急性事件发生前和发生后均选取对照，这种方法可以消除暴露时间趋势带来的偏倚。自Navidi提出双向病例交叉研究的概念后，该方法广泛应用于空气污染物和极端天气事件对人群健康影响的研究中。

根据选取对照期的方式不同，双向病例交叉研究可分为以下几种类型：

（1）全分层双向病例交叉研究（full-stratum bidirectional case-crossover design）：对于每个病例，研究阶段内除病例期外的所有时间段均选作对照［图8-4（a）］，这种对照选择方式必须将季节纳入模型，否则会对效应估计值造成混杂。

（2）随机匹配病例交叉研究（random matched-pair case-crossover design）：是在病例期以外的时间段（包括病例期之前和病例期之后）随机地选取任意一段时间作为对照期［图8-4（b）］。

（3）对称的双向病例交叉研究（symmetric bidirectional case-crossover design）：在每个病例的病例期前后间隔相等的时间对称地分别选取1或n个对照，病例期与相应的对照期构成1：2（或1：2n）个匹配组［图8-4（c）（d）］。

（4）半对称双向病例交叉研究（semi-symmetric bidirectional case-crossover design）：对于每个病例，随机地选择对称的双向病例交叉研究中2或2n个对照中的1或n个作为对照，即一部分病例在病例期之前选取对照期，另一部分病例在病例期之后选取对照期，且两部分病例的对照期与病例期在时间上等距［图8-4（e）］。

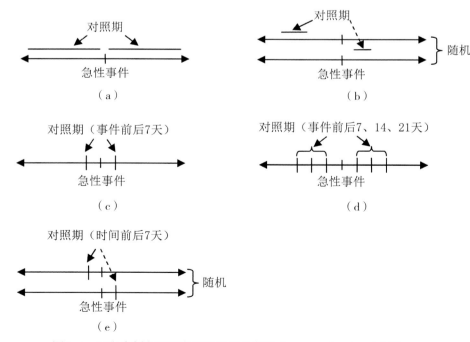

图8-4 双向病例交叉研究对照选择示意图（Janes et al.，2005b）[288]

需要注意以下两点：① 所选对照期和病例期的间隔时间不宜过长，否则暴露或结局的季节趋势不能完全被控制，从而导致选择偏倚，同时也可能出现一些随时间变化的混杂因素，因此有学者认为在病例期前后1～28天选对照为宜，当间隔时间和暴露持续时间相等时，混杂最小；② 对照期和病例期的间隔时间也不宜过短，否则暴露的短期自相关会引入和病例对照研究中过度匹配类似的偏倚。

3. 时间分层病例交叉研究

时间分层病例交叉研究在病例期所在时间层内选择一个或多个对照（图8-5）。该图中纵向箭头表示病例期，水平箭头表示时间轴，垂直线表示对照期。如果以"月"作为一个时间层，假设病例发生在周一，那么这个月内其余的周一均选为对照，即时间分层病例交叉研究所选的病例期和对照期处于同一年、同一个月和同一个星期几。因此，各个时间层是不连续的，在一个时间层内，对照期也是随机分布的，可能均在病例期之前，可能均在病例期之后，也可能分布在病例期前后。这种对照选择方法不仅可以像对称的双向病例交叉研究一样有效地控制暴露时间趋势，而且能够保证条件Logistic回归的无偏估计，缺点是所选对照个数有限，同一个月内最多取4个对照。

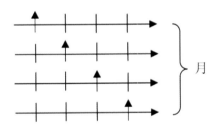

图8-5　时间分层病例交叉研究对照选择示意图（Carracedo-Martinez et al.，2010）[1175]

总之，各对照选择策略各有优缺点（表8-1），在实际应用中，应根据研究内容、目的选择合适的对照策略。

表8-1　不同类型病例交叉研究对比

类型	对照选择	优势	缺点
单向病例交叉研究（Maclure，1991）[145]	急性事件发生前选择一个对照	通过设计控制了固有混杂	无法控制长期趋势和季节性
全分层双向病例交叉研究（Navidi，1998）[599-602]	对于每个病例，研究阶段内除病例期外的所有时间段均选作对照	部分控制了长期趋势	未完全控制长期趋势和季节性
对称的双向病例交叉研究（Bateson et al.，1999）[539-544]	病例期前后等距地选择两个对照	控制了长期趋势和季节性	
半对称双向病例交叉研究（Navidi et al.，2002）	随机选择对称的双向病例交叉中两个对照中的一个作为对照	控制了长期趋势和季节性	统计效率低于对称的双向病例交叉研究和时间分层病例交叉研究
时间分层病例交叉研究（Lumley，2000）[689-702]	急性事件发生所在时间层的一个或多个时间作为对照	控制了长期趋势和季节性，并且解决了重叠偏倚	

（Carracedo-Martinez et al.，2010）[1175]

四、病例交叉研究的优点与局限性

1. 优点

（1）病例交叉研究的研究对象仅包括病例，节约了样本量，并且病例以自身作为对照，通过设计控制了研究对象在个体固有特征上的混杂（包括可测的和不可测的），如性别、智力、基因和社会经济地位。此外，由于是匹配数据，提高了统计效率。

（2）在对照期选择得当的情况下，如采用双向病例交叉研究和时间分层病例交叉研究，还可以同时控制一些随时间变化的混杂变量，从而避免了复杂的统计建模。

（3）病例交叉研究不需要外部对照，减少了传统病例对照研究寻找对照组的困难性，快速、低成本，不涉及伦理问题，也避免了不合适对照所造成的选择偏倚。

2. 局限性

（1）病例交叉研究要求个体的暴露必须随时间的变化而变化，因此只有某些研究适合采用该设计。例如，当眼的颜色或血型作为暴露因素时，不能采用病例交叉研究，因为二者不随时间的变化而变化。

（2）病例交叉研究与所有交叉研究一样，暴露和结局事件之间的间隔必须短暂，因此病例交叉研究不适用于大多数慢性病进展的病因学研究。

（3）病例交叉研究的暴露不能有遗留效应，因此病例交叉研究不能评价具有累积效应的干预措施。

（4）当分析暴露和结局事件之间的关联强度时，暴露对结局事件的效应必须保持稳定，即一次和重复多次研究产生的结果必须保持一致。

（5）当试图发现潜在的效应修饰物时，设计起来相对困难，因此不同特征个体间的对比需进一步进行亚组分析。

五、应用

自1991年病例交叉研究提出后的几十年里，病例交叉研究已被应用于很多领域：

1. 应用于生活事件和心肌梗死之间的关系

这个领域是病例交叉研究目前应用最广泛的领域，研究的主要生活事件包括重体力劳动、精神压力（如生气）、性活动、急性呼吸道感染、可卡因使用、饮酒等。例如，研究发现心肌梗死不是偶然随机的，而是由特殊生活事件触发的。

2. 应用于伤害流行病学

在这个领域的应用主要表现在如下几个方面：① 职业伤害流行病学：如研究使用故障机器和急性手损伤的关系发现，使用故障机器是手损伤的危险因素；② 饮酒和伤害的关系：研究发现饮酒会增加随后伤害事件的发生率；③ 儿童伤害和城市交通环境以及睡眠之间的关系：在高流量和高速度的交通环境下，儿童伤害发生率增加，男童睡眠小于10小时会增加伤害发生率；④ 道路交通事故和手机使用以及苯二氮卓类药物使用之间的关系：在服用苯二氮卓类镇静剂后，发生道路交通事故的危险明显上升，在驾驶中使用电话，发生车祸的可能性较高。

3. 应用于某些感染性疾病的危险因素

例如，研究肾综合征出血热的危险因素、急性幽门螺杆菌感染和腹泻的关系以及疫苗增加多发性硬化症的风险等。

4. 应用于时间序列资料分析

Neas（1999）和 Lee（1999）等最先将病例交叉研究应用到环境暴露效应中。与行为医学中的暴露因素不同，环境因素暴露一般为长期持续暴露，因此分析方法有所不同。在环境流行病学领域，病例交叉研究目前主要应用于大气污染的急性健康效应研究和气候变化与人群健康关系研究。

第二节　研究设计与实施

病例交叉研究自提出后，在方法和应用上不断发展、完善，尤其是双向病例交叉研究和时间分层病例交叉研究被广泛应用于环境流行病学，如应用于空气污染和极端天气事件对人群健康效应的研究中。与行为医学研究不同的是，环境流行病学的资料特点是暴露因素和结局事件均是一个长时间序列，所有研究对象的暴露经历类似，并且各研究对象的发病时间可能有重叠，即单位时间尺度（如日、周、月）内有多个病例，因此在资料收集时应按规定的时间尺度收集各时间尺度内的发病数作为频数。时间序列资料的病例交叉研究就是以研究阶段内每个单位时间尺度内的发病频数作为研究单位，每个频数即为一个风险集（risk set），风险集内包括一个病例期和一个或多个对照期，病例期与对照期组成 $1:1$ 或 $1:M$ 的配比组，通过比较病例期和对照期的暴露差异，分析暴露和结局事件的关系。本节主要阐述时间序列资料的病例交叉研究的实施步骤。

一、提出病因假设

根据所了解的结局变量（疾病）的分布特点，在文献综述的基础上，结合理论和实际提出该疾病的病因假设。注意：采用病例交叉研究的前提为暴露是间断暴露所引起的急性效应。例如，研究暴雨洪涝与细菌性痢疾的关系时，考虑到洪涝发生后污水池或下水道中未经处理的水可能伴随洪水被冲刷至地面，导致水源受到不同程度的污染，从而导致病原体传播的可能性增加。此外，暴雨洪涝是间歇发生的，并且细菌性痢疾发病急、恢复快，因此可以提出暴雨洪涝可增加细菌性痢疾发病风险的假设。

二、研究地区的选择和暴露的定义

一般选择暴露特征明显，并导致了待研究的结局事件的地区作为研究地点。需要注意的是：暴露必须覆盖所研究的整个地区，否则会造成效应估计值的低估。与传统流行病学类似，暴露指研究对象接触过某种待研究的物质或具备某种待研究的状态或特征（王建华 等，2008）[45]。暴露的定义尽量参考国际或国家标准，对于具有地区特异性的暴露，如暴雨洪涝、干旱等极端天气事件需考虑当地地理环境、人群适应性等的影响，适当调整标准。

三、确定暴露效应期和病例期

前已述及，时间序列资料中目标研究阶段内每个单位时间尺度内均可能有病例的发生，即每个单位时间尺度均应定义为病例期。以研究暴雨洪涝与细菌性痢疾的关系为例，如果当日发病是由当日暴露引起的，即诱导期为0，暴露效应期为1天，则所有出现病例的日期均选为病例期，然后将当日暴露水平和相应对照期的暴露水平进行比较；如果当日的病例是由5天前的暴露引起的，即诱导期为5天，则病例发生前第6天作为病例期，比较的是病例发生前第6天的暴露水平和所选对照期的暴露水平，这种情况可通过滞后效应分析实现（见本节后述）；如果当日的病例是由发病前1~5天暴露的累积效应引起的，即暴露效应期为5天，按规则应该将病例发生前1~5天均作为病例期，比较发病前1~5天的累积暴露水平和相应对照期的暴露水平，值得注意的是，由于难以选择合适的对照期，病例交叉研究难以实现这种累积效应研究。

四、选择适宜的研究类型，确定对照期

为了控制暴露的长期趋势和季节性，一般采用双向病例交叉研究或时间分层病例交叉研究。在急性事件前后均选对照基于的假设是：暴露数据不会受到死亡或发病的影响，急性事件发生前后（对照期）的暴露独立于病例期的暴露。一般而言，环境暴露因素均满足以上假设。以最小的样本获得尽量高的检验效率，即选择1∶1配对、1∶M匹配，还是通常频率法。众所周知，在传统病例对照研究中，M不宜超过4，否则效率增加很少，工作量却显著增大（王建华 等，2008）[61]。在病例交叉研究中，当从1∶1配对增加到1∶4匹配时，RR值95% CI变窄了35%；从1∶4匹配增加到1∶100匹配时，RR值95% CI变窄了40%。与传统病例对照研究不同的是，病例交叉研究以病例自身作为对照，因此不会因招募额外的研究对象作为对照而增加费用。因此，在实际应用中，为了提高效率，可根据研究目的和研究条件尽量使用1∶M匹配或通常频率法。以时间分层病例交叉研究为例，研究2015年1月1日至12月31日PM2.5对人群死亡的影响，假定诱导期为0，暴露效应期为1天，则病例期为整个研究阶段（365天）。采用时间分层病例交叉研究的方法为每个病例期寻找对照期，如选择2015年1月1日为病例期，则1月8日、15日、22日、29日作为对照期，依次类推。选择对照时应该注意以下几点：① 与病例期间隔时间不宜太长，也不宜太短，否则一些随时间变化的混杂因素会对效应估计值造成影响；② 如果暴露或混杂变量存在周期性，如季节性或星期几效应，则对照期与病例期应在同一周期内间隔非常短或处于不同周期的同一位置。

五、病例来源和选择

病例交叉研究一般选择急性发病的病例作为研究对象，如心肌梗死患者、交通事故外伤者、传染病患者等。肿瘤、肺结核等慢性病不适宜采用本研究方法。病例来源可以是以医院为基础，也可以是以社区为基础。在选择病例时，尽量采用国际或国内统一的诊断标准保证研究对象的代表性和可比性。

六、确定样本量

病例交叉研究不需要传统的对照，并且每个病例可以提供多个对照信息，因此一般只需要传统病例对照研究一半的样本量。决定样本量最重要的因素是暴露是否罕见，以及各研究对象暴露频率的不一致性，因此为了提高效率有时可以排除那些持续暴露或没有暴露的病例，只纳入具有交叉暴露（暴露和不暴露交替）的病例。这是一种逆向配对，可增加各研究对象间的不一致性。

七、资料的收集和整理

1. 资料的收集

环境病因研究的流行病学时间序列资料包括两个方面：

（1）急性结局事件频数（y_t）：y_t表示研究人群在t时段的事件发生数，如发病人次数、死亡人数等。

（2）环境危险因素向量（X_t）：$X_t = （X_{1t}, X_{2t}, \cdots, X_{Nt}）$，$X_{1t}, X_{2t}, \cdots, X_{Nt}$分别表示研究人群在

t时段N个危险因素的暴露水平，一般包括感兴趣的暴露变量和需要控制的混杂变量。变量可以是分类的（如是否发生暴雨洪涝），也可以是数值变量（如空气污染物水平）。

2. 资料整理

通常可将原始资料整理成下列表格形式（表8-2）：

表8-2　环境流行病学病因研究的时间序列资料

时间（t）	结局事件 频数（y_t）	环境危险因素			
		X_{1t}	X_{2t}	⋯	X_{Nt}
1	y_1	X_{11}	X_{21}	⋯	X_{N1}
2	y_2	X_{12}	X_{22}	⋯	X_{N2}
3	y_3	X_{13}	X_{23}	⋯	X_{N3}
⋯	⋯	⋯	⋯		⋯
t	y_t	X_{1t}	X_{2t}	⋯	X_{Nt}

（刘静，2005）

八、资料分析

1. 统计分析

在暴雨洪涝与细菌性痢疾的研究中，可将病例期内的暴露同细菌性痢疾发生前后多个对照期的暴露水平进行比较，该方法类似于传统病例对照研究中1∶M匹配研究（孙振球 等，2014）。将数据整理成表8-3的形式，设有t个匹配组，每个组的第一个单位时间（日、周、月）为病例期，另有M个对照期，用X_{ijn}表示第i组第j个研究期的第n个危险因素的观察值（$i=1$，2，⋯，t；$j=0$，1，2，⋯，M；$n=1$，2，⋯，N）。用P_i表示第i层在一组危险因素作用下发病的概率，建立条件Logistic回归模型如下：

$$P_i = \frac{\exp(\beta_{0i} + \beta_1 X_1 + \beta_2 X_2 + \cdots + \beta_N X_N)}{1 + \exp(\beta_{0i} + \beta_1 X_1 + \beta_2 X_2 + \cdots + \beta_N X_N)} \tag{8-1}$$

式中P_i为条件概率，β_{0i}表示各层的效应；β_1，β_2，⋯，β_N为待估计的参数。对于匹配资料，通过构造条件似然函数来估计模型参数，具体过程由计算机软件完成，如R、SAS软件等。

表8-3　病例交叉研究用于环境病因研究的时间序列资料分析的整理表

时间序号 （匹配组）	频数 （y_t）	组内编号（j）	环境危险因素水平			
			X_1	X_2	⋯	X_N
1	y_1	病例期（$j=0$）	X_{101}	X_{102}	⋯	X_{10N}
		对照期1（$j=1$）	X_{111}	X_{112}	⋯	X_{11N}
		对照期2（$j=2$）	X_{121}	X_{122}	⋯	X_{12N}
		⋯	⋯	⋯	⋯	⋯
		对照期M（$j=M$）	X_{1M1}	X_{1M2}	⋯	X_{1MN}

（续表）

时间序号（匹配组）	频数（y_t）	组内编号（j）	环境危险因素水平			
			X_1	X_2	⋯	X_N
2	y_2	病例期（$j=0$）	X_{201}	X_{202}	⋯	X_{20N}
		对照期1（$j=1$）	X_{211}	X_{212}	⋯	X_{21N}
		对照期2（$j=2$）	X_{221}	X_{222}	⋯	X_{22N}
		⋯	⋯	⋯	⋯	⋯
		对照期M（$j=M$）	X_{2M1}	X_{2M2}	⋯	X_{2MN}
⋯	⋯					
t	y_t	病例期（$j=0$）	X_{t01}	X_{t02}	⋯	X_{t0N}
		对照期1（$j=1$）	X_{t11}	X_{t12}	⋯	X_{t1N}
		对照期2（$j=2$）	X_{t21}	X_{t22}	⋯	X_{t2N}
		⋯	⋯	⋯	⋯	⋯
		对照期M（$j=M$）	X_{tM1}	X_{tM2}	⋯	X_{tMN}

2. 滞后效应分析

滞后效应分析前已述及，当暴露效应存在诱导期时，需要进行滞后效应分析。滞后效应分析有两种方式：一种方式是将环境暴露因素向后推一个诱导期，即将当日的发病频数和一个诱导期前的暴露水平对应起来；一种方式是将急性事件发生频数向前推一个诱导期。滞后效应分析特别适用于病例期不容易确定的情况，可以将获得最佳滞后效应的时间视为病例期。

九、应用和注意事项

在环境流行病学中应用病例交叉研究，混杂因素、时间趋势和暴露序列自相关性的存在使得对照期选择策略的确定尤为重要，因此在选择对照期的过程中必须权衡偏倚和效率。

1. 常见偏倚

（1）选择偏倚

① 若某项研究仅选择单一地区的病例作为研究对象，可造成选择偏倚，使得研究结果的推广性受限。解决方法是增加研究对象的代表性，尽量多地选择不同背景、不同地区、不同层次的病例作为研究对象。② 当对照期的暴露不能很好地代表病例期的暴露水平时，无论暴露分布是否恒定，均可导致选择偏倚。例如，在采用对称的双向病例交叉研究研究暴雨洪涝和细菌性痢疾的关系时，假设对照期在病例期前后7天，整个研究期为1 096天，病例期选在8～1 089天，对照期选在1～1 096天。这种情况下选择的对照期是暴雨洪涝暴露的有偏样本，即对照期不能成为病例期，起始天数1～7天和最后的天数1 090～1 096天只可作为对照，中间的8～1 089天数既可作为病例期，又可作为其他病例期的对照。如果在这些天出现异常的高暴露和低暴露，便造成了选择偏倚。只有当暴露时间序列的所有时间

都有机会成为病例期和对照期时，才能避免这种偏倚。

（2）信息偏倚

病例交叉研究要求患者或其亲属应能提供研究因素的准确暴露时间及其水平，当该要求无法实现时便会导致回忆偏倚，严重者可能会导致暴露错分，影响效应估计值的大小和方向。另外，对病例期与对照期暴露信息的询问可能在语言、方法上不同，从而造成虚假关联。此外，信息偏倚的方向和大小会因暴露因素不同而不同。

（3）病例内混杂偏倚

以病例自身为对照虽消除了个体固有特征造成的偏倚，但是不能消除那些随时间变化的特征造成的偏倚，若存在这种情况可以采用分层和多变量分析方法进行处理。

（4）暴露时间趋势偏倚

在时间序列资料中，暴露因素和结局事件往往在时间上表现出长期趋势或季节性变动，对暴露和结局事件的关系造成混杂，因此必须加以控制。前已述及，对于单向对照病例交叉研究，只在事件发生前或发生后选对照，因此效应估计值容易受到暴露时间趋势的影响而产生较大偏倚。有学者认为暴露时间趋势偏倚是一种选择性偏倚，因为它可以导致对照期的暴露系统性地多于或少于病例期的暴露。相比之下，对称的双向病例交叉研究或时间分层病例交叉研究能够较好地控制时间趋势的混杂。如果事件发生数和危险因素的暴露水平存在周期性变动（如季节性）：在同一周期内选取对照期，则与病例期间隔时间越短，偏倚越小；在不同周期内选取对照期，则对照期应与病例期处于不同周期的同一位置，否则亦会产生偏倚。

（5）重叠偏倚

"重叠偏倚"由Lumley等（2000）[691]首次提出，他们发现该偏倚类似于匹配病例对照研究中以朋友作为对照引起的偏倚，但是该术语存在一定的误导性，它表面的含义是当研究对象的一系列对照期之间在时间上有重叠时会导致重叠偏倚，对照期之间分离时就不会导致重叠偏倚，事实上，对于全分层的双向病例交叉研究和对称的双向病例交叉研究，二者的对照期都有重叠，但只有后者存在重叠偏倚，因此很难找到一个令人满意的解决重叠偏倚的方法。

对于一个给定的暴露序列和对照选择策略，重叠偏倚的大小可以计算。这个偏倚一般很小，但是不可预测。当效应估计值β很小时，偏倚亦可存在，这对环境暴露的研究无疑是一个挑战。此外，对于给定的暴露序列，有些对照选择策略存在重叠偏倚，而有些不存在，并且没有一种方法可以提前预测重叠偏倚的大小和方向，不可能知道是高估了还是低估了效应值，因此选择一种可以避免此偏倚的对照选择策略相当重要。

重叠偏倚的本质会因β值的大小发生改变。当$\beta = 0$即实际效应不存在却算得一个有意义的效应估计值时，重叠偏倚只在暴露序列结尾处的病例和其余病例存在不同的对照期选择策略时存在。例如，采用双向对称病例交叉研究时，序列的起始部分没有急性事件前的对照，序列的结尾部分没有急性事件后的对照，便会出现重叠偏倚。当$\beta = 0$时，这种偏倚可以完全纠正，但是当$\beta \neq 0$时，并非所有的重叠偏倚都可以去除。对于$\beta = 0$，另一个特点是重叠偏倚会随着暴露序列长度的增加而迅速减小，而对于$\beta \neq 0$，减小的速度较慢。

基于此，Janes等（2005a）[720-725]（2005b）[289-299]作出以下定义：采用单向病例交叉研究和对称的双向病例交叉研究选择对照时，属于在不可定位的对照窗口（non-localizable referent windows）选择对照，因此属于不可定位设计（non-localizable design）。在这些设计中，无法找到一个无偏的估计方程将所选对照限制在对照窗口内，因此采用条件Logistic回归模型（该模型可将暴露限制在对照窗口）所得出的效应估计值是有偏倚的，即为重叠偏倚。相对而言，可定位的对照选择策略（localizable referent designs）存在一个无偏的估计方程将暴露限制在对照窗口中，相应的设计称为可定位设计（localizable design）。可定位的对照选择策略是调查者所希望的，因为它可以通过在对照窗口内对暴露进行比较来获得效应估计值的无偏估计。时间分层病例交叉研究和半对称的双向病例交叉研究属于可定位的设计。可定位的设计又可分为可忽略的和不可忽略的设计（ignorable and non-ignorable designs），在可忽略的设计（如时间分层病例交叉研究）中，对照选择策略可以在分析时忽略，采用条件Logistic回归可以得到无偏的效应估计值。然而，在不可忽略的设计（如半对称的双向病例交叉研究）中，必须考虑数据的似然性，进行相应地调整后才能采用条件Logistic回归获得无偏结果，因此可忽略的设计和不可忽略的设计区别在于是否能够采用普通的条件Logistic回归获得一个无偏的结果。

综上所述，只有时间分层的病例交叉研究可以采用普通Logistic回归得到一个无偏的效应估计值，克服重叠偏倚。

（6）混杂偏倚

在环境流行病学研究中，一些暴露因素（如空气污染）对人群健康的效应估计值一般很小，因此选对照时必须将重要的随时间变化的混杂因素进行匹配。采用双向病例交叉研究和时间分层病例交叉研究可以在一定程度上控制混杂偏倚（表8-4）（Janes et al.，2005a）[720]。

表8-4　环境流行病学常用对照选择策略的特征

对照选择策略	分类	是否控制了时间趋势	是否控制了混杂	采用条件Logistic回归是否存在偏倚
限制性的单向病例交叉	不可定位	否	否	否
全分层病例交叉	可定位，可忽略	是	否	是
对称的双向病例交叉	不可定位	是	是	否
时间分层病例交叉	可定位，可忽略	是	是	是
半对称双向病例交叉	可定位，不可忽略	是	是	否*

备注："*"为经调整的条件Logistic回归得到无偏效应估计值。

（7）暴露间隔偏倚

前已述及，通常频率法的思想是将研究对象在事件发生前的暴露与过去日常期望暴露进行比较。这相当于在暴露与事件没有关系的无效假设前提下，将观察到的事件和最近一次暴露的时间间隔与基于研究对象暴露经历的期望时间间隔进行比较。产生的问题是事件很有可能会落在一个长于平均暴露间隔的时间内，从而导致对效应估计值的低估，即产生了暴露间隔偏倚。解决方法是：将Mantei-Haenszel（MH）估计出的效应估计值除以无效假设下的MH值进行调整，即$OR_{MH}^{(调整)} = OR_{MH}^{(估计值)} / OR_{MH}^{(无效)}$。

（8）过度匹配偏倚

前已述及，当所选对照在时间上和病例期太靠近时，暴露时间序列的短期自相关会引入和病例对照研究中过度匹配类似的偏倚。解决方法是在病例期和对照期之间设定一定的时间间隔，同时注意间隔不能太长，否则引入暴露时间趋势偏倚。

2. 提高效率

效率一般用效应估计值的方差表示，增加对照期的数量会提高效率，但是对混杂偏倚的控制会减弱。Mittleman（1995）、Bateson（1999）[541-544]等调查了各种对照选择策略的统计效率，两组调查者均认为计算方差时采用条件Logistic回归的方法是正确的。前已述及，Janes等（2005b）[289-299]认为只有可定位、可忽略的设计可以采用条件Logistic回归，对于不可定位的设计，条件Logistic回归估计出的方程和方差均是有偏倚的，因此Janes等认为之前那些调查者的结论很有可能是不正确的。

Janes等（2005a）[724]通过模拟PM10对人群的健康效应研究，比较了时间分层病例交叉研究和全分层双向病例交叉研究（两种可定位、可忽略的设计）的统计效率，序列长100天，相邻时间的PM10存在相关性。控制混杂因素后，每一层内PM10不存在季节性和时间趋势。因为是可定位、可忽略的设计，所以可以采用条件Logistic回归进行分析。模拟结果显示决定效率的因素包括暴露时间序列之间的自相关性、每层的大小（M，即病例期加对照期的数目）以及效应估计值β，具体表现为：① 暴露序列之间的自相关性会降低效率，如果对照期和病例期在时间上相近，会导致对照期和病例期暴露之间的自相关性，从而降低发现暴露效应的能力，因此当$M = 4$时，时间分层病例交叉研究第一层内包括的天数为1，2，3，4，而全分层第一层包括的天数为1，26，51，76，全分层病例交叉研究病例期和对照期的间隔较长，因此效率比时间分层病例交叉研究的效率高。基于此，在采用时间分层病例交叉研究时通常将病例期和对照期相隔一周左右为宜；② 当$\beta = 0$时，随着M的增加，即对照期数量的增加，效率提高，当β值增加时，效率会降低。

综合以上偏倚和效率两个方面的考虑，Janes等（2005a）[722-724]（2005b）[288-299]推荐使用时间分层的病例交叉研究进行环境暴露对健康的影响研究，因为此设计方案不仅避免了重叠偏倚和暴露时间趋势偏倚，并且分层可以将随时间变化的最重要的混杂进行匹配。对于半对称的病例交叉研究，需要对条件Logistic回归进行调整，增加了难度，并且比时间分层对照期数目少，从而降低效率。对于全分层的病例交叉研究，尽管效率较时间分层的病例交叉研究高，但其在控制混杂因素方面不如时间分层病例交叉研究。

十、与Poisson回归模型相比的优势与局限性

目前，环境流行病学资料的时间序列分析中，除病例交叉研究外，广泛应用的方法还有Poisson回归模型。研究发现，病例交叉研究采用不同对照选择策略控制时间趋势和季节趋势的方法与Poisson回归模型采用平滑函数控制各趋势混杂的效果一致，但与Poisson回归模型相比，病例交叉研究具有以下优点和局限性。

1. 优势

（1）病例交叉研究将每个个体作为一个风险集（包含一个病例期和一个或多个对照期），每个风

险集内病例期和对照期之间的时间间隔相对较小。对于随时间变化较慢的混杂因素，可以认为在两个时期内不存在差异，因此不会造成混杂；对于随暴露变量协同变化的天气变量（如气温和湿度），病例交叉研究可以通过模型控制。基于此，病例交叉研究在控制时间趋势和季节趋势方面比Poisson回归模型更加稳健。

（2）病例交叉研究以个体为研究单位，因此不需要考虑总人群的大小，而Poisson回归模型一般缺乏风险人群的计数和特征资料，在此情况下必须假定风险人群相对于每日发病例数足够大，并且风险人群的比例不随所研究的暴露的改变而改变，然而实际情况很难满足这一条件，因为全人群中敏感人群的比例很有可能会随着暴露累积效应的增加而增加，或者因之前的暴露发生了不良事件而减少。

（3）病例交叉研究可以评价个体水平而非组群水平的潜在的效应修饰（如交互作用），相较于Poisson回归模型，病例交叉研究允许直接对交互作用项建模，而不是依赖于多个亚组分析。

（4）病例交叉研究的统计分析较易实现，并且基于条件Logistic回归的病例交叉研究可以避免Poisson回归模型中的过离散现象。

（5）病例交叉研究避免了广义相加Poisson回归模型选择模型参数中的困难。例如：广义相加Poisson回归模型中非参数光滑函数的自由度需由调查者决定，且计算过程相当复杂。病例交叉研究也克服了时间序列对模型参数过于敏感、不同模型间缺乏可比性的缺陷。例如：当局部光滑函数存在共曲线问题时，会导致广义相加Poisson回归算法不收敛，并低估效应估计值的方差；大多数情况下，效应估计值依赖于暴露因素和各混杂因素之间的相关性，不同地区之间不同的相关性导致不同地区得到的结果不同。

2. 局限性

（1）病例交叉研究不适宜研究累积效应，因为许多暴露因素（如空气污染）一般存在滞后效应，使得对照选择相当困难。

（2）病例交叉研究有时不能完全控制随时间变化的混杂。例如：研究空气污染对健康的影响时，一个吸烟者很有可能在室外吸烟，从而更有可能暴露于室外的空气污染中。

（3）效应估计值不如Poisson回归模型精确，可能的原因是病例交叉研究应用了较少的信息。理论上，可通过选择多个对照期来提高估计精度，但对照期选择过多时，又因某些对照期与病例期间隔时间过长而带来偏倚。

（4）研究只适用于研究短暂暴露引起的急性效应，对于长期暴露引起的健康影响研究，暴露效应期和病例期的确定比较困难。

第三节　应用实例

一、病例交叉研究在暴雨洪涝与细菌性痢疾关系研究中的应用

1. 研究背景

政府间气候变化专门委员会预测暴雨洪涝在受到季风系统影响的区域有增多、增强的趋势。山东省是暴雨洪涝的多发区，2007年夏季，持续的降水引发的暴雨洪涝导致数以千万人流离失所，经济损失达845亿元。暴雨洪涝对健康的影响是复杂而深远的，其中包括增加介水传染病的发病率和死亡率。

细菌性痢疾是一种由志贺氏杆菌引起的肠道传染病，在我国仍然是一个重要的公共卫生问题。有关暴雨洪涝对细菌性痢疾的影响虽有报道，但暴雨洪涝对细菌性痢疾的发病风险仍不够清晰。本例采用病例交叉研究在山东省淄博市定量开展2007年暴雨洪涝对细菌性痢疾的发病影响（Zhang et al., 2016）为灾后传染病的防控提供理论依据。

2. 病例期与对照期

将暴雨洪涝发生前后各10天的时间选为该研究的病例期，因此2007年7月21日至8月12日可作为研究的病例期。采用1∶3双向对称设计选择对照期，即病例期前后各3周同一个星期几的日期作为对照期。

3. 数据来源

（1）疾病监测数据：2007年淄博市的细菌性痢疾的日监测数据来源于山东省疾病预防控制中心。

（2）气象数据：2007年淄博市的气象数据来源于中国气象数据网，气象变量主要有日平均气温、日平均相对湿度和日降水量。淄博市共有三个气象监测站，分别是淄川、张店、沂源，使用三个监测站的平均气象值作为整个淄博市的气象数据。

4. 研究设计与分析

采用1∶3双向对称病例交叉研究评价暴雨洪涝与细菌性痢疾之间的关系。在调整了气象变量对细菌性痢疾发病影响的基础上，利用条件Logistic回归估计暴雨洪涝对细菌性痢疾发病影响的OR值和95% CI，并探讨滞后效应。依据年龄和性别分层分析暴雨洪涝对细菌性痢疾发病的影响，确定高危人群。

5. 结果

多因素条件Logistic模型显示暴雨洪涝在滞后0～3天内可以显著增加细菌性痢疾的发病风险（OR > 1，$P < 0.05$），其中最强的滞后效应出现在第2天（OR=1.849，95% CI：1.229～2.780）。分层分析显示暴雨洪涝能明显增加男性细菌性痢疾的发病，而在女性中未发现此效应（图8-6）；分年龄分析显示暴雨洪涝在不同年龄段均能增加细菌性痢疾的发病风险，但其滞后效应在不同年龄段有明显差异，在7岁以下人群出现发病效应要略高于7岁以上人群（图8-7）。

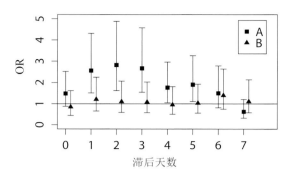

图8-6　暴雨洪涝在不同性别人群中对细菌性痢疾的关联强度（A为男性，B为女性）

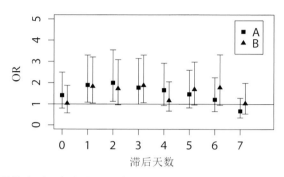

图8-7　暴雨洪涝在不同年龄段人群中对细菌性痢疾的关联强度（A≤7岁，B＞7岁）

6. 结论

研究证实暴雨洪涝在不同滞后期可以导致细菌性痢疾发病风险显著增加。男性和儿童是暴雨洪涝导致细菌性痢疾的高危和脆弱人群。

二、病例交叉研究在热带气旋与感染性腹泻关系研究中的应用

1. 研究背景

我国沿海一带每年都有可能遭受热带气旋的袭击，其中广东省每年都受到热带气旋的影响，热带气旋带来狂风、暴雨以及风暴潮，给广东省造成严重的经济损失和人员伤亡。有关研究发现，热带气旋可能是引起某些传染性疾病发病增加的一个影响因素，如伤寒、副伤寒、麻疹、钩端螺旋体病、类鼻疽、霍乱、过敏性疾病、细菌性痢疾和腹泻类疾病等。在这些疾病中，感染性腹泻仍然是全球主要健康问题，我国感染性腹泻的发病率在62.39/10万，一半以上患者为5岁以下儿童，其发病率高达447.06/10万。感染性腹泻是一类经粪—口传播的传染病，饮用水和卫生状况对疾病传播起着非常重要的作用，因此探索热带气旋对感染性腹泻的影响对疾病防控具有重要意义。本案例定量分析了2005～2011年在广东省登陆的热带气旋与感染性腹泻发病的关系（Kang et al., 2015）。

2. 资料来源

感染性腹泻个案数据来源于中国疾病预防控制中心，包括2005～2011年台风期（4～10月）的传染病数据。热带气旋资料来源于《热带气旋年鉴》。气象数据来源于中国气象数据网，包括24 h降水量、极大风速、平均风速、最大风速、最高气温、最低气温、平均气温、最高气压、最低气压、平均气压、平均相对湿度、最小相对湿度、日照时数和平均水汽压。

3. 研究方法与设计

采用Mann-Whitney U检验和单向病例交叉研究方法评价热带气旋对广东省感染性腹泻发病的影响，分别将热带气旋登陆周及后推4周作为热带气旋后期，登陆周前推5周作为热带气旋前期，采用Mann-Whitney U检验的方法比较热带气旋影响前后广东省感染性腹泻发病数是否有差异。单向病例交叉研究的关键在于危险期和对照期的选择。本案例研究危险期的定义为热带气旋的影响期与感染性腹泻的潜伏期之和。选择对照期时，为控制潜在时间变异混杂，对照期和危险期应该有相同的星期几分布，选择危险期前2周与病例期匹配。由于气象因素之间可能存在共线性，因此用主成分分析综合原始气象变量并解决变量之间的共线性问题，将其纳入多因素条件Logistic回归模型（采用Cox模块进行拟合）分析热带气旋对感染性腹泻的影响。

4. 结果

研究显示热带气旋对细菌性痢疾、阿米巴痢疾、伤寒和副伤寒的发病影响无统计学意义。热带气旋过后其他感染性腹泻的发病人数显著增多，热带低气压最强效应出现在滞后1天（OR=1.95，95% CI：1.22～3.12），而热带风暴、强热带风暴和台风对其他感染性腹泻的最强滞后效应出现在0天，其OR值分别为2.16（95% CI：1.69～2.76）、2.43（95% CI：1.65～3.58）和2.21（95% CI：1.65～2.69）。此外，各个等级热带气旋对5岁以下儿童的影响最大，高于全人群。

5. 结论

经初步研究，各个级别的热带气旋可明显增加其他感染性腹泻的发病风险，其中强热带风暴对其他感染性腹泻造成的影响最强。热带气旋对5岁以下儿童的影响高于全人群。

三、病例交叉研究在洪水与疟疾的关系研究中的应用

1. 研究背景

强降水可以导致洪水或者渍害的发生。洪水是暴雨、急剧融冰化雪、风暴潮等自然因素引起的江河湖泊水量迅速增加，或者水位迅猛上涨的一种自然现象，天气系统变化造成的长时间暴雨是引发洪水的直接原因。渍害为常见的农业气象灾害，主要表现为麦类等农作物因连续降雨或处于低洼潮湿地，土壤水分过多，地下水位很高，土壤水饱和区侵及根系密集层，使根系长期缺氧，造成植株生长发育不良而减产，因此渍害也被称为湿害，或叫地下涝，它通常是由于长久的降雨所致，但是降水强度并不一定很高。

疟疾作为气候敏感性传染病，在多数发展中国家仍然是主要的公共卫生问题。我国中部的黄淮流域历来是疟疾发病的高峰区域，蒙城县的疟疾在整个安徽省北部有较高的疾病负担。在2007年，蒙城县疟疾发病例数达到高峰，其发病例数达到3 803例，特别是在7月和8月，而在发病高峰之前，也就是2007年6月底至7月，持续的强降水导致蒙城县遭受了一场严重的洪水和渍害，这场灾害是自1954年淮河洪涝以来该区域最大的一次暴雨洪涝。一些研究显示，洪水初期的强降水可能会冲刷掉蚊子现有的滋生场所，但洪水中后期强降雨造成的积水或河流溢出的静水都会形成新的蚊虫繁殖滋生场所，这种情况会增大疟疾潜在传播的可能性。虽然有研究证实洪水过后有可能暴发疟疾流行，但现有报道没有系统地探索疟疾和洪水之间的关联，并且有关渍害事件对人群健康影响的报道甚少，因此本案例在淮河流域的蒙城县定量评价2007年洪水和渍害对疟疾的发病影响（Ding et al.，2014）。

2. 资料来源

（1）疾病数据：疟疾数据来源于中国疾病预防控制信息系统的法定报告传染病数据库。疟疾为日发病数据，时间范围为2007年5～10月。

（2）暴雨洪涝和气象数据：同时期气象灾害数据来源于《安徽年鉴（2008）》和中国气象数据网的农业气象灾情数据集。气象资料由中国气象数据网提供，主要包括降水量、平均气温、平均相对湿度和日照时数等，考虑到气象变量对疟疾的发病影响可能不是线性的，平均气温、平均相对湿度、日降水量和日照时数被转化为分类变量。平均气温分为三个水平：低于20℃、20～30℃和高于30℃；平均相对湿度分为小于60%、60%～80%和大于80%。气温和湿度分类的方法是基于文献中报道的适宜按蚊传播疟疾的相应阈值。根据我国对降水量的分类，降水量分为四个水平：小雨（0.1～9.9mm/24h）、中雨（10～24.9mm/24h）、大雨（25～49.9mm/24h）和暴雨（大于50mm/24h）。日照时数基于中位数转换为二分类资料：<6 h和≥6 h。

（3）其他数据：人口学数据来自中国疾病预防控制中心公共卫生科学数据中心。

3. 研究设计与分析

病例交叉研究评价洪水和渍害与疟疾发病之间的关系。选择2007年5～10月作为研究期，因为此时期为蒙城县的汛期。1∶3双向对称病例交叉研究被用于选择对照期以控制暴露和混杂的时间趋势，因此此时的对照期均在同一季节、同一个星期几。病例期的前后7天、14天和21天被选为对照期。例如，当2007年7月9日被选为窗口期，其对照期分别为6月18日、6月25日、7月2日、7月16日、7月23日和7月30日。

利用分层Cox回归模型的风险比（hazard ratio，HR）和95% CI估计疟疾发病人数与洪水和渍害的关系。在模拟分层Cox回归模型时采用"Breslow"选项来处理绑定失败次数。使用单变量分层Cox模型探索洪水和渍害的暴露效应期的长度。滞后0天标记为"L0"，滞后1天标记为"L1"，滞后2天标记为"L2"，以此类推。气象灾害事件可能间接通过增加媒介数量和扩大栖息地的范围来增加媒介疾病的传播风险，在适宜的条件下，卵孵化为成蚊大约需要9～15天，而间日疟的潜伏期在6～12天左右，因此利用分层Cox回归模型探索洪水和渍害滞后效应时我们选择最大60天。最佳滞后时间选择基于HR最大值（因为此时持续时间的最佳估计有最小的无差异性错分）。在调整了平均气温、平均相对湿度、降水量和日照时数以及滞后期的基础上，利用多因素分层Cox回归模型定量评价洪水和渍害与疟疾发病例数的关系，采用HR和95% CI估计洪水和渍害对疟疾的效应。

4. 结果

表8-5为洪水和渍害对疟疾发病风险的HR情况，结果显示洪水单独作用对疟疾的发病风险比值为1.467（95% CI：1.257～1.713），渍害单独作用对疟疾的发病风险比值为1.879（95% CI：1.696～2.121），而洪水和渍害联合作用对疟疾的发病风险比值为2.631（95% CI：2.341～2.956）。

表8-5　多因素分层Cox回归模型中洪水和渍害对疟疾发病风险的HR情况

模型	调整HR（95% CI）		
	洪水	渍害	洪水和渍害联合作用
模型1[a]	1.687（1.498～1.901）	1.837（1.653～2.041）	2.642（2.335～2.988）
模型2[b]	1.695（1.505～1.910）	1.818（1.635～2.020）	2.905（2.568～3.286）
模型3[c]	1.515（1.297～1.768）	1.919（1.717～2.146）	2.366（2.116～2.647）
模型4[d]	1.687（1.487～1.914）	1.837（1.651～2.042）	2.395（2.131～2.691）
模型5[e]	1.467（1.257～1.713）	1.897（1.696～2.121）	2.631（2.341～2.956）

备注：a为调整平均气温，b为调整平均相对湿度，c为调整降水量，d为调整日照时数，e为同时调整平均气温、平均相对湿度、降水量和日照时数。

5. 结论

洪水和渍害能够导致疟疾发病的异常增高，本案例首次阐明了农业气象灾害——渍害对疟疾的发病风险。另外，渍害引起疟疾的发病风险明显高于洪水，且洪水和渍害对疟疾的联合作用呈协同趋势。

四、病例交叉研究在热浪与心理疾病研究中的应用

1. 研究背景

全球气候变暖是21世纪人类面临的最大的健康威胁，其中高温热浪事件及其健康问题已成为目前国际上气候与健康领域的热点问题。高温热浪主要是由于空气温度高且持续时间较长，引起人、动物、植物不能适应的一种天气过程。随着全球气候变暖的加剧，热浪的强度、持续的时间及其出现的频率都在逐渐增加，严重威胁着人们的生活和生命。心理健康问题现已成为全球普遍关注的严重健康问题，国内外针对热浪已经开展了诸多研究，但专门针对热浪对心理健康影响的研究还相对较少。国外已有研究表明，心理疾病患者是高温热浪的高危敏感人群之一，热浪期间心理疾病的发病率和死亡率呈显著上升趋势，直接威胁到人们的身体健康和生活质量。政府间气候变化专门委员会第四次评估报告指出，气候变化会对心理健康产生一定的影响。为了定量地反映热浪与心理疾病之间的关系，本案例研究采用病例交叉研究的方法分析济南市2010年夏季的热浪事件对当地居民心理疾病日就诊人次的影响，为减少热浪对心理健康的危害提供科学参考（刘雪娜 等，2012）。

2. 资料来源

（1）气象资料：济南市2010年6月1日至8月31日的逐日气象资料由中国气象数据网提供，主要包括日最高气温、最低气温、平均气温、平均相对湿度、平均风速和平均气压。

由于人们对气候变化的生理适应能力不同，因此国际上目前还没有统一而明确的高温热浪标准，热浪的定义在不同的地域采用不同的阈值。我国幅员辽阔，气候差异很大，中国气象局规定：各省市区可以根据本地天气气候特征规定界限温度值。本案例研究根据济南市气候特征及相关资料最终确定热浪事件的定义为：日最高温度≥35℃，且持续时间≥3天。据此，研究期间共发生了4次热浪，分别为2010年6月14～17日、6月28～30日、7月4～7日和7月29～31日。

（2）门诊和住院资料：心理疾病门诊和住院病例的相关资料来自山东省精神卫生中心的电子档案和病案记录，提取的主要信息包括2010年6月1日至8月31日该卫生中心每日的就诊病历号、就诊科室、

病例来源（包括济南市和其他地市）、性别、年龄、家庭住址、联系方式、出生日期、就诊日期、就诊时间和最初诊断等。

3. 研究设计与统计分析方法

采用病例交叉研究的基本方法，选择心理疾病日就诊人次（日门诊病例与日住院病例的总和）作为气温对心理疾病影响的急性效应指标。本案例研究采用了两种不同的对照选择方案（1∶1单向对照和时间分层对照），来分别观察热浪对心理疾病日就诊人次的影响。在1∶1单向对照设计中，考虑到热浪对心理疾病的影响可能存在一定的滞后效应，故选择分析了滞后0～5天的每日心理疾病就诊人次在病例期与对照期日平均气温暴露的OR值，然后以最大的OR值对应的时间段来反映每次热浪的暴露效应期和最佳滞后期。另外，为避免疾病发生的星期几效应，选择1周的整数倍数作为病例期和对照期的时间间隔，即选择疾病发生前的第7天或第7n天（若对照期与热浪期重合，则顺次往前推7n天）作为对照期。根据单向对照设计中确定的"最佳滞后期"进行时间分层的病例交叉研究。后者的基本原理是将时间进行分层，病例期和对照期处于同一时间层内，即在一个时间层内病例期和对照期处于同一年、同一个月和同一个星期几，一个病例期匹配前后多个对照期。采用条件Logistic回归分析，将气压、相对湿度和风速纳入模型来探讨热浪对心理疾病日就诊人次的影响。以每日心理疾病就诊人次为权重，利用SPSS 17.0的Cox回归模块来进行拟合。

4. 结果

（1）1∶1单向对照设计：滞后0～5天的心理疾病日就诊人次在病例期与对照期日平均气温暴露的OR值的分析结果见表8-6。由表8-6可见，第1次热浪对心理疾病日就诊人次影响的滞后0～5天的各OR值在滞后3天时最大，即最佳滞后期为3天，OR值为2.224（95% CI：1.980～2.498）；第2、3、4次热浪对心理疾病日就诊人次影响的最佳滞后期分别为2天、3天、2天，OR值分别为2.940（95% CI：2.444～3.536）、3.165（95% CI：2.657～3.771）、3.019（95% CI：2.476～3.681）。

（2）时间分层的对照设计：根据单向对照设计中确定的最佳滞后期进行时间分层的病例交叉研究结果见表8-6。由表8-6可见，第1次热浪对心理疾病日就诊人次影响的OR值为2.439（95% CI：2.192～2.713），高于单向对照设计的OR值；第2次热浪对心理疾病日就诊人次影响的OR值为2.940（95% CI：2.575～3.358），与单向对照设计的OR值相等；第3、4次热浪对心理疾病日就诊人次影响的OR值分别为3.436（95% CI：3.013～3.918）、3.039（95% CI：2.536～3.642），均高于单向对照设计的值。从分析结果来看，除第1次热浪OR值的95% CI略宽于单向回顾性对照设计（相差0.003）外，其余3次热浪时间分层对照设计的OR值的95% CI均明显窄于相应的单向对照设计。

表8-6　各热浪与心理疾病日就诊人次关系的两种对照设计的分析结果

热浪次序	滞后天数(d)	单向对照设计			时间分层对照设计		
		OR值	95% CI	P	OR值	95% CI	P
1	3	2.224	1.980～2.498	< 0.001	2.439	2.192～2.713	< 0.001
2	2	2.940	2.444～3.536	0.011	2.940	2.575～3.358	< 0.001
3	3	3.165	2.657～3.771	< 0.001	3.436	3.013～3.918	< 0.001
4	2	3.019	2.476～3.681	0.013	3.039	2.536～3.642	0.008

5. 结论

2010年济南市的4次热浪事件均使当地居民心理疾病的日就诊人次明显增加，且存在滞后效应。

（张斐斐　丁国永）

参考文献

刘静，2005. 肾综合征出血热的气象流行病学理论与分析方法的研究［D］. 济南：山东大学.

刘雪娜，张颖，单晓英，等，2012. 济南市热浪与心理疾病就诊人次关系的病例交叉研究［J］. 环境与健康杂志，29（02）：166-170.

孙振球，徐勇勇，2014. 医学统计学［M］. 北京：人民卫生出版社：250-253.

王建华，刘民，2008. 流行病学［M］. 北京：人民卫生出版社：59-72.

BATESON T F，SCHWARTZ J，1999. Control for seasonal variation and time trend in case-crossover studies of acute effects of environmental exposures［J］. Epidemiology，10（5）：539-544.

CARRACEDO-MARTINEZ E，TARACIDO M，TOBIAS A，et al.，2010. Case-crossover analysis of air pollution health effects：a systematic review of methodology and application［J］. Environ Health Perspect，118（8）：1173-1182.

DING G Y，GAO L，LI X W，et al.，2014. A mixed method to evaluate burden of malaria due to flooding and waterlogging in Mengcheng County，China：a case study［J］. PLoS one，9（5）：e97520.

GREENLAND S，1996. Confounding and exposure trends in case-crossover and case-time-control designs［J］. Epidemiology，7（3）：231-239.

JANES H，SHEPPARD L，LUMLEY T，2005a. Case-crossover analyses of air pollution exposure data：referent selection strategies and their implications for bias［J］. Epidemiology，16（6）：717-726.

JANES H，SHEPPARD L，LUMLEY T，2005b. Overlap bias in the case-crossover design，with application to air pollution exposures［J］. Stat Med，24（2）：285-300.

KANG R H，XUN H M，ZHANG Y，et al.，2015. Impacts of different grades of tropical cyclones on infectious diarrhea in Guangdong，2005-2011［J］. PLoS one，10（6）：e0131423.

LEE J T，SCHWARTZ J，1999. Reanalysis of the effects of air pollution on daily mortality in Seoul，Korea：a case-crossover design［J］. Environ Health Perspect，107（8）：633-636.

LUMLEY T，LEVY D，2000. Bias in the case-crossover design：implications for studies of air pollution［J］. Environmetrics，11（6）：689-704.

MACLURE M，1991. The case-crossover design：a method for studying transient effects on the risk of acute events［J］. Am J Epidemiol，133（2）：144-153.

MITTLEMAN M A，MACLURE M，ROBINS J M，1995. Control sampling strategies for case-crossover studies：an assessment of relative efficiency［J］. Am J Epidemiol，142（1）：91-98.

NAVIDI W，WEINHANDL E，2002. Risk set sampling for case-crossover designs［J］. Epidemiology，13（1）：100-105.

NAVIDI W，1998. Bidirectional case–crossover designs for exposures with time trends ［J］. Biometrics，54
（2）：596–605.

NEAS L M，SCHWARTZ J，DOCKERY D，1999. A case–crossover analysis of air pollution and mortality in
Philadelphia ［J］. Environ Health Perspect，107（8）：629–631.

REDELMEIER D A，2013. The exposure–crossover design is a new method for studying sustained changes in
recurrent events ［J］. J Clin Epidemiol，66（9）：955–963.

ZHANG F F，DING G Y，LIU Z D，et al.，2016. Association between flood and the morbidity of bacillary
dysentery in Zibo City，China：a symmetric bidirectional case–crossover study ［J］. Int J Biometeorol，60
（12）：1919–1924.

第九章
广义线性模型在定量关系研究中的应用

经典线性回归模型自19世纪初在科学界推广开来，受到诸多研究者的青睐，它易于理解，易于公式化，同时回归系数易于利用普通最小二乘法估计，因此它至今仍被广泛应用于各学科中。然而，在过去的几十年里，人们已经逐渐意识到经典线性回归模型的局限性：它假设因变量为连续的，或者至少是准连续的，同时要求其至少接近于正态分布且其方差不是其平均数的函数，从而在一定程度上限制了该模型的应用。

广义线性模型（GLM），顾名思义，是经典线性回归模型的普遍化。Nelder和Wedderburn（1972）[1]正式提出了广义线性模型的理论，后来发展为应用于非正态因变量的回归模型。本章将以某市2004年1月至2010年12月期间的部分气象变量对该市居民腹泻发病影响的分析为例介绍广义线性模型在时间序列资料中的应用。

第一节 概 述

一、相关概念和基本原理

（一）概念

经典线性模型是研究因变量与自变量相依关系的模型，因变量必须是定量变量，是随机变量，符合一个随机分布，依赖于一个或多个自变量；自变量是非随机的，不依赖于其他变量，可以是定量变量，也可以是分类变量（Madsen et al.，2011）[25]。广义线性模型是常见的经典线性模型的直接推广，其主要思想是将经典线性模型因变量的分布由经典的正态分布推广到指数族分布，同时通过所谓的连接函数将模型的随机部分与系统部分相连接而构建GLM，从而大大扩展了其在实际中的应用。

（二）基本原理

1. 广义线性模型

GLM的一般形式：

$$g(\mu_i) = \beta_0 + \beta_1 X_1 + \beta_2 X_2 + \cdots\cdots + \beta_i X_i + \varepsilon_i \tag{9-1}$$

2. 广义线性模型的组成部分

（1）随机部分，也就是因变量部分，因变量 Y 服从指数族分布中的任一分布，并且 Y 的每个观测值相互独立，同时 $E(Y) = \mu$。指数族分布包括许多常见分布，如正态分布、二项分布、Poisson分布、负二项分布等。

（2）系统部分，即 $\eta_i = \beta_0 + \beta_1 X_1 + \beta_2 X_2 + \cdots\cdots + \beta_i X_i$。由此可见，该部分与经典线性回归模型并没有存在任何区别，仍保持线性形式。

（3）连接函数，即 $\eta_i = g(\mu_i)$。连接函数严格单调且可导，它建立了随机成分与线性成分之间的关系。常用的连接函数有恒等（$Y = X\beta$），logit（$\ln(\frac{Y}{1-Y}) = X\beta$）等。

常见的概率分布和连接函数可见表9-1。

表9-1　常见的概率分布和连接函数

分布	连接函数	数学表达式	模型名称
正态分布	恒等函数	$\eta = \mu$	多元线性回归模型
二项分布	Logit函数	$\eta = \log\left(\frac{\pi}{1-\pi}\right)$	Logistic回归模型
二项分布	Probit函数	$\eta = \Phi^{-1}(\pi)$	Probit回归模型
Poisson分布	对数	$\eta = \log(\lambda)$	Poisson回归模型

广义线性模型的参数估计一般不能用最小二乘法估计，常用加权最小二乘法（weighted least square，WLS）或最大似然法（maximum likelihood，ML）估计，采用迭代方法对各个回归系数 β 进行求解。

广义线性模型的假设检验一般使用似然比检验、Wald检验和计分检验，模型之间的比较使用似然比检验（Madsen et al., 2011）[62]（McCullagh et al., 1989）[101]（Nelder et al., 1972）[85]。似然比检验是通过比较两个相嵌套模型（如模型A嵌套于模型B内）的对数似然函数来进行的，其统计量 $G = 2 \times (l_B - l_A)$。上式中，l_A 与 l_B 分别是模型A和模型B的对数似然函数。模型A中的自变量是模型B中自变量的一部分，而另一部分就是要检验的变量，这里 G 服从自由度为 $K-P$ 的 χ^2 分布。对回归系数可采用Wald检验，该检验是通过比较估计系数与0的差别来进行的。计分检验是以未包含某个或某几个变量的模型为基础，保留模型中参数的估计值，并假设新增加的参数之系数为0，计算似然函数的一阶偏导数（又称有效比分）和信息矩阵，两者相乘即为计分检验统计量 S。当样本含量较大时，S 的分布近似服从 χ^2 分布，自由度为检验的参数个数。上述估计参数的三种方法中，似然比检验一般最可靠，Wald检验与计分检验一致。Wald检验未考虑各因素的综合作用，当各因素之间存在共线性时，结果不可靠，故用Wald检验法筛选变量时应慎重。

二、广义线性模型与其他流行病学研究的关系

（一）研究背景

在诸多统计学家对统计学理论经典线性模型进行推广的工作中，主要的进步体现在两个方面：一个方面是引入随机效应，使之能够处理具有相依性质的数据，从而形成了线性混合模型理论；另一个

方面是将经典线性模型因变量的分布由经典的正态分布推广到指数族分布，通过所谓的连接函数将模型的系统部分与随机部分相连接，即形成了广义线性模型。

广义线性模型是常见的正态线性模型的直接推广，它的个别特例起源很早，早在1919年Fisher就曾应用过该方法，其中，Logistic回归模型是最为著名也是至今应用最为普遍的一种模型，20世纪40~50年代就有Berkson、Dyke和Patterson等研究者根据Logistic回归模型进行统计建模（陈希孺，2002）。研究人员提出广义线性模型的最初目的是解决属性数据问题，因为这类数据的分布既不服从正态分布也不呈线性，从而引起了统计学家对各类非正态模型和非线性模型的兴趣，并逐渐开展了相关研究。广义线性模型这一名词的首次提出是在1972年，当时Nelder和Wedderburn在他们的论文中统一把用于因变量不服从正态分布、非标准层面的回归分析情形的一类模型称为广义线性模型。后来，他们进一步推广了广义线性统计模型，建立了更为成熟的相关理论及计算方法，使得广义线性模型的应用领域更加广泛。这一发展对统计模型理论在统计学中的应用影响非常深远，再后来，人们将这一模型推广到更为一般的情形，就这样，广义线性模型的研究不再像以前一样只局限于因变量服从正态分布的情形，得到了进一步的发展。1974年，Wedderburn（1974）首次提出了极大拟似然估计的思想和拟似然函数的概念，认为只要正确设定因变量的期望函数和方差函数就可以进行统计建模。后来的研究表明，在方差函数不确知的情况下，如果期望函数得到了正确假定，那么这种方法仍然适用，从而被称为拟似然方法，由其得到的参数估计就称为拟似然估计。拟似然方程和极大拟似然估计思想的提出极大地影响着这类模型和纵向数据模型的发展。Liang和Zeger在1986年就在广义线性模型的基础上提出了可用于纵向数据的广义估计方程的方法。广义估计方程可以对符合正态分布、二项分布等多种分布的应变量拟合相应的统计模型，解决了纵向数据中应变量相关的问题，得到稳健的参数估计值（Liang et al.，1986）。McCullagh和Nelder在1989年系统地阐述了广义线性模型（McCullagh et al.，1989）[10]，至此，广义线性模型理论得到了长足发展。

（二）研究现状

由于研究对象的多样性、事件影响因素的复杂性，在处理不同的流行病学研究资料时往往需要根据资料的类型与特点选用不同的分析方法。因此，不同的广义线性回归模型可用于处理因变量Y服从指数族分布中任一分布的流行病学资料。

1. 多元线性回归模型

当因变量Y服从正态分布，选用恒等连接函数，此时建立的模型即为多元线性回归模型。多元线性回归模型可以分析多个自变量与因变量之间的数量依存关系，以及它们对因变量的相对作用大小（Draper et al.，1998）[170]。多元线性回归模型的一般形式为：

$$Y = \beta_0 + \beta_1 X_1 + \beta_2 X_2 + \beta_3 X_3 + \cdots\cdots \beta_m X_m + e \qquad (9\text{-}2)$$

该公式可表示数据中因变量Y可以近似地表示为自变量X_1，X_2，X_3，$\cdots$，X_m的线性函数，其中β_0为常数项，又称截距，β_1，β_2，$\cdots$，β_m为偏回归系数或简称回归系数（β_i），e是指去除m个自变量对Y的影响后的随机误差，也称残差。该模型的应用需满足如下条件：① Y与自变量X_1，X_2，X_3，$\cdots$，X_m之间具有线性关系；② 各个观测值Y_i（$i = 1$，2，$\cdots$，n）相互独立；③ 残差e服从均数为0、方差为σ^2的正态分布，即对任一组自变量X_1，X_2，X_3，$\cdots$，X_m的值，因变量Y具有相同方差，且服从正态分布。

多元线性回归模型在科学研究领域有着广泛的应用，在流行病学领域主要用于影响因素分析以控制混杂因素对因变量的影响，用于建立回归方程以对某些研究指标进行估计或预测，还可用于统计控制，如利用回归方程进行逆估计，即给因变量一个确定的值或使其在一定范围内波动，通过控制多元线性回归方程自变量的值来实现（孙振球 等，2014）[238]。

2. Logistic回归模型

当因变量Y服从二项分布，若选用logit连接函数，此时建立的模型即为Logistic回归模型。Logistic回归是可研究二分类（可扩展到多分类）变量与一些影响因素之间关系的一种多变量分析方法（Hosmer et al.，2000）。该模型主要可以克服多元线性回归不适用于因变量为二分类变量的缺点，因为若因变量为一个二分类变量（通常取值为0或1），尤其是当影响因素都处于低水平或高水平时，其预测值可能超出0～1的范围，出现不符合实际的现象，而Logistic回归则可以较好地解决上述问题。Logistic回归可表示成以下形式：

$$\ln\left(\frac{P}{1-P}\right) = \beta_0 + \beta_1 X_1 + \beta_2 X_2 + \beta_3 X_3 + \cdots\cdots \beta_m X_m \qquad (9-3)$$

该公式左端为阳性结果与阴性结果发生概率之比的自然对数，称为P的logit变换，记为logitP。常数项β_0表示暴露剂量为0时个体发病与不发病概率之比的自然对数，回归系数β_1，β_2，…，β_m表示自变量X改变一个单位时logitP的改变量，它与衡量危险因素作用大小的优势比（odds ratio，OR）有一个对应的关系，即$OR_j = \exp(\beta_j)$。

Logistic回归非常适合于流行病学研究，这是因为该回归分析的参数意义明确，即在得到某一变量的回归系数之后，就可以估计出这一变量所代表的因素在不同水平下的优势比或近似相对危险度，而且其适用范围广，可用于队列研究、病例对照研究或横断面研究。另外，由于该模型是一个概率型模型，从而可利用其对某事件发生的概率进行预测（孙振球 等，2014）[255]。

3. Poisson回归模型

当因变量Y服从参数为λ的Poisson分布，若连接函数为log（μ），此时建立的模型即为Poisson回归模型（Cameron et al.，1998）。假设因变量Y服从参数为λ的Poisson分布，影响取值的m个因素为X_1，X_2，X_3，…，X_m，则该模型可表示为：

$$\log(\lambda) = \beta_0 + \beta_1 X_1 + \beta_2 X_2 + \beta_3 X_3 + \cdots\cdots \beta_m X_m \qquad (9-4)$$

回归系数β_j表示在控制其他因素或自变量不变时，自变量每改变一个单位，平均事件数之对数的改变量。

Poisson回归模型主要用于单位时间、单位空间、单位人群内某一稀有事件发生次数的影响因素分析（孙振球 等，2014）[273]。

4. 负二项回归模型

当因变量Y服从负二项分布，若连接函数为log（μ），此时建立的模型即为负二项回归模型（Hilbe，2007）。该模型适用于服从负二项分布的计数资料，如计数资料的方差大于均值导致过离散现象，那么资料可能是非独立的。此时不适宜选用Poisson回归模型，宜选择负二项回归模型进行拟合。负二项回归模型可表示为：

$$\log(\hat{y_i}) = \log(n_i) + \beta_0 + \beta_1 X_{i1} + \beta_2 X_{i2} + \beta_3 X_{i3} + \cdots\cdots \beta_m X_{im} + \log k_i \qquad (9-5)$$

负二项回归模型类似于Poisson回归模型，二者的均数相同，区别之处在于Poisson回归模型中方差等于λ，而负二项回归模型的方差为$\lambda(1+k\lambda)$。负二项回归比Poisson回归多了一个参数k。当$k\rightarrow 0$时，负二项回归退化为Poisson回归。

负二项回归模型适用于研究对象可能具有传染性、遗传性等非独立的稀有事件的资料。例如，对于肠道传染病中的细菌性痢疾、其他感染性腹泻等病种以及呼吸道传染病中的肺结核，由于监测到发病人数众多，月或旬发病数极少出现零值，采用负二项回归模型能较好地评价暴雨洪涝对传染病的影响。

三、广义线性模型的研究与应用

（一）广义线性模型在常规流行病学研究中的应用

1. 多元线性回归模型的应用

多元线性回归模型用于分析一个因变量与多个自变量之间的线性关系。在医学研究中，很多疾病都有多种病因，会有多种影响因素。例如，高血压患者的舒张压与收缩压的数值可能受性别、年龄、BMI指数、饮食含盐量、吸烟、饮酒、血糖、遗传等多种因素的共同影响。由于各因素间往往相互联系，多元线性回归模型可以有效地分析这些因素与患者舒张压和收缩压值之间的数量依存关系，以及它们对舒张压与收缩压值的相对作用大小（种冠峰 等，2010）。

2. Logistic回归模型的应用

从实际应用的角度来看，Logistic回归模型的分析结果比多元线性回归模型具有更加明确的解释意义，该模型通过优势比这一广为人知的流行病学指标将理论与实际有机地结合，使得疾病发生危险不再仅是一个理论上的概念，而是一个可以理解的危险程度。有研究以安徽省2004～2006年乡镇是否有疟疾报告为因变量，温度、降雨量、植被覆盖指数、湿度指数、海拔、年人均GDP等为自变量构建Logistic回归模型，结果发现年最低气温、年降雨总量、海拔和植被覆盖指数与安徽乡镇是否发生疟疾有关（王丽萍，2008）。

3. Poisson回归模型的应用

Poisson回归模型适用于罕见事件，且各事件之间彼此相互独立，观察样本量较大，平均计数与方差相等。在Poisson回归模型的基础上加入时间序列模型的变量，可对极端天气事件与人类敏感性疾病之间的关系进行分析。例如，可利用该模型研究郑州市2005～2009年7次洪水事件与霍乱、甲肝、伤寒、副伤寒和细菌性痢疾5种介水传染病之间的关系，从而得出不同性别、不同年龄组人群罹患这些传染病的相对危险度（倪伟，2015）[21]。

4. 负二项回归模型的应用

负二项回归模型适用于非独立的稀有事件，如传染病、遗传性疾病、致病生物的分布等。有研究者曾对淮河流域疟疾发生及流行的环境因素进行负二项回归分析，以探寻影响疟疾发病率高低的主要影响因素（李亚楠，2013）。该研究发现，影响疟疾是否发生的环境因素在疟疾高发期当月最高温超过27.25℃的地区，有发生疟疾的可能；影响疟疾流行的环境因素在有疟疾发生的地区当月降雨量过大，疟疾发病率较高。同样也有研究对2006年1月至2014年11月广州市登革热发病的影响因素进行负二项回归分析，结果发现当月的布雷图指数、月平均温度、滞后一个月的月平均最低温度和月平均温度与登革热发病呈正相关（沈纪川，2015）。

（二）广义线性模型在气候变化与健康领域中的应用

广义线性模型主要应用于单区域、多次某极端天气事件对人体健康影响的研究，这类研究主要研究长时间内多次洪涝事件的影响，同时也可以结合多个地区的研究结果延伸到多地区洪涝影响的比较研究。这类研究的时间跨度长，多以月和年为时间单位，采用的主要方法是基于时间序列的Poisson回归。这种研究方法是通过在模型中设定极端天气事件分类变量，计算暴露期对非暴露期某疾病发病影响的RR值，定量分析洪涝对人体健康的影响。

例如，倪伟等通过基于时间序列的Poisson回归模型分析了河南省新乡市2004～2010年不同程度洪涝对痢疾（包括细菌性痢疾和阿米巴痢疾）发病率的影响（Ni et al.，2014）。在该模型的构建过程中，该研究将洪涝等级、洪涝持续天数、每月累计降水量、每月降水天数、每月平均风速、每月平均温度、每月平均气压、每月平均相对湿度纳入模型，同时纳入月份变量t和正弦函数$\sin（2\pi t/12）$以消除气象变量的长期趋势和季节效应。结果显示，洪涝能够显著增加痢疾的发病，并且短时间的重涝相比持续时间长的轻涝对痢疾发病的影响更大，重涝过后发生痢疾的RR值及95% CI为1.74（1.56～1.94），轻涝过后发生痢疾的RR值及95% CI为1.55（1.42～1.70）。

同样，通过基于时间序列的Poisson回归模型，倪伟对郑州市2005～2009年7次洪涝事件与介水传染病之间的关系进行了分析（倪伟，2015）[1]：首先通过秩和检验对发生洪涝月份和无洪涝月份介水传染病的发病率进行比较，确定与洪涝相关的敏感性疾病，然后应用Spearman相关确定研究人群中气象与洪涝等自变量的滞后期，将其中相关系数最大且具有统计学意义的月份确定为最佳滞后期，随后建立基于时间序列的Poisson回归模型，将洪涝变量与洪涝持续天数作为分析变量，将月平均气温、月累计降水量和月平均相对湿度作为控制变量，并纳入月份变量t和正弦函数$\sin（2\pi t/12）$以消除气象变量的长期趋势和季节效应。结果表明，在霍乱、甲肝、伤寒、副伤寒和细菌性痢疾5种介水传染病中，洪涝与细菌性痢疾的发病率之间存在显著的相关关系，细菌性痢疾是洪涝相关敏感性疾病。在总人群、男性人群、女性人群、0～14岁人群、15～64岁人群和65岁以上人群中，洪涝可引起细菌性痢疾发病的RR值及95% CI分别为2.80（2.56～3.10）、3.13（2.86～3.42）、2.53（2.29～2.83）、2.75（2.59～2.92）、3.03（2.69～3.42）、2.48（2.27～2.75）。

丁国永（2015）通过应用负二项回归模型分析了广西壮族自治区暴雨洪涝与肠道传染病中的细菌性痢疾、其他感染性腹泻和呼吸道传染病肺结核发病的关系。在控制了气温、湿度、气压、风速、降水量、日照时数等其他混杂因素的影响后发现：暴雨洪涝对细菌性痢疾的发病有影响，人群在洪涝发生后细菌性痢疾发病的风险为1.268（95% CI：1.027～1.500）；暴雨洪涝对其他感染性腹泻发病的影响无统计学意义（$P = 0.880$）；暴雨洪涝过后人群肺结核发病的风险为1.200（95% CI：1.036～1.391）。

在哈萨克斯坦的阿斯塔纳开展的一项关于气温对该地每日自杀数影响的生态学研究同样用到了负二项回归模型（Grjibovski et al.，2013）。通过收集2005～2010年期间的死亡证明和医疗记录及气象相关数据，年、月、周末、假期等变量，湿度、气压、风速、每日平均温度、每日最高温度及根据部分气象变量计算出的体感温度等作为自变量，每日自杀数作为因变量，构建了负二项回归模型。该分析结果表明：平均体感温度每上升1℃，自杀人数就随之升高2.1%（95% CI：0.4%～3.8%）；最大体感温度每上升1℃，自杀人数就随之升高1.2%（95% CI：0.1%～2.3%）。

四、广义线性模型的优点与局限性

1. 优点

（1）经典线性回归模型要求因变量服从正态分布或近似正态分布，而广义线性模型的因变量可选取的分布更多，可为指数族分布中的任一分布。因为正态分布是指数族分布的一种特殊情况，所以广义线性模型相当于放宽了应用条件，极大地扩大了该模型的应用范围。

（2）经典线性回归模型要求数据必须是连续型数据，而广义线性模型无论是拟合连续型数据还是离散型数据均适用。

（3）由于因变量的分布可从指数族分布中选取，因此经典线性回归的等方差的条件也可以放宽，方差可以随着期望的变化而变化。

（4）广义线性模型可以通过连接函数将因变量与自变量之间的非线性关系转换成线性关系，而经典线性回归模型就是当连接函数是恒等函数时的情况，这样可以根据实际数据来选取连接函数，更加有效地建立因变量与自变量的线性组合关系。

2. 局限性

虽然广义线性模型在很大程度上解决了传统线性模型的局限性，但广义线性模型需要事先确定因变量和自变量之间的函数关系，函数形式也相对有限。同时，广义线性模型的系统成分仍然表现为协变量的线性形式，在实际应用中，序列数据尤其是空间数据的协变量影响经常表现出强烈的非线性，这就使得广义线性模型的应用受到一定的限制。

第二节　时间序列资料的广义线性模型分析

在科学研究中，按照一定的时间间隔（通常为相同间距）对客观事物进行动态观察，由于各种随机因素的作用，各次观察的指标X_1，X_2，X_3，…，X_m等都是随机变量，这种按照时间顺序排列的随机变量或其观测值称为时间序列。

对于特定的时间序列而言，均会呈现出波动的现象，这一现象往往呈现一定的特点，主要包括趋势性、季节性和随机性。趋势性是指某一变量随着时间的进行（或有序变量的变化）呈现一种比较稳定的上升、下降或持平的单调特征，不同区段的斜率可以不等。广义的季节性即指序列的周期性，狭义的季节性则是指序列按照日历的年度、季度、月度、周度等时间单位更迭而呈现出的周期性。随机性是指规律性变化上叠加的随机扰动，这一特性普遍存在于时间序列资料中。

针对时间序列资料应用广义线性模型，可以充分利用该模型在分析过程中能控制长期趋势和周期性的特点，从而反映出气象变量和洪涝变量对因变量的真实影响程度。

一、资料搜集和整理形式

1. 极端天气事件资料的收集与整理

查阅相关材料，明确在研究时间内某地区极端天气事件发生的时间，把极端天气事件定义为分类变量，结合天气事件本身的特点，如洪涝事件一般持续时间为几天，干旱持续时间可能较长，台风一般呈现一过性等特点，确定合理的时间单位，整理成相应的时间序列格式。

2. 疾病资料的收集与整理

疾病资料的收集与整理分为两种情况：如果研究时间较短，研究期间内人口学特征变化不大，对研究结果影响很小，则可以使用发病数进行直接计算；如果研究时间较长，为确保研究结果的准确性，必须使用发病率进行计算，若有发病率数据可以直接应用，如果没有发病率数据，则需要通过发病数、人口数进行计算，无论是发病数还是发病率都应该整理成同天气事件时间单位相同的时间序列格式。

3. 气象因素资料的收集与整理

气象因素资料的整理格式同疾病资料和气候事件的格式相同，都为同一时间单位的时间序列资料。

二、滞后效应分析

滞后效应分析的方法有很多，有互相关分析、Spearman相关分析等，要根据数据满足的分析条件正确选择相应的分析方法。

1. 互相关分析

在时间序列分析中，互相关分析表示两个时间序列之间在任意两个不同时刻的取值之间的相关程度。该方法是对两组连续的时间序列进行分析，寻找互相关函数的峰值，然后确定互相关函数峰值所在的位置，在时间序列中主要用于判断滞后期。值得注意的是，无论何时使用互相关函数来了解两个序列之间的关系，必须确信两个序列是平稳的，即每个序列的均值和方差在整个序列中大概一样。这是因为，如果序列值均随时间上升或是下降，总可以把两者串起来，以至于即使两个序列毫不相关，但也得出高度相关的结论。

2. Spearman相关分析

互相关分析要满足时间序列资料，各时间序列变量要平稳，只有相关值大于两倍以上的标准差，结果才有统计学意义，而Spearman相关分析使用等级相关系数表示两个变量间直线相关关系的相关方向与密切程度，对数据的质量要求比较低，对原变量分布不做要求，因此应用范围较广，在滞后效应分析中，Spearman相关分析是主要方法。

在进行Spearman相关分析时，要依次对研究变量进行非滞后、滞后一个时间单位、滞后两个时间单位等调整，结合统计学结果和疾病潜伏期及发病特点确定最佳滞后期。

三、资料分析

在对极端天气事件资料进行分析时，为便于操作和理解，可采用R软件与SPSS软件相结合的方式。

1. 数据库的整理

对于极端天气事件资料，需要先将各个变量对应的数据按照时间顺序进行逐行排列，可先对不同滞后期的自变量与因变量的相关程度进行检验以确定最佳滞后期，可利用SPSS软件的相关功能进行滞后期的确定，主要通过计算出不同变量不同滞后期与因变量的相关系数来确定，然后根据滞后期对原始数据库各自变量与因变量的对应关系进行调整，目的是使自变量每一滞后期的行数据与因变量相对应。数据库基本结构确定以后，即可准备导入R软件中，可直接选中Excel文件中的数据，然后进行复制，使数据复制到"粘贴板"，然后通过命令"mydata < –read.table（file ="clipboard",header = T）"导入R软件中，也可先将其另存为"csv"格式的文件存放到计算机"我的文档"文件夹下，通过命令"mydata < –read.table（"mydata.csv",header = T,sep =","）"导入R软件中。

2. 定义分类变量

对于气候相关资料中的分类变量，尤其是有序分类变量，如洪涝，可分为轻度、中度、重度三个程度，如果在原始数据库中分别按照"mild""moderate""sever"等字符型数据进行编码，那么在导入R软件后需对其进行转换，以方便后续的分析，具体可通过"factor"命令的levels选项来进行排序："mydata$flood < –factor（mydata$flood,order = T,levels ="mild","moderate","sever"）"，这样一来洪涝的各个水平就赋值为"1 = mild，2 = moderate，3 = sever"。

3. GLM模型分析

可利用R软件"xts"包中的命令给原始数据赋以时间值，同时绘制各变量随时间变化的时序图，用以观察各变量变化的大致趋势。使用"glm"语句对模型进行拟合。

4. 结果输出

使用"summary（ ）"命令可展示拟合模型的各项详细结果，使用"exp（coef（ ））"语句可对模型的回归系数进行指数化，得到RR值，使用"exp（confint（ ））"语句可获取模型RR值的95% CI。

四、注意事项

在应用广义线性模型的过程中，应注意以下几个方面：

（1）广义线性模型要正确选择连接函数，根据数据类型和条件确定使用Poisson回归模型还是负二项回归模型等。Poisson回归模型的使用条件之一是计数资料服从Poisson分布，即满足计数值的方差与其平均值相等，但是一些传染性疾病等许多事件的发生是非独立的，它们的计数资料会出现方差远大于平均值的现象，即过离散现象，此时宜选用负二项回归模型，从而增大模型参数估计值的标准误，降低犯假阳性错误的概率。

（2）根据数据类型和条件，选择合适的滞后效应分析方法。互相关分析要满足时间序列资料，各时间序列变量要平稳，只有相关值大于两倍以上的标准差，结果才有统计学意义。Spearman相关分析应用条件较广，对数据的质量要求比较低。

（3）建立数据库时，要调整好滞后期。气象资料的时间序列数据往往存在滞后期，因此在通过相关检验发现某一变量对因变量的影响存在滞后期时，要对数据库结构进行调整，以使其相互对应。

（4）以Poisson回归为例，分析结果中所得模型系数并不是RR值，要通过相关命令对其进行转化。这是因为使用R软件进行模型拟合时，因变量以条件均值的对数形式ln（λ）来建模，因此需要对模型的回归系数及其置信区间进行指数化，得到RR值及RR值的95% CI。

第三节　应用实例

收集某市自2004年1月至2010年12月的月气象资料和该地居民的腹泻发病资料（图9–1），month代表月份，precipitation代表月平均降水量，temperature代表月平均温度，humidity代表月平均湿度，sunlight代表月平均日照时长，t 表示逐月排列的月份序号以模拟长期趋势，periodicity表示根据公式 $\sin(2\pi t/12)$ 计算出的值以模拟季节效应，以flood 变量的"1"和"0"表示洪涝是否发生，diarrhea表示月腹泻发病人数。

	A	B	C	D	E	F	G	H	I
1	month	precipitation	temperature	humidity	sunlight	flood	t	periodicity	diarrhea
2	2004年1月	1.92	13.33	71.39	1.56	0	1	0.5000	752
3	2004年2月	0.56	15.22	77.41	2.75	0	2	0.8660	405
4	2004年3月	0.93	16.80	77.45	1.72	0	3	1.0000	353
5	2004年4月	3.94	22.72	76.40	4.11	0	4	0.8660	455
6	2004年5月	2.35	24.86	75.84	4.40	0	5	0.5000	954
7	2004年6月	7.98	27.74	79.47	6.57	0	6	0.0000	843
8	2004年7月	6.77	27.15	86.71	4.30	1	7	−0.5000	752
9	2004年8月	2.45	28.21	83.42	6.17	0	8	−0.8660	576
10	2004年9月	2.19	26.33	82.07	6.26	0	9	−1.0000	527
11	2004年10月	0.00	22.28	71.19	6.20	0	10	−0.8660	618
12	2004年11月	0.73	19.53	79.70	4.01	0	11	−0.5000	675
13	2004年12月	0.41	13.48	78.65	4.95	0	12	0.0000	658
14	2005年1月	0.86	11.55	79.55	1.08	0	13	0.5000	412
15	2005年2月	1.18	13.44	86.04	0.70	0	14	0.8660	225
16	2005年3月	2.09	16.52	83.39	1.42	0	15	1.0000	237
17	2005年4月	1.41	22.15	84.70	3.08	0	16	0.8660	339
18	2005年5月	4.95	27.67	82.32	6.12	0	17	0.5000	601

图9–1　某市2004～2010年气象资料及居民腹泻发病数据

在完成数据整理后进行资料分析，本方法现以R软件操作为例。

（一）绘制时间序列图

第一步，将模型中的自变量导入R软件中，并将其命名为"mydata"，具体操作为先复制所需数据到剪贴板，然后在R软件中输入命令"mydata<-read.table(file="clipboard",header=T)"，按"Enter"键完成。

第二步，输入命令：

library(xts)

myprecipitation<-xts(mydata$precipitation,seq(as.POSIXct("2004–01–01"),len=length(mydata$month),by="month"))

　plot(myprecipitation)

可绘制月平均降水量随月份变化的时序图，同理可绘制月平均温度、月平均湿度、月平均日照时长和月腹泻发病人数随月份变化的时序图（图9–2至图9–6）。

月平均降水量

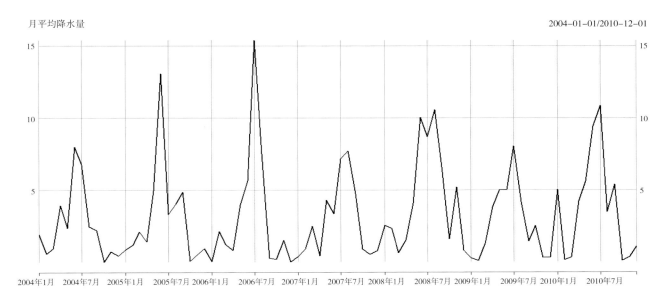

图9-2 月平均降水量随月份变化的时序图

月平均温度

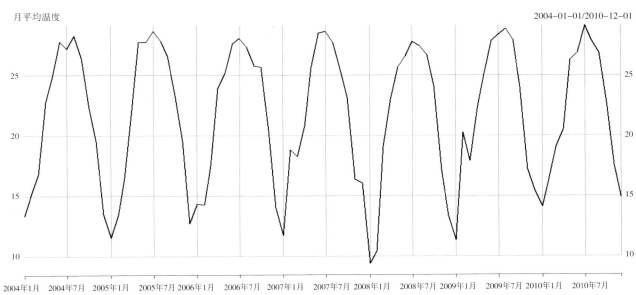

图9-3 月平均温度随月份变化的时序图

月平均湿度

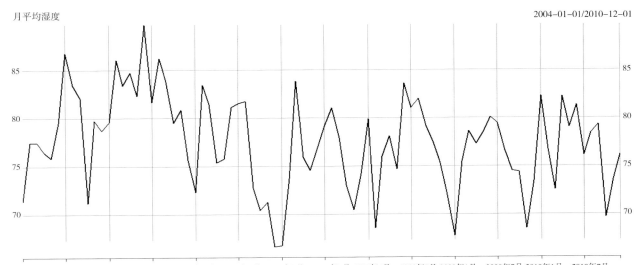

图9-4 月平均湿度随月份变化的时序图

月平均日照时长   2004-01-01/2010-12-01

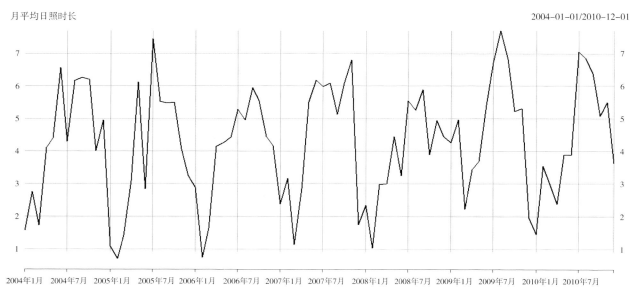

图9-5   月平均日照时长随月份变化的时序图

月腹泻发病人数   2004-01-01/2010-12-01

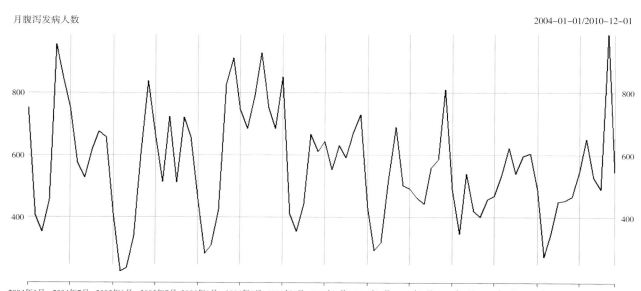

图9-6   月腹泻发病人数随月份变化的时序图

由以上时序图可粗略看出月平均日照时长与月腹泻发病人数的关系相对比较明显。

语句说明："library（xts）"用以调用"xts"包，该包可针对以行格式输入的数据进行时间序列处理功能；"mydata\$precipitation"设定该命令处理的对象是"mydata"数据中"precipitation"变量；"seq(as.POSIXct("2004-01-01")"设定产生的时间序列以2004年1月1日为起始时间；"len = length（mydata\$month）"表示需设定的对象（即数据中的行）与"mydata"数据的"month"变量一致；"by = "month""设定时间间隔为月；"plot（myprecipitation）"用以绘制时序图。

（二）计算滞后期

由于时间序列资料一般存在滞后效应，故需要计算气象资料的滞后效应，以便对数据进行调整，使用SPSS软件进行演示。

第一步：运行SPSS软件，导入所用数据。

第二步：依次点击"分析""预测""互相关图"，在弹出的对话框中将需分析的变量选入"变量"栏中，点击"选项"选择"最大延迟数"为2，即最多检验2个滞后单位（图9-7和图9-8）。由分析结果（图9-9）可知，月平均降雨量与腹泻的关联性在Lag = 0时最大，即无滞后期。月平均温度、月平均湿度、月平均日照时长、洪涝与腹泻亦均无滞后期。

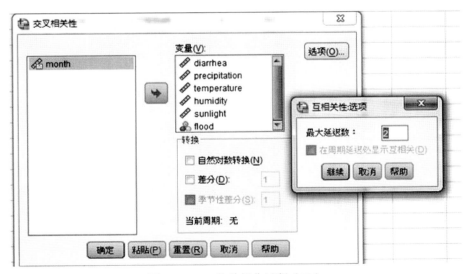

图9-7　SPSS软件操作过程（一）

图9-8　SPSS软件操作过程（二）

交叉相关性

序列对：带有diarrhea的precipitation

滞后	交叉相关	标准误差[a]
−2	−.099	.110
−1	.186	.110
0	.108	.109
1	.126	.110
2	.102	.110

图9-9 月平均降雨量不同滞后期与腹泻的关联

（三）进行Poisson回归操作

使用R软件操作命令如下：

fit<−glm(diarrhea~precipitation+temperature+humidity+sunlight+flood+t+periodicity,data=mydata,family= poisson( ))

summary(fit)

可得到如下运行结果：

Call:

glm(formula = diarrhea ~ precipitation + temperature + humidity + sunlight + flood + t + periodicity, family = poisson( ), data = mydata)

Deviance Residuals:

Min	1Q	Median	3Q	Max
−11.884	−4.312	−1.062	3.994	17.360

Coefficients:

	Estimate	Std. Error	z value	Pr(>|z|)
(Intercept)	8.6742776	0.1032173	84.039	< 2e−16 ***
precipitation	0.0142844	0.0020893	6.837	8.08e−12 ***
temperature	0.0028696	0.0015970	1.797	0.0724 .
humidity	−0.0302950	0.0013620	−22.243	< 2e−16 ***
sunlight	0.0102611	0.0054493	1.883	0.0597 .
flood	0.2076286	0.0184661	11.244	< 2e−16 ***
t	−0.0043401	0.0002083	−20.836	< 2e−16 ***
periodicity	−0.1752765	0.0098758	−17.748	< 2e−16 ***

−−−

Signif. codes: 0 '***' 0.001 '**' 0.01 '*' 0.05 '.' 0.1 ' ' 1

(Dispersion parameter for poisson family taken to be 1)

Null deviance: 4452.1   on 83   degrees of freedom

Residual deviance: 2561.1   on 76   degrees of freedom

AIC: 3259.3

Number of Fisher Scoring iterations: 4

可见月平均温度和月平均日照时长两个变量与腹泻之间的关联经检验P值仅略大于0.05，故尝试剔除这两个变量再次拟合Poisson回归模型进行比较，可得到如下运行结果：

Call:

glm(formula = diarrhea ~ precipitation + humidity + flood + t + periodicity, family = poisson( ), data = mydata)

Deviance Residuals:

Min	1Q	Median	3Q	Max
−12.692	−4.080	−1.236	3.998	17.227

Coefficients:

	Estimate	Std. Error	z value	Pr(>|z|)
(Intercept)	8.7534146	0.0934304	93.689	<2e−16 ***
precipitation	0.0171993	0.0019561	8.793	<2e−16 ***
humidity	−0.0300725	0.0012070	−24.914	<2e−16 ***
flood	0.2027640	0.0182388	11.117	<2e−16 ***
t	−0.0043222	0.0002082	−20.761	<2e−16 ***
periodicity	−0.2027958	0.0068870	−29.446	<2e−16 ***

———

Signif. codes: 0 '***' 0.001 '**' 0.01 '*' 0.05 '.' 0.1 ' ' 1

(Dispersion parameter for poisson family taken to be 1)

    Null deviance: 4452.1 on 83 degrees of freedom

Residual deviance: 2580.6 on 78 degrees of freedom

AIC: 3274.9

Number of Fisher Scoring iterations: 4

此时，Poisson回归模型中各变量的P值虽然均小于0.05，但AIC值大于之前的模型，加之在前一模型中月平均温度和月平均日照时长两个变量与腹泻之间的关联经检验P值很接近0.05。为保守起见，选用第一个模型作为较合适的Poisson回归模型，认为该模型可反映月平均降雨量、月平均温度、月平均湿度、月平均日照时长以及洪涝与腹泻之间的联系。

使用exp（coef(fit)）语句可对模型的回归系数进行指数化得到RR值，使用exp（confint(fit)）语句可获取模型RR值的95% CI，具体运算结果如下：

(Intercept)	precipitation	temperature	humidity	sunlight	flood
5850.4720152	1.0143869	1.0028737	0.9701593	1.0103139	1.2307560
t	periodicity				
0.9956693	0.8392249				

	2.5%	97.5%
(Intercept)	4778.1814171	7161.1200851
precipitation	1.0102365	1.0185441
temperature	0.9997434	1.0060215
humidity	0.9675731	0.9727529
sunlight	0.9995738	1.0211553
flood	1.1869159	1.2760188
t	0.9952628	0.9960758
periodicity	0.8231303	0.8556208

故月平均降雨量、月平均温度、月平均湿度、月平均日照时长以及洪涝对腹泻影响的RR值及95% CI分别为1.014（1.010～1.019）、1.003（1.000～1.006）、0.970（0.968～0.973）、1.010（1.000～1.021）、1.231（1.187～1.276）。

（倪 伟 吴 含）

参考文献

陈希孺，2002.广义线性模型（一）［J］.数理统计与管理，21（5）：54-61.

丁国永，2015.气候变化背景下暴雨洪涝致人群敏感性传染病发病影响的研究［D］.济南：山东大学.

李亚楠，2013.我国疟疾流行时空分布特征及淮河流域疟疾环境影响因素研究［D］.北京：中国人民解放军军事医学科学院.

倪伟，2015.郑州市洪涝事件对介水传染病影响的研究［D］.济南：山东大学.

沈纪川，2015.媒介和气象因素对广州登革热流行的影响及其预测模型的建立［D］.广州：南方医科大学.

孙振球，徐勇勇，2014.医学统计学［M］.北京：人民卫生出版社.

王丽萍，2008.安徽疟疾疫情时空分析及影响因素研究［D］.北京：中国疾病预防控制中心.

种冠峰，相有章，2010.中国高血压病流行病学及影响因素研究进展［J］.中国公共卫生，26（3）：301-302.

CAMERON A C，TRIVEDI P K，1998. Regression analysis of count data［M］. Cambridge：Cambridge University Press.

DRAPER N R，SMITH H，1998. Applied regression analysis［M］. 3rd ed. New Jersey：John Wiley & Sons.

GRJIBOVSKI A M，KOZHAKHMETOVA G，KOSBAYEVA A，et al.，2013. Associations between air temperature and daily suicide counts in Astana，Kazakhstan［J］. Medicina-Lithuania，49（8）：379-385.

HILBE J M，2007. Negative binomial regression［M］. Cambridge：Cambridge University Press.

HOSMER D W，LEMESHOW S，2000. Applied logistic regression［M］. 2nd ed. New Jersey：John Wiley & Sons.

LIANG K Y，ZEGER S L，1986. Longitudinal data analysis using generalized linear models［J］. Biometrika，73（1）：13-22.

MADSEN H，THYREGOD P，2011. Introduction to general and generalized linear models［M］. London：Chapman & Hall/CRC.

MCCULLAGH P，NELDER J，1989. Generalized linear models［M］. 2nd ed. London：Chapman & Hall/CRC.

NELDER J A，WEDDERBURN R W M，1972. Generalized linear models［J］. Journal of the royal statistical society. Series A（General），135（3）：370-384.

NI W，DING G Y，LI Y F，et al.，2014. Impacts of floods on dysentery in Xinxiang City，China，during 2004-2010：a time-series Poisson analysis［J］. Global health action：723904.

WEDDERBURN R W M，1974. Quasi-likelihood functions，generalized linear models，and the Gauss-Newton method［J］. Biometrika，61（3）：439-447.

第十章
零膨胀模型在定量评估极端天气事件与相关敏感性疾病的关系中的应用

在健康研究的相关领域，常收集到单位时间、空间或个体某健康相关结局事件发生次数的资料，有时这些资料中较多的观察单位未发生结局事件，只有部分观察单位出现一次及一次以上的结局事件，对于这类资料的分析，可以考虑选用零膨胀模型拟合数据，分别分析影响结局事件是否发生和发生次数的因素。

第一节 概 述

在极端天气事件与健康的研究中，常收集到某地区单位时间内某健康相关结局事件发生的次数，研究目的为探讨极端天气事件对结局事件发生的影响，被解释变量（反应变量）取值只能为非负整数，即0，1，2，…，对于这类计数资料就应考虑采用计数模型（count model）拟合数据。计数模型属于广义线性模型，根据连接函数不同，主要有泊松回归模型（Poisson regression model，PRM）、负二项回归模型（negative binomial regression model，NBRM）、零膨胀回归模型（zero-inflated regression model，ZIRM）和Hurdle模型等。

一、Poisson回归模型

在数理统计中，Poisson回归模型用于拟合计数模型有着悠久的历史。Poisson回归模型常用于单位时间、空间或个体中稀有事件发生的影响因素分析，已成为计数资料的常用基本统计模型，也是计数资料探索分析的出发点，广泛应用于农业、生物学、医学和社会科学等领域，如雇员频繁跳槽的影响因素、肿瘤发病的影响因素、临床不良反应的影响因素和极端天气事件导致的额外死亡分析等。在应用Poisson回归模型时，需满足以下条件：各自变量水平上因变量的期望均数等于期望方差，称为等离散（equal-dispersion）；事件发生概率低；事件相互独立，发生概率不变；因变量的对数与自变量呈线性关系。Poisson回归模型的连接函数为ln（μ），Poisson回归模型的函数方程如下：

$$\ln(\mu_i) = \ln(n_{ij}) + \beta_0 + \sum_{j=1}^{k} \beta_j x_{ij} \qquad (10\text{-}1)$$

式中：n_{ij}为相应研究单元的观察单位数，$\ln(n_{ij})$一般称为偏移量（offset），用于去除观察单位数不等的影响，当观察单位数相等时，可省略；μ_i为单位时间或空间事件发生的均数；（$\beta_j = \beta_1$，β_2，$\cdots$，β_k）为待估计的参数，表示自变量每改变一个单位，平均对μ_i产生e^{β}的效应；$x_{ij} = x_{i1}$，x_{i2}，$\cdots$，x_{ik}，为自变量。模型的参数估计采用极大似然法。Poisson回归模型是假设期望值的对数可被未知参数的线性组合建模，因此Poisson回归模型有时又被称作对数线性模型（log-linear model）（特别是对列联表资料建模时）。

二、负二项回归模型

在Poisson分布中，每个个体在观察单位中出现的概率相等，属于随机分布，但在有些研究中事件的发生是非独立的，如传染性疾病、遗传性疾病和地方性疾病等，事件的发生具有聚集性，即某个个体出现结局事件后，影响同一取样单位中其他个体结局事件发生的概率，是非随机分析，这就违背了Poisson回归模型的应用条件，负二项（negative binomial）分布常用来描述这类资料的分布特征。这类资料期望方差远大于期望均数，这种现象称为过度离散（over-dispersion）。过度离散资料超过了Poisson回归模型的预测能力，若仍采用Poisson回归模型，会低估参数估计值的标准误，导致出现较大的统计量，增大第Ⅰ类错误。为处理事件间的非独立性和过度离散的情况，Greenwood和Yule（1920）及Eggenberger和Pólya（1923）在Poisson回归模型的基础上提出了负二项回归模型。负二项回归模型是描述疾病空间聚集性的常用模型。

负二项分布是在成功概率为π的独立重复的伯努利实验中，出现r次成功时试验次数X的概率分布。常用于度量某事件发生前所进行的实验次数。负二项分布有μ和α两个参数，μ为总体均数，α为离散参数（dispersion parameter）。$\alpha \geqslant 0$，α值大小可用于衡量分布的离散程度和聚集倾向：当$\alpha = 0$时，即为Poisson分布；当$\alpha \neq 0$时，说明事件发生不是随机独立的，具有聚集性；当$\alpha = 1$时，称为几何分布，当α为正整数时，负二项分布也称为帕斯卡（Pascal）分布，其值越大，表示资料离散程度越大；当α趋近于0时，负二项分布收敛于Poisson分布。负二项分布中μ不是常数，而是一个随机变量，方差$\sigma^2 = \mu(1+\alpha\mu)$，大于均数。负二项分布改进了Poisson分布中的等概率条件，但其他条件要求与Poisson分布相同，如研究流感的家庭聚集性时，由于家庭人口数不大，且流感发病率较高，这时以家庭为单位，用年发病人数拟合负二项分布，效果将不会理想。在医学研究中，负二项回归模型常用于研究具有聚集性的健康相关事件发生次数的影响因素分析。负二项回归模型与Poisson回归模型类似，其连接函数也为$\ln(\mu)$，负二项回归模型的函数方程如下：

$$\ln(\mu_i) = \ln(n_{ij}) + \beta_0 + v_i + \sum_{j=1}^{k} \beta_j x_{ij} \qquad e^{v} \sim \text{Gamma}(1/a, a) \qquad (10-2)$$

模型中参数的意义同Poisson回归模型，模型的参数估计也采用极大似然法。对于一般的Gamma（α，β）分布，其均数为$\alpha\beta$，方差为$\alpha\beta^2$，则Gamma（$1/\alpha$，α）的方差为α，当$\alpha = 0$时，则退化为Poisson回归。使用似然比检验比较Poisson和负二项回归模型的拟合效果，假设检验的无效假设为$\alpha = 0$，若$P < 0.05$，说明资料拟合负二项回归模型比Poisson回归模型效果好。

三、零膨胀模型

在一些计数资料的研究中，常遇到单位时间或空间观察事件发生数有较多零的情况，人们把这类资料称为零膨胀结构数据，即许多观察单位结局事件并未发生（如一年内住院次数、人工流产次数等）。若对有过多零的计数资料进行Poisson回归，会造成模型参数估计的结果与实际情况偏差较大，会低估事件中零发生的概率，传统的Poisson回归模型和负二项回归模型均不能很好地拟合零膨胀结构数据。Lambert（1992）第一次建立含有协变量的零膨胀Poisson（zero-inflated Poisson，ZIP）模型。零膨胀模型（ZIM）弥补了传统Poisson模型与负二项模型分析零膨胀结构数据的不足，较好地解决了计数资料中零计数过多的问题，同时也使估计结果更加有效和无偏，获得可靠的假设检验和参数估计，研究结果更符合实际情况，便于解释。

零膨胀模型是一种混合概率分布模型，其基本思想是把事件的发生看成两个可能的过程，即零计数过程及Poisson或负二项分布计数过程。零计数过程的数据来自零事件的发生，假定服从二项分布，在这个过程中观测值只能为零，该过程产生的零解释了数据中出现零膨胀现象的原因，用于探讨影响结局事件是否发生的因素；Poisson或负二项分布计数过程对应事件数的发生过程，假定服从Poisson或负二项分布，在这个过程中观测值可以为零和正整数，分析影响结局事件发生多少的因素。

零膨胀Poisson分布是由Logit和Ln连接函数构成的混合线性模型，零膨胀Poisson回归模型的函数方程如下：

$$\begin{cases} \text{logit}\,(p_i) = \log\,(p_i/(1-p_i)) = \gamma_0 + \sum_{j=1}^{m} \gamma_j x_{ij} \\ \ln\,(\mu_i) = \beta_0 + \sum_{j=1}^{k} \beta_j x_{ij} \end{cases} \qquad (10-3)$$

在公式中，$p_i = \exp\,(\gamma_0 + \sum_{j=1}^{m} \gamma_j x_{ij}) / (1 + \exp\,(\gamma_0 + \sum_{j=1}^{m} \gamma_j x_{ij}))$，是零计数过程中零发生的概率；$1-p_i$为Poisson计数过程中零和非零计数发生的概率；$\mu_i = \exp\,(\beta_0 + \sum_{j=1}^{k} \beta_j x_{ij})$为单位时间或空间事件发生的均数；$\beta_j = (\beta_1, \beta_2, \cdots, \beta_k)$和$\gamma_j = (\gamma_1, \gamma_2, \cdots, \gamma_m)$分别为两过程待估计的参数；$x_{ij} = x_{i1}, x_{i2}, \cdots, x_{ik}$为影响两过程取值的协变量，在两个过程中协变量可以相同也可以不同，在零计数过程中可以仅包括常数项。整个模型的参数估计采用极大似然法。

四、Hurdle模型

针对计数资料中零频数过多和过度离散问题，Mullahy于1986年提出了带有协变量的Poisson Hurdle模型。1996年，Gurmu和Trivedi将Poisson Hurdle模型扩展到适用于过度离散资料的负二项Hurdle模型。Hurdle模型也称为"two-part model"，它是二分类回归模型与零截尾计数模型的联合。在Hurdle模型中，将结局事件的发生看成两个不同的过程：第一过程决定结局事件是否发生，该过程服从二项分布，结局事件发生取值为1，未出现结局（即出现零事件）为0，零事件发生的概率为p_i；当第一个过程中出现了结局事件，即取值为1时，就认为跨过了栅栏（hurdle），进入第二个过程，结局事件至少发生1次。在应用Hurdle模型时，第一过程分析影响结局事件是否发生的因素，第二过程（即为事件发生次数多少）分析影响其发生次数（大于零次）的因素。在第二过程中，发生次数的分布服从计数分布（如Poisson或负二项分布），但由于第二过程是在第一过程取值为1的基础上，所以其条件分布为零截尾Poisson（zero-truncated Poisson，ZTP）或零截尾负二项（zero-truncated negative binomial）分布，概率为$1-p_i$。在零膨胀模型中零事件既可以发生在零计数过程中，也可以发生在Poisson/负二项分布计数过程中，而Hurdle模型零事件只可发生在第一过程。

Hurdle模型是将零计数和大于零的计数分别拟合，在分析带有协变量的零膨胀计数资料时，第一过程拟合二分类回归模型，第二过程拟合零截尾计数模型。不同的二分类回归模型与零截尾计数模型综合产生了众多的Hurdle模型，常用的有Logit-Poisson Hurdle，Logit-negative binomial Hurdle，complementary log-negative binomial Hurdle等。对于Logit-Poisson Hurdle和Logit-NB Hurdle模型，第一过程建立logit模型，第二过程建立零截尾Poisson或零截尾负二项回归模型。Logit-Poisson Hurdle模型为：

$$f(y_i|x_i, \beta_i) = \begin{cases} f_1(0) = p_i = \dfrac{\exp\left(\gamma_0 + \sum\limits_{j=1}^{m}\gamma_j x_{1j}\right)}{1 + \exp\left(\gamma_0 + \sum\limits_{j=1}^{m}\gamma_j x_{1j}\right)} & y_i = 0 \\[2ex] (1-p_i)f_2(y_i) = (1-p_i)\dfrac{\exp(-\mu_i)\,\mu_i^{y_i}}{y_i!\,[1-\exp(-\mu_i)]} & y_i > 0 \end{cases}$$　（10-4）

式中 $\dfrac{\exp(-\mu_i)\,\mu_i^{y_i}}{y_i!\,[1-\exp(-\mu_i)]}$ 为零截尾Poisson分布的概率，μ_i 为结局事件平均发生次数，$\mu_i = \exp\Big(\beta_0 + \sum\limits_{j=1}^{k}\beta_j x_{ij}\Big)$；$\beta_j = (\beta_1, \beta_2, \cdots, \beta_k)$ 和 $\gamma_j = (\gamma_1, \gamma_2, \cdots, \gamma_m)$ 分别为两个过程待估计的参数；$x_{ij} = x_{i1}$，$x_{i2}, \cdots, x_{ik}$ 为影响两个过程取值的协变量，在两个过程中协变量可以相同也可以不同。整个模型的参数估计也是采用极大似然法。

Hurdle计数模型将资料中的零计数和正计数截然分开，分别拟合二分类模型和零截尾计数模型。在处理零频数过多的计数资料时，要依据数据的特征来选择模型，若在研究中存在充分条件，即某些因素存在结局事件一定发生，这时反应变量取值只能是正整数，就应选择Hurdle模型，若不存在该充分条件，则应选择零膨胀模型。在居民年住院次数的影响因素研究中，由于大量居民在研究期间内未发生疾病或虽发病但没有住院治疗，所获得的居民年住院次数存在较多的零计数，研究采用Logit-negative binomial Hurdle模型拟合数据（原静 等，2011）。研究结果显示，女性、年龄大、离婚或丧偶、健康差、经济状况好的居民更倾向于住院治疗；年龄大、健康差和有固定医疗点的居民住院次数较多。

第二节　研究设计及分析步骤

采用零膨胀模型分析数据的基本思路为：首先分析计数资料零计数发生的频率，判断是否存在零膨胀现象，然后在零计数较多的基础上判断计数资料是否存在过度离散，最后以Vuong检验决定模型选择和拟合效果评价。

一、反应变量基本特征分析

对反应变量进行简单的描述性分析，计算均数、标准差和零频数的比例，绘制频数分布图，初步分析数据的结构和零频数的分布情况，从而有利于模型的选择。

二、过度离散检验

计数资料的过度离散检验（over-dispersion test）有基于Poisson回归残差检验、负二项模型的拉格朗日乘数检验及O检验的多种方法。常采用由德国柏林自由大学教授Böhning提出的O检验方法，O统计量的计算公式为：

$$O = \sqrt{\frac{n-1}{2}} \left(S^2 - \overline{X} \right) / \overline{X} \qquad (10-5)$$

式中n为观察单位数，$\overline{X}$和S^2分别为反应变量事件发生数的样本均数和方差。在无效假设均数等于方差成立（即等离散）时，O统计量近似服从标准正态分布。

在计数资料的研究中，数据特征分析及过度离散的识别和检验具有重要的意义，这是正确选择回归模型的前提之一。

三、自变量的确定

在拟合模型时，有时需要考虑结局事件发生的季节趋势，需要提取季节性因子作为自变量，另外，在分析影响传染性疾病发生的因素时，要考虑时间序列的自相关关系，有时把上一个时期的结局事件数作为自变量纳入回归模型。在极端天气事件与健康的研究中，要注意极端天气事件的滞后效应，常采用互相关（cross-correlation）分析方法计算互相关系数（cross-correlation coefficient，CCC）评估其滞后效应，延迟k阶的互相关系数计算公式为：

$$C_{pk} = \frac{\mathrm{COV} \left(y_t, \ x_{t-k} \right)}{\mathrm{VAR} \left(y_t \right) \ \mathrm{VAR} \left(x_{t-k} \right)} \qquad (10-6)$$

式中$\mathrm{COV} \left(y_t, \ x_{t-k} \right)$为延迟k阶的协方差，$\mathrm{VAR} \left(y_t \right)$和$\mathrm{VAR} \left(x_{t-k} \right)$分别是相应变量的方差。

四、模型选择

对计算资料统计处理后，常需要对不同计数模型的拟合效果进行评价，选择最适模型。模型间的关系分为嵌套关系和非嵌套关系。若限制模型H_1的部分自由参数为固定参数后得到模型H_0，则称模型H_0嵌套于模型H_1，如Poisson回归模型与负二项回归模型、零膨胀Poisson与零膨胀负二项模型、Logit-Poisson Hurdle与Logit-negative binomial Hurdle模型间均属于嵌套模型。若不能通过对某模型H_1的参数施加限制条件而得到另一个模型H_0，即H_0不是H_1的特例，则称两个模型间是非嵌套关系。当数据存在零膨胀现象时，应根据数据特征来选择ZIM或Hurdle模型。

（一）嵌套模型间的比较

嵌套模型间拟合效果的比较常选用似然比检验。例如，Poisson回归模型和负二项回归模型间的比较，似然比检验的公式为：

$$LR = -2 \times \left(\ln L_{\mathrm{Poi}} - \ln L_{\mathrm{NB}} \right) \sim \chi^2 \qquad (10-7)$$

式中$\ln L_{\mathrm{Poi}}$和$\ln L_{\mathrm{NB}}$分别为两模型的对数似然值。负二倍的两模型对数似然值之差服从自由度为1的χ^2分布，假设检验的无效假设为离散参数$\alpha = 0$。若拒绝H_0假设，则有理由认为负二项回归优于Poisson回归模型。

（二）非嵌套模型间的比较

对于非嵌套模型间的比较（如传统Poisson回归模型与ZIP模型就属于非嵌套模型），似然比检验并不适用，应根据不同模型建立的理论依据和数据的特征（如ZIM和Hurdle模型间）来选择。在非嵌套关系下，Greene建议采用Vuong检验作为非嵌套模型比较的方法。通过Vuong检验可以分析不同模型在随机变量$Y = y_i$时的预测概率是否存在系统的差异，从而选出符合数据特征的数学模型，若两个模型没有差异，那么估计的预测概率应接近。Vuong检验需首先计算m_i，m_i的计算公式为：

$$m_i = \log \left[\frac{P_{H_0}(y_i \mid x_i)}{P_{H_1}(y_i \mid x_i)} \right]$$（10-8）

式中$P(y_i \mid x_i)$为对应模型在随机变量$Y = y_i$时的预测概率，模型H_0对于模型H_1的Vuong检验统计量为：

$$V = \frac{\sqrt{n} \left(\frac{1}{n} \sum_{i=1}^{n} m_i \right)}{\sqrt{\frac{1}{n} \sum_{i=1}^{n} (m_i - \bar{m})^2}} = \frac{\sqrt{n} \, \bar{m}}{S_m}$$（10-9）

式中$\bar{m}$和S_m分别为m_i的均数和标准差，n为观测单位数。

Vuong证明统计量V近似服从标准正态分布，当$V \geqslant 1.96$时，模型H_0比模型H_1更适合；若$V \leqslant -1.96$，模型H_1优于模型H_0；若$|V| < 1.96$，Vuong检验结果尚不能认为哪个模型更优。

此外，在不考虑模型间的关系时，也可以分别计算赤池信息量准则（Akaike information criterion，AIC）、AICC（corrected AIC）和贝叶斯信息准则（Bayesian information criterion，BIC）等指标用于两个或多个模型拟合优度的比较，AIC、AICC和BIC越小，说明模型拟合效果越好。

$$\text{AIC} = (-2\ln L) + 2p$$（10-10）

$$\text{AICC} = (-2\ln L) + 2p \frac{n}{n - p - 1}$$（10-11）

$$\text{BIC} = (-2\ln L) + p \times \log(n)$$（10-12）

式中p为模型中的参数个数，n为样本量。

以上嵌套模型间比较的似然比检验和非嵌套模型间比较的Vuong检验都可以通过Stata软件完成。

五、模型预测与评价

通常采用部分数据建立模型，确定模型参数，然后进行预测，并对模型进行内部验证和外推验证。可采用模型预测值及实际值间的一致性分析来评价模型的有效性，通过计算组内相关系数（intraclass correlation coefficient，ICC）分析衡量实际值和预测值间的一致性程度。ICC最先由Bartko于1966年用于测量和评价信度的大小。在1979年，统计学家Shrout和Fleiss针对不同状况提出了ICC的计算公式，用于重复测量数据的相关性分析。ICC的定义为被测量者间变异占总变异的比例。ICC的值介于0至1之间，越接近1说明信度越高，一般认为大于0.75表示信度良好。ICC的大小可通过两个因素方差分析模型进行计算，计算公式为：

$$\text{ICC} = \frac{MS_{区组} - MS_{误差}}{MS_{区组} + (\bar{k} - 1) MS_{误差} + \frac{k(MS_{处理} - MS_{误差})}{n}}$$（10-13）

式中$MS_{区组}$为不同观察单位间的均方，$MS_{误差}$为误差的均方，$MS_{处理}$为真实值与预测值间的均方，k为处理组数（这里等于2），n为被观察单位的个数。若ICC接近1，真实值与模型预测值一致性较高，模型拟合较好。以上是根据样本资料计算的统计量，需要对总体ICC是否等于0进行假设检验，假设检验的公式为：

$$F = \frac{MS_{区组}}{MS_{误差}}, \quad v_1 = n - 1, \quad v_2 = (n - 1)(k - 1) \tag{10-14}$$

式中符号的意义与计算ICC的公式相同。

第三节　应用实例

在医学研究中，常遇到计数资料，如某疾病患者一天内心律不齐发生的次数，某肿瘤患者化疗后单位时间内恶心、呕吐的次数，某病治疗后复发的次数等。在分析这类资料时，若主观地将反应变量变为有序分类资料，用有序Logistic回归分析或直接采用线性回归分析都是不恰当的，若资料存在零过多，就可以考虑采用零膨胀模型。有研究应用零膨胀负二项模型（zero-inflated negative binomial model，ZINB）研究了心肌缺血节段数的影响因素，结果显示无家族史、年龄小、左室收缩末期容积小的患者发生心肌节段缺血的可能性较小，有糖尿病史和冠心病家族史、左室收缩末期容积大的患者发生心肌缺血节段数较多（赵丽华 等，2010）。

现以广州市登革月发病病例数的影响因素分析以及暴雨洪涝对传染病发病的影响为例，探讨零膨胀Poisson回归模型的应用（王成岗，2014；丁国永，2015）。

一、广州市登革月发病病例数的影响因素分析

本研究中因变量为广州市登革月发病病例数，自变量有因变量对应上个月的发病例数和气象因素。

（一）数据特征识别和过度离散检验

2000～2011年广州市登革月报告病例的均数为14.24，方差为3 547.41，方差为均数的249.12倍，远大于均数。过度离散检验O统计量为2 087.01，P小于0.001，拒绝无效假设，分析显示广州市登革月报告病例数的数据存在过度离散的现象。

表10-1呈现了2000～2011年广州市月登革病例零计数统计结果，有93个月无病例报告，在全部观测值中零计数占64.58%，说明本研究中数据的过度离散可能与零计数过多有关，且每个月均有零计数出现。

表10-1　2000～2011年广州市月登革病例零计数统计结果

月份	零计数	非零计数
1月	12	0
2月	12	0
3月	12	0
4月	10	2
5月	9	3
6月	8	4
7月	6	6
8月	5	7
9月	2	10
10月	2	10
11月	4	8
12月	11	1
合计	93	51

（二）自变量的选择

登革作为一种传染性疾病，上月病例数对本月登革的流行产生影响，对广州市2000～2011年登革月发病病例数据时间序列进行自相关分析，表10-2为广州市登革月报告病例数的自相关分析结果，发现延迟1阶自相关系数（AC）及偏自相关系数（PAC）均大于其他阶数的系数，从而说明广州市2000～2011年月登革病例具有延迟1阶的自相关，上月登革病例数对本月发病有影响，应作为自变量纳入回归模型。

表10-2　广州市登革月报告病例的自相关分析结果

Lag	AC	PAC	QLB	Df	P
1	0.731 01	0.731 01	78.564 43	1	< 0.001
2	0.311 86	−0.477 87	92.963 89	2	< 0.001
3	0.086 40	0.275 01	94.076 96	3	< 0.001
4	0.008 88	−0.166 09	94.088 81	4	< 0.001
5	0.000 99	0.126 29	94.088 95	5	< 0.001
6	0.000 16	−0.108 74	94.088 96	6	< 0.001
7	0.000 14	0.092 30	94.088 96	7	< 0.001
8	−0.002 74	−0.084 62	94.090 12	8	< 0.001

广州市登革流行呈现明显的季节性，本研究采用相加模型提取了季节因子（seasonal factor）纳入模型。为识别气象因素对广州市登革发病影响的滞后效应，研究时采用了互相关分析方法。表10-3为

广州市登革月报告病例数（延迟0～3月）与气象因素的互相关分析结果，发现月平均相对湿度和平均最低温度与延迟0～3月广州市登革月报告病例数与气象因素互相关分析结果有统计学意义，当月的平均风速对登革流行有反向影响，累计降雨量与延迟1～3阶的登革流行有影响。本研究把互相关分析有统计学意义的变量全部纳入初始的多变量回归模型。

表10-3　广州市登革月报告病例数与气象因素的互相关分析结果

滞后阶数（单位：月）	平均风速	累计降雨量	平均最低温度	平均相对湿度
0	−0.115*	0.096	0.177*	0.047*
1	−0.072	0.166*	0.242*	0.120*
2	−0.014	0.172*	0.256*	0.159*
3	0.033	0.228*	0.219*	0.157*

备注："*"为$P < 0.05$。

（三）Vuong检验和模型间的比较

在对广州市登革月发病病例数影响因素进行研究时，首先分析了广州市登革的流行特征，然后选择了Poisson回归模型和ZIP回归模型拟合数据。在广州市，登革是输入性疾病，是外来传染源（主要为在登革流行区旅游或工作的感染人员）输入导致的本地人群感染，影响其是否发生的因素主要有上个月病例数和伊蚊密度（主要受气象因素的影响）。从表10-1中可见，零计数在每个月均有出现，即使上个月有登革病例发生，在气象因素不适于登革病毒传播时，本月也可能不出现病例，即出现零计数。从资料特征看，零计数可发生在两个过程，所以选择了上述两个模型，没有选择Hurdle模型拟合数据。

1. Vuong检验

Vuong检验的结果显示统计量V为2.43（在Stata软件中，H_0为零膨胀模型，H_1为传统的Poisson回归模型），P值为0.008，拒绝Poisson回归模型和ZIP回归模型预测值零频数无差别的无效假设，且V统计量大于1.96，说明零膨胀Poisson回归模型更适合本研究，过多的零频数已超过了传统Poisson回归模型的预测能力。

2. 两个模型拟合优度比较

表10-4呈现了两个模型AIC和BIC结果的比较，从模型拟合效果来看，零膨胀Poisson回归模型要优于传统的Poisson回归模型。

表10-4　两个模型AIC和BIC的结果比较

模型	Log likelihood	AIC	BIC
Poisson回归模型	−1 274.14	2 566.94	2 593.73
零膨胀Poisson回归模型	−1 032.90	2 087.79	2 120.54

（四）模型预测和评价

1. 预测值与实际发生病例的比较

图10-1为零膨胀Poisson回归模型预测值和广州市登革实际月发病病例数的比较图，可以看出，无论是在登革发病率高的年份，还是在低水平流行年，广州市登革实际月发病病例数与模型预测值间的一致性较好，且预测值同样呈现明显的单峰季节性分布。

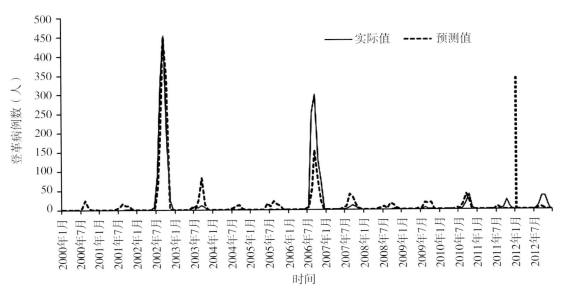

图10-1　广州市2000～2012年月实际登革病例数与ZIP回归模型预测值比较*

（"*"竖虚线左侧为利用2000～2011年数据内部验证结果，右侧为利用2012年数据外部验证结果）

2. 预测值与实际值的一致性评价

本研究ICC为0.922，95% CI为0.893～0.943，P小于0.001，拒绝总体ICC等于0的无效假设，说明模型预测值与月实际发病例数有较好的一致性。

（五）模型参数

气象因素对广州市登革月发生病例数影响的零膨胀Poisson回归模型结果见表10-5。在零计数过程中，上个月登革病例数对零计数的发生概率呈负相关，即上个月的登革病例数会降低本月不发生登革的概率。在模型的拟合过程中，本研究还尝试引入月平均最低温度、月平均相对湿度和月累计降雨量，但上述变量在零计数过程中均没有统计学意义。在Poisson计数过程中，上个月病例数和月平均最低温度与本月登革发病病例数呈正相关，本月和上月的月平均相对湿度也与其呈正相关；本月的月平均风速和最低温度与其呈负相关，本月的累计降雨量与滞后2个月的登革病例数呈负相关。虽然引入了季节性因素，但其没有统计学意义。在Poisson计数过程中，还计算了IRR及其95% CI，可见上个月的月平均最低温度和本月风速较其他变量对广州市登革的流行影响大。

表10-5 零膨胀Poisson回归模型结果

变量	系数	标准误	β (95% CI) 下限	β (95% CI) 上限	Z	P	IRR*	IRR (95% CI) 下限	IRR (95% CI) 上限
第一个方程									
Lag（病例，1）	-0.864	0.349 8	-1.550	-0.179	-2.47	0.013			
截距	0.365	0.309 2	-0.241	0.971	1.18	0.238			
第二个方程									
季节因子	-0.003	0.001 7	-0.006	0.001	-1.54	0.124	0.997	0.994	1.001
Lag（病例，1）	0.007	0.000 2	0.006	0.007	29.57	< 0.001	1.007	1.006	1.007
Lag（平均最低温度，0）	-0.176	0.023 0	-0.221	-0.131	-7.66	< 0.001	0.839	0.802	0.877
Lag（平均最低温度，1）	0.732	0.041 7	0.650	0.814	17.54	< 0.001	2.079	1.916	2.256
Lag（平均相对湿度，0）	0.050	0.006 8	0.037	0.064	7.42	< 0.001	1.052	1.038	1.066
Lag（平均相对湿度，1）	0.095	0.008 0	0.080	0.111	11.92	< 0.001	1.100	1.083	1.118
Lag（累计降雨量，2）	-0.001	0.000 3	-0.002	-0.001	-3.97	< 0.001	0.999	0.998	0.999
Lag（平均风速，0）	-3.032	0.218 5	-3.460	-2.604	-13.88	< 0.001	0.048	0.031	0.074
截距	-17.175	0.976 7	-19.089	-15.261	-17.58	< 0.001			

备注：IRR*为exp（β）.

因此最终零膨胀Poisson回归模型如下：

$$\begin{cases} \mathrm{logit}\,(p_i) = 0.365 - 0.864 \times \mathrm{Lag}\,(\mathrm{Case},\ 1) \\ \ln\,(\mu_i) = -17.175 - 0.003 \times \mathrm{Seasonal\ factor} + 0.007 \times \mathrm{Lag}\,(\mathrm{Case},\ 1) - 0.176 \\ \qquad \times \mathrm{Lag}\,(\mathrm{Tmin},\ 0) + 0.732 \times \mathrm{Lag}\,(\mathrm{Tmin},\ 1) + 0.050 \times \mathrm{Lag}\,(\mathrm{Hum},\ 0) + 0.095 \\ \qquad \times \mathrm{Lag}\,(\mathrm{Hum},\ 1) - 0.001\,\mathrm{Lag}\,(\mathrm{Rain},\ 2) - 3.032 \times \mathrm{Lag}\,(\mathrm{Wind},\ 0) \end{cases}$$

（10-15）

通过对广州市登革流行特征的分析，可以看出其呈现明显的季节性，且有较多月份无病例发生，月发生病例数存在过度离散的现象。零膨胀Poisson回归模型比传统Poisson回归模型更适于拟合气象因素对广州市登革流行的研究。对于本研究的过度离散数据，零膨胀Poisson回归模型比负二项分布模型易于解释气象因素、上月病例对登革流行的影响。本研究采用的混合概率分布模型对零计数和Poisson回归过程分别进行拟合，模型能较好地解决数据中过多零的问题，参数估计更加有效和无偏。在本研究零膨胀Poisson回归模型中，零可以发生在零计数过程和Poisson计数过程：发生在零计数过程中的零称为结构的零，如本研究中广州市在1~3月没有登革病例发生；出现在Poisson计数过程中的零称为抽样的零，如在4~12月有些月份没有登革病例报告。因此，结合广州市登革的流行特点，零膨胀Poisson回归模型较Hurdle模型更适于拟合气象因素对广州市登革流行的影响，其不仅能预测广州市登革月发生的概率，还可以估计发生的病例数。

（六）Stata操作过程

1. 先建立Stata数据集

Stata数据集（图10-2）：

Data Editor (Browse) - [广州市登革流行影响因素分析.dta]

File　Edit　Data　Tools

date_[1]　Jan-00

	date_	case	wind	windlag1	windlag2	rain	rainlag1	ra
1	Jan-00	0	1.8	1.9	1.6	10.6	53.9	
2	Feb-00	0	1.8	1.8	1.9	29.7	10.6	
3	Mar-00	0	1.5	1.8	1.8	27.7	29.7	
4	Apr-00	0	1.7	1.5	1.8	418.7	27.7	
5	May-00	1	1.5	1.7	1.5	202.9	418.7	
6	Jun-00	0	1.9	1.5	1.7	197.4	202.9	
7	Jul-00	0	1.8	1.9	1.5	288.9	197.4	
8	Aug-00	0	1.4	1.8	1.9	185	288.9	
9	Sep-00	0	1.8	1.4	1.8	56.7	185	
10	Oct-00	0	1.7	1.8	1.4	304.3	56.7	
11	Nov-00	0	1.8	1.7	1.8	34	304.3	
12	Dec-00	0	1.7	1.8	1.7	43	34	
13	Jan-01	0	1.6	1.7	1.8	67.3	43	
14	Feb-01	0	1.6	1.6	1.7	85.7	67.3	
15	Mar-01	0	1.6	1.6	1.6	92.5	85.7	

Ready　Vars: 16　Obs: 144　Filter: Off　Mode: Browse　CAP　NUM

图10-2　广东省登革流行影响因素分析数据集

2. Poisson逐步回归过程

（1）向后搜索逐步回归法的Stata命令和结果

命令：

stepwise, pr(0.05):poisson case caselag1 SF wind windlag1 windlag2 rain rainlag1 rainlag2 mint mintlag1 mintlag2 reh rehlag1 rehlag2

结果（图10-3）：

```
Poisson regression                              Number of obs   =        144
                                                LR chi2(8)      =    8037.20
                                                Prob > chi2     =     0.0000
Log likelihood = -1274.1414                     Pseudo R2       =     0.7593

        case        Coef.   Std. Err.      z    P>|z|     [95% Conf. Interval]

    caselag1     .0083286    .0002374   35.08   0.000     .0078633    .0087938
        wind    -4.063288    .2420665  -16.79   0.000     -4.53773   -3.588846
    rainlag2    -.0026775    .0003157   -8.48   0.000    -.0032962   -.0020588
        mint    -.2520697    .0246246  -10.24   0.000     -.300333   -.2038064
    mintlag1     1.023204    .0456409   22.42   0.000     .9337492    1.112658
     rehlag1     .1082914    .0086964   12.45   0.000     .0912468    .1253359
         reh     .0355471    .0070405    5.05   0.000      .021748    .0493462
          SF    -.0051492    .0017651   -2.92   0.004    -.0086087   -.0016897
       _cons    -21.11819    1.098115  -19.23   0.000    -23.27046   -18.96593
```

图10-3　Poisson逐步回归分析结果

（2）拟合优度检验Stata命令和结果

命令：

estat gof

结果（图10-4）：

```
. estat gof

        Goodness-of-fit chi2   =    2360.845
        Prob > chi2(135)       =      0.0000
```

图10-4　Poisson逐步回归拟合优度检验结果

小概率事件标准 $\alpha = 0.05$，拒绝数据服从Poisson分布的无效假设，所以我们应该考虑其他模型对数据进行处理。

（3）拟合效果评价Stata命令

命令：

estat ic

上述命令输出AIC和BIC，结果见表10-4，零膨胀Poisson回归模型拟合效果的Stata命令与之相同。

（4）回归模型的预测

预测发生的例数，生成新变量precase的Stata命令"predict precase"。

3. 零膨胀Poisson回归过程和结果

（1）零膨胀Poisson回归Stata操作命令

zip case caselag1 SF wind rainlag2 mint mintlag1 reh rehlag1，inf（caselag1）vuong。

零膨胀Poisson回归结果见表10-5。

（2）回归模型的预测

预测发生的例数，并生成新变量precase1的Stata命令"predict precase1"。

预测发生例数为零的概率，并生成新变量preprob的Stata命令"predictpreprob，pr"。

二、暴雨洪涝对传染病发病的影响

（一）研究背景

暴雨洪涝期间，由于降水、气温、空气湿度、地表植被等条件的变化以及各类生物生活环境的改变，会促使许多病原体迅速繁殖和传播。同时，灾区生活环境恶化，滋生大量蚊蝇等媒介，由媒介传播的疟疾、登革热等传染病发病增加。水资源匮乏和卫生服务措施中断也为肠道传染病的传播创造了有利条件。对肠道传染病而言，暴雨洪涝期间饮用水的质量可能通过以下几种方式受到不利的影响：地表水源和井水受到暴雨从土壤或生活环境中引入的粪便污染物的污染；在一些拥有陈旧的水利基础设施的地区，降水还可导致污水与自来水管道因为渗透而发生交叉污染。对自然疫源性及虫媒传染病而言，洪涝初期，大量动物如鼠类和家养动物聚集到无水高地，形成新的疫源地，自然疫源性疾病的病原体容易通过媒介感染宿主；洪涝后期，地势低洼处形成积水，会造成大量蚊蝇等媒介滋生，由虫媒传播的传染病如流行性乙型脑炎、疟疾等发病率上升。

暴雨洪涝与传染病的关系远没有研究清楚，我国在暴雨洪涝与传染病方面的研究还不够深入，目前暴雨洪涝对人类传染病的影响仍缺乏强有力的流行病学证据。因此，本案例研究以广西壮族自治区为例，利用生态趋势研究探讨暴雨洪涝与人群传染病的关系，采用零膨胀和负二项多因素模型分析暴雨洪涝与相关传染病的关联强度。

（二）数据来源

1. 疾病数据

传染病数据来自中国疾病预防控制中心中国疾病预防控制系统的法定报告传染病数据库。

2. 暴雨洪涝和气象数据

2005～2012年的暴雨洪涝数据来自《中国气象灾害年鉴（2006～2013）》《中国水利年鉴（2006～2013）》《全国气候影响评价（2006～2013）》《广西年鉴（2006～2013）》和中国气象数据网。广西壮族自治区气象观测站点的气象数据来源于中国气象数据网。

3. 人口数据

广西壮族自治区的人口数据来自中国疾病预防控制中心公共卫生科学数据中心和第六次全国人口普查数据。

（三）研究设计与分析

利用生态趋势研究观察暴雨洪涝前后各传染病发病频率的变化，判断不同滞后期暴雨洪涝与各传染病的关联。先是根据研究现场暴雨洪涝状况选取暴露期和对照期。为了使对照期更具有代表性和可比性，严格选取研究现场的汛期（4～9月）作为研究期，汛期中没有发生暴雨洪涝或其他气象灾害（如高温热浪）的时期作为对照期的候选。该研究参照时间分层病例交叉研究原则选择对照期，先由暴露期决定所在的时间层，选择该时间层的其他时间点作为对照。例如，某研究现场2002年6月发生了暴雨洪涝，其暴露期为6月，2002年4～5月和2002年7～9月若没有发生其他气象灾害，将被选为对照期。采用Wilcoxon秩和检验对暴露期和对照期的各传染病的旬罹患率进行差异性检验，有意义者进行多因素分析。

传染病病人之间互相传染，而且还具有群聚性，往往造成条件方差大于条件均数，造成资料超离散，此时若采用Poisson回归模型来描述传染病的影响因素就不再合适，容易低估标准误的大小，夸大解释变量效应。该研究采用Lagrange乘数检验对资料的超离散进行检验。医学上，负二项分布常用于描述传染性疾病的分布和生物的群聚性。此时可以用负二项回归来描述传染病的这种现象，即 $\ln(\lambda_i) = \ln(n_i) + \beta x_i + \ln(\kappa_i)$，$\kappa$ 表示超离散的程度，服从均数为0、方差为 α 的伽马分布。对于肠道传染病中的细菌性痢疾、其他感染性腹泻等病种以及呼吸道传染病中的肺结核，由于监测到发病人数众多，旬发病数极少出现零值，采用负二项回归模型能较好地评价暴雨洪涝对传染病的影响。对于其他传染病，发病人数相对较少，在某旬中常常遇到发病数为零的状况，即单位时间内没有监测到传染病的发病。资料的零值过多，且取相同的零值反映了不同的情况，常常会导致资料表现出较大的变异，这类现象被称为资料的零膨胀。若继续采用负二项回归分析此类资料，往往低估事件中的零发生概率，因此宜采用零膨胀计数模型。零膨胀计数模型建立的过程如下：第一，观察计数资料是否存在零膨胀情况；第二，判断计数资料是否存在超离散，在判断零值较多的基础上，考察计数资料的均数与方差是否相等及LR α 检验是否显著，若基本相等且LR α 检验不显著（$P > 0.05$），则为等离散，宜采用零膨胀Poisson模型，若方差明显大于均数，LR α检验也显著（$P < 0.05$），则为超离散，宜采用零膨胀负二项模型；第三，进行Vuong检验决定模型的选择。

因此，本案例研究根据各种传染病在人群中分布的类型和各模型的适用条件，最终选择了负二项回归模型拟合暴雨洪涝与细菌性痢疾、其他感染性腹泻和肺结核发病的关系，选择了零膨胀负二项回归模型拟合暴雨洪涝与阿米巴痢疾、急性出血性结膜炎、百日咳、流行性感冒、麻疹、狂犬病、流行性乙型脑炎、炭疽和恶性疟发病的关系。由于零膨胀负二项回归模型在拟合暴雨洪涝与甲型H1N1流感、肾综合征出血热和钩端螺旋体病的关系时，模型拟合效果较差，但这些疾病的零膨胀现象较为严重，对上述三种疾病选用了零膨胀Poisson回归模型，并计算暴雨洪涝对各种传染病的OR值及95% CI。多因素分析时，考虑到各气象因素之间存在较强的线性相关，会使回归系数估计的方差很大，导致模型参数不稳定，因此采用主成分分析对原始气象变量提取主成分，保证回归模型的稳定性。

（四）结果

Wilcoxon秩和检验结果显示细菌性痢疾、阿米巴痢疾、其他感染性腹泻、急性出血性结膜炎、甲型H1N1流感、肺结核、百日咳、流行性感冒、麻疹、肾综合征出血热、狂犬病、流行性乙型脑炎、炭疽、钩端螺旋体病和恶性疟可能是暴雨洪涝相关敏感性传染病。负二项回归模型显示暴雨洪涝相关敏感性肠道传染病为细菌性痢疾和急性出血性结膜炎，其OR值分别为1.268（95% CI：1.072 ~ 1.500）和3.230（95% CI：1.976 ~ 5.280），相关敏感性呼吸道传染病为甲型H1N1流感、肺结核和流行性感冒，其OR值分别为1.808（95% CI：1.721 ~ 1.901）、1.200（95% CI：1.036 ~ 1.391）和2.614（95% CI：1.476 ~ 4.629），相关敏感性自然疫源性和虫媒传染病为肾综合征出血热、流行性乙型脑炎和钩端螺旋体病，其OR值分别为1.284（95% CI：1.104 ~ 1.493）、2.334（95% CI：1.119 ~ 4.865）和1.138（95% CI：1.075 ~ 1.204）。

（五）结论

广西壮族自治区的暴雨洪涝可以显著增加下列传染病的发病风险：细菌性痢疾、急性出血性结膜炎、甲型H1N1流感、肺结核、流行性感冒、肾综合征出血热、流行性乙型脑炎等。暴雨洪涝对传染病的发病风险如下所示（表10-6）。

表10-6　多因素回归模型中暴雨洪涝对传染病的发病风险

疾病种类	模型	β	标准误	z	P	OR值（95% CI）
细菌性痢疾	负二项回归模型	0.237	0.086	2.77	0.006	1.268（1.072 ~ 1.500）
阿米巴痢疾	ZINB	0.511	0.322	1.59	0.112	1.667（0.887 ~ 3.133）
其他感染性腹泻	负二项回归模型	0.017	0.112	0.15	0.880	1.017（0.816 ~ 1.267）
急性出血性结膜炎	ZINB	1.172	0.251	4.68	< 0.001	3.230（1.976 ~ 5.280）
甲型H1N1流感	ZIP	0.592	0.025	23.31	< 0.001	1.808（1.721 ~ 1.901）
肺结核	负二项回归模型	0.182	0.075	2.43	0.015	1.200（1.036 ~ 1.391）
百日咳	ZINB	0.618	0.426	1.73	0.094	1.855（0.979 ~ 3.515）
流行性感冒	ZINB	0.961	0.292	3.30	0.001	2.614（1.476 ~ 4.629）

（续表）

疾病种类	模型	β	标准误	z	P	OR值（95% CI）
麻疹	ZINB	0.009	0.180	0.05	0.959	1.009（0.709～1.436）
肾综合征出血热	ZIP	0.250	0.077	51.09	< 0.001	1.284（1.104～1.493）
狂犬病	ZINB	0.358	0.198	1.81	0.070	1.431（0.971～2.109）
流行性乙型脑炎	ZINB	0.847	0.375	2.26	0.024	2.334（1.119～4.865）
炭疽	ZINB	−2.350	0.147	−16.04	< 0.001	0.095（0.071～0.127）
钩端螺旋体病	ZIP	0.129	0.029	4.47	< 0.001	1.138（1.075～1.204）

（王成岗）

参考文献

丁国永，2015. 气候变化背景下暴雨洪涝致人群敏感性传染病发病风险的评估研究［D］. 济南：山东大学.

王成岗，2014. 广东省登革流行特征及气象因素对广州市登革的影响研究［D］. 济南：山东大学.

原静，刘桂芬，薛玉强，2011. 零膨胀计数资料模型选择与比较［J］. 中国卫生统计，28（4）：354-356.

赵丽华，刘桂芬，原静，等，2010. Hurdle模型及其在居民就诊影响因素中的应用［J］. 中国卫生统计，27（2）：149-151.

EGGENBERGER F，PÓLYA G，1923. Über die statistik verketteter vorgänge［J］. ZAMM–Journal of applied mathematics and mechanics，3（4）：279-289.

GREENWOOD M，YULE G U，1920. An inquiry into the nature of frequency distributions representative of multiple happenings with particular reference to the occurrence of multiple Attacks of disease or of repeated accidents［J］. Journal of the royal statistical society，83（2）：255-279.

LAMBERT D，1992. Zero–inflated Poisson regression，with an application to defects in manufacturing［J］. Technometrics，34（1）：1-14.

第十一章
分布滞后非线性模型——评估环境与健康的"暴露—滞后—反应"关系

环境暴露对健康的效应在时间上经常存在滞后现象，如有研究表明某日的极端气温对人群健康的效应不仅出现在当日，还可以持续数天甚至十几天之久，这就需要我们灵活地应用相关统计模型去描述暴露—反应关系中增加的时间维度。最近发展的分布滞后非线性模型（distributed lag non-linear models，DLNM）能同时估计非线性的暴露—反应关系和滞后效应，可以更准确地评估环境暴露与健康的关系。本章将以空气污染、气温、暴雨洪涝与人群死亡数、传染病发病数之间的关系为例，介绍分布滞后非线性模型在环境流行病学领域中的应用。

第一节 概 述

一、分布滞后非线性模型概述

分布滞后非线性模型目前尚无明确的定义，一般认为分布滞后非线性模型是指以广义线性模型、广义相加模型为核心模型（core model，也称基本模型），通过加入自变量的交叉基函数，可以同时评估暴露—反应的非线性关系以及滞后效应的一类模型族（Gasparrini et al.，2010）。

分布滞后非线性模型的基本模型可为广义线性模型和广义相加模型。

广义线性模型：

$$g(\mu) = \alpha + \sum_{i=1}^{j} \beta_i x_i + \varepsilon \qquad (11-1)$$

广义相加模型：

$$g(\mu) = \alpha + \sum_{i=1}^{j} f_i(x_i) + \varepsilon \qquad (11-2)$$

模型中应用基函数 $f(x)$ 描述因变量与自变量的非线性关系，常用的函数有多项式函数（polynomial basis）、自然立方样条函数（natural cubic spline）和线性阈值函数（linear threshold function）等。分布滞后非线性模型算法的核心思想是交叉基（crossbasis），即对暴露—反应关系与滞后效应分别选取相应的基函数，然后计算两个基函数的张力积得到交叉基函数。例如：将研究自变量

（如温度）与滞后效应的分布进行交叉基运算后再纳入基本模型，其显著特点是可以同时拟合暴露—反应的非线性关系及暴露因素的滞后效应（暴露—滞后—反应关系）。

二、基本原理

1. 基本模型

$$g\left(\mu_t\right) = \boldsymbol{\alpha} + \sum_{j=1}^{J} s_j\left(x_{tj}; \boldsymbol{\beta}_j\right) + \sum_{k=1}^{K} \gamma_k u_{tk} \qquad （11-3）$$

式11-3展示了分布滞后非线性模型的基本模型，其中 $\mu_t \equiv E\left(Y_t\right)$，时间序列数据 Y_t 代表结局变量，服从指数分布族，如正态分布、Gamma 分布和Poisson 分布等，$E\left(Y_t\right)$ 代表 t 时刻因变量 Y 的期望；g（ ）代表连接函数；s_j 代表 x_j 与 $E\left(Y_t\right)$ 间的非线性函数；u_k 代表其他与 $E\left(Y_t\right)$ 间存在线性关系的变量；$\boldsymbol{\beta}$、γ 分别代表 x_j、u_k 的参数向量。s_j 代表自变量 x_j 的基函数，通过选择不同的基函数可将 x_j 转换成一个新的变量集，包含到模型的设计矩阵中，并进行参数估计。基函数包括常用的非参数形式的光滑样条函数、惩罚样条函数以及参数形式的自然立方样条函数、多项式函数、线性阈值函数（$x-\kappa$）$_+$，基函数的公式如下：

$$s\left(x_t; \boldsymbol{\beta}\right) = \boldsymbol{Z}_{t.}^{\mathrm{T}} \boldsymbol{\beta} \qquad （11-4）$$

$n \times v_x$ 矩阵 $\boldsymbol{Z}$ 由自变量 x 通过基函数转换产生，$\boldsymbol{Z}_{t.}$ 代表 $\boldsymbol{Z}$ 矩阵的第 t 行，$\boldsymbol{Z}$ 矩阵随后被纳入模型的设计矩阵中用来估计参数 $\boldsymbol{\beta}$。

2. 滞后效应

环境暴露所导致的效应往往存在滞后现象，当天的结局可能受过去暴露的影响，为描述暴露的滞后效应，可对自变量 x 进行简单转换，产生 $n \times \left(L+1\right)$ 的 $\boldsymbol{Q}$ 矩阵。

$$\boldsymbol{q}_{t.} = \left[x_t, \cdots, x_{t-l}, \cdots, x_{t-L}\right]^{\mathrm{T}} \qquad （11-5）$$

其中，L 是模型中自定义的最长滞后天数，$\boldsymbol{q}_{.1} \equiv \boldsymbol{x}$（$\boldsymbol{Q}$ 矩阵的第一列），同时定义 $\boldsymbol{l} = \left[0, \cdots, l, \cdots, L\right]^{\mathrm{T}}$ 作为滞后向量（$\boldsymbol{Q}$ 矩阵的第 $L+1$ 列），通过这一步给暴露—反应关系添加了滞后维度。

当线性假设建立后，对滞后效应的描述自然变成分布滞后线性模型（distributed lag linear model，DLM），此模型假设暴露效应存在于某一特定时间段，通过自定义参数 L 估计不同滞后时间的暴露效应，其中最简单的是无限制的分布滞后模型，即将不同时滞的暴露变量不加任何限制全部纳入模型。无限制的分布滞后模型显著的缺点是相邻时滞的暴露变量往往具有很高的相关性，这将会导致模型产生共线性问题，进而使参数估计结果出现偏差。Schwartz（2000）和Braga等（2001）针对这个问题对模型进行了改进，方法是给滞后分布强加某些限制，如强制滞后分布服从多项式函数或者样条函数，或者采用分层的思想，将滞后时间分成几段，每段内强制不同时间的滞后效应相等（见公式11-6、11-7、11-8），还有一个简单的替代方法是将前 L 天的暴露变量移动平均值作为自变量纳入模型，这可以看成分布滞后模型的一个简化的特例，此方法已经广泛应用于空气污染与健康的研究当中。

$$s\left(x_t; \boldsymbol{\eta}\right) = \boldsymbol{q}_{t.}^{\mathrm{T}} \boldsymbol{C} \boldsymbol{\eta} \qquad （11-6）$$

$$\boldsymbol{W} = \boldsymbol{Q} \boldsymbol{C} \qquad （11-7）$$

$$\hat{\boldsymbol{\beta}} = \boldsymbol{C} \hat{\boldsymbol{\eta}} \qquad V\left(\hat{\boldsymbol{\beta}}\right) = \boldsymbol{C} V\left(\hat{\boldsymbol{\eta}}\right) \boldsymbol{C}^{\mathrm{T}} \qquad （11-8）$$

上式中，C 为选择特定基函数对滞后向量 l 转换得到的 $(L+1) \times v_l$ 矩阵，η 向量为未知参数，所有不同的分布滞后模型都可以通过变换 C 矩阵得到。例如：$C \equiv 1$，模型变为移动平均模型；$C \equiv I$，模型变为未限制的分布滞后模型；C 若定义为 l 的多项式函数或样条函数，则可以使效应在不同滞后之间呈平滑的曲线。W 矩阵由代表暴露变量的 Q 矩阵和代表滞后的 C 矩阵相乘得来，随后被纳入模型的设计矩阵中用来估计参数 η，β 为每个滞后时间的线性效应的估计，$\hat{\beta}$ 为对滞后分布所作的限制。尽管基函数被应用在了滞后向量 l 而不是暴露变量 x，但它们的目的是相似的，都是为了描述暴露效应在不同滞后之间的分布形状。

3. 分布滞后非线性模型

上述系列方法可以应用单滞后模型或者分布滞后线性模型灵活探讨暴露—反应关系，但其没有解决暴露与结局的非线性关系，由此引出了同时在暴露和滞后维度引入非线性关系的分布滞后非线性模型。该模型算法复杂，其核心思想为交叉基。对暴露与结局的关系、滞后效应的分布分别应用合适的基函数，计算两个基函数的张力积即可得到交叉基函数，具体步骤如下：

先建立暴露与结局的定量关系模型，选择基函数定义暴露与结局的关系，即公式11-4，得到基向量 Z，接着利用公式11-5为暴露添加新的滞后维度，再给矩阵 Q 每列选择合适的基函数，这样得到 $n \times v_x \times (L+1)$ 的三维数组 $\dot{R}$，定义矩阵 C，见公式11-6，则DLNM公式可表示为：

$$s(x_t; \boldsymbol{\eta}) = \sum_{j=1}^{v_x} \sum_{k=1}^{v_l} r_{tj}^{\mathrm{T}} \cdot c_{\cdot k} \eta_{jk} = W_{t\cdot}^{\mathrm{T}} \cdot \boldsymbol{\eta} \tag{11-9}$$

式中，r_{tj}. 为通过基函数 j 变换得到的时间 t 的滞后暴露向量，$W_{t\cdot}$ 由自变量 x_t 由交叉基函数变换得来。

尽管DLNM算法复杂，但它的参数估计和统计推断与广义线性模型差别不大，与分布滞后线性模型直观的结果解释不同，DLNM非线性的暴露—滞后—反应关系更难描述，一个合适的解决方法是采用3-D图（三维图）展示滞后效应的估计结果，3-D图三个轴分别代表滞后、暴露和效应值，从图中可以得出不同暴露水平在不同滞后期的效应值。特定滞后时间的不同暴露的效应或者特定暴露水平的滞后效应可以通过对3-D图进行简单切片（slice）得到，DLNM还可以估计不同暴露水平在特定滞后时期的累积效应，其估计值与标准误的计算见公式11-10、11-11。

$$e_{\mathrm{tot}} = W^p \hat{\boldsymbol{\eta}} \tag{11-10}$$

$$e_{\mathrm{tot}}^{\mathrm{sd}} = \sqrt{\mathrm{diag}\left(W^p V(\hat{\boldsymbol{\eta}}) W^{p\mathrm{T}}\right)} \tag{11-11}$$

三、模型的发展

在评估环境暴露的短期效应时，经常出现暴露对人群健康的效应可能不局限于暴露发生时的情况，效应的出现在时间上往往存在着滞后现象。例如，多项研究证明，环境污染或者极端气温对人群健康的效应可以持续数天甚至十几天之久（Dominici et al.，2008）。由此引出了一个问题，即如何建模来评估暴露的发生对未来一系列结局的效应。解决方法便是在暴露—反应关系中增加一个滞后维度，以此来描述效应的时间结构。为评估这种滞后效应，Almon（1965）提出了分布滞后线性模型，其基函数采取广义线性模型，可研究暴露的滞后效应和累积效应。2000年左右Schwartz和Braga等将该模型引入环境健康效应的定量化评估之中，后来Zanobetti提出了广义相加分布滞后模型，综合了广义相加模型（式11-2）与分布滞后线性模型。传统的分布滞后线性模型存在一个显著的缺点，即其只限于暴露—反应线性关系，而大部分环境暴露与人群健康并不呈线性关系，如气温对健康的效应往往呈"U"型，某些污染物对健康的效应可能呈"J"型。针对此缺点，Gasparrini与Armstrong等（2011）以广义线性模型和广义相加模型等传统模型的思想为基础，重新阐述了分布滞后非线性模型的理论，并制作成R软件包"dlnm"，可以同时探讨暴露的滞后效应和暴露—反应的非线性关系。

四、主要用途

分布滞后非线性模型在环境暴露与健康研究中应用广泛，当前应用最多的主要是气温、空气污染对人群死亡数的影响，后来暴露变量由气温、空气污染逐渐扩展到其他气象变量（如湿度、降雨量）（杨军 等，2012），之后又有学者将其应用到极端天气事件与健康研究中，如热浪、极端降水事件、暴雨洪涝等（Cheng et al.，2014）。结局变量也由人群死亡数向分病种死亡数、传染病发病数、医院门诊量等扩展。分布滞后非线性模型结合时间序列回归已经成为气象流行病学、环境流行病学研究中近乎标准的研究方法，近年来，有学者将其推广到了其他领域，如药物临床试验以及巢式病例对照研究，不过应当注意的是，此类研究的数据收集与传统方法略有不同，其干预措施或暴露必须按照规律的时间间隔收集，类似时间序列资料。

第二节　研究设计与实施

一、确定研究目的

分布滞后非线性模型广泛应用于环境暴露与人群健康关系的研究，其研究目的多是检验病因假设，但与传统的病例对照研究、队列研究不同，分布滞后非线性模型结合时间序列分析，隶属于生态学研究中的生态学比较研究，其显著特点是基于群体水平，若将其推论到个体水平则是危险、不负责任的，需要生物学证据的论证。例如，探讨PM2.5对人群总死亡的影响，目的便是验证群体水平上PM2.5暴露的增加能否导致人群死亡数的增加，而不能认为是短期的PM2.5暴露导致个体死亡。研究应根据结局的特点，在广泛查阅相关文献的基础上提出合理的病因假设，确定研究目的。

二、选择研究现场与研究时期

研究现场的选择应根据暴露状况与结局变量的分布综合考虑。例如：研究空气污染对人群健康的效应，应首选那些空气污染比较严重的地区；研究气象因素对传染病的影响，应首选那些传染病高发的地区。此外，研究现场还应该有良好的工作基础，因为时间序列资料的收集比较困难，良好的工作基础便于我们收集资料、开展工作。研究现场的空间尺度以地级市为佳，县级地区也可以，因为地级市通常有足够数量的研究对象，同时暴露因素（如某一气象站点的气温等）可以代表全市，区域过大时暴露变量的代表性变差，容易产生信息偏倚。

研究时期的选择通常认为时间越长越好，因为时间序列分析中样本含量与两个因素有关，即时间尺度和研究时期。在时间尺度固定的情况下，研究时期越长，样本含量越大，模型参数估计值越稳定，但研究时期很长时应注意数据收集过程中的质量控制问题。时间序列分析研究中，当研究的暴露变量为事件，如热浪、极端降雨事件时，为了在设计阶段控制混杂，研究时期往往去除事件几乎不可能发生的时间段，其中原理类似于在病例对照研究中，研究对象不能选择那些肯定不存在要研究的暴露的人群，例如研究饮酒对肝癌的影响，如果选取的部分肝癌病人是虔诚的宗教人员，该宗教禁止教徒喝酒，这样就会造成选择偏倚，使饮酒对肝癌影响的相对危险度减小。

三、确定暴露因素与结局变量

暴露因素的选取通常是在描述性研究或者生态学研究的基础上，结合文献回顾与专家意见确定的。研究中应着重考虑暴露因素的定义与测量，暴露因素的测量方法应敏感、简单、可靠。模型常用的时间序列暴露资料有其特殊的地方，时间序列分析中往往选择某个地级市作为研究地区，然后收集研究地区逐日或者其他时间尺度的暴露数据，这就要求收集的数据必须可以代表整个地市的暴露水平，举例来说，某一气象站点的平均温度是可以代表整个地市的温度的，因为同一地市不同站点的平均温度变化不大，但假设只用一个站点的PM2.5浓度代表整个市的污染物浓度就不合适了，因为污染物浓度与站点附近工厂数量、所处城乡位置、交通状况、局域小气候等关系密切。

结局变量的选取应该全面、具体，结合文献回顾、生物学合理性等确定，结局不应仅限于发病、死亡，也可以是门诊量等群体健康指标。通常选取研究地区影响人群健康的重要公共卫生问题作为结局变量。结局变量的测量应有统一的标准，如某疾病的诊断标准，并在研究过程中严格遵守。对于结局变量常用的疾病常规监测数据、传染病上报数据等应当进行质量评价，如对传染病的漏报率进行调查并据此对原始数据进行调整。

时间序列数据跨时很长，收集暴露或结局资料时应注意测量方法、疾病诊断标准有无较大变化，尽量保持一致的标准。对于时间序列数据中的缺失值应进行科学的填补，必要时应咨询收集数据的专业人员。

四、资料收集与整理

研究现场与研究时期确定后，结合要研究的暴露变量、结局变量和混杂变量，可以开始收集资料，研究资料通常的获取方式有四种：① 查阅医院门诊、住院记录资料、疾病预防控制中心传染病上报资料、死因监测资料；② 收集气象站点和环境监测站点的气象、污染资料；③ 人口经济、卫生等统计年鉴资料；④ 实验室常规监测资料或者专项调查资料。时间序列资料收集之后，应该首先对资料进行审查，了解资料的正确性与完整性，对明显错误的异常值应进行剔除并尽可能查阅相关原始资料后补齐，确实缺失的应在管理资料的相关专家协助下进行数据的调整和填补，力求资料真实、可靠，能相对准确地反映研究人群的暴露水平或健康结局。按照统计分析的要求，数据应该按照时间序列资料形式整理，一行代表一个观测记录，即某一天（或者其他时间尺度）的所有暴露与结局变量的观测值，一列代表一个变量，伦敦市空气污染与人群总死亡数据集（部分）如下（表11-1）。

表11-1 伦敦市空气污染与人群总死亡数据集（部分）

日期	臭氧浓度（ug/m³）	温度（℃）	相对湿度（%）	总死亡数
2002/1/1	4.59	−0.23	75.68	199
2002/1/2	4.88	0.09	77.53	231
2002/1/3	4.71	0.85	81.33	210
…	…	…	…	…
…	…	…	…	…
2006/12/29	37.73	8.01	88.03	153
2006/12/30	56.83	9.73	84.20	143
2006/12/31	56.36	10.02	85.52	137

备注：数据收集网址为http://ije.oxfordjournals.org/content/suppl/2013/05/30/dyt092.DC1。

五、模型的建立与结果解释

数据收集整理完毕后，便可以导入R软件建立模型，建模的主要问题包括变量纳入、参数设置与模型的比较。变量的纳入原则与其他研究类似，除暴露因素外，只纳入主要的混杂因素研究，分布滞后非线性模型由于多应用时间序列资料，有其独特的混杂因素，需要特别注意的是，模型的共曲线性类似于常见的回归模型中的共线性，共曲线性在含有样条函数的广义线性模型、广义相加模型中十分常见，尤其是众多气象因素，很容易产生共曲线性，当前比较通用的处理方式是只加入气温、湿度、降雨量等与暴露、结局变量关系比较密切、有一定生物学合理性的气象因素，这也与自变量纳入的原则之一——"少而精"相契合。

模型参数设置在分布滞后非线性模型中相当重要，因为越来越复杂的统计模型严重依赖于参数的设置，模型需要设置的参数很多，如基本模型与平滑函数的选择、自由度的设定等，参数设置有一些一般原则，同时也需要结合具体的研究来设置。模型的比较有多种方法，如可以通过比较模型拟合效果指标（如调整决定系数、偏差解释度）来选择模型，在R软件中嵌套模型也可以通过方差分析（anova命令）进行比较，还可以直接比较不同模型的赤池信息准则（AIC）或者类赤池信息准则（QAIC）值的大小，通过以上几种方法可以选择出最优模型。

分布滞后非线性模型的结果解释与常见的回归模型略有不同。环境流行病学领域中因变量多为计数资料，如每日发病数、死亡数、门诊量等，计数资料常应用Poisson回归，其回归系数与标准误经过转换后可以得到RR值及其95% CI。应用Poisson回归的分布滞后非线性模型的结果解释由自变量的性质、平滑函数的选择、滞后分布等共同决定。暴露对结局的效应可分为四种，即线性效应、线性单阈值效应、线性双阈值效应、设参照的非线性效应。线性效应只得到一个RR值，解释为暴露因素每升高一个单位时的相对危险度，如污染物对人群死亡数的影响。线性单阈值效应指的是暴露因素小于阈值时对结局无效应，超过阈值后对结局具有线性效应，如气温对中暑人数的影响。线性双阈值效应指的是暴露因素有两个阈值，处于两个阈值之间的暴露因素对结局没有效应，超过高阈值或小于低阈值都对结局有线性效应，如气温对人群死亡的影响。设参照的非线性效应指的是以某一暴露水平为参照，其他暴露水平都与参照水平比较，模型会得出很多RR值，每一暴露水平都对应着一个RR值，暴露因素不同水平的效应呈曲线形式（如自然立方样条）。分布滞后非线性模型的特有之处在于滞后效应与累积效应。对于滞后效应，模型会给出每一个滞后日的RR值（实际上尺度可以小于日），累积效应是指计算某一暴露水平相对于参照水平的效应时，可得出累积几个滞后日的总RR值。以上结果在R软件中均可以用表或者图形（3-D图、累积效应图、滞后效应图）的形式展示出来，直观、形象。

六、偏倚和质量控制

分布滞后非线性模型同其他方法一样，在研究设计、资料收集、数据分析等环节都可能存在偏倚，主要偏倚种类包括测量偏倚与混杂偏倚，测量偏倚来自测量手段或者资料收集方法的问题，混杂偏倚与常见病例对照研究、队列研究中的有所不同，因为研究使用时间序列资料，基于群体水平，一些个体水平上的混杂已经不再适用。时间序列分析中的混杂包括可测量的混杂和不可测量的混杂，其与时间尺度（包括年、季节、日等）密切相关，典型的混杂有"长期趋势""季节趋势""星期几效应"等，这些混杂需要用特殊的方法进行处理。

质量控制应贯穿研究始终，在流行病学设计阶段应当广泛查阅文献，并进行专家论证，以完善研究方案；资料收集阶段应统一疾病诊断标准以及暴露与混杂变量的测量标准，并对数据收集人员进行统一的培训；资料整理阶段应该对数据进行严格的核查，科学更正异常值并填补缺失值，对于疾病上报资料，应特别注意漏报、瞒报的问题；统计分析阶段应注意运用正确的软件代码，最好在统计学专业人员参与下建立模型，并在流行病学专家帮助下进行结果解释。

第三节　应用模型注意事项

一、样本含量的要求

研究样本含量不应太少，但目前尚没有比较明确的标准。Bhaskaran等认为收集的时间序列资料为日尺度时，研究期应在3年及以上，样本量（指时间序列分析中的观测日数）在1 000左右比较合适。样本含量过少会导致参数估计精度下降，估计值也不稳定。但样本量过多即研究时期太长时，应当注意时间序列变量的测量一致性问题，如疾病编码是否已经改变，疾病诊断标准、污染物浓度的测量方法是否已经更新。

二、基本模型和平滑函数的选择

研究基本模型包括广义线性模型和广义相加模型，常用的策略有广义线性模型结合参数样条如自然立方样条，广义相加模型结合非参数样条如惩罚样条等，通过统计模拟的方法证明，不同的模型选择策略对参数估计结果影响不大，比较而言前者更稳定。平滑函数包括样条函数、正弦/余弦函数、局部加权回归函数、核平滑函数等，其中最常用的是样条函数。样条函数是指选择若干固定节点（knot），将自变量x分割成若干个区间，节点数目和位置的选取遵循一定的原则，常用的是等距节点，然后在每个区间上分别拟合多项式函数，且利用导数衡量限制曲线在节点处的光滑性。样条函数可以分为自然立方样条、光滑样条和惩罚样条等，其优点是可以方便地拟合自变量与因变量间的非线性关系。常见的三次样条是指在区间上拟合三次多项式，但三次样条存在边界处不稳定等缺点，为克服其缺点，可强加4个限制，即两侧边界二阶、三阶倒数为零，这就是三次自然样条，也称为自然立方样条。光滑样条是在每个数据点上设立一个节点，其基函数数目与样本量一致。惩罚样条利用了粗糙度惩罚的思想，通过构建极小化惩罚平方和，用参数λ控制，兼顾拟合优度和光滑度。惩罚样条相较于光滑样条在处理大数据时具有计算简单、省时的优势（Wood，2006）。平滑函数的选择没有固定的标准，最常用的是自然立方样条和惩罚样条，不同的样条函数对参数估计的影响不大，正如Peng所说，关键的是如何进行的平滑而不是选择哪种平滑函数。

三、自由度的选择

分布滞后非线性模型多采用样条函数评估暴露与结局间的非线性关系，而样条函数的自由度需要自行定义。模型自由度的选择涉及暴露因素、滞后的分布和混杂因素，主要的策略有四种：一是根据生物学知识和专家的经验选择固定自由度，此种方法应该进行敏感性分析；二是根据AIC、QAIC等信息准则确定；三是根据残差独立原则，通过最小化模型残差自相关来选择自由度；四是根据广义交叉验证（GCV）的方法自动选择自由度，此种策略有预测暴露因素的最佳模型和预测因变量的最佳模型两种。以气温与人群总死亡研究为例，针对暴露因素气温与滞后的分布，最常用的策略是第一种，通常每年选择4~5个自由度；针对混杂因素中的其他气象因素，如湿度，可以采取多种策略，采取第一种策略时，通常每年选择3~5个自由度，采取第二、三种策略时，往往先建立不同自由度的组合，分别建模并估计参数，再根据最小化AIC、QAIC或PACF的原则选取，采取第四种策略时，模型一般选择广义相加模型，样条选择惩罚样条，采用GCV方法自动估计；针对长期趋势与季节趋势的自由度选择，策略与湿度等基本一致，只不过采取第一种策略时，通常每年约选择7个自由度。

四、混杂因素的控制

分布滞后非线性模型的自变量包括暴露变量与混杂变量。混杂变量的纳入与暴露、结局变量的性质密切相关，结合混杂因素的定义，纳入模型的混杂变量首先要与暴露变量相关，其次要与结局变量相关，而且不是暴露因素到结局变量的中间变量。时间序列分析中的混杂因素有其独特的地方，通常包括可测量的混杂和不可测量的混杂。

现以空气污染与人群健康研究为例阐明时间序列分析研究中不同时间尺度上的混杂因素：从日尺度上来说，日平均温度与日平均相对湿度可以作为混杂因素，因为其既与污染物水平有关，又与日死亡数有关，此外，污染物水平与星期几有关，因为工厂开工、人们开车上班都会影响污染物排放，日死亡人数与星期几也有关系，即时间序列分析中常见的混杂因素——"星期几效应"；从季节尺度上来说，季节性的气候变化以及随之而来的与健康有关的行为变化既与污染物水平有关，又与季节死亡人数有关，由此造成的混杂常常称之为"季节效应"；从年尺度上来说，人口的增加会导致污染排放加剧，同时死亡人数也会增加，而科技与经济水平的提高会同时导致污染减少与死亡数减少，所以人口、科技、经济水平是年尺度上的混杂因素，即时间序列分析中常见的"长期趋势"。

以上所有混杂因素中有一些是可以测量获得的，如温度、湿度等气象因素以及人口水平、星期几等，也有一些是无法直接测量的，如长期趋势与季节趋势。对于可测量的混杂我们可以直接将其纳入模型，而对于不可测量的混杂，我们必须用特殊的手段加以控制。常用的方法是寻找一个代理变量，此变量应尽量与不可测量的混杂变化一致，由此达到代理或者代替的目的。在这里介绍三种行之有效的方法处理不可测量的混杂：第一种方法是时间分层模型（设置时间的哑变量），此方法应用了流行病学中匹配的思想，与病例交叉原理相同，其时间层类似于匹配组，在层内实现了混杂因素的均衡可比，其优点是简单易懂、操作方便，能控制主要的时间趋势，缺点是模型参数较多，计算不便，其危险基线水平在临近时间区段的跳跃不符合生物学假设；第二种方法是设置时间的周期性函数（傅立叶变换），通过建立时间的sin和cosin函数可以更加平滑地代理不可测量的混杂，该方法的优点是比时间分层模型更符合生物学规律，对规律的季节变化控制较好，缺点是计算较复杂，对不规律的季节变化控制不好，也无法控制长期趋势，使用时必须额外加入控制长期趋势的变量；第三种方法是设置时间的样条函数，此方法是当前应用最多的方法，也是控制效果最好的方法，样条函数类似于一个滤波器，通过选择不同自由度，可以滤掉不同时间尺度的变异，通常选每年7个自由度，这样基本上超过1.5个月的变异都被滤掉了，剩下的短期变异正是我们所需要的，不同自由度的样条函数可以更灵活地代理混杂变量，可以同时控制时间趋势与季节趋势，缺点是计算更加复杂，自由度、样条函数的选择需要专业判断（Bhaskaran et al., 2013）。

五、模型评价与敏感性分析

分布滞后非线性模型建立后，应当对模型拟合效果、残差情况等进行评价：一种评价方式是利用模型拟合效果评价，指标包括调整决定系数、偏差解释度、赤池信息准则、类赤池信息准则等。调整决定系数、偏差解释度越接近1，说明模型拟合效果越好，但如果数值太大，应考虑共线性问题，赤池信息准则、类赤池信息准则等数值本身没有意义，只有在不同建模策略相互比较时才有意义，通常数值越小越好；另一种评价方式是绘制真实值与拟合值的线图，可以直观地展示拟合效果。通过分析残差的变异情况判断模型拟合效果的常见方式有残差散点图、残差直方图和残差正态性检验，如果建模策略得当，模型残差散点图中残差会在x轴两侧均匀分布，残差直方图会基本服从正态分布。

随着统计模型的发展，参数设置越来越复杂，而某些模型对参数的设置十分敏感，如分布滞后非线性模型等时间序列回归研究。敏感性分析的目的是观察某些参数改变后模型的估计值是否稳定，即模型是否对一些参数（如自由度）的设置过于敏感。常用的策略有以下几种：一是改变控制长期趋势与季节趋势的方法，如时间分层模型、傅立叶变换法、样条函数法；二是改变自由度，如使自由度在2~10变化；三是改变混杂变量，如平均温度换成最大温度；四是改变滞后的形式，如单滞后模型、分布滞后模型与限制的分布滞后模型。通过上述策略改变参数后可以分别绘制不同滞后时间的效应图和不同自由度模型的参数估计值变化图，直观地展示模型估计值是否稳定。

六、自相关与过离散

回归模型的一般假设之一是随机误差项不相关，如果该假设得不到满足，则称随机误差项之间存在自相关现象。自相关不是两个或两个以上变量之间的相关关系，而是指一个变量前后期观测值之间存在相关。时间序列数据几乎一定存在自相关现象。自相关现象会给模型参数估计带来严重问题，如参数估计不再线性无偏、可能会严重低估误差项的方差、t检验和F检验失效等。自相关的诊断方法有图示法、自相关系数法、DW检验法等，相应的处理方法有迭代法、差分法等。然而，不同于经济学数据中的自相关，健康结局序列的自相关往往不是内生的，多是由于解释变量的自相关导致的，如相邻时期的传染病发病数的自相关更多是由于相似的季节、气象条件所导致的，并且模型在控制了长期趋势、季节趋势、混杂因素后，残差自相关会比原始数据的自相关减少很多，因而不会对参数估计造成很大影响。因此，分布滞后非线性模型通用的方法是先建模，之后通过检验残差的自相关来评价自相关情况。常用的检验方法有绘制残差的自相关图（ACF）、偏自相关图（PACF）来检验自相关，自相关图和偏自相关图展示的是不同滞后阶数模型残差的自相关或偏自相关系数，如果某阶的相关系数超出置信区间线，则认为存在自相关现象。

若模型残差存在自相关，则应选择适当方法校正。常用的方法为在新模型中加入残差的某阶滞后项，若模型存在一阶自相关，则在新模型中加入残差的一阶滞后项，若模型存在二阶自相关，则在新模型中加入残差的二阶滞后项，依次类推，新模型建立后重复检验残差自相关，直至自相关消失。

自相关的另一种解决方法是在模型中加入因变量的滞前项。例如，当因变量为传染病日发病数时，昨天和前天的传染病日发病数就可以作为自变量纳入模型，模型的自相关会由此大为减弱，这样做是有一定生物学道理的，因为传染病传播的重要影响因素是传染源，而大部分传染病的传染源是病人，所以昨天和前天的传染病日发病数很可能会影响今天的传染病发病。当因变量不是传染病发病时应慎用此方法，需首先考虑因变量前后期之间的关联是否具有生物学意义。

环境流行病学领域中因变量多为计数资料，例如每日传染病发病数、心血管疾病死亡数、呼吸科门诊量等。相对于整个地区的人群，每日的发病数很少，基本服从Poisson分布，因此分布滞后非线性模型常应用Poisson回归，而计数资料的Poisson分布经常存在过离散现象，即方差远大于均数，例如传染病、地方病、遗传病等由于发病之间不独立、存在聚集性等往往存在过离散现象。资料是否存在过离散现象可以用Lagrange Multiplier检验，R软件中可以通过qcc包中的"qcc.overdispersion.test"命令实现。

过离散会使模型参数标准误变小，参数检验假阳性率升高。解决该问题的办法有两种：一是选取负二项分布代替Poisson分布，负二项分布是当Poisson分布中的强度参数λ服从Γ分布（Gamma distribution）时所得到的复合分布，Poisson分布中λ是常数，而负二项分布中λ服从Γ分布；二是采用quasi-Poisson估计，此估计方法通过增加一个尺度参数来控制过离散，结果会使参数的标准误增大。当前第二种方法用得更多。

第四节　应用实例

一、R软件安装与使用

1.选择R软件的原因

R软件是一种为统计计算和绘图而生的语言和环境。R软件有许多优点值得推荐：第一，R软件是免费的；第二，R软件统计分析功能非常强大，几乎任何类型的数据分析工作皆可在R软件中完成；第三，R软件拥有顶尖的制图水平，这对复杂数据的可视化帮助很大；第四，R软件可使用一种简单而直接的方式编写新的统计方法，它易于扩展，并为快速编程实现新方法提供了一套语言；第五，R软件新方法的更新速度是相当惊人的，几乎所有新的统计方法都先在R软件上出现；第六，网络上的R软件中英文资料十分丰富，相关论坛也很多，有利于自学。

2. R软件的获取和安装

R软件可以在其官网CRAN上免费下载，下载后根据计算机系统选择合适的安装包按提示进行安装即可。R软件界面如图11-1所示，辅助软件Rstudio运行界面友好、使用方便，建议使用者安装，需要注意的是Rstudio必须调用R软件的命令，也就是在R软件安装后才能使用。

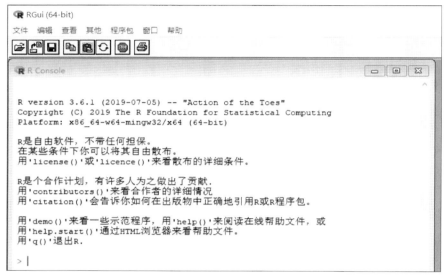

图11-1　R软件界面图（R 3.1.1）

3. 包的安装及加载

包（package）是R软件的可选模块（同样可从CRAN网站下载），是R软件函数、数据、代码组成的集合，通俗地讲是实现某种模型或方法的模块。计算机上存储包的目录称为库（library）。R软件自带了一系列默认包，它们提供了种类繁多的默认函数和数据集。其他包可通过下载来进行安装。安装好以后，它们必须被载入后才能使用。第一次安装包，使用命令"install.packages( )"即可，一个包仅需安装一次。使用命令"update.packages( )"可以更新已经安装的包。要在R软件会话中使用它，还需要使用"library( )"命令载入这个包。例如，要使用"dlnm"包，执行命令"library（dlnm）"即可。在一个会话中，包只需载入一次。

4. R软件的使用

R软件是一种区分大小写的解释型语言，可以在命令提示符"＞"后每次输入并执行一条命令，或者一次性执行一组命令。R软件中有多种数据类型，包括向量、矩阵、数据框（与数据集类似）和列表（各种对象的集合）。R软件中的一些基本函数是默认直接可用的，而其他高级函数则包含于按需加载的程序包中。R软件语句由函数和赋值构成。R软件使用"<-"而不是传统的"="作为赋值符号。注释由符号"#"开头。在"#"之后出现的任何文本都会被R软件解释器忽略。当前的工作目录（working directory）是R软件用来读取文件和保存结果的默认目录，可以使用函数"getwd( )"来查看当前的工作目录，或使用函数"setwd( )"设定当前的工作目录。

5. R软件编程中的常见错误

（1）使用了错误的大小写和中文符号。"help( )""Help( )"和"HELP( )"是三个不同的函数

（只有第一个是正确的），在R软件中必须使用英文符号。

（2）忘记使用必要的引号。"install.packages("dlnm")"能够正常执行，然而"install.packages(dlnm)"将会报错。

（3）在Windows上，路径名中使用了"\"。R软件将反斜杠视为一个转义字符，"setwd("c:\mydata")"会报错，正确的写法是"setwd("c:/mydata")或setwd("c:\\mydata")"。

（4）使用了一个尚未载入包的函数。函数"crossbasis( )"包含在包"dlnm"中，如果还没有载入这个包就使用它，将会报错。

命令式软件学习中报错是非常常见的，不断地查阅资料尝试解决错误是学习软件的重要过程，初期错误很多，使用者不应气馁，可以尝试R软件的帮助系统，随着学习的深入，建议使用者经常浏览专业论坛，在帮助别人的同时获得别人的帮助，以达到相互交流、学习、进步的目的。

6. 参考书籍

初学者首选英文版图书 *R in Action*，由高涛等翻译的中文版《R语言实战》业已出版（卡巴科弗，2013）。此书从统计角度入手，系统讲解了如何使用R软件来实现统计分析，学会了这本书，便可以解决大部分流行病学与统计学问题。如果想进阶，推荐 *A Handbook of Statistical Analyses Using R* 和 *Modern Applied Statistics With S*，这两本书基本上涵盖了统计的高阶内容，如多重线性回归分析、logistic回归分析、多层统计模型、Meta分析、生存分析等内容。在流行病学应用中，推荐 *Analysis of epidemiological data using R and Epicalc* 和 *Applied Epidemiology Using R*，这两本书基本上涵盖了流行病学常用的内容，如数据整理、样本量计算、混杂因素的处理、交互作用、疾病暴发调查、回归分析等。此外，还有其他书籍可供参考：*The Art of R Programming* 从程序编写的角度入手，对R软件的自身特点清晰地进行介绍；*Introductory Time Series with R*（*use R*）重点介绍了利用R软件处理时间序列数据；*ggplot2 Elegant Graphics for Data Analysis* 介绍了如何利用R软件进行作图，展示了R软件强大的作图能力；一些关于机器学习、数据挖掘的书，如 *Data Mining with R Learning with Case Studies*，里面牵涉的代码、方法就比较复杂了，适合有数学基础的人学习；吴喜之教授编著的《复杂数据统计分析方法——基于R的应用》以数据为导向，介绍了各种类型数据的分析策略，并提供了相应的R代码，虽然对某一种模型没有具体、详尽地介绍，但胜在直观、全面。

二、模型在空气污染、气温对人群死亡数的影响研究中的应用

分布滞后非线性模型专用的R软件包"dlnm"由Gasparrini等编制，里面包括"dlnmOverview""dlnmTS""dlnmExtended"三个文件。"dlnmOverview"介绍了模型的概述、包自带的数据、模型的方法学以及一些基本函数和命令。"dlnmTS"以空气污染、温度和死亡数的关系为例介绍了分布滞后非线性模型的软件操作。"dlnmExtended"介绍了分布滞后非线性模型在其他领域的扩展，如模型在巢式病例对照研究中的应用，文档中都包含了运行模型所需的软件代码以及代码的解释。初学者如果想深入理解分布滞后非线性模型的软件操作，建议深入学习这三个文档，并付诸实践。本文主要以"dlnm"包自带的例子演示模型的软件操作，目的是使初学者对模型的R软件实现有一个直观的认识。

研究案例的目的是探讨空气污染、气温和人群死亡数之间的关联。研究所需的数据集名称为"chicagoNMMAPS"，包含了芝加哥市1987～2000年的空气污染、气象因素与健康结局日观测数据，可以通过命令"help（chicagoNMMAPS）"获取其详细信息，Rstudio界面（图11-2）被分为四部分：

左上部分是已经编好的R软件代码，代码的编写、修改可以在此进行；右上部分是R软件的命令台，代码运行后，此部分会呈现出相应的结果；左下部分是历史，包含了已经运行过的代码；右下部分包含了环境、文件、软件包、帮助系统等，包的安装、加载、更新可以在此进行，此外，R软件绘制的图形也会在此界面显示。

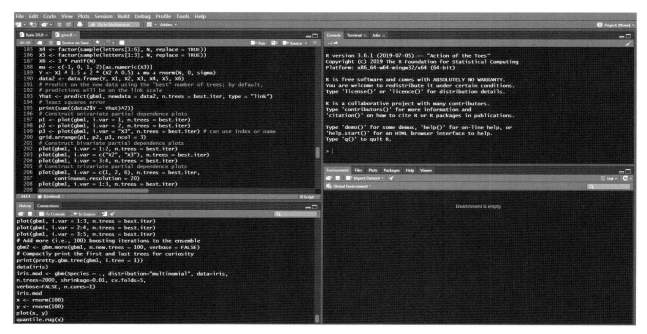

图11-2　Rstudio软件界面图

```
#################################################
### 代码1：包的加载以及数据导入
#################################################
library(dlnm)#加载dlnm包
head(chicagoNMMAPS，3)#查看数据集的前三行
```

加载自己的数据时可使用"mydata<-read.table(file="clipboard",header=T)"语句，"mydata"是新数据集的名称，使用前需要先将数据集复制到剪贴板，再运行命令，注意数据集中不要###有缺失值，否则会报错。

加载"dlnm"包之前一定要先安装，否则会报错，通过"head"命令查看数据的前3行，数据集包含的变量有时间、日死亡数、温度、露点温度、湿度、PM10浓度、O_3浓度等。

```
#################################################
### 代码2：示例1　交叉基的建立
#################################################
```

```
cb1.pm <- crossbasis(chicagoNMMAPS$pm10, lag=15, argvar=list(fun="lin",cen=0),
                     arglag=list(fun="poly",degree=4))
cb1.temp <- crossbasis(chicagoNMMAPS$temp, lag=3, argvar=list(df=5),
                       arglag=list(fun="strata",breaks=1))
summary(cb1.pm)
```

示例1的研究目的是评估PM10浓度对人群死亡数的影响，调整的混杂因素是温度。先运用"crossbasis( )"命令建立PM10和温度的交叉基函数，"crossbasis( )"中第一个对象是想要生成交叉基的变量，参数"lag"是设置的最大滞后天数，参数"argvar"控制自变量与因变量的关系，参数"fun="lin""指代线性关系，若无特殊设定，参数"argvar"默认设置为"fun="ns""，"ns"指的是自然立方样条，其节点默认设置为等距节点，边界节点位于变量的最大值与最小值上，所以"ns"中唯一需要指明的参数是"df"（自由度），当然特殊要求的节点也可以自行设置。参数"arglag"控制效应的滞后关系，参数"fun="poly""指的是效应的滞后分布呈多项式形式，参数"fun="strata""指的是效应的滞后分布呈分层形式，参数"break"定义的是右区间的左边界。本例中PM10的最大滞后天数设置为15天，温度的最大滞后天数设置为3天，多项式函数的自由度设置为4，滞后分层被分为两层（滞后0天和1～3天），层内效应值相同。运用"summary( )"函数可以从整体上查看交叉基函数以及变量、滞后的基函数的参数设置情况。

```
##########################################################
### 代码3：示例1　模型的建立
##########################################################
library(splines) #加载splines包
model1 <- glm(death ~ cb1.pm + cb1.temp + ns(time, 7*14) + dow,
              family=quasipoisson( ), chicagoNMMAPS)
pred1.pm <- crosspred(cb1.pm, model1, at=0:20, bylag=0.2, cumul=TRUE, cen=21)
```

首先加载"splines"包，调用其中的ns（自然立方样条）函数，然后建立模型，模型运用"quasipoisson"控制Poisson回归的过离散现象，运用时间的样条函数控制长期趋势和季节趋势，运用哑变量控制星期几效应，不同水平PM10浓度对死亡的效应可以通过命令"crosspred( )"得到，参数"at = 0～20"指0～20μg/m³每一个整数浓度水平的效应都要计算。如果设置了参数"bylag = 0.2"，则每隔0.2个滞后期的效应值都要计算，这样设置的好处是可以绘制出平滑的滞后效应曲线。参数Cumul = TRUE指的是需要同时估计特定滞后时期的累积效应，默认设置是FALSE。参数cen = 0指以0μg/m³为参照水平。

```
##########################################################
### 代码4：示例1　切片效应图的绘制
##########################################################
```

```
plot(pred1.pm, "slices", var=10, col=3, ylab="RR", ci.arg=list(density=15,lwd=2),
    main="Association with a 10-unit increase in PM10")
```

现在可以通过"plot( )"命令画图了，参数"slices"指的是绘制自变量某一暴露水平不同滞后期的效应图或者某一滞后期不同暴露水平的自变量的效应图，其图形类似于在3-D图上切一片出来。图11-3展示了PM10浓度每升高10个单位对日死亡数的滞后效应分布图。参数"var = 10"指的是PM10浓度为10μg/m³时的滞后—反应关系图，因为之前设置的以0μg/m³为参照水平，所以此时的效应即PM10浓度每升高10μg/m³时的效应值。

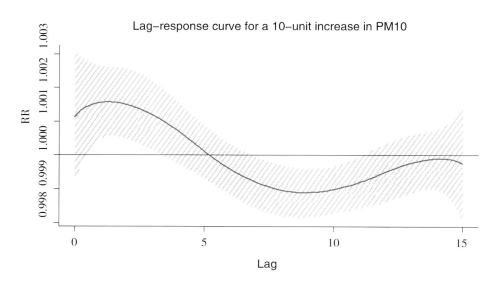

图11-3　PM10浓度每升高10个单位对日死亡数的滞后效应分布图

```
############################################################
### 代码5：示例1　累积效应图的绘制
############################################################
plot(pred1.pm, "slices", var=10, cumul=TRUE, ylab="Cumulative RR",
    main="Cumulative association with a 10-unit increase in PM10")
```

参数"Cumul = TRUE"指的是绘制累积效应图，此处绘制的是PM10浓度为10μg/m³时的滞后—反应累积效应图（图11-4），置信区间的形状可以通过参数"ci.arg"控制。

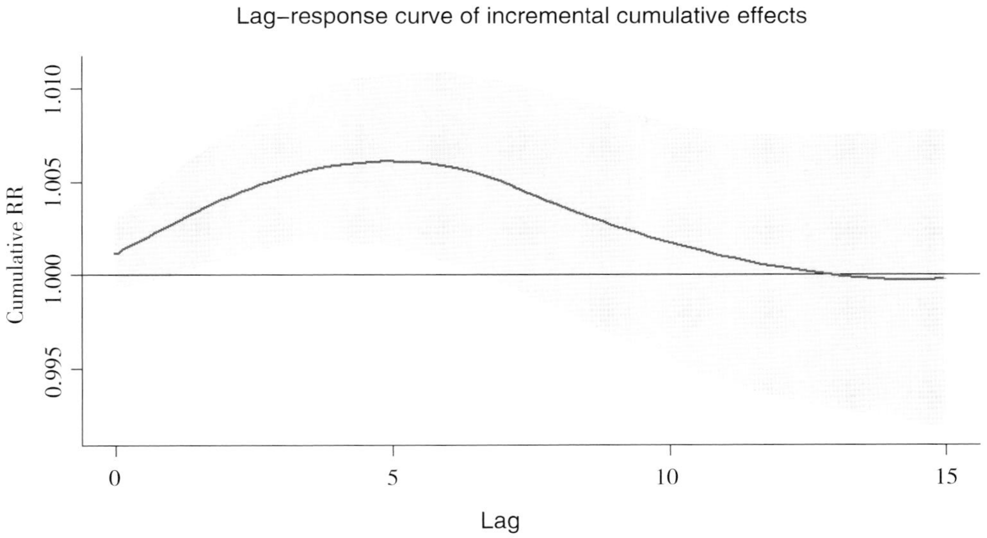
Lag-response curve of incremental cumulative effects
Cumulative RR
0.995
1.000
1.005
1.010
0
5
10
15
Lag

图11-4　PM10浓度每升高10个单位对日死亡数的累积效应分布图

```
#####################################################
### 代码6：示例1　效应估计值
#####################################################
pred1.pm$allRRfit["10"]
cbind(pred1.pm$allRRlow, pred1.pm$allRRhigh)["10",]
```

滞后15天（设定的最长滞后）的累积效应值保存在“crosspred( )”命令的结果中，可以通过$命令调出来，效应值名称是“allRRfit”，置信区间上下限名称是“allRRlow”“allRRhigh”，数字10指提取的是PM10浓度为10μg/m^{3}时的效应值。

```
#####################################################
### 代码7：示例2　提取6～9月数据
#####################################################
chicagoNMMAPSseas <- subset(chicagoNMMAPS, month %in% 6:9) #提取6~9月数据
head(chicagoNMMAPSseas,3) #查看数据前3行
```

```
#####################################################
### 代码8：示例2　交叉基函数的建立
#####################################################
```

```
cb2.o3 <- crossbasis(chicagoNMMAPSseas$o3, lag=5, argvar=list(fun="thr",
        thr=40.3), arglag=list(fun="integer"), group=chicagoNMMAPSseas$year)
cb2.temp <- crossbasis(chicagoNMMAPSseas$temp, lag=10,
                argvar=list(fun="thr",thr=c(15,25)),arglag=list(fun="strata",
                breaks=c(2,6)), group=chicagoNMMAPSseas$year)
```

示例2展示的是臭氧对人群死亡影响的季节分析。在季节分析中，由于只选择了某一季节的数据，变量之间时间关系不再连续，参数"group"是为了防止生成滞后变量时出错而设置的，通常设"group"为年份。参数"fun="thr""指代线性阈值函数，参数"thr"可以设置阈值。参数"fun="integer""指对滞后效应的分布不加任何限制。本例中O_3的最大滞后设为5天，温度的最大滞后设为10天。O_3与人群日死亡数的关系为单阈值函数，阈值为40.3μg/m³，即O_3浓度小于40.3μg/m³时对人群健康无效应，超过40.3μg/m³后O_3与人群日死亡数呈线性关系。温度与人群日死亡数的关系设为线性双阈值函数，阈值为15℃、25℃，即温度在15~25℃时对人群健康无效应，超过25℃或者小于15℃时温度与人群日死亡数呈线性关系。O_3的滞后形式为整数，温度的滞后形式为分层，共分为3层，分别为（滞后0~1天，2~5天，6~10天）。

```
############################################################
### 代码9：示例2  模型的建立
############################################################
model2 <- glm(death ~ cb2.o3 + cb2.temp + ns(doy, 4) + ns(time,3) + dow,
                family=quasipoisson( ), chicagoNMMAPSseas)
pred2.o3 <- crosspred(cb2.o3, model2, at=c(0:65,40.3,50.3))
```

模型由于只用了6~9月的数据，变量的长期趋势与季节趋势减轻了很多，因此本例时间的自然立方样条函数自由度设置为3，其他设置与示例1相同。参数"at = c（0：65，40.3，50.3）"指的是不仅要计算0~65的整数浓度的效应值，还要计算阈值浓度以及比阈值增加10个单位的O_3浓度的效应值。

```
############################################################
### 代码10：示例2  切片效应图的绘制
############################################################
plot(pred2.o3, "slices", var=50.3, ci="bars", type="p", pch=19, ci.level=0.80,
    main="Association with a 10-unit increase above threshold (80%CI)")
```

图11-5展示的是超过阈值（40.3μg/m³）后O_3浓度每升高10个单位对日死亡数的滞后效应分布，即切片效应图，参数"ci="bars""指的是绘制置信区间的线图，参数"ci.level=0.80"指的是绘制效应值的80%置信区间。

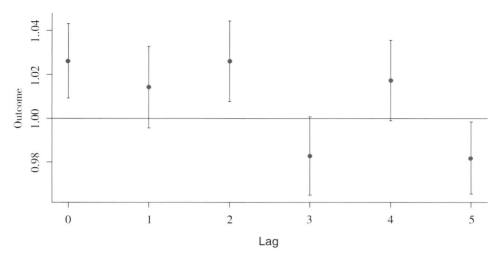

图11-5　超过阈值（40.3μg/m³）后O₃浓度每升高10个单位对日死亡数的滞后效应分布图

```
#######################################################
### 代码11：示例2　累积效应图的绘制
#######################################################
plot(pred2.o3,"overall",xlab="Ozone", ci="lines", ylim=c(0.9,1.3), lwd=2,
    ci.arg=list(col=1,lty=3), main="Overall cumulative association for 5 lags")
```

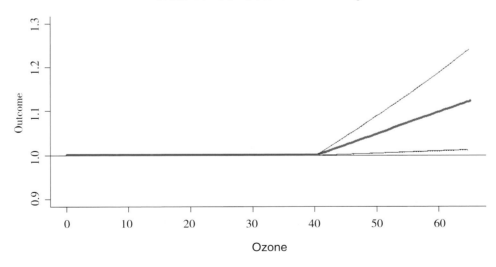

图11-6　不同O₃浓度对日死亡数的累积5天效应分布图

```
########################################################
### 代码12：示例2  效应估计值
########################################################
pred2.o3$allRRfit["50.3"]
cbind(pred2.o3$allRRlow, pred2.o3$allRRhigh)["50.3",]
```

此处O_3浓度为50.3μg/m³时即是O_3浓度每升高10个单位时对人群日死亡数的效应值。

```
########################################################
### 代码13：示例3  交叉基函数的建立
########################################################
cb3.pm <- crossbasis(chicagoNMMAPS$pm10, lag=1, argvar=list(fun="lin"),
                     arglag=list(fun="strata"))
varknots <- equalknots(chicagoNMMAPS$temp,fun="bs",df=5,degree=2)
lagknots <- logknots(30, 3)
cb3.temp <- crossbasis(chicagoNMMAPS$temp, lag=30, argvar=list(fun="bs", knots=varknots),
                      arglag=list(knots=lagknots))
```

示例3展示的是温度对人群死亡影响的分析，本例中PM10的最大滞后天数设为1，与日死亡数的关系设为线性，效应的滞后分布形式为分层，共分为2层（滞后0天，滞后1天）。温度应用的是二次B样条，自由度设为5，节点设为等距节点，最大滞后天数设为30天，效应的滞后分布采用的是默认的自然立方样条，采用"logknots( )"命令在滞后的对数尺度上设置等距节点。

```
########################################################
### 代码14：示例3  模型的建立与3-D图的绘制
########################################################
model3 <- glm(death ~ cb3.pm + cb3.temp + ns(time, 7*14) + dow,
             family=quasipoisson( ), chicagoNMMAPS)
pred3.temp <- crosspred(cb3.temp, model3, by=1, cen=21 )
plot(pred3.temp, xlab="Temperature", zlab="RR", theta=200, phi=40, lphi=30,
    main="3D graph of temperature effect")
```

"Crosspred( )"命令中参数"by=1"指的是计算自变量中所有整数温度的效应值，图11-7展示了不同滞后期不同温度对日死亡数的效应分布3-D图，3-D图形象、直观、全面地展示了温度对日死亡数的暴露—滞后—反应关系，其x轴为温度，y轴为滞后天数，z轴为RR值，每一个温度在每一滞后期都能找到其对应的效应值。

3D graph of temperature effect

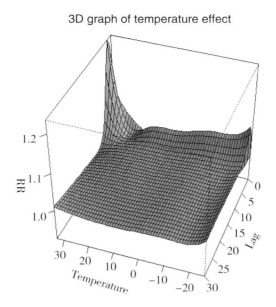

图11-7　不同滞后期不同温度对日死亡数的效应分布3-D图

```
###################################################
### 代码15：示例3　等高线图的绘制
###################################################
plot(pred3.temp, "contour", xlab="Temperature", key.title=title("RR"),
    plot.title=title("Contour plot",xlab="Temperature",ylab="Lag"))
```

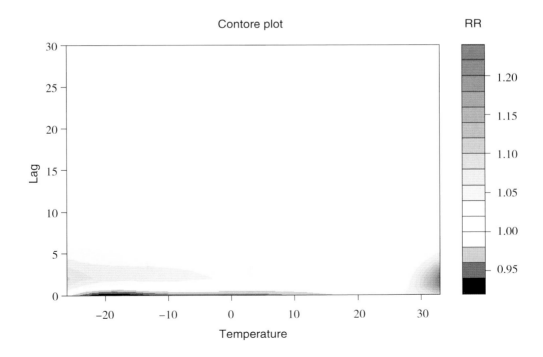

图11-8　不同滞后期不同温度对日死亡数的效应分布等高线图

图11-8展示了不同滞后期不同温度对日死亡数的效应分布等高线图，等高线图是上述3-D图的另一种表现形式，其意义与3-D图相同。等高线图和3-D图的主要缺点是不能绘制置信区间，不能直观展现某一温度的滞后效应分布或某一滞后的暴露—反应关系，这需要做切片效应图来展示结果。

```
########################################################
### 代码16：示例3    切片效应图的绘制
########################################################
plot(pred3.temp, "slices", var=-20, ci="n", col=1, ylim=c(0.95,1.25), lwd=1.5,
    main="Lag-response curves for different temperatures, ref. 21C")
for(i in 1:3) lines(pred3.temp, "slices", var=c(0,27,33)[i], col=i+1, lwd=1.5)
legend("topright",paste("Temperature =",c(-20,0,27,33)), col=1:4, lwd=1.5)
plot(pred3.temp, "slices", var=c(-20,33), lag=c(0,5), col=4,
    ci.arg=list(density=40,col=grey(0.7)))
```

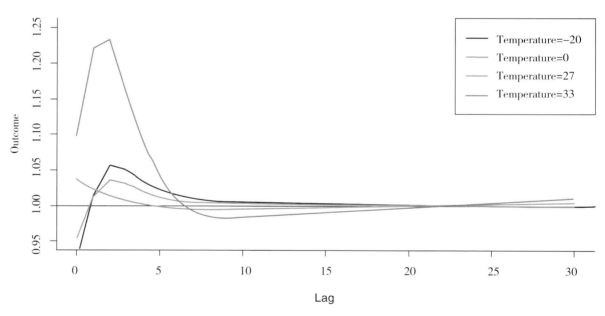

图11-9   特定温度水平对日死亡数的滞后效应分布图
（Gasparrini，2011）

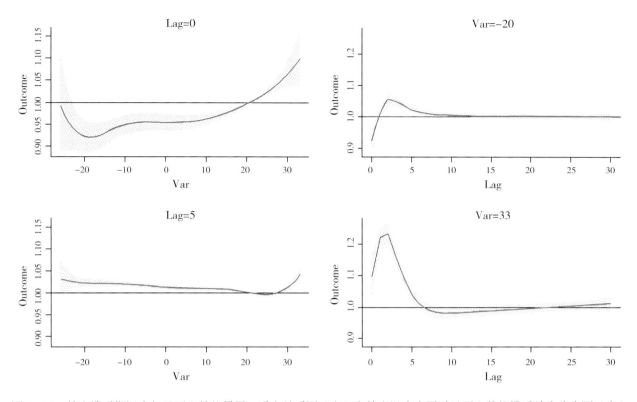

图11-10 特定滞后期温度与日死亡数的暴露—反应关系图（左）和特定温度水平对日死亡数的滞后效应分布图（右）

图11-9展示了特定温度水平（−20℃、0℃、27℃、33℃）对日死亡数的滞后效应分布，图11-10的切片效应图展示了滞后期为0，5天时的温度与日死亡数的暴露—反应关系以及与参照温度21℃相比，温度为−20℃、33℃时不同滞后期的效应分布。参数"Var""Lag"定义了3-D图切片的位置，参数"ci="n""指的是绘图时不展示效应值的置信区间。

三、模型在暴雨洪涝事件对传染病发病影响研究中的应用

在环境与健康领域，随着研究的深入，模型暴露变量逐渐由气温、空气污染等扩展到极端天气事件（如热浪、极端降水事件、暴雨洪涝等），结局变量也由人群死亡数向传染病发病数、医院门诊量等扩展。现以湖南省怀化市暴雨洪涝和细菌性痢疾之间的关联研究为例阐述模型在极端天气事件与健康研究中的应用（Liu et al., 2016）。在介绍气温、空气污染对人群死亡数的影响时，已经对模型代码进行了详尽的阐述，掌握了上述代码，完全可以通过修改部分参数、指令以适应自己的研究。

1. 研究目的（暴露、结局变量）

本示例研究的目的在于探讨怀化市暴雨洪涝与细菌性痢疾的定量关系，找出脆弱人群，为预防、控制暴雨洪涝后细菌性痢疾的流行提供科学依据。暴露因素选择暴雨洪涝，结局变量选择细菌性痢疾。研究目的的提出和暴露、结局变量的选择基于以下背景：暴雨洪涝是我国最常见的自然灾害，近几年来，观测事实表明我国暴雨洪涝事件的发生有不断上升的趋势，而湖南省位于长江流域，是我国受洪涝灾害影响最为严重的地区之一，同时，湖南省细菌性痢疾的发病常居传染病发病数的前5位，是当地严重的公共卫生学问题。细菌性痢疾属于介水传染病的一种，其与暴雨洪涝的关联具有生物学合理性。虽然一些研究探讨了暴雨洪涝与腹泻类疾病的关系（Alderman et al., 2012），但研究大多不深

入、系统，同时也没有考虑暴雨洪涝的滞后效应，由此引出了研究目的，即利用分布滞后非线性模型探讨怀化市暴雨洪涝对细菌性痢疾的分布滞后效应，并分人群进行建模，以发现脆弱人群。

2. 研究现场与研究时期

研究的空间尺度选择地级市，时间尺度选择周，主要考虑到传染病发病数相对少，地域太小或者应用日数据容易造成因变量太小，进而导致参数估计结果不稳定。研究现场选择怀化市，主要原因在于怀化市细菌性痢疾发病数较多，暴雨洪涝灾害也比较频繁。研究时期选择2005～2011年汛期（4～9月）是为了在设计阶段控制混杂，因为暴露因素（暴雨洪涝）几乎只在此期间发生。

3. 资料收集与整理

传染病周发病资料来自国家法定传染病监测系统，气象数据来自中国气象数据共享服务网，气象要素主要包括日平均气温、日最高气温、日最低气温、日降水量、日平均相对湿度等。暴雨洪涝资料来自《中国气象灾害年鉴》，包含洪水发生的时间、波及范围以及带来的直接经济损失等。暴雨洪涝的判断标准主要有两类：一类是根据降雨量、降水距平百分率等气象指标确定，其优点是可操作性强，缺点是暴雨洪涝不仅与降水有关，还与地形地貌、水文、防洪设施等密切相关；另一类是根据年鉴资料（如气象灾害年鉴）等确定，优点是权威可靠，缺点是记录的时间、空间地域太粗略，还存在漏报的问题。权衡利弊，使用年鉴资料更为合适。资料收集后进行检查、清理，包括异常值的处理、缺失值的填补等，清理后按照时间序列资料的形式进行整理。

4. 模型的建立

变量的纳入：气象因素是环境暴露与健康研究的重要混杂因素，考虑到气象变量的共线性（共曲线性），仅将气温、湿度、降雨量作为混杂变量纳入研究，然后选择滞后期，根据引起细菌性痢疾的病原体的生活习性以及细菌性痢疾的潜伏期，结合相关文献，暴雨洪涝对细菌性痢疾的效应一般在一个月之内，所以本研究的最长滞后期设为4周（Liu et al., 2015）。研究的基本模型选择广义线性模型，利用自然立方样条来减少由于滞后之间的相关造成的共线性，根据专家经验、文献回顾选择固定自由度。利用时间的样条函数控制长期趋势和季节趋势，因为研究期间仅选取了汛期（4～9月），其季节趋势有所减轻，所以给予湿度、time变量3个自由度，给予woy变量4个自由度；研究采用quasi-Poisson代替Poisson分布族以控制过离散，采用在模型中加入残差的一阶滞后项的方法来控制自相关（详见公式11-12）。模型建立后，对模型的残差、拟合效果以及自相关情况进行评价，包括绘制真实值与拟合值的线图、残差散点图、残差直方图、自相关图与偏自相关图等，最后进行模型的敏感性分析，看结果是否稳定，主要策略有变换样条的自由度、改变滞后的形式等。

$$\log\left[E\left(Y_t\right)\right] = \beta + \sum_{p=0}^{4} \alpha_p \mathrm{Flood}_{t-p} + \sum_{q=0}^{4} \gamma_q \mathrm{Temperature}_{t-q} + \mathrm{ns}_1\left(\mathrm{Humidity},\ 3\right) + \mathrm{ns}_2\left(\mathrm{Woy},\ 4\right) +$$

$$\mathrm{ns}_3\left(\mathrm{Time},\ 3\right) + \mathrm{ns}_4\left(\mathrm{Rainfall},\ 3\right) + \mathrm{Lag}\left(\mathrm{res},\ 1\right) \tag{11-12}$$

式中：$E\left(Y_t\right)$ 代表第 t 周细菌性痢疾发病数的期望；β 代表截距；α 代表暴雨洪涝的参数估计值；γ 代表周平均气温的参数估计值；flood代表暴雨洪涝，以哑变量形式进入模型；ns代表自然立方样条，用来拟合平均温度、平均相对湿度、降雨量与细菌性痢疾之间的非线性关系，目的是调整气象因素的混杂作用；time是周序号；woy是每年的第几个周，time和woy变量的样条函数共同控制长期趋势、季节趋势；Lag（res，1）代表模型残差的一阶滞后项，用来控制自相关现象。

脆弱人群分析中，首先查阅相关文献，搜集不同人群的分类标准（如年龄组划分、职业划分等），并结合所研究疾病在人群中的分布，最后确定人群类别，随后按类别整理细菌性痢疾的发病数据，然后在每类人群中分别建模、估计参数并解释结果，最终暴雨洪涝对疾病发病有效应的人群即为脆弱人群。

5. 结果展示与解释

描述性分析：先描述细菌性痢疾以及累积降雨量、平均相对湿度、平均气温等变量的分布，常用的方法有制作表格和绘制变量的时序图两种，此部分结果制作时操作简单。

怀化市不同人群中暴雨洪涝对细菌性痢疾的分布滞后非线性模型估计结果（表11-2）的展示可以用图或者表，表的优势是内容多且可获得确切的效应值，图的优势是直观、方便比较，但应注意图表不能重复。本示例中，暴雨洪涝对全人群细菌性痢疾发病的效应在滞后一周时达到最大并有统计学意义（RR = 1.32，95% CI：1.12 ~ 1.56），但在其他滞后期内无统计学意义。表11-2同时展示了脆弱人群分析的结果，结果发现暴雨洪涝对细菌性痢疾影响的脆弱人群主要为农民（RR = 1.42，95% CI：1.11 ~ 1.82）和15 ~ 64岁人群（RR = 1.39，95% CI：1.12 ~ 1.72）。分性别分析的结果显示男性、女性的效应值都有统计学意义，但无法判断出谁更脆弱。有一点需要提及的是两个效应值比较时不能仅看RR值，还要看置信区间，如果置信区间不重叠则可以直接比较，如果置信区间重叠，则需要做统计学检验后才能得出结论。图11-11展示了怀化市暴雨洪涝对细菌性痢疾发病的累积效应图，可以看出暴雨洪涝对细菌性痢疾的效应在累积0 ~ 2周内达到最大（RR = 1.52，95% CI：1.08 ~ 2.12）。

表11-2 怀化市不同人群中暴雨洪涝对细菌性痢疾的分布滞后效应

	Lag0	Lag1	Lag2	Lag3	Lag4	Lag0-2
全人群	1.09（0.88，1.35）	1.32（1.12，1.56）*	1.06（0.89，1.25）	0.85（0.71，1.02）	1.02（0.86，1.20）	1.52（1.08，2.12）*
性别						
男	1.00（0.75，1.31）	1.30（1.06，1.61）*	1.04（0.84，1.29）	0.84（0.67，1.05）	1.04（0.85，1.27）	1.35（0.88，2.07）
女	1.18（0.89，1.55）	1.32（1.06，1.65）*	1.06（0.85，1.33）	0.88（0.69，1.11）	0.96（0.77，1.20）	1.65（1.06，2.56）*
年龄						
0 ~ 4	1.00（0.74，1.37）	1.21（0.96，1.53）	0.99（0.78，1.26）	0.85（0.66，1.09）	0.82（0.64，1.05）	1.20（0.75，1.94）
5 ~ 14	1.17（0.73，1.88）	1.31（0.85，2.01）	1.07（0.72，1.60）	0.66（0.42，1.04）	1.08（0.75，1.57）	1.64（0.74，3.64）
15 ~ 64	1.03（0.78，1.37）	1.39（1.12，1.72）*	1.02（0.81，1.27）	0.84（0.66，1.05）	1.08（0.88，1.34）	1.46（0.94，2.27）
65+	0.98（0.55，1.73）	1.22（0.79，1.87）	1.35（0.90，2.01）	1.20（0.79，1.82）	1.09（0.73，1.63）	1.61（0.68，3.78）

（续表）

	Lag0	Lag1	Lag2	Lag3	Lag4	Lag0-2
职业						
农民	0.85（0.60，1.20）	1.42（1.11，1.82）*	1.02（0.79，1.32）	0.80（0.60，1.05）	1.07（0.83，1.37）	1.23（0.73，2.08）
学生	1.58（0.99，2.52）	1.17（0.73，1.87）	1.07（0.69，1.66）	0.71（0.44，1.14）	1.05（0.71，1.57）	1.99（0.86，4.61）
儿童	0.98（0.72，1.33）	1.21（0.96，1.53）	0.97（0.77，1.23）	0.88（0.69，1.12）	0.87（0.69，1.10）	1.15（0.72，1.84）
工人	0.92（0.57，1.50）	1.07（0.72，1.58）	1.26（0.89，1.79）	0.87（0.58，1.28）	0.90（0.62，1.30）	1.25（0.58，2.67）
其他	1.59（0.91，2.81）	1.52（0.98，2.36）	1.30（0.83，2.05）	1.18（0.77，1.80）	1.28（0.84，1.97）	3.16（1.29，7.77）*

备注："*"为$P < 0.05$。

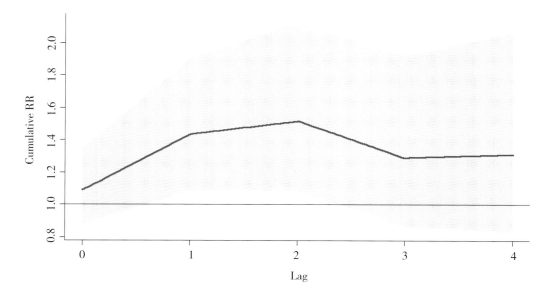

图11-11　怀化市暴雨洪涝对细菌性痢疾发病的累积效应图

　　模型拟合效果评价：图11-12展示了分布滞后非线性模型对细菌性痢疾发病数的拟合效果图，显示模型对细菌性痢疾发病数的拟合能力尚可。模型评价：图11-13展示了分布滞后非线性模型残差直方图与残差散点图。结果显示残差围绕0分布均匀，基本服从正态分布；图11-14展示了分布滞后非线性模型残差自相关时序图与残差偏自相关时序图，显示时间序列数据中常见的自相关现象已经得到了良好控制。

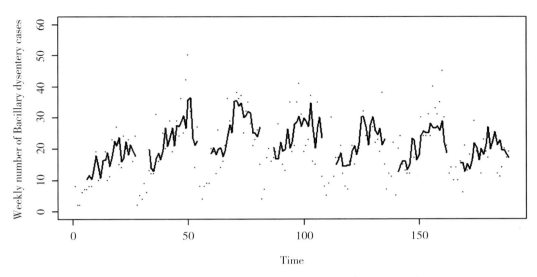

图11-12　分布滞后非线性模型对细菌性痢疾发病数的拟合效果图

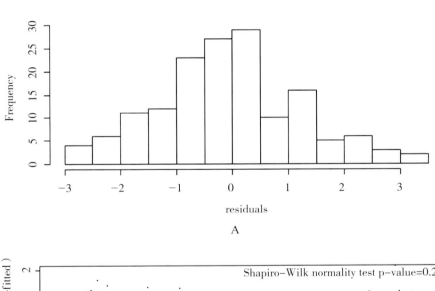

A

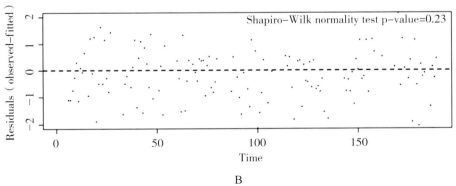

B

图11-13　分布滞后非线性模型残差直方图与残差散点图

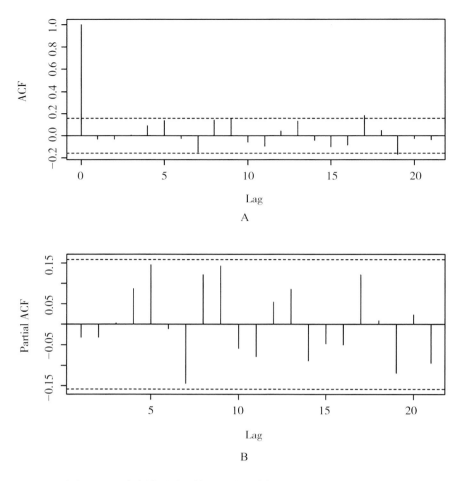

图11-14　分布滞后非线性模型残差自相关时序图与偏自相关时序图

　　敏感性分析：图11-15展示了改变降水量、湿度、时间、每年的第几周等变量的自由度时模型参数估计值的变化情况，结果显示模型比较稳健，自由度改变时，参数估计值变化不大。图11-16展示了不同滞后形式下（单滞后、分布滞后、限制的分布滞后）模型滞后效应分布图，结果显示改变滞后的形式后，模型滞后效应的形状变化不大，提示模型估计结果比较可信。

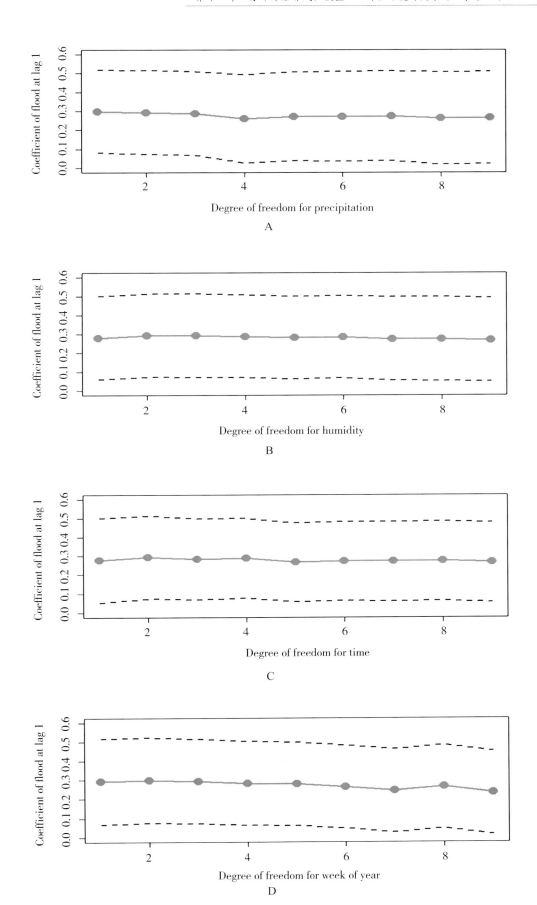

图11-15 改变降水量（A）、湿度（B）、时间（C）、每年的第几周（D）等变量的自由度时模型参数估计值的变化情况

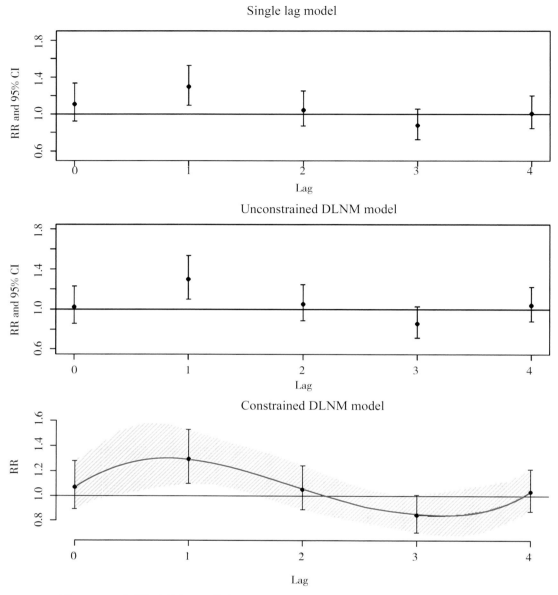

图11-16　不同滞后形式下（单滞后、分布滞后、限制的分布滞后）模型滞后效应分布图

　　以上应用湖南省怀化市暴雨洪涝与细菌性痢疾的关联研究作为示例，较详细地阐述了分布滞后非线性模型在极端天气事件与健康研究中的设计实施过程和结果的展示与解释，有关研究人员在做类似研究时，应注意根据自己的研究目的和暴露、结局变量，结合模型参数设置的一般原则，充分查阅相关领域文献后确定建模策略。R软件代码比较复杂，学习时应当深入而具体，不要生搬硬套，避免结果估计错误而不自知，当然初学者学习代码时都是由模仿开始的，逐渐过渡到理解、掌握。

（刘志东）

参考文献

卡巴科弗, 2013. R语言实战 [M]. 高涛, 肖楠, 陈钢, 等译. 北京: 人民邮电出版社.

杨军, 欧春泉, 丁研, 等, 2012. 分布滞后非线性模型 [J]. 中国卫生统计, 29 (05): 772-773.

ALDERMAN K, TURNER LR, TONG S, 2012. Floods and human health: a systematic review [J]. Environment international, 47: 37-47.

ALMON S, 1965. The distributed lag between capital appropriations and expenditures [J]. Econometrica, 33 (1): 178-196.

BHASKARAN K, GASPARRINI A, HAJAT S, et al., 2013. Time series regression studies in environmental epidemiology [J]. International journal of epidemiology, 42 (4): 1187-1195.

BRAGA A L, ZANOBETTI A, SCHWARTZ J, 2001. The time course of weather-related deaths [J]. Epidemiology, 12 (6): 662-667.

CHENG J, WU J J, XU Z W, et al., 2014. Associations between extreme precipitation and childhood hand, foot and mouth disease in urban and rural areas in Hefei, China [J]. Sci Total Environ: 497-498, 484-490.

DOMINICI F, PENG R D, 2008. Statistical methods for environmental epidemiology with R: a case study in air pollution and health [M]. New York: Springer.

GASPARRINI A, ARMSTRONG B, KENWARD M G, 2010. Distributed lag non-linear models [J]. Stat Med, 29 (21): 2224-2234.

GASPARRINI A, ARMSTRONG B, 2011. The impact of heat waves on mortality [J]. Epidemiology, 22 (1): 68-73.

GASPARRINI A, 2011. Distributed lag linear and non-linear models in R: the package dlnm [J]. J Stat Softw, 43 (8): 1-20.

GASPARRINI A, 2014. Modeling exposure-lag-response associations with distributed lag non-linear models [J]. Stat Med, 33 (5): 881-899.

LIU Z D, DING G Y, ZHANG Y, et al., 2015. Analysis of risk and burden of dysentery associated with floods from 2004 to 2010 in Nanning, China [J]. Am J Trop Med Hyg, 93 (5): 925-930.

LIU Z D, LI J, ZHANG Y, et al., 2016. Distributed lag effects and vulnerable groups of floods on bacillary dysentery in Huaihua, China [J]. Sci Rep (6): 29456.

SCHWARTZ J, 2000. The distributed lag between air pollution and daily deaths [J]. Epidemiology, 11 (3): 320-326.

WOOD S N, 2006. Generalized additive models- an introduction with R [J]. Journal of statistical software, 16 (b03): 1298-1299.

ZANOBETTI A, WAND MP, SCHWARTZ J, et al., 2000. Generalized additive distributed lag models: quantifying mortality displacement [J]. Biostatistics, 1 (3): 279-292.

第十二章

广义相加模型在极端天气事件与相关疾病定量关系研究中的应用

广义相加模型（GAM）是广义线性模型的扩展，其通过函数的形式处理因变量和众多自变量之间过度复杂的非线性关系，具有极强的灵活性，因此近年来在环境流行病学中的应用越来越多。本章以某市2004年1月至2010年12月期间的气象资料为例，分析洪涝对该地居民腹泻发病的影响，并介绍广义相加模型在气象相关资料中的应用。

第一节 概 述

一、相关概念和基本原理

1. 相关概念

广义相加模型是在广义线性模型（GLM）和相加模型的基础上发展而来的，是一种非参数化回归方法，可以通过数据平滑技术处理得到非参数函数，其唯一需要做的假设是各个函数项是可加并且平滑的（Hastie et al.，1987）[371]。它允许每个自变量作为一个不加限制的平滑函数而不是仅仅作为一种呆板的参数函数被拟合，通过对全部或部分自变量采用平滑函数的方法建立模型（董英 等，2008）[144]。

广义相加模型拟合过程中可能用到的其他基本概念如下：

（1）自由度：在广义相加模型中，自由度即为自然立方样条函数的分段数加1。

（2）GCV：广义交叉确认准则，用来估计自由度，GCV越小，拟合越好。

（3）平滑函数：函数曲线平滑，即在每个点皆可求导数。

（4）自然立方样条函数：满足一定连续条件的分段多项式。

（5）AIC准则：最小信息量准则，是拟合精度和参数个数的加权函数，使AIC函数达到最小的模型，被认为是最优模型。

2. 基本原理

广义线性模型强调模型中参数的估计和推断，而广义相加模型更加注重对数据进行非参数性的探索（董英 等，2008）[144]，二者既有相同之处，也有不同之处；相同之处在于，它们都是通过连接函数关系来估计因变量与自变量之间的关系；不同之处在于，广义相加模型对自变量的形式不做具体要求，而是采用非参数化的方法进行拟合，其通过"相加"的假设，将一些与因变量之间存在复杂的非线性关系的自变量以不同函数"相加"的形式拟合到模型中。因此，该模型中的各个解释成分不一定是自变量本身，可以是自变量的各种平滑函数的形式，这种独特的形式还可探索到变量间的非单调、非线性的关系，灵活性很强（Guisan et al.，2002）。

广义相加模型的基本表达式为：

$$g(\mu_i) = \beta_0 + f_1(x_{1i}) + f_2(x_{2i}) + f_3(x_{3i}) + \cdots + \varepsilon \tag{12-1}$$

上式中，$g(\mu_i)$ 代表连接函数，可以是指数族分布中的任一种分布，如正态分布、二项分布、Poisson分布、负二项分布等，常见的概率分布和连接函数可见表12-1。$f_1(x_{1i})$，$f_2(x_{2i})$，$f_3(x_{3i})$……代表各种平滑函数，如平滑样条、局部回归、自然立方样条等。

表12-1　GAM常见的概率分布和连接函数

分布	连接函数	$f(Y)$
正态分布	Identity	Y
二项分布	Logit	$\text{logit}(Y)$
Poisson分布	Log	$\log(Y)$
γ分布	Inverse	$1/(Y^{-1})$
负二项分布	Log	$\log(Y)$

广义相加模型的参数估计主要基于局部得分算法（local scoring algorithm）和回切算法（backfitting algorithm）。局部得分算法是Fisher记分过程用于广义线性模型中发现极大似然估计的推广，而回切算法适用于任何加性模型（Hastie，1987）[372]，当广义相加模型包含数个平滑函数时该算法可用于局部得分算法的迭代运算（Wood，2017）。不同于使用加权最小二乘法并有精确解的线性回归模型，广义线性模型的参数估计过程需要迭代近似值以寻求最优参数估计值，这是因为广义相加模型中平滑样条的回切过程会使惩罚对数似然函数值最大化，可用$l_p(\eta, y) = l(\eta, y) + P$表示，其中$y$是观测值的矢量，$l(\eta, y)$是线性预测项$\eta$的似然函数，$P$是一个用于解释平滑性的二次惩罚项，这就等同于贝叶斯分析中使用满足平滑关系的先验去求后验分布的最大值。

二、广义相加模型与其他统计方法的关系

在环境因素对人群健康的影响研究中，由于需要处理的环境或气候资料一般是一定时期内累积观测到的数据，这些数据有明显的时间变化趋势，属于时间序列。时间序列数据的因变量与自变量都是在不同时间测得的，由于同一变量在不同时间点之间往往存在着自相关性，所以在对它们建模时要考虑到这个问题。统计学上有许多方法可以应用到这些研究中，包括线性模型、广义线性模型和广义相加模型等。线性模型和广义线性模型用参数方法拟合随时间变化的预测变量，由于参数方法的确定性和时间趋势的不确定性，在估计环境或气候变量的系数时不如广义相加模型灵活。广义相加模型用非参数方法来拟合有时间变化趋势的预测变量，所以此方法具有较高的灵活性，适用于这类流行病学研究中。

三、主要用途

广义相加模型可以对时间序列数据进行分析，其主要用途如下：

（1）广义相加模型可以有利于多个非参数平滑函数对多个混杂因子进行控制，包括长期趋势、季节趋势、短期变动、双休日效应、流感流行以及除温度之外的其他气象因素、空气污染因素的混杂因子。

（2）在统计分析中，多变量线性回归模型是预测问题中最常用的工具，但它要求反应变量的期望与每个预测变量的关系都是线性的，如果这一假设不成立，可以考虑用广义相加模型进行拟合。

（3）广义相加模型不对预测变量的形式作具体要求，而是采用非参数的方法进行拟合，唯一需要做的是假设各函数项是可加且光滑的，所以应用范围较广，尤其是在Poisson回归类型的资料中应用很多。

四、研究与应用

Ni等（2014）曾将Poisson回归的广义相加模型应用到2004～2009年河南省开封、新乡和郑州三个城市洪涝事件对细菌性痢疾影响的研究中。在这三个城市中，先分别独立应用如下：

$$\ln(Yt) = \beta_0 + \beta_1(\text{floods}) + \beta_2(\text{flood duration}) + s(\text{precipitation}) + s(\text{temperature}) + s(\text{relative humidity}) + s(\text{sunshine duration}) + s(t) + s(\sin 2\pi t/12) \tag{12-2}$$

由于这三个城市均位于河南省中北部，并且互相接壤，在分析三个城市所在区域的洪涝事件对细菌性痢疾的总体效应时，使用如下模型：

$$\ln(Yt) = \beta_0 + \beta_1(\text{floods}) + \beta_2(\text{flood duration}) + \beta_3(\text{city}) + s(\text{precipitation}) + s(\text{temperature}) + s(\text{relative humidity}) + s(\text{sunshine duration}) + s(t) + s(\sin 2\pi t/12) \tag{12-3}$$

以上两式中，Yt代表在某一特定月份t时的细菌性痢疾月发病率；floods为一个二分类变量，分别以0和1来表示无洪涝事件发生和洪涝事件发生；flood duration表示每月洪涝持续天数；city代表城市，分别以1，2，3表示开封、新乡和郑州；$s(\text{precipitation})$、$s(\text{temperature})$、$s(\text{relative humidity})$、$s(\text{sunshine duration})$分别是每月累计降雨量、每月平均温度、每月平均相对湿度、每月累计日照时长的平滑函数，用以控制这些气象因素的影响。$s(t)$表示特定月份的平滑函数，用以克服长期趋势的影响。考虑到细菌性痢疾发病的季节性，模型中包含了一个三角函数$\sin(2\pi t/12)$，以显示时间序列中的季节成分。经过统计分析，开封、新乡和郑州三个城市洪涝事件对细菌性痢疾影响的RR值及95% CI分别为11.47（9.67～15.33）、1.35（1.23～3.90）、2.75（1.36～4.85），这三个城市所在区域的洪涝事件对细菌性痢疾的总体影响的RR值及95% CI为1.66（1.52～1.82）。

在荷兰开展的一项关于PM2.5和PM10对该国居民日死亡率的研究中，研究者收集了每小时平均温度、相对湿度、气压等气象资料以及关于PM2.5和PM10的大气污染资料，对这两种大气污染物均计算了滞后0～3天和滞后0～6天的平均值，而每日全国的PM2.5和PM10平均浓度则通过10个站点的数据获得（Janssen et al.，2013）。使用立方回归样条控制长期趋势和季节趋势，薄板回归样条控制每周平均流行性感冒发病率以及滞后1天的平均温度、相对湿度、气压，使用哑变量控制星期几效应和节假日效应，通过控制以上混杂因素以体现大气污染物与日死亡率之间的真实联系，然后将回归系数和标准误转化为PM2.5和PM10浓度增加10 μg/m³的超额危险度百分比及其95% CI。通过拟合Poisson回归的广义相加模型，分析结果表明前一天PM2.5浓度每增加10 μg/m³可使全死因死亡率增加0.8%（95% CI：0.3%～1.2%），而前一天PM10浓度每增加10 μg/m³可使全死因死亡率增加0.6%（95% CI：0.2%～1.0%）。

在泰国清迈开展的一项研究则通过应用负二项回归的广义相加模型分析了高温效应对门诊人数和住院人数的影响（Pudpong et al.，2011）。对日期采用B样条平滑函数以控制长期趋势和季节趋势，为解释住院人数不同月份之间的变化量，回归模型中纳入了表示月份次序的哑变量，同时还纳入用于控制星期几效应和节假日效应的哑变量。考虑到在低温时期流感的流行，呼吸系统疾病患者每日门诊人数和住院人数若超过呼吸科室总就诊人数的99%，则将其当作流感指示变量纳入模型。相对湿度和降水量以自然立方样条形式纳入模型以拟合非线性关系。当天和前一天（即滞后0～1天）的平均温度被视为即时效应，两周内（即滞后0～13天）的平均温度被视为延迟效应。该研究结果表明，在29℃以上时，气温每升高1℃，糖尿病与循环系统患者门诊人数分别上升26.3%（95% CI：7.1%～49.0%）、19.5%（95% CI：7.0%～32.8%）；在全温度波动范围内，气温每升高1℃，肠道传染病的门诊人数与住院人数分别上升3.7%（95% CI：1.5%～5.9%）、5.8%（95% CI：2.3%～9.3%）。

第二节　广义相加模型在时间序列资料中的分析应用

在科学研究中，按照一定的时间间隔（通常为相同间距）对客观事物进行动态观察，由于各种随机因素的作用，每次观察的指标X_1，X_2，X_3……X_m等都是随机变量，这种按照时间顺序排列的随机变量或其观测值称为时间序列。

对于特定的时间序列而言，均会呈现出波动的现象，这一现象往往呈现一定的特点，主要包括趋势性、季节性和随机性。趋势性是指某一变量随着时间的进行（或有序变量的变化）呈现一种比较稳定的上升、下降或持平的单调特征，不同区段的斜率可以不等；广义的季节性是指序列的周期性，狭义的季节性则是指序列按照日历的年度、季度、月度、周度等时间单位更迭而呈现出的周期性；随机性是指规律性变化上叠加的随机扰动，这一特性普遍存在于时间序列资料中。

针对时间序列资料应用广义相加模型，可以充分利用该模型在分析过程中能控制长期趋势和周期性的特点，从而反映气象变量和洪涝变量对因变量的真实影响程度。

一、资料搜集和整理形式

1.极端天气事件资料的收集与整理

查阅相关材料，明确在研究时间内某地区某极端天气事件发生的时间，把事件定义为分类变量，结合事件本身的特点，如洪涝事件一般持续时间为几天，干旱可能持续时间较长，台风一般呈现一过性等特点，确定合理的时间单位，整理成相应的时间序列格式。

2.疾病资料的收集与整理

疾病资料的收集与整理分为两种情况，如果研究时间较短，研究期间内人口学特征变化不大，对研究结果影响很小，则可以使用发病数进行直接计算。如果研究时间较长，为确保研究结果的准确性，必须使用发病率进行计算，若有发病率数据可以直接应用，如果没有发病率数据，则需要通过发病数、人口数进行计算，其中，无论是发病数还是发病率都应该整理成同天气事件时间单位相同的时间序列格式。

3. 气象因素资料的收集与整理

气象因素数据的整理格式与疾病数据和天气事件的格式相同，都为同一时间单位的时间序列资料。

二、滞后效应分析

滞后效应分析的方法有很多，有互相关分析、Spearman相关分析等，要根据数据满足的分析条件正确选择相应的分析方法。

1. 互相关分析

在时间序列分析中，互相关分析表示的是两个时间序列之间在任意两个不同时刻的取值之间的相关程度。该方法是对两组连续的时间序列进行分析，寻找互相关函数的峰值，然后确定互相关函数峰值所在的位置，在时间序列中主要用于判断滞后期。值得注意的是，无论何时使用互相关函数来了解两个序列之间的关系，必须确信两个序列是平稳的，即每个序列的均值和方差在整个序列中大概一样，原因是如果序列值均随时间上升或下降，即使两个序列毫不相关，那么也得出高度相关的结论。

2. Spearman相关分析

互相关分析要满足时间序列资料，各时间序列变量要平稳，只有相关值大于两倍以上的标准差结果才有统计学意义，而Spearman相关分析使用等级相关系数 r_s 表示两个变量间直线相关关系的相关方向与密切程度，对数据的质量要求比较低，对原变量分布不做要求，因此应用条件较广，所以在滞后效应分析中，Spearman相关分析是主要方法。

分析时，要依次对研究变量进行非滞后、滞后一个时间单位、滞后两个时间单位等的调整，结合统计学结果和疾病潜伏期及发病特点确定最佳滞后期。

三、资料分析

在对气候事件资料进行分析时，为便于操作和理解，可采用R软件与SPSS软件相结合的方式。

1. 数据库的整理

对于气候事件资料，需要将各个变量对应的数据按照时间顺序进行逐行排列，可先对不同滞后期的自变量与因变量的相关程度进行检验以确定最佳滞后期，可利用SPSS软件的相关功能进行滞后期的确定，主要通过计算出不同变量、不同滞后期与因变量的相关系数来确定，然后根据滞后期对原始数据库各自变量与因变量的对应关系进行调整，目的是使自变量每一滞后期的行数据与因变量相对应。数据库基本结构确定以后，即可准备导入R软件中，可直接选中Excel文件中的数据，然后进行复制，使数据复制到"粘贴板"，然后通过命令"mydata<-read.table(file="clipboard",header=T)"导入R软件中，也可先将其另存为"csv"格式的文件存放到计算机"我的文档"文件夹下，通过命令"mydata<-read.table("mydata.csv",header=T, sep=",")"导入R软件中。

2. 定义分类变量

对于气候相关资料中的分类变量，尤其是有序分类变量，如洪涝可分为轻度、中度、重度三个程度，如果在原始数据库中分别按照"mild""moderate""sever"等字符型数据进行编码，那么在导入R软件后需对其进行转换以方便后续的分析，具体可通过"factor"命令的"levels"选项来进行排序：mydata$flood <-factor(mydata$flood,order=T,levels="mild"," moderate","sever")，这样一来洪涝的各个水平

就赋值为1 = mild，2 = moderate，3 = sever。

3. GAM模型分析

可利用R软件"xts"包中的命令给原始数据赋以时间值，同时绘制各变量随时间变化的时序图，用以观察各变量变化的大致趋势，然后加载"mgcv"包，使用"gam"语句对模型进行拟合。

4. 结果输出

使用"summary( )"命令可展示拟合模型的各项详细结果，使用"exp(coef( ))"语句可对模型的回归系数进行指数化得到RR值，使用"exp(confint( ))"语句可获取模型RR值的95% CI。

四、注意事项

1. 正确选择连接函数

广义相加模型能够很好地满足时间序列资料的分析条件，在应用过程中要正确选择连接函数，根据数据类型和条件确定使用Poisson回归模型还是负二项回归模型等。Poisson回归模型的使用条件之一是计数资料服从Poisson分布，即满足计数值的方差与其平均值相等。但是，一些传染性疾病等事件的发生是非独立的，它们的计数资料会出现方差远大于平均值的现象，即过离散现象，此时宜选用负二项回归模型，从而增大模型参数估计值的标准误，降低犯假阳性错误的概率（孙振球 等，2014）。

2. 选择合适的滞后效应分析方法

在应用广义相加模型时，要根据数据类型和条件，选择合适的滞后效应分析方法。互相关分析要满足时间序列资料，各时间序列变量要平稳，只有相关值大于两倍以上的标准差，结果才有统计学意义。Spearman相关分析应用条件较广，对数据的质量要求比较低。

3. 调整好滞后期

建立数据库时，要调整好滞后期。气象资料的时间序列数据往往存在滞后期，因此在通过相关检验发现某一变量对因变量的影响存在滞后期时，要对数据库结构进行调整，以使其相互对应。

4. 通过其他方式获取效应值

以Poisson回归的广义相加模型为例，分析结果中无法直接展示各自变量对因变量的RR值以及RR值的95% CI，需通过加载其他包中的命令求得。

五、优点与局限性

1. 优点

（1）当模型中自变量个数较多而样本含量并不是很大时，广义相加模型拟合不存在由于自变量维度的增加而使方差急剧扩大这一问题。因此，当自变量的个数较多或因变量与自变量之间的关系不明确时，因变量的分布不易判定或不符合所要求的分布时均可考虑应用广义相加模型。

（2）与广义相加模型相比，广义相加模型具有较高的灵活性，具体表现在广义线性模型是模型驱动而广义相加模型是数据驱动。广义线性模型的各项是事先已假定的具体参数形式，这一形式局限于已知曲线的形状，而广义相加模型的各项是由因变量期望的函数与自变量关系的曲线形状决定的非参数形式，即对于广义相加模型来说，数据决定的是因变量的期望与自变量之间关系的本质而不是关系的参数形式。

2. 局限性

在模型拟合时，需要考虑筛选模型中包含的变量，还要选择模型中各平滑函数参数的最优值，这对于模型的选择过程提出了很大的挑战。

第三节　应用实例

本实例操作仍以第9章"广义线性模型在定量关系研究中的应用"中某市2004年1月至2010年12月的月气象资料以及该地居民的腹泻发病资料进行演示。数据前期处理步骤与前述步骤1和步骤2完全一致，不同的是本例进行广义相加模型模型拟合时需加载"mgcv"包。

建立核心模型：

$$\log[E(Yt)] = \alpha + s(\text{precipitation}) + s(\text{temperature}) + s(\text{humidity}) + s(\text{sunlight}) + \text{flood} + s(t) + \text{periodicity} \tag{12-4}$$

在R软件中加载"mgcv"包后，将模型输入R软件中，命令如下：

```
library(mgcv)
fit<-gam(diarrhea~s(precipitation)+s(temperature)+s(humidity)+s(sunlight)+flood+s(t)+periodicity,family=poisson(link=log),data=mydata)
summary(fit)
```

可得到所拟合模型的相关信息如下所示：

```
Family: poisson
Link function: log
Formula:
diarrhea ~ s(precipitation) + s(temperature) + s(humidity) + s(sunlight) + flood + s(t) + periodicity
Parametric coefficients:
```

	Estimate	Std. Error	z	value Pr(>|z|)
(Intercept)	6.271715	0.005802	1081.036	< 2e−16 ***
flood	0.234461	0.032846	7.138	9.46e−13 ***
periodicity	−0.156677	0.014148	−11.075	< 2e−16 ***

```
———
Signif. codes: 0 '***' 0.001 '**' 0.01 '*' 0.05 '.' 0.1 ' ' 1
Approximate significance of smooth terms:
```

edfRef.df Chi.sq	p−value		
s(precipitation)	9.000	9.000	119.6	<2e−16 ***
s(temperature)	8.817	8.987	272.3	<2e−16 ***
s(humidity)	8.358	8.826	294.2	<2e−16 ***
s(sunlight)	8.994	9.000	549.1	<2e−16 ***

s(t)	8.745	8.979	435.9	<2e−16 ***

———

Signif. codes: 0 '***' 0.001 '**' 0.01 '*' 0.05 '.' 0.1 ' ' 1

R−sq.(adj) = 0.502　Deviance explained = 77.4%

UBRE = 12.088　Scale est. = 1　　　　　n = 84

通过加载"Epi"包，利用"ci.lin"语句的"eff1 < −ci.lin（fit，subset = "flood"，exp = T）"命令，可得到洪涝对腹泻影响的RR值及95% CI如下所示：

	Estimate	StdErr	z	P	exp(Est.)	2.5%	97.5%
flood	0.3786785	0.03157342	11.99358	3.839246e−33	1.460354	1.372722	1.553579

可通过该语句得到其他气象变量对腹泻影响的RR值及95% CI，然后做残差的正态性检验，以验证模型的拟合效果，命令为"shapiro.test（residuals（fit））"，结果如下所示：

Shapiro−Wilk normality test

data: residuals(fit)

W = 0.98717, p−value = 0.5757

可见残差符合正态性分布，说明模型拟合较好。综上所述，表明洪涝对腹泻有致病风险，RR值及95% CI为1.460（1.373 ~ 1.554）。

（倪　伟　吴　含）

参考文献

董英，赵耐青，汤军克，等，2008. 广义相加模型在气温健康效应研究中的应用［J］. 中国卫生统计，25（2）：144−146.

孙振球，徐勇勇，2014. 医学统计学［M］. 北京：人民卫生出版社.

GUISAN A，EDWARDS T C，HASTIE T，2002. Generalized linear and generalized additive models in studies of species distributions：setting the scene［J］. Ecological modelling，157（2−3）：89−100.

HASTIE T J，TIBSHIRANI R J，1987. Generalized additive models: some applications［J］. Journal of the American statistical association，82（398）：371−386.

JANSSEN N A H，FISCHER P，MARRA M，et al.，2013. Short−term effects of PM2.5，PM10 and PM2.5−10 on daily mortality in the Netherlands［J］. Science of the total environment，463（10）：20−26.

NI W，DING G Y，LI Y F，et al.，2014. Effects of the floods on dysentery in north central region of Henan Province，China from 2004 to 2009［J］. Journal of infection，69（5）：430−439.

PUDPONG N，HAJAT S，2011. High temperature effects on out−patient visits and hospital admissions in Chiang Mai，Thailand［J］. Science of the total environment，409（24）：5260−5267.

WOOD S N，2017. Generalized additive models：an introduction with R［M］. 2nd ed. London：Chapman & Hall/CRC.

第十三章
空间回归分析在极端天气事件与健康研究中的应用

疾病的三间分布（时间、空间、人群）是流行病学研究的基本元素，以往的流行病学研究多集中于疾病人群和时间分布方面，随着地理信息系统（GIS）、全球定位系统（GPS）、遥感系统（RS）（即3S体系）的发展，空间数据呈爆炸式增长，疾病的地理空间信息受到广泛关注，空间流行病学的应用也越来越广。空间回归分析是空间流行病学研究的内容之———地理相关性研究（生态学分析）的主要分析方法，是在传统的回归分析中引入空间自相关关系，将空间位置关系和空间属性数据结合起来，能够更好地解释属性变量的空间关系。在用于传染病的分析时，可以考虑疾病的聚集性和扩散性，并可说明各因素间的关系。近年来，空间回归分析在识别疾病危险因素方面得到广泛的应用。

第一节 概 述

一、空间回归分析的基本概念和原理

1. 空间回归分析的基本概念

空间回归分析是基于普通线性回归的，最初来自空间计量经济学。Anselin在其编写的 *Spatial Econometrics：Methods and Models*（1988年出版）一书中提出将空间效应融合到普通线性回归模型（ordinary linear regression）中，形成空间回归模型，并对空间回归的一般模型、参数估计和假设检验进行拓展研究。Michael D.Ward和Kristian Skrede Gleditsch在2008年编写的 *Spatial Regression Models* 一书中从社会科学的研究角度详细介绍了空间滞后模型（spatial lag model，SLM）和空间误差模型（spatial error model，SEM）。周晓农在2009年出版的《空间流行病学》一书中将空间回归分析定义为从地理（或生态学）的角度研究疾病发病（或患病、死亡等）空间分布与解释变量（环境因素如空气、水、土壤等，社会经济学因素）间的关系，通常在区域或其他合并的空间水平上进行。根据Anselin的定义，空间效应可以分为空间相关性和空间异质性，在空间回归分析中，空间影响与空间效应有关，即与空间自相关或空间异质性有关，因此在进行空间回归分析的过程中必须同时考虑空间自相关性或空间异质性。

2. 相关概念

（1）空间自相关（空间依赖）：空间自相关是事物和现象在空间上的相互依赖、相互制约、相

互影响和相互作用，是事物和现象本身所固有的属性，是地理空间现象和空间过程的本质特征，空间位置上越靠近的事物或现象就越相似，即事物或现象具有对空间位置的依赖关系。如果没有空间自相关，地理事物或现象的分布将是随意的，空间分布规律就没法表现出来。疾病发病情况的空间聚集性往往是由某些因素导致的，因此具有空间自相关性是进行空间回归分析的前提。空间自相关可能是由于不同类型的空间溢出效应引起的，可以分为全局空间自相关和局部空间自相关。全局空间自相关用于研究某一属性取值在整个空间上的空间聚集状态，局部空间自相关用于研究空间单元属性取值在某些局域位置上的空间分布状态。

（2）空间异质性（空间非平稳性）：在空间分析中变量的数据一般都是按照某给定的地理单位为抽样单位得到的，随着地理位置的变化，变量间的关系或结构会发生变化，这种因为地理位置的变化而引起的变量关系或结构的变化即为空间非平稳性。例如，因变量y与回归变量x_1，x_2，$\cdots$，x_m之间的回归函数形式会随观测点地理位置的不同而发生变化。空间异质性很容易由描绘的空间单元的固有异构性和空间的情景变化引起。

（3）空间权重矩阵：在分析空间自相关之前，需要通过空间权重矩阵定量表达地理要素之间的空间关系。目前对于空间自相关分析常用的矩阵构建方法有两大类：一类是依据不同的邻接准则构建；另一类是依据不同的距离准则构建。根据邻接准则构建矩阵的方法有Rook（上下左右邻接）、Queen（Rook+对角线邻接）、k-Nearest Neighbor（k值最近邻接）等。根据距离准则建立矩阵的方法是假设了空间相互作用的强度取决于区域之间的质心距离，具体的取值取决于所选的函数形式，如距离的倒数或倒数的平方，或者欧式距离。对构建空间权重矩阵方法的选择没有很明确的规定，可以将多种方法的结果进行比较，选择其中获得空间自相关系数最大并有统计学意义的方法构建矩阵。在实施空间权重矩阵的过程中需注意两点：一是具有拓扑关系的空间数据的质量；二是一些基于距离准则建立的矩阵需要一个阈值，而当存在空间异质性时很难确定这个阈值。

3. 空间回归模型的基本形式

空间回归模型的基本形式如下：

$$y = \rho W_1 y + X\beta + \varepsilon \tag{13-1}$$

$$\varepsilon = \lambda W_2 \varepsilon + \mu \tag{13-2}$$

$$\mu \sim N(0, \sigma_2) \tag{13-3}$$

其中，y是因变量；X是自变量；ε是空间模型的残差；μ是正态分布的随机误差向量；β表示自变量的空间回归系数；W_1为空间自回归过程中与因变量有关的空间权重矩阵，W_2是与空间误差项相关的空间权重矩阵，空间权重矩阵反映空间邻接或邻近区域尺度的变化情况，通常根据邻接关系或者距离函数关系确定。ρ为空间滞后项的系数，其值为0~1，越接近1，说明相邻地区的因变量取值越相似；λ为空间误差系数，其值为0~1，越接近1，说明相邻地区的解释变量取值越相似。

4. 常用的空间回归模型

（1）针对疾病的空间自相关性

根据空间回归模型的基本形式中ρ、λ的取值不同，空间回归模型可分为以下子模型：

① 若$\rho = 0$，$\lambda = 0$时，$y = X\beta + \mu$，$\mu \sim N(0, \sigma^2)$，模型为普通线性回归模型，表明模型中没有空间特征的影响。普通线性回归模型以线性、独立、正态和方差齐性为前提条件，充分利用研究区域的

属性数据（仅考虑属性数值大小，如常用的疾病频率测量指标），而忽视了研究区域的空间数据（所处的空间位置）。独立性表示各研究区域的观察值不存在空间自相关。

② 若 $\rho \neq 0$，$\lambda = 0$ 时，$y = \rho Wy + X\beta + \mu$，$\mu \sim N(0, \sigma^2)$，模型为空间滞后模型，也称为空间自回归模型，主要考虑因变量的空间自相关性。各系数意义同空间回归模型的一般形式，其中，Wy 是空间滞后因变量，是内生变量，是邻近单元因变量的加权平均。空间滞后模型适合估计是否存在空间相互作用以及空间相互作用的强度，可用于探讨各变量在某地区是否具有扩散现象（溢出现象）。

③ 若 $\rho = 0$，$\lambda \neq 0$ 时，$y = X\beta + \varepsilon$，$\varepsilon = \lambda W\varepsilon + \mu$，$\mu \sim N(0, \sigma^2)$，模型为空间误差模型，主要考虑误差项之间的空间自相关性。空间误差模型描述的是空间扰动相关和空间总体相关，又称空间自相关模型或空间残差自回归模型。

④ 若 $\rho \neq 0$，$\lambda \neq 0$ 时，$y = \rho Wy + X\beta + \lambda W\varepsilon + \mu$，模型为空间杜宾模型（spatial durbin model，SDM），该模型中不仅因变量在邻近观察单元之间有空间自相关关系，同一种解释变量在邻近观察单元之间也有空间自相关关系，模型中的因变量和解释变量两者均不满足独立性。

普通线性回归模型、空间滞后模型、空间误差模型都是全局空间回归模型，模型中常数和解释变量的系数在不同研究区域间是相同的（即是平均值），没能体现各区域间的空间差异性。

（2）针对疾病的空间异质性

地理加权回归模型（geographical weighted regression，GWR）是一种空间局域回归分析方法，是由英国Newcastle大学地理学家Fotheringham和A.Stewart及其同事提出的。该模型中，特定区位的回归系数不再是利用全部信息获得的假定常数，而是利用邻近观测值的子样本数据进行局域回归估计，并随着空间局域地理位置变化而变化的变数。

简化公式为：

$$y_i = \beta_{i0} + \sum_{k=1}^{p} \beta_{ik} x_{ik} + \varepsilon_i \quad (i = 1, 2, \cdots, n) \tag{13-4}$$

其中，y_i 为因变量，x_{ik}（$i = 1, 2, \cdots, n$）表示第 k 个自变量在区域 i 处的值，β_{i0} 为回归常数，β_{ik} 为各解释变量的回归系数，ε_i 为残差。GWR 模型通过在每个观测点使用加权最小二乘法对参数向量进行估计，权重是观测点 i 到其他观测位置的距离的函数，常用的权重函数有距离阈值函数、反距离函数、Gauss函数、截尾型的bi-square 函数等。特定权函数的带宽计算的优化对GWR 模型的精度有很大影响，常用的优化方法有交叉验证法、AIC 信息准则法、BIC 信息准则法等。地理加权回归模型允许在不同的地理空间有不同的空间关系的存在，可以在空间上对每个参数进行估计，其结果是局部性的参数估计，从而能够探测到空间数据的空间非平稳性。

5. 不同空间回归模型与普通线性回归模型的比较

表13-1　不同空间回归模型与普通线性回归模型的比较

区别点	普通线性回归模型	全局空间回归模型 （SLM、SEM、SDM）	地理加权回归模型 （GWR）
是否利用空间信息	否	是	是
是否考虑空间自相关	否	是	是
是否考虑空间异质性	否	否	是
模型类别	全局型	全局型	局域型

区别点	普通线性回归模型	全局空间回归模型 （SLM、SEM、SDM）	地理加权回归模型 （GWR）
参数估计方法	最小二乘法	极大似然法ML、广义估计矩阵法	加权最小二乘法
模型评价指标	AIC、R^2	残差的Moran's I、拉格朗日乘数LM、稳健型拉格朗日乘数R-LM、log likelihood、R^2、AIC	残差的Moran's I、R^2、AIC、CV

（黄秋兰 等，2013）

二、空间回归分析的特点和局限性

1. 特点

与传统回归分析相比，空间回归分析具有以下特点：

（1）经典回归分析方法在探讨疾病的影响因素关系方面发挥着重要作用，但其基本假设是观察值之间具有独立性和随机性，不适用于具有空间属性的疾病数据，会造成空间数据挖掘不够，疾病信息利用不全，影响研究结果的可靠性，不利于疾病的有效防控。空间流行病学先要分析这些数据在空间上是随机的还是聚集的，是彼此独立的还是有一定相关性的，然后依据其空间自相关性和空间异质性进一步进行空间回归分析，将空间位置关系和空间属性数据结合起来，可以更充分地利用数据，对疾病的影响因素进行更全面的探索。

（2）传统回归分析认为各变量的回归系数是一个群体水平上的平均估计值，不能估计各研究区域的局部效应。若要推断各区域的效应大小，可能会引起"生态学谬误"。空间回归分析中的地理加权回归不仅可以估算各因素在群体水平的平均估计值，而且可进一步量化各因素在局部区域的效应大小。综上所述，结合疾病数据的空间属性进行空间回归分析能了解研究对象的各方位的详细特性，使得疾病的研究有更好的模型，更能揭示疾病的影响因素。

2. 局限性

（1）空间数据的质量问题：空间回归分析的数据有不同的来源，而且收集的过程和目的也是不同的，其收集过程中可能并未考虑到流行病学的需要，其质量问题不容忽视，可能的误差来自研究对象的空间位置和属性特征的测量，其中，数据的收集、储存、编辑，测量过程中的内部不稳定性和定义问题都可能引起属性特征数据的质量问题。例如，在发达国家，大部分的死亡率和发病率的数据具有良好的质量，然而其他健康数据，如自杀率、先天性异常和住院率可能会受到部分低估。此外，给定的健康结果的诊断、收集、编码和报告可能会因为地理区域的不同和时间的推移而改变。

（2）尺度效应和分区效应：尺度效应是当从不同的尺度收集到的相同数据合并在一起时，统计分析的结果在各个尺度上是不一样的。例如，普查数据可以通过州、县、乡、街道这些尺度进行合并，而最后只能呈现在一个尺度上，如是州而不是街道。分区效应是在相同的分析尺度上，数据以不同的方式集合也会产生不同的结果，如小尺度范围内选择不同的边界调整办法也会很明显地影响结果。以上这些问题都可能导致流行病学家从生态学角度进行毫无根据的因果推论，从而得出错误的结论。

三、空间回归分析在流行病学研究中的应用

空间回归分析是普通回归分析的扩展，最先出自空间计量经济学，主要应用于经济学研究。随着地理信息系统（GIS）、全球定位系统（GPS）、遥感系统（RS）的发展，以及OpenGeoda的应用，空间回归分析在公共卫生研究方面的应用也越来越广泛，主要表现在以下方面：

（1）传染病

吴田勇等（2013）采用空间误差模型分析重庆市2008～2011年结核病疾病的影响因素，结果显示城镇失业率与重庆市结核病发病相关；唐小静等（2014）采用空间滞后模型分析重庆市2008～2012年手足口病空间发病的影响因素，得出手足口病发病与城镇化率呈正相关；肖雄等（2013）应用地理加权回归模型分析四川省血吸虫病血检阳性率与社会经济学因素、自然环境的关系，并同经典的OLS进行比较；SO Semaan等（2007）利用空间回归分析探讨美国淋病和梅毒的发病率与社会资本的关系，结果显示拥有社会资本越多的州，性病的发生率越低。

（2）慢性病

董冲亚等（2014）利用地理加权回归模型分析我国女性肺癌发病的空间影响因素，结果显示，城乡类型对我国女性肺癌发病的影响强度存在东西地区差异，纬度指向因子影响强度存在南北地区差异；Chen和Wen等（2010）应用SLM模型研究了中国台湾地区肥胖危险因子的空间关系，发现2001～2005年肥胖危险因素发生很大变化，并从模型中反映出某些地区存在很强的空间溢出效应，提示在这些地区需要政府政策干预。

（3）其他疾病

陈炳为等（2005）使用GWR发现参数估计在各区域并非完全相等，甲状腺肿大率较高的区域主要位于四川盆地中部、南部山区和丘陵地带。陈炳为等（2003）将直线回归模型与空间误差模型应用到碘缺乏病，结果显示直线回归的误差项具有空间自相关性。

第二节　空间回归分析的实施

一、确定研究目的

极端天气事件的发生与地理环境是密切相关的。例如：我国暴雨洪涝灾害主要发生在长江流域、珠江流域、黄淮海流域和松辽流域等七大江河流域；热带气旋主要影响我国的东南沿海地区；高温热浪的发生与当地的地形以及气候类型密切相关，江南、华南、西南和新疆都是高温的频发地。同时，极端天气事件的发生可引起地理、气候等自然环境的改变，导致各种传染病流行特征的改变。例如：温度的变化会带来新的降雨格局，改变蚊蝇滋生场所；温度的上升也能促进媒介昆虫的生长繁殖，增强其体内病原体的致病力。因此，利用空间回归分析、结合空间数据探讨极端天气事件对人群健康的影响具有重要的公共卫生意义。

二、研究区域与研究因素的选取

以极端天气事件——暴雨洪涝对人群健康的影响为例，介绍研究区域与研究因素的选取：

（1）研究区域的确定

根据《中国气象灾害年鉴》《中国水利年鉴》《全国气候影响评价》和中国气象科学数据共享服务网的农业气象灾情数据，集中有关暴雨洪涝的信息，选取暴雨洪涝发生次数频繁的区域作为主要研究区域。

（2）研究因素的选择

① 因变量：以暴雨洪涝为例，先查阅大量文献，再从生物学原理和传播机制初步判断暴雨洪涝的敏感性疾病，最后选择具备全局和局部空间自相关性的病种发病率作为因变量。

② 自变量：本章的研究主旨为探究暴雨洪涝事件对疾病发病率的空间分布是否存在影响，因此将暴雨洪涝事件以二分类变量纳入空间回归模型作为自变量进行分析。

③ 控制变量：由于疾病的发病率除了可能受暴雨洪涝事件影响外，还可能受到暴雨洪涝期间各种气象因素以及各空间单位社会经济学差异的影响，因此将与疾病发生相关的气象因素和社会经济学因素也纳入空间回归分析，作为控制变量。

④ 变量的选择：空间回归模型是普通线性回归模型的拓展，因此可以将普通线性回归模型中变量的选取方法——逐步回归法（包括向前选择法、向后剔除法和逐步选择法）推广到空间回归分析。与普通线性回归模型一样，如果一个回归变量被认为是重要的，或者说该回归变量对因变量的影响是显著的，那么当此回归变量被添加到空间回归模型中后，其残差平方和的减少在统计上应该是显著的。

三、空间回归分析的数据准备

1. 数据来源

（1）暴雨洪涝数据来自《中国气象灾害年鉴》《中国水利年鉴》《全国气候影响评价》和中国气象科学数据共享服务网的农业气象灾情数据集。对上述相关气象灾害信息的记录进行整理提取，形成暴雨洪涝灾害信息数据库。

（2）暴雨洪涝相关敏感性传染病数据来自中国疾病预防控制系统的法定报告传染病数据库，可以是月数据、旬数据、周数据和个案数据。人口数据来自中国疾病预防控制中心公共卫生科学数据和第六次全国人口普查数据。

（3）气象观测站点的气象数据来源于中国气象科学数据共享服务网，变量主要包括平均气温、最低气温、最高气温、相对湿度、平均气压、平均风速、降水量和日照时数等。气象数据站点来源选择：如果一个地级市有气象观测站点，则该站点报告的气象数据用来代表该地级市内所有县级行政区域的气象情况；如果一个地级市内没有气象观测站点，则用距离该地级行政区域最近的气象观测站报告的气象数据代表该地级行政区域内所有县级行政区域的气象情况。

（4）社会经济数据包括全国各省、市、县级行政区域人均国民生产总值及省、市、县级行政区域医疗卫生机构数，来自相应地区的统计局。

（5）矢量化电子地图：各研究区域相关尺度的电子地图来源于中国科学院地理科学与资源研究所。

2. 数据整合

在空间回归分析中，研究范围即研究尺度的确定尤为重要。不同的时间和空间尺度限制了信息被观测、描述、分析和表达的详细程度。空间数据的尺度可以是省、市、县、镇，如以县级行政区域为单位进行研究。整理研究地区各县级单位各种疾病的累积发病数和各县级区域的累积人口基数，运用各县各病种的累积发病数除以当地累积人口基数，即可获得各县级行政区域的年均发病率、月均发病率或日均发病率。分析时可根据疾病的具体滞后情况和数据时间尺度调整气象因素和暴雨洪涝时间变量的滞后期。根据地图上各县级行政区域的区位代码，将各县级行政区域的疾病日发病率、暴雨洪涝事件发生情况、气象因素、社会经济学因素匹配到地图中去，形成空间分析数据库。

具体数据整理形式（图13-1）：

	ANHUI_ID			GDP_person	health_car	flood	2022Rainf	SunshineHo	lgMalaria
1	342221	宿州市	砀山县	5318.120000	10.779918	1.000000	217.000000	4.000000	0.618080
2	342222	宿州市	萧县	5693.000000	10.779918	1.000000	217.000000	4.000000	1.205388
3	340601	淮北市	杜集区	12674.000000	18.907784	1.000000	572.000000	3.000000	1.682602
4	342201	宿州市	埇桥区	7448.000000	10.779918	1.000000	582.000000	4.000000	2.463256
5	342224	宿州市	灵璧县	5563.690000	10.779918	1.000000	217.000000	4.000000	2.081723
6	340601	淮北市	杜集区	12674.000000	18.907784	1.000000	572.000000	3.000000	1.682602
7	340621	淮北市	濉溪县	5866.600000	18.907784	1.000000	572.000000	3.000000	2.598734
8	342102	亳州市	谯城区	6718.000000	3.299186	1.000000	415.000000	3.000000	1.537092
9	342225	宿州市	泗县	6737.190000	10.779918	1.000000	217.000000	4.000000	1.009829
10	342124	亳州市	涡阳县	5783.380000	3.299186	1.000000	415.000000	3.000000	2.610038
11	342201	宿州市	埇桥区	7448.000000	10.779918	1.000000	582.000000	4.000000	2.463256
12	340323	蚌埠市	固镇县	9347.160000	12.381614	1.000000	572.000000	3.000000	1.489862
13	342123	阜阳市	太和县	4385.000000	6.375483	1.000000	552.000000	3.000000	1.039360
14	342125	亳州市	蒙城县	5932.490000	3.299186	1.000000	415.000000	3.000000	2.180847
15	340322	蚌埠市	五河县	8808.310000	12.381614	1.000000	572.000000	3.000000	1.633816
16	342103	阜阳市	界首市	5906.420000	6.375483	1.000000	552.000000	3.000000	-0.426147
17	341127	滁州市	明光市	7441.860000	11.261373	0.000000	347.000000	3.000000	0.319968
18	342130	亳州市	利辛县	4498.410000	3.299186	1.000000	415.000000	3.000000	2.035438
19	340321	蚌埠市	怀远县	6924.220000	12.381614	1.000000	572.000000	3.000000	1.487198
20	341181	滁州市	天长市	13638.370000	11.261373	0.000000	347.000000	3.000000	-9.000000
21	341126	滁州市	凤阳县	7174.130000	11.261373	0.000000	347.000000	3.000000	2.119168
22	340301	蚌埠市	蚌山区	12818.000000	12.381614	1.000000	572.000000	3.000000	1.492563
23	342101	阜阳市	颍州区	5515.000000	6.375483	1.000000	552.000000	3.000000	1.262146
24	342122	阜阳市	临泉县	3312.070000	6.375483	1.000000	552.000000	3.000000	-0.142855
25	340421	淮南市	凤台县	15886.300000	22.105638	1.000000	572.000000	3.000000	1.530915
26	341122	滁州市	来安县	9742.150000	11.261373	0.000000	347.000000	3.000000	-9.000000
27	340401	淮南市	大通区	15699.000000	22.105638	1.000000	572.000000	3.000000	1.807239
28	342128	阜阳市	颍上县	4253.900000	6.375483	1.000000	552.000000	3.000000	1.707407
29	341125	滁州市	定远县	5628.740000	11.261373	0.000000	347.000000	3.000000	0.045567
30	342127	阜阳市	阜南县	3254.350000	6.375483	1.000000	552.000000	3.000000	1.154180
31	341101	滁州市	琅琊区	10814.000000	11.261373	0.000000	347.000000	3.000000	-0.551094
32	342422	亳州市	寿县	4922.930000	8.425062	1.000000	524.000000	4.000000	0.610563

图13-1 空间分析数据库

其中，ANHUI_ID为各县级行政区域的区位代码，GDP_person，health_car依次是各县级行政区域的人均国民生产总值、人均医疗卫生机构数；flood是暴雨洪涝变量；2022Rainf，SunshineHo依次为各县级行政区域在研究阶段内的累积降雨量和日均累积日照时数；LgMalaria是各县级行政区域的疟疾发病率的对数值。

四、空间回归模型分析实现过程

1. 空间权重矩阵的选择

空间建模最基本的思想是相邻空间可能存在依赖关系，因此空间相邻是模型构建需考虑的最重要信息。在空间数据建模中，通常使用空间邻接矩阵对空间相邻加以展示并以此构建变量的空间依赖关系，其本质是在经典回归模型的基础上考虑相邻区域的影响因素。我们选择Queen建立空间权重，即以共边或共点作为邻接关系，创建空间邻接权重文件。Queen权重是当空间单元存在于一个可视的地图上，且空间单元间的公共边界或顶点可明确分辨时采用。苏茜等（2010）采用不同空间权重矩阵探讨云南省疟疾的空间分布模式，研究发现若同时探测在小尺度内（以县为研究单位）传播的疟疾发病的"正、负热点"，且空间单元间的公共边界或顶点可明确分辨时，Queen权重探测效能最好。

$$W_{ij} = \begin{cases} 1 & \text{若第}i\text{与第}j\text{空间单元相邻（指用共同边界或顶点）} \\ 0 & \text{若第}i\text{与第}j\text{空间单元不相邻} \end{cases}$$

2. 空间自相关的判断

空间自相关分为全局空间自相关和局部空间自相关，全局空间自相关可以用Moran's I来表示，将全局空间自相关分析的Moran's I系数分解到局域空间上，Anselin（1995）提出了局部空间自相关指示变量（local indicators of spatial association，LISA）。Moran's I统计量是应用最广的衡量空间自相关的指标，其公式如下：

$$I = \frac{n \sum_{i=1}^{n} \sum_{j=1}^{n} \omega_{ij}(x_i - \bar{x})(x_j - \bar{x})}{W_0 \sum_{i=1}^{n}(x_i - \bar{x})^2} \tag{13-5}$$

$$W_0 = \sum_{i=1}^{n} \sum_{j \neq 1}^{n} \omega_{ij} \tag{13-6}$$

式中：n为最小的研究区域单位的数目，x_i为i区域的发病率，x_j为j区域的发病率，$i \neq j$，$\bar{x}$为所有n个位置上观察值的均数，ω_{ij}为对称的二项分布空间权重矩阵。其中，$\bar{x}$如下式所示：

$$\bar{x} = \frac{1}{n} \sum_{i=1}^{n} x_i \tag{13-7}$$

Moran's I介于−1 ~ +1，取值为正，表示x_i和x_j是同向变化，数据呈正相关，取值越接近+1，表示观察变量的正相关性越强，地域聚集性越高；Moran's I取值为负，表示x_i和x_j变化方向不同，数据呈负相关，取值越接近−1，数据的负相关性越强；Moran's I取值越接近0，则数据越可能是随机分布的，不需要有相关性。

在满足因变量（疾病发病率）服从正态分布的情况下，用普通最小二乘法（ordinary least square，OLS）进行模型拟合，从而得到残差的Moran's I统计量，判断残差是否有空间自相关性，然后做出LISA空间聚集性地图和Moran's I散点图。若研究区域各县级行政区域的发病率数据不符合正态分布，需先将发病率数据进行处理，如对数转换。

3. 空间回归模型的选择

进行空间回归模型分析时，若 Moran's I 的 P 值小于 0.05，表示残差存在空间自相关，此时仅用普通线性回归模型分析是不充分的，需要进一步应用空间回归模型分析。运用空间回归模型分析时，主要依据拉格朗日乘数（LM）检验，根据LM检验统计量以及模型评估指标，进一步确定空间回归模型的类型，最后通过模型的各系数对自变量与因变量的关系进行解释。LM检验包括4个统计量：LM-Lag、Robust LM-Lag、LM-Error和Robust LM-Error。LM-Lag和Robust LM-Lag统计量对应的是空间滞后模型，LM-Error和Robust LM-Error统计量对应的是空间误差模型。在空间依赖性检验中，根据拉格朗日乘数统计量有无统计学意义进行判断，如果两者P值均大于0.05，则选择普通线性回归分析的结果。若仅LM-Lag检验的P值小于0.05，则选择空间滞后模型；若仅LM-Error检验的P值小于0.05，则选择空间误差模型；若LM-Lag和LM-Error的P值均小于0.05，则结合Robust LM-Lag、Robust LM-Error检验的结果选择P值较小且有统计学意义的模型。

拉格朗日乘法原理可以得出很多实用的检测结果，因其基于零假设估计模型。在很多情况下，这将避免非线性程序，允许使用最小二乘法的结果。LM检验适用于一些来源的错误设定需要被考虑的情形，如在空间分析过程中，当存在空间误差自相关或空间自相关因变量被忽视时。

（1）Burridge（1980）提出，不存在空间滞后效应时的空间误差模型LM检验：

$$LM = \frac{(e'We/s^2)^2}{T} \sim \chi^2 \qquad (13-8)$$

式中，$s^2 = \frac{1}{N}e'e$，$T = tr(W'W + W^2)$，tr表示迹算子（矩阵对角元素的总和）

（2）Anselin（1988）提出了考虑空间滞后效应的空间误差模型LM检验，即可以事先假定存在空间滞后效应，旨在检验模型是否存在空间实质相关：

$$LM = \frac{(e'WY/s^2)^2}{R\tilde{J}} \qquad (13-9)$$

其中，$s^2 = \frac{1}{N}e'e$，$(R\tilde{J})^{-1} = \left[T + \frac{(WX\hat{\beta})'M_x(WX\hat{\beta})}{s^2} \right]^{-1}$，$T = tr(W'W + W^2)$，$M_x = I - X(X'X)^{-1}X'$是一个投影矩阵。

（3）由Yoon和Bera（1993）提出的Robust检验方法是考虑空间滞后效应的空间误差模型LM检验，此方法避免（2）中公式计算上的繁琐：

$$LM = \frac{\left[e'We/s^2 - T(R\tilde{J})^{-1}(e'WY/s^2) \right]}{T - T^2(R\tilde{J})^{-1}} \qquad (13-10)$$

式中，$s^2 = \frac{1}{N} e'e$，$(R\tilde{J})^{-1} = \left[T + \frac{(WX\hat{\beta})' M_x (WX\hat{\beta})}{s^2} \right]^{-1}$，$M_x = I - X(X'X)^{-1}X'$，$T = tr(W'W + W^2)$，$\hat{\beta}$ 是原假设中模型的OLS估计量。

4. 模型拟合效果的比较

通过赤池信息量准则（Akaike information criterion，AIC）、施瓦茨准则（Schwarz criterion，SC）、决定系数（R^2）、对数似然值（log likelihood）等进行模型的选择，模型的R^2值越大，AIC 和SC 值越小，表示模型拟合效果越好。

（1）AIC是建立在熵的概念基础上衡量统计模型拟合优良性的一种标准，其基本公式为：

$$AIC = 2k + n\ln\left(\frac{RSS}{n}\right) \qquad (13-11)$$

$$AICc = \ln\left(\frac{RSS}{n}\right) + \frac{n+k}{n-k-2} \qquad (13-12)$$

式中，k为变量的个数，n为样本容量，RSS 为残差平方和。AICc是指修正AIC，它修正了小样本量的影响。AIC 或AICc是一个相对量纲，对拥有相同自变量的不同模型而言，AIC 值越小代表该模型拟合性能越好，当模型间AIC 值差异小于3，说明模型之间拟合性能相等，因此AIC主要用于多种回归模型间的拟合效果对比。

（2）R^2也叫拟合优度，是指回归方程对样本数据的拟合程度，它反映自变量对因变量的影响程度，也代表因变量在模型中的变异情况，可以作为比较模型的检验准则。修正R^2消除了变量个数对模型的影响。R^2的阈值为0~1，当R^2接近1表明模型有较好的预测性能，因此决定系数主要用于评价回归模型本身对数据的解释性能。

第三节　应用实例

一、空间回归分析软件介绍

GeoDa是一个设计实现栅格数据探求性空间数据分析（ESDA）的软件工具集合体最新成果，它向用户提供一个友好的图示界面用以描述空间数据分析，比如自相关性统计和异常值指示等。

GeoDa的设计包含一个由地图和统计图表相联合的相互作用的环境，使用强大的连接窗口技术，其最初的成果是为了在ESRI的ArcInfo GIS 和SpacStat软件间建立一个桥梁，用来进行空间数据分析。发展的第二阶段是由一系列对ESRI的ArcView3.X GIS的执行连接窗口和级联更新的扩展的理念组成。对比这些扩展，当前的软件是独立的并且不需要特定的GIS系统。

由于在Windows7界面下无法进行GeoDa的操作，因此本章的实例研究应用了OpenGeoDa 1.2.0（Luc Anselin，Phoenix，AZ）程序，与GeoDa一致，该软件可以进行全局和局部空间自相关分析，获取精确的空间自相关系数和P值，也可以将上述结果进行可视化展示，探究数据的空间分布情况，同时GeoDa

可以进行空间回归分析，从空间角度定量分析自变量对因变量的影响效应。

二、空间回归分析应用实例

运用空间回归分析的方法探讨安徽省2007年7月1日到24日淮河流域暴雨洪涝事件对疟疾的影响效应。

1. 研究背景

2007年7月1日到24日，安徽省内淮河流域发生了自1949年以来仅次于1954年的流域性大洪水，降雨范围广、强度大、历时长，安徽省的淮北地区成为重度洪灾区。此次暴雨洪涝使1 690万人口受灾，7 000灾民被迫迁移，因灾死亡33人，受灾面积达147万公顷，由此引发的直接经济损失高达113亿元。安徽省位于中国大陆东部，人口密度高、基数大，属于人口特大省份。一旦发生重大暴雨洪涝，暴露于灾害的人口众多，易于引起传染病的暴发和流行。同时，根据IPCC第四次评估报告，在全球气候变化的大背景下，暴雨洪涝日趋频繁，强度日趋升高，这将为人群带来更重的疾病负担。

暴雨洪涝期间天气情况和植被条件发生变化，地面积水，蚊蝇滋生，由虫媒传播的疟疾等传染病发病率上升，因此将疟疾纳入空间分析中，结合一次典型暴雨洪涝事件，运用空间回归分析定量计算暴雨洪涝对传染病的影响程度，对于准确识别灾区暴雨洪涝相关敏感性传染病，有针对性地防控敏感性传染病具有重要意义。运用空间回归分析，在校正了气象因素和社会经济学因素后，定量评估暴雨洪涝事件对传染病的影响程度。针对一次典型的暴雨洪涝事件，从空间角度横向对比洪灾区和非洪灾区疟疾的发病情况差异。结果将有利于当地政府和卫生部门深入了解暴雨洪涝相关敏感性传染病的影响效应，因地制宜地制定疾病防控政策，降低人群疟疾发病风险。

2. 研究地区的选择

暴雨洪涝是长时间降水过多或区域性持续的大雨（日降水量为25.0～49.9毫米）、暴雨（日降水量≥50.0毫米）以及局地性短时强降水引起江河暴雨洪涝泛滥，冲毁堤坝、房屋、道路、桥梁，淹没农田、城镇等，引发地质灾害，造成农业或其他财产损失和人民伤亡的一种灾害。

2007年7月1日到24日，淮河流域的蚌埠、淮南、淮北、阜阳、亳州、宿州、六安七个地级市的29个县级行政区域洪灾严重，本例将该区域作为暴雨洪涝灾区，安徽省其他县级行政区域作为非洪灾区。

3. 资料来源

（1）气象资料：安徽省气象观测站点的气象数据来源于中国气象科学数据共享服务网。各站点气象变量包括自2007年7月1日到24日的累积降雨量和平均度量的每日日照时数。

（2）暴雨洪涝资料：定义洪水事件为二分类变量，根据2007年7月1日到24日淮河流域的洪水事件，安徽省内所有县级行政区域被定义为两类：洪灾区赋值为1；非洪灾区赋值为0。该二分类变量即被定义为代表暴雨洪涝的自变量。

（3）疟疾发病资料：安徽省2007年7月1日到24日的疟疾个案资料以县级行政区域为单位，计算该时段内各县级行政区域的累积发病率，形成疾病资料。

（4）人口和社会经济学数据：安徽的人口数据、各县级行政区域人均国民生产总值（GDP/person）、县级行政区域医疗卫生机构数（healthcare facility/10^5person）均来自安徽省统计局。

4. 资料整理

考虑到暴雨洪涝和气象因素对疟疾发病的影响具有滞后性，所以根据计算得到的疟疾发病情况相对于暴雨洪涝事件和气象资料的滞后期调整暴雨洪涝变量和日气象变量，并纳入数据库进行空间回归分析。数据库最终包括各县级行政区域的疟疾发病率变量、各县级行政区域人均国民生产总值和县级行政区域医疗卫生机构数，经滞后期校正的各县级行政区域累积降雨量、日均日照时数、暴雨洪涝变量。

5. 统计分析

运用研究区域日暴雨洪涝变量、日气象变量和研究区域的日发病率计算疟疾相对于暴雨洪涝变量和气象资料的滞后期。考虑到暴雨洪涝变量是二分类变量，计算其与发病率间的滞后期用到的统计学方法是Spearman秩相关，分析软件为SPSS13.0（SPSS Inc.，Chicago，IL，USA）。连续性资料日气象变量和发病率数据之间用互相关分析，用SAS 9.1.3（SAS Institute Inc.，USA）软件实现。计算得到疟疾相对于暴雨洪涝事件的滞后期是54天，疟疾相对于日降雨量的滞后期是34天，相对于每日累积日照时数的滞后期是14天。

本研究采用空间回归分析探讨暴雨洪涝灾区疟疾发病风险是否高于非洪灾区，从而定量分析暴雨洪涝变量对疟疾的影响效应，分析用到的软件是OpenGeoDa 1.2.0。考虑到暴雨洪涝期间的气象因素和不同县级行政区域的社会经济学条件可能会影响当地的发病情况，所以本研究将各县级行政区域的暴雨洪涝变量作为自变量，气象因素和社会经济学因素作为控制变量。考虑到研究区域各县级行政区域的发病率数据不符合正态分布，不符合纳入回归分析的要求，故将发病率数据进行对数转换，形成因变量。

6. 具体实现过程

（1）打开OpenGeoDa软件，并打开shapefile格式的数据库，具体流程为点击菜单栏里的"File"，选择"Open Shapefile"，通过路径和文件类型寻找所建Shapefile数据库，然后点击打开，将数据库导入OpenGeoDa（图13-2和图13-3）。

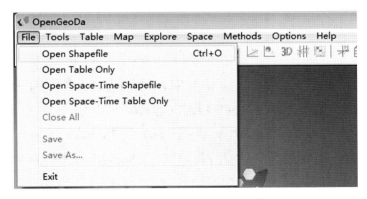

图13-2　打开OpenGeoDa软件

图13-3 导入Shapefile数据库

（2）点击菜单栏的"Tools"，选择其中的"Weights"下拉菜单中的"Create"按钮，为数据库创建空间权重。选择"Queen Contiguity"，建立后将文件保存为.gal格式的文件（图13-4至图13-6）。

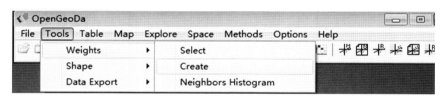

图 13-4 对导入的数据库创建权重文件

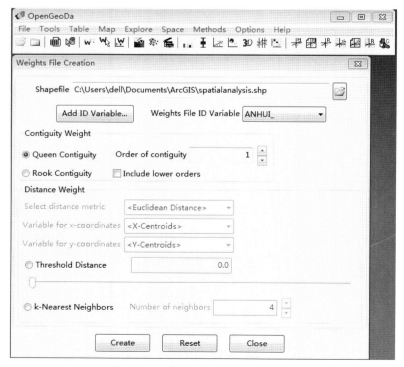

图 13-5 权重文件创建依据选择

图13-6　权重文件保存

（3）点击菜单栏的"Tools"，选择其中的"Select Weights"下拉菜单中的"Select from file（gal. gwt）"按钮，选择以创建的.gal文件作为数据库的权重文件（图13-7）。

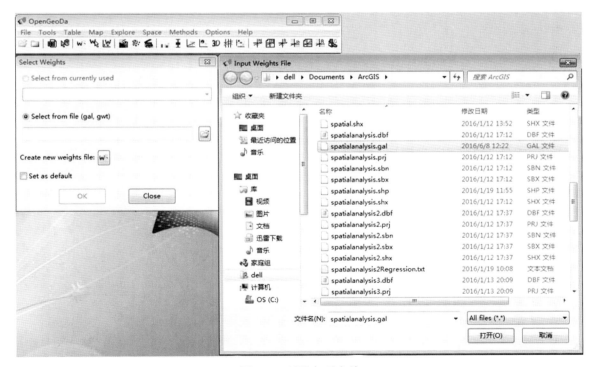

图13-7　选取权重文件

点击菜单栏的"Methods"，选择"Regression"，确定回归分析结果文件的名称"Regression"和保存路径（图13-8）。

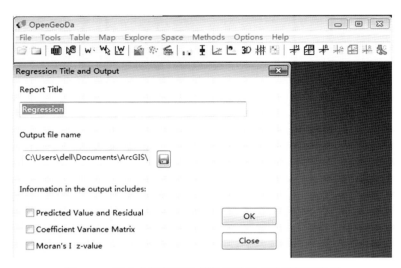

图13-8 建立空间回归分析结果导出名称和保存路径

（4）"Regression"对话框，将疟疾发病率变量放入因变量，将暴雨洪涝变量作为自变量放入自变量对话框中，将累积降雨量、日均日照时数、各县级行政区域人均国民生产总值和县级行政区域医疗卫生机构数这些控制变量也放入自变量。勾选"Weights File"，将之前创建并选择的权重文件纳入空间回归分析。选择"Models"下的"Classic"模型，计算模型的拉格朗日函数，为后续模型选择做准备（图13-9）。

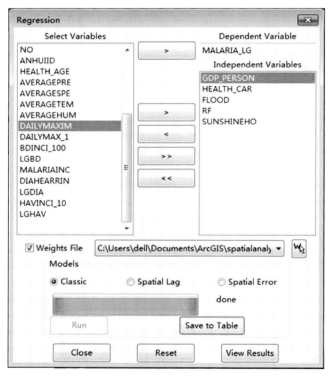

图13-9 构建普通最小二乘回归模型

（5）依据输出的"Regression Report"中的"Diagnostics For Spatial Dependence"结果和模型选取准则，选择最适宜的空间回归分析模型。此实例输出结果显示，应选取空间滞后模型（图13-10）。

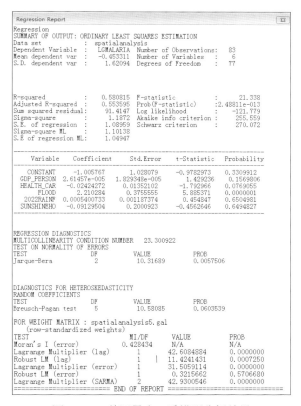

图13-10　普通最小二乘模型分析结果

（6）重复第（5）步的操作流程，选择"Models"下的"Spatial Lag"模型，点击"View Results"，输出最后的模型分析结果。本实例研究发现，空间滞后模型当中，暴雨洪涝变量Flood的回归系数是0.648，且P = 0.025，结果具有统计学意义，证明暴雨洪涝变量是疟疾发病的危险因素（图13-11和图13-12）。

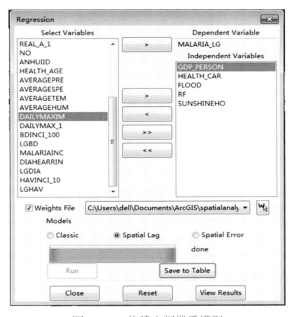

图13-11　构建空间滞后模型

```
Regression Report                                                      [X]

Regression
SUMMARY OF OUTPUT: SPATIAL LAG MODEL - MAXIMUM LIKELIHOOD ESTIMATION
Data set          : spatialanalysis
Spatial Weight    : spatialanalysis .gal
Dependent Variable :    LGMALARIA   Number of Observations:    83
Mean dependent var  :    -0.453311  Number of Variables  :      7
S.D. dependent var  :     1.62094   Degrees of Freedom   :     76
Lag coeff.   (Rho)  :     0.712431


R-squared          :    0.786344  Log likelihood       :    -99.7868
Sq. Correlation    : -            Akaike info criterion :   213.574
Sigma-square       :    0.561367  Schwarz criterion    :    230.505
S.E of regression  :    0.749244

_____

    Variable    Coefficient    Std.Error     z-value      Probability
_____

  W_LGMALARIA    0.7124311     0.07939577     8.973162     0.0000000
    CONSTANT    -0.5926777     0.7075392     -0.8376606    0.4022212
  GDP_PERSON   2.620945e-005  1.257974e-005   2.083464     0.0372088
  HEALTH_CAR   -0.009914637    0.009543782   -1.038858     0.2988707
       FLOOD    0.6480329      0.2893451      2.239654     0.0251133
   2022RAINF   0.0003511788   0.0008165153    0.4300946    0.6671269
   SUNSHINEHO  -0.01048488     0.1378531     -0.07605835    0.9393725
_____


REGRESSION DIAGNOSTICS
DIAGNOSTICS FOR HETEROSKEDASTICITY
RANDOM COEFFICIENTS
TEST                                    DF      VALUE       PROB
Breusch-Pagan test                       5     8.017105    0.1552954


DIAGNOSTICS FOR SPATIAL DEPENDENCE
SPATIAL LAG DEPENDENCE FOR WEIGHT MATRIX : spatialanalysis5.gal
TEST                                    DF      VALUE       PROB
```

图13-12　空间滞后模型分析结果

7. 结论

　　由空间滞后模型的分析结果可知，在校正了社会经济学因素和暴雨洪涝期间的气象因素这些控制变量后，暴雨洪涝的回归系数为0.648，将分析模型的回归系数做反对数转换可以计算出暴雨洪涝灾区相对于非灾区的疟疾发病相对危险度OR值为4.45，即在2007年7月1日到24日暴雨洪涝灾区的疟疾发病风险是非灾区的4.45倍。这表明暴雨洪涝是疟疾的危险因素，疟疾是安徽省淮河流域的暴雨洪涝敏感病种，主要原因是：暴雨洪涝期间，由于洪水积蓄，通常会造成大面积土地被淹，水体污染，为虫卵和蚊子提供了良好的栖息地，同时高温、高湿的气象环境促使大量蚊虫滋生，引发疟疾流行。暴雨洪涝期间洪水的流量和流经地形会影响虫媒传染病发病，但是当地虫媒的原始状态也很重要，根据对安徽省过往的疟疾空间和时间分布情况的研究发现，淮河流域一直是疟疾的高发区，证明当地的蚊虫和病原体一直没有得到良好的控制，一旦出现暴雨洪涝，便会出现疟疾流行的情况。

　　运用空间回归分析可以在校正了滞后期、气象因素和社会经济学因素后，定量分析暴雨洪涝灾区相对于非灾区的发病相对风险，实现了暴雨洪涝敏感性传染病的横向空间筛选。

（高　璐　张彩霞）

参考文献

陈炳为，许碧云，倪宗瓒，等，2005. 地理权重回归模型在甲状腺肿大中的应用［J］. 数理统计与管理
（03）：115-119.

陈炳为，许碧云，倪宗瓒，等，2003. 空间误差模型在碘缺乏病资料分析中的应用［J］. 中国卫生统计
（01）：7-9.

董冲亚，康晓平，2014. 基于地理加权回归模型的我国女性肺癌发病空间影响因素分析［J］. 环境与健
康杂志（09）：769-772，847.

黄秋兰，唐咸艳，周红霞，等，2013. 四种空间回归模型在疾病空间数据影响因素筛选中的比较研究
［J］. 中国卫生统计（03）：334-338.

苏茜，冯子健，蒋敏，等，2010. 不同空间权重矩阵在疟疾空间分布模式分析中的探讨［J］. 中华疾病
控制杂志（05）：419-422.

唐小静，曾庆，赵寒，等，2014. 重庆市2008-2012年手足口病空间聚集性及影响因素研究［J］. 中国
人兽共患病学报（12）：1196-1200，1205.

吴田勇，曾庆，刘世炜，等，2013. 重庆市2008—2011年结核病疾病空间分布及影响因素分析［J］. 上
海交通大学学报（医学版）（04）：489-492.

肖雄，杨长虹，谭柯，等，2013. 地理加权回归模型在传染病空间分析中的应用［J］. 中国卫生统计
（06）：833-836，841.

叶阿忠，吴继贵，陈生明，2015. 空间计量经济学［M］. 厦门：厦门大学出版社.

ANSELIN L，1995. Local indicators of spatial association—LISA［J］. Geographical analysis，27（2）：93-
115.

ANSELIN L，1988. Lagrange multiplier test diagnostics for spatial dependence and spatial heterogeneity［J］.
Geographical analysis（20）：11-17.

BERA A，KYOON M J，1993. Specification testing with locally misspecified alternatives［J］. Econometric
theory（94）：649-658.

BURRIDGE P，1980. On the Cliff-Ord test for spatial correlation［J］. Journal of the royal statistical society.
Series B（Methodological），42（1）：107-108.

SO SEMAAN S，STERNBERG M，ZAIDI A，2007. Social capital and rates of gonorrhea and syphilis in the
United States：spatial regression analyses of state-level associations.［J］. Social science and medicine，64
（11）：2324-2341.

TH CHEN DR，WEN，2010. Elucidating the changing socio-spatial dynamics of neighborhood effects on adult
obesity risk in Taiwan from 2001 to 2005［J］. Health place，16（6）：1248-1258.

第十四章
面板数据在极端天气事件与健康研究中的应用

20世纪60年代以来，面板数据开始引起计量经济学界的关注并逐渐发展成为现代计量经济学的重要分支。最早进行面板数据收集和研究的是美国，其中两个比较著名的例子分别是由密歇根大学做的关于收入动态的面板研究以及由俄亥俄州立大学人口普查局所做的北美与欧洲部分国家的劳动力市场相关数据的国家平行数据统计调查。国外针对面板数据一般模型的研究已有几十年历史，模型的设定和估计方法已经十分完善。Hsiao（2003）最早于1986年撰写了关于说明面板数据模型的书籍，在增加了新的研究成果后于2003年推出第二版。

第一节 概 述

一、面板数据的基本概念

面板数据，简单地说就是横断面数据和时间序列数据相结合的一种数据类型，也叫作时间序列—横截面混合数据或平行数据，面板数据的研究数据集中的变量同时包含了横截面信息和时间序列信息，它能够同时反映研究的目标变量在横截面和时间序列的二维的变化规律。当研究涉及多个研究对象，同时每一个研究对象又包含多个时间点时，面板数据就产生了，这里的研究对象含义十分广泛，可以是不同的家庭、村庄、城市等单位（冯国双 等，2013）。从横截面看，面板数据是由若干研究对象在某一时点构成的截面观测值，从研究对象看，每个研究对象都是一个时间序列，因此面板数据本身同时具有截面数据和时间序列的性质。

面板数据根据观察对象数量和观察时间长短通常分为微观面板数据和宏观面板数据两类：微观面板数据的特点是观察对象数量N较大，而观察时期数T较短（最少是2期，最长不超过10期或20期）；宏观面板数据的特点是一般具有适度规模的观察对象N（$N > 10$），观察时期数T一般较长（为20 ~ 60 期），根据研究目的的不同，面板数据的横截面数和时期数各有不同（白仲林，2010）。面板数据模型的基本形式（白仲林，2008）：

$$y_{it} = \alpha_i + \sum_{k=1}^{n} \beta_{ki} X_{kit} + u_{it} \tag{14-1}$$

其中，y_{it} 为研究对象i在t时刻的观测值，X_{kit}是研究对象i第k个研究变量在t时的观测值，β_{ki} 是回归系数，u_{it} 是随机误差项，α_i 是截距项。

二、面板数据的优点和局限性

相对于传统的横截面或者时间序列数据，面板数据能够给研究者提供大量的数据，包含更多的信息，既可以分析个体之间的差异，又可以描述个体的动态变化特征；面板数据既可以从不同角度反映已有数据的信息，又可以反映被遗失变量的信息；面板数据能够增加变量之间的多变性，也能减少解释变量之间的共线性；面板数据能够增加自由度，提高估计效率，还能够很好地检验和度量仅仅使用横截面数据或者单纯使用时间序列时无法观测到的影响；面板数据同时还能够构造和检验更复杂的行为模型。

虽然面板数据具有许多优点，但是在实际的数据收集和分析中也存在一些局限性。由于面板数据是由横截面数据和时间序列数据构成的二维数据，因此模型设定不当和数据收集不慎会引起较大的偏差。典型的面板数据是横截面观测值较多而时间序列观测值较少的数据类型，随着面板数据的发展，有关横截面数据较少而时间序列数据较多的面板数据类型的研究也越来越多。

三、面板数据在国内流行病学研究中的应用

面板数据被广泛用于经济领域的建模实践研究中，是现代计量经济学研究的重要分支之一。事实上，在流行病学研究中也存在大量的面板数据。例如，针对多个地区连续的长时间的疾病监测数据，对不同家庭传染病发病情况的多次调查等，从横截面看，该数据集是由多个监测对象在某一时间点构成的截面观测数据，从纵剖面看则是一个时间序列数据。国内的面板数据模型多应用于经济相关领域的研究，也有一些学者将面板数据模型应用到流行病学方面的研究中，例如一些学者利用面板数据模型研究气象因素与传染病发病的关系（王鲁茜 等，2011），但是相对来说数量较小。现阶段面板数据分析在流行病学方面的应用相对较少，未来具有广大的应用空间。

第二节　面板数据分析的实施

一、确定研究目的

以暴雨洪涝对人群健康状况的影响研究为例，国内定量评价暴雨洪涝对人群健康危害的研究相对较少，而且研究方法比较受局限。应用相对较多的研究方法是现况研究，主要是通过对暴雨洪涝发生后疾病的发病情况进行监测或进行电话回访研究，或者是通过收集灾区疾病上报数据对暴雨洪涝期间和选定的对照期（即未发生暴雨洪涝的一段时期）人群发病情况进行简单比较（程峰 等，1999）。上述研究方法实施相对容易，但是也存在一定的局限性，该研究方法选取的时间尺度相对较短，仅能够研究一次暴雨洪涝事件对当地人群健康的影响，无法定量反映暴雨洪涝对人群健康的影响程度。国内也有一些学者利用一次暴雨洪涝事件资料研究一次暴雨洪涝事件对人群健康的影响（Ding et al.，2014），或者利用单一地区的时间序列资料定量研究多次暴雨洪涝事件对人群健康的影响（Ni et al.，2014），但是此类研究的地区较为局限，多为一个县区或城市，其所得结果的实际应用具有一定的地域局限性。因此，当我们需要研究多个地区多次暴雨洪涝对人群健康的影响时，面板数据的优势就体

现出来了，面板数据能够从整体上反映多个地区暴雨洪涝对人群健康的影响，可以为更大范围地研究灾后疾病的预防和控制提供参考和依据。

二、资料的收集与整理形式

由于面板数据的研究数据集中的变量同时包含了横截面信息和时间序列信息，它能够同时反映研究的目标变量在横截面和时间序列的二维的变化规律。因此，在进行回归分析前需要对原始资料进行整理，数据的整理一般在Excel中进行即可（表14-1）：

表14-1　面板数据的基本形式

地市	年份	发病数	平均温度	平均相对湿度（%）
1	2004	25	20.8	60
1	2005	34	21.7	62
1	2006	38	19.7	63
1	2007	45	22.0	66
1	2008	35	20.6	56
1	2009	46	21.8	61
…	…	…	…	…
2	2004	38	21.7	59
2	2005	42	21.5	63
2	2006	66	20.9	60
2	2007	53	19.8	63
2	2008	56	22.3	63
2	2009	61	23.1	67
…	…	…	…	…
3	2004	70	22.8	57
3	2005	59	21.9	54
3	2006	66	23.1	59
3	2007	72	24.2	60
3	2008	59	22.6	55
3	2009	67	22.9	62
…	…	…	…	…

三、数据的平稳性检验和协整检验

面板数据模型在进行回归分析前需要对数据的平稳性进行检验，从而确定序列是否为平稳序列。一些非平稳的时间序列往往表现出共同的变化趋势，而这些序列之间本身不一定有直接的关联，对这些非平稳的数据进行回归分析时容易得到虚假回归或伪回归的结果。为了在回归分析时避免出现伪回归的结果，确保估计结果的有效性，需要对面板数据的平稳性进行检验。

面板数据的平稳性检验最常用的方法是单位根检验，相同单位根过程下的检验包括LLC检验（Levin-Lin-Chu test）、Breitung检验和Hadri检验，不同单位根过程下的检验包括IPS检验（Im-Pesaran-Shin test）、Fisher-ADF检验和Fisher-PP检验。如果经过单位根检验面板数据是平稳的，我们就可以直接对数据进行回归分析；如果单位根检验的结果表明数据是非平稳的（即存在单位根且同阶单整时），则应该对数据进行协整检验。协整指的是两个或者多个非平稳的变量序列，它们的某个线性组合后的序列是平稳的。如果数据通过了协整检验，则说明变量之间是存在长期稳定关系的，可以对原数据进行回归分析。

协整检验根据检验的基本思路不同可以分为两类：一类是基于估计残差的面板协整检验，基本思想源于时间序列的 EG 两步法；另一类是基于面板误差修正模型的协整检验，基本思想源于时间序列中的Johansen协整检验。Kao 检验则是利用推广的DF和ADF检验提出的检验面板协整的方法，Kao检验的零假设是没有协整关系，并且利用静态面板回归的残差来构建统计量。Pedroni检验是在动态多元面板回归中没有协整关系的条件下基于残差的面板协整检验方法，Eviews软件可用于面板数据的单位根检验和协整检验（高铁梅，2006），本例以Eviews软件进行实际操作，为研究SPB，FL，PS，LP，CS 5个地区痢疾发病与气象因素的关系，收集2007年4月1日到10月27日5个地区30个周的发病资料和气象资料进行面板数据分析，进行单位根检验和协整检验，具体操作流程如下。

（1）建立数据库

在任务栏上点击"Flie"，选择"New"，在此菜单栏下建立一个新的"Workfile"（图14-1）。

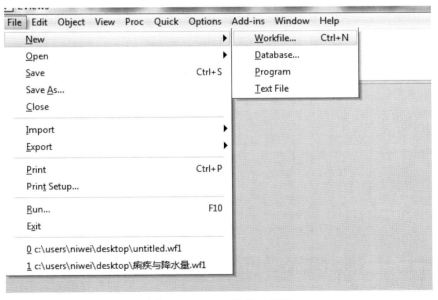

图14-1　Eviews软件对话框

建立了Workfile之后，弹出"Workfile Create"对话框（图14-2）。

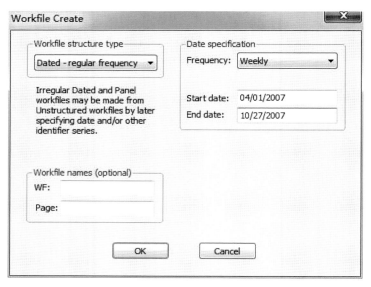

图14-2　Workfile Create对话框

在"Workfile structure type"选项栏里选定数据的格式，对于面板数据，选定"Dated-regular frequency"。

在"Date specification"选项栏里设定日期的频率单位，有annual，monthly，weekly等单位可以设定，然后根据研究的时间范围，在"Start date""End date"栏里输入开始日期和结束时间。本例输入04/01/2007和10/27/2007。

在Workfile对话框中点击"Object"，选定研究的"Type of object"（图14-3）。

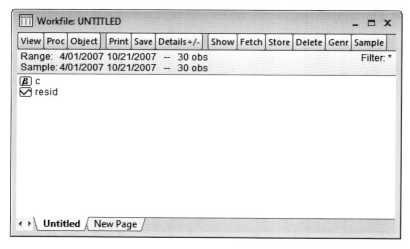

图14-3　Workfile对话框

在"New Object"对话框中将"Type of object"设定为"Pool"（混合模块），在这个模块下可以结合时间序列和横断面数据进行面板数据分析。在"Name for object"对话框下可以对此数据库进行命名（图14-4）。

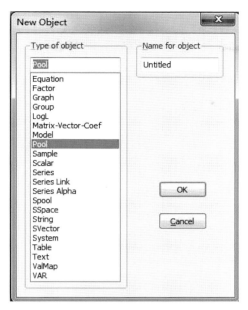

图14-4　New Object对话框

点击"New Object"对话框中的"OK"之后，出现"Pool"对话框，在"Pool"对话框里进行横断面变量的输入（图14-5）。

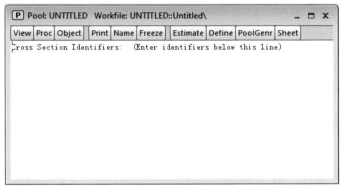

图14-5　Pool对话框

（2）建立横断面变量，设定SPB，FL，PS，LP，CS 5个县（图14-6）。

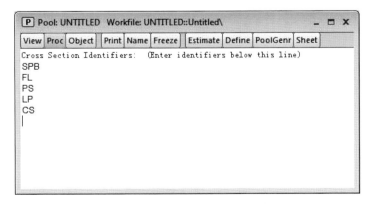

图14-6　横断面变量输入对话框

点击"Pool"对话框右上角的"Sheet"选项建立因变量和自变量。

在"Series List"对话框下输入"dysentery"和"rainfall"，在变量之后输入"？"进行确认（图14-7）。

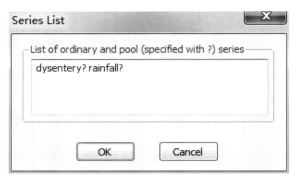

图14-7　Series List对话框

（3）点击"Series List"对话框中"OK"之后，出现Pool模式下的数据编辑对话框，点击"Edit"进行数据录入（图14-8）。

obs	DYSENTERY?	RAINFALL?		
SPB-4/01/2007	NA	NA		
SPB-4/08/2007	NA	NA		
SPB-4/15/2007	NA	NA		
SPB-4/22/2007	NA	NA		
SPB-4/29/2007	NA	NA		
SPB-5/06/2007	NA	NA		
SPB-5/13/2007	NA	NA		
SPB-5/20/2007	NA	NA		
SPB-5/27/2007	NA	NA		
SPB-6/03/2007	NA	NA		
SPB-6/10/2007	NA	NA		
SPB-6/17/2007	NA	NA		
SPB-6/24/2007	NA	NA		
SPB-7/01/2007	NA	NA		
SPB-7/08/2007	NA	NA		
SPB-7/15/2007	NA	NA		
SPB-7/22/2007	NA	NA		
SPB-7/29/2007	NA	NA		
SPB-8/05/2007	NA	NA		
SPB-8/12/2007	NA	NA		
SPB-8/19/2007	NA	NA		
SPB-8/26/2007	NA	NA		
SPB-9/02/2007				

图14-8　Pool数据编辑对话框

建立好各个时间序列，在Workfile对话框下出现各个变量的时间序列（图14-9）。

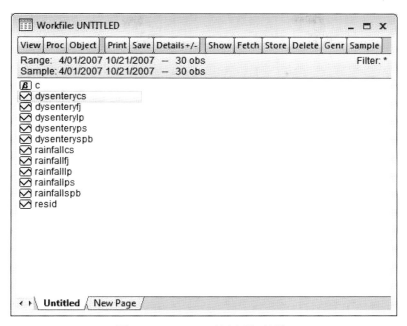

图14-9　Workfile时间变量对话框

（4）对各个序列进行单位根检验，分析数据的平稳性。软件操作"View/Unit Root Test"。

点击"Pool"对话框中菜单栏中的"View"，点击其菜单栏下的"Unit Root Test"，出现其对话框（图14-10）。

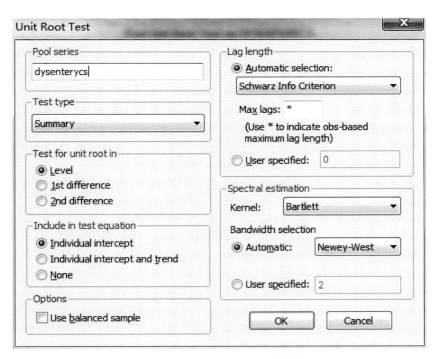

图14-10　Unit Root Test对话框

在"Pool series"对话框里输入要检验的序列名称。"Test type"对话框里选择单位根检验的方法，其中有ADF和PP等方法，也可以选择"Summary"，即所有的检验方法。在"Test for unit root in"对话框中可以选择"level"（指原序列）、"1st difference"（指一阶差分）和"2nd difference"（指二阶差分）。在"Include in test equation"对话框中可以选择"Individual intercept"（指截距项），"Individual intercept and trend"（指截距项和趋势项），"None"（指无截距项和趋势项），这三个选项可以通过做一个时序图观察有无截距项和趋势项加以确定，也可以三者都通过ADF法检验一遍，只要其中有一个P值有统计学意义，就可以认为此序列是平稳的。对于"Lag length"和"Spectral estimation"一般可以选择默认设置。

点击"OK"之后出现单位根检验结果，其中出现了所有单位根检验方法的P值，各个检验方法的P值都小于0.05，可以认为此序列是平稳的（图14-11）。

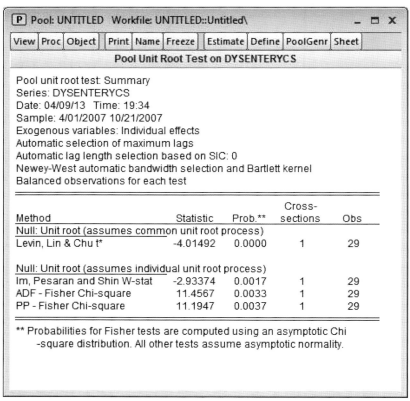

图14-11 单位根检验结果

重复操作，依次对所有的序列进行单位根检验。经检验，本例所有序列都是平稳的。

（5）对dysentery和rainfall两个变量进行协整检验，检验两个变量之间是否存在长期均衡关系。

在Pool对话框下，点击"View"菜单栏里的"Cointegration Test"，出现其对话框（图14-12）。

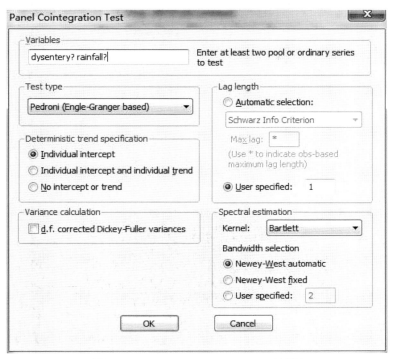

图14-12 Panel Cointegration Test对话框

在"Variable"对话框里输入要检验的两个变量dysentery和rainfall，后面加"？"以标注。在"Test type"对话框里选择检验方法，可以选择Pedroni，Kao，Fisher三种方法。本例选择Pedroni法。在"Deterministic trend specification"对话框里选择"Individual intercept" "Individual intercept and individual trend" "No intercept or trend"。这三个选项同单位根检验里的三个选项意义相同。剩下两个对话框一般也是选择默认选项。点击"OK"，得到结果（图14-13）。

```
Pedroni Residual Cointegration Test
Series: DYSENTERY? RAINFALL?
Date: 04/09/13  Time: 19:52
Sample: 4/01/2007 10/21/2007
Included observations: 30
Cross-sections included: 5
Null Hypothesis: No cointegration
Trend assumption: No deterministic trend
User-specified lag length: 1
Newey-West automatic bandwidth selection and Bartlett kernel
```

Alternative hypothesis: common AR coefs. (within-dimension)

	Statistic	Prob.	Weighted Statistic	Prob.
Panel v-Statistic	-0.497431	0.6906	-0.689939	0.7549
Panel rho-Statistic	-6.218495	0.0000	-5.452099	0.0000
Panel PP-Statistic	-5.474463	0.0000	-4.802595	0.0000
Panel ADF-Statistic	-3.747507	0.0001	-2.972358	0.0015

Alternative hypothesis: individual AR coefs. (between-dimension)

	Statistic	Prob.
Group rho-Statistic	-3.933933	0.0000
Group PP-Statistic	-4.838174	0.0000
Group ADF-Statistic	-2.621408	0.0044

Cross section specific results

Phillips-Peron results (non-parametric)

Cross ID	AR(1)	Variance	HAC	Bandwidth	Obs
SPB	0.144	27.44149	26.01564	3.00	29
FJ	0.280	7.691948	8.127858	1.00	29
PS	0.366	3.481993	3.252848	2.00	29
LP	0.554	4.131776	4.131776	0.00	29
CS	0.362	9.857430	9.857430	0.00	29

Augmented Dickey-Fuller results (parametric)

Cross ID	AR(1)	Variance	Lag	Max lag	Obs
SPB	-0.005	27.52506	1	--	28
FJ	0.228	7.401438	1	--	28
PS	0.357	3.580255	1	--	28

图14-13　协整检验结果

panel-rho，panel-ADF，panel-PP，group rho，group PP，group ADF的检验结果*P*值都有统计学意义，可以认为dysentery和rainfall两个变量存在协整关系，是长期均衡稳定的。

四、滞后效应的分析

以暴雨洪涝为例，暴雨洪涝对传染病发病的影响受诸多因素的影响，包括受灾地区的地理类型、城镇建设、社会经济水平、公共卫生干预措施以及人群易感性的基线水平等多种因素，同时，暴雨洪涝发生后外界环境的改变对传染病病原体繁殖的影响、疾病的传播途径以及暴雨洪涝和气象因素对传染病传播媒介的影响都会影响暴雨洪涝对传染病发病的影响。暴雨洪涝对传染病发病的影响可能存在滞后效应，因此在定量评价暴雨洪涝对人群健康的影响时需要考虑滞后效应。Spearman相关分析可用于探讨极端天气事件对健康影响的滞后效应。由于面板数据同时具有横截面数据和时间序列数据二者的特点，因此针对时间序列数据进行的操作同样可以应用到面板数据方面，这使得我们在处理数据时非常方便。在确定了极端天气对健康影响的滞后效应后，我们在后续的回归分析中应对滞后效应进行相应调整。

五、模型的选择

Hausman检验的基本思想是：在遗漏相关变量的情况下，往往导致解释变量与随机扰动项出现同期相关性，即外生性条件不满足，从而使得OLS估计量有偏且非一致。因此，对模型遗漏相关变量的检验可以用模型是否出现解释变量与随机扰动项同期相关性的检验来替代。

假设检验

原假设：H_0，个体效应与回归变量无关（随机效应回归模型）。

对立假设：H_1，个体效应与回归变量相关（固定效应回归模型）。

通过Hausman检验判断：由于随机效应模型把个体效应设定为干扰项的一部分，所以就要求解释变量与个体效应不相关，而固定效应模型并不需要这个假设条件。因此，我们可以检验该假设条件是否满足，如果满足，那么就应该采用随机效应模型，反之，就需要采用固定效应模型。

使用Eviews软件进行Hausman检验的具体操作如下：按照Hausman检验的原理，先建立随机效应模型，点击"Pool"对话框下任务栏的"Proc"按钮，出现下拉菜单。点击菜单上的"Estimate"选项，出现Hausman检验对话框（图14-14）。

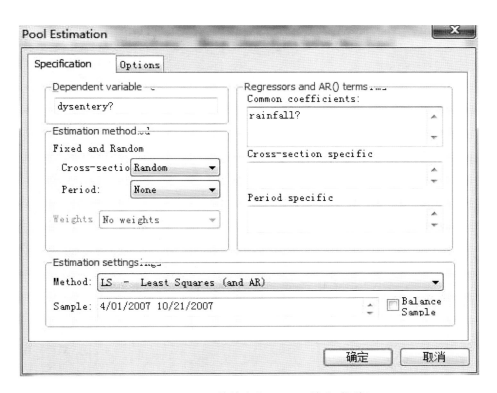

图14-14 Eviews软件中的Hausman检验对话框

在"Dependent variable"对话框中输入因变量，在右侧的"Common coefficients"对话框中输入自变量，在"Estimation method"对话框中选择影响类型"Random"。

建立完随机效应模型以后，我们需要进行Hausman检验。点击"Pool"对话框任务栏的"View"按钮，选择下拉菜单的"Fixed/Random Effects Testing"，继续选择"Correlated Random Effects-Hausman Test"。操作完毕，显示Hausman检验结果（图14-15）。

```
Correlated Random Effects - Hausman Test
Pool: Untitled
Test cross-section random effects
```

Test Summary	Chi-Sq. Statistic	Chi-Sq. d.f.	Prob.
Cross-section random	0.609585	1	0.4349

Cross-section random effects test comparisons:

Variable	Fixed	Random	Var(Diff.)	Prob.
RAINFALL?	0.015271	0.015318	0.000000	0.4349

```
Cross-section random effects test equation:
Dependent Variable: DYSENTERY?
Method: Panel Least Squares
Date: 04/09/13   Time: 21:01
Sample: 4/01/2007 10/21/2007
Included observations: 30
Cross-sections included: 5
Total pool (balanced) observations: 150
```

Variable	Coefficient	Std. Error	t-Statistic	Prob.
C	8.356776	0.377608	22.13081	0.0000
RAINFALL?	0.015271	0.006379	2.394063	0.0180

Effects Specification

Cross-section fixed (dummy variables)

R-squared	0.787624	Mean dependent var	8.933333
Adjusted R-squared	0.780250	S.D. dependent var	7.598716
S.E. of regression	3.562090	Akaike info criterion	5.417750
Sum squared resid	1827.142	Schwarz criterion	5.538176
Log likelihood	-400.3313	Hannan-Quinn criter.	5.466675
F-statistic	106.8085	Durbin-Watson stat	1.445430
Prob(F-statistic)	0.000000		

图14-15　Hausman检验结果一览

Hausman Test统计量是0.609，P值是0.43，可以将模型设定为随机模型。

六、回归分析

回归分析以Stata软件为例，在将数据导入Stata软件后，需要对截面变量和时间变量进行定义，所用命令为"tsset"。

在Stata命令输入框输入"tsset county week"，输出

panel variable：county，1 to 5

time variable：week，1 to 30

执行命令之后，Stata软件会将导入的数据默认为面板数据。

由于暴雨洪涝对传染病发病的影响可能存在滞后效应，在确定了最佳滞后期后，想产生一个新的变量Lag X，也就是变量X的N阶滞后，接下来可以采用如下命令：

gen Lag_X = L.X（gen Lag_factor = L.Nfactor，N为滞后的期数）

然后进行进一步的回归分析，常用的用于估计面板数据模型的主要命令如下：

命令	模型
xtreg	Fixed-, between- and random-effects, and population-averaged linear models
xtregar	Fixed- and random-effects linear models with an AR(1) disturbance
xtgls	Panel-data models using GLS
xtpcse	OLS or Prais-Winsten models with panel-corrected standard errors
xtrchh	Hildreth-Houck random coefficients models
xtivreg	Instrumental variables and two-stage least squares for panel-data models
xtabond	Arellano-Bond linear, dynamic panel data estimator
xtabond2	Arellano-Bond system dynamic panel data estimator(需要从网上下载)
xttobit	Random-effects tobit models
xtintreg	Random-effects interval data regression models
xtlogit	Fixed-effects, random-effects, population-averaged logit models
xtprobit	Random-effects and population-averaged probit models
xtcloglog	Random-effects and population-averaged cloglog models
xtpoisson	Fixed-effects, random-effects, population-averaged Poisson models
xtnbreg	Fixed-effects, random-effects, population-averaged negative binomial models
xtfrontier	Stochastic frontier models for panel-data
xthtylor	Hausman-Taylor estimator for error-components models

图14-16　面板数据模型的主要命令

第三节　应用实例

一、面板数据在干旱敏感性疾病筛选中的应用

现有湖南省14个地市2007年第36周到2008年第5周共22个周的发病资料和气象资料，以乙肝发病率（1/100 000）和干旱指数（r）为例进行面板数据分析。

本例所采用的软件为Stata11.0，具体分析步骤如下：

先在Excel中整理原始数据，根据研究目的对疾病数据和气象数据进行筛选，在Stata11.0中整理成适当格式（图14-17）。

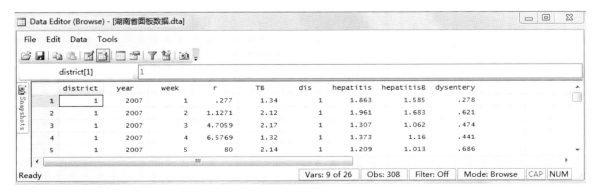

图14-17　数据整理格式

第一步：声明截面变量和时间变量

命令为"tsset district week"，命令执行后，得到结果（图14-18）。

```
panel variable:  district (strongly balanced)
 time variable:  week, 1 to 22
         delta:  1 unit
```

图14-18 声明截面变量和时间变量的输出结果

第二步：数据的平稳性检验

先检验干旱指数，输入命令"levinlin r，lags（1）"，执行命令后，得到结果（图14-19）。最后一列得到的P < 0.05，拒绝原假设，说明是平稳序列。

```
Levin-Lin-Chu test for r          Deterministics chosen: constant

Pooled ADF test, N,T = (14,22)    Obs = 280
Augmented by 1 lags (average)     Truncation: 8 lags

coefficient      t-value          t-star           P > t
 -0.93791        -11.827          -6.16971         0.0000
```

图14-19 干旱指数数据平稳性检验结果

以同样的方法检验乙肝发病率数据，输入命令"levinlin hepatitisB，lags（1）"，执行命令后得到结果（图14-20）。最后一列的P < 0.05，拒绝原假设，说明是平稳序列。

```
Levin-Lin-Chu test for hepatitisB Deterministics chosen: constant

Pooled ADF test, N,T = (14,22)    Obs = 280
Augmented by 1 lags (average)     Truncation: 8 lags

coefficient      t-value          t-star           P > t
 -0.89593        -11.512          -3.65216         0.0001
```

图14-20 乙肝发病率数据平稳性检验结果

第三步：面板数据模型估计

先做固定效应模型，输入命令"xtreg hepatitisB r，fe"，执行命令后，屏幕显示结果（图14-21）。结果的前两行列出了模型的类别（本例中为固定效应模型）、截面变量以及估计中使用的样本数目和个体的数目。第3行到第5行列出了模型的拟合优度，分为组内、组间和样本总体三个层次。第6行和第7行分别列出了针对参数联合检验的F统计量和相应的P值，本例中分别为18.08和0.000 0（不大于0.000 1），表明参数整体上相当显著。第8～11行列出了解释变量的估计系数、标准差、t统计量和相应的P值以及95% CI。最后4行列出了固定效应模型中个体效应和随机干扰项的方差估计值（分别为sigma_u和sigma_e）、二者之间的关系（rho）。最后一行给出了检验固定效应是否显著的F统计量和相应的P值，本例中固定效应非常显著。

```
Fixed-effects (within) regression              Number of obs      =        308
Group variable: district                       Number of groups   =         14

R-sq:  within  = 0.0581                         Obs per group: min =         22
       between = 0.0697                                        avg =       22.0
       overall = 0.0203                                        max =         22

                                               F(1,293)           =      18.08
corr(u_i, Xb)  = -0.0641                        Prob > F           =     0.0000

─────────────┬──────────────────────────────────────────────────────────────
  hepatitisB │      Coef.   Std. Err.      t    P>|t|     [95% Conf. Interval]
─────────────┼──────────────────────────────────────────────────────────────
           r │   .0011753   .0002764     4.25   0.000     .0006313    .0017193
       _cons │   .8815768   .0174868    50.41   0.000     .8471612    .9159925
─────────────┼──────────────────────────────────────────────────────────────
     sigma_u │   .2450812
     sigma_e │  .26480306
         rho │   .4613787   (fraction of variance due to u_i)
─────────────┴──────────────────────────────────────────────────────────────
F test that all u_i=0:      F(13, 293) =     18.77            Prob > F = 0.0000
```

图14-21　固定效应模型结果

再作出随机效应模型，输入命令"xtreg hepatitisB r，re"，执行命令后，屏幕显示结果（图14-22）。

```
Random-effects GLS regression                  Number of obs      =        308
Group variable: district                       Number of groups   =         14

R-sq:  within  = 0.0581                         Obs per group: min =         22
       between = 0.0697                                        avg =       22.0
       overall = 0.0203                                        max =         22

Random effects u_i ~ Gaussian                   Wald chi2(1)       =      17.63
corr(u_i, X)       = 0 (assumed)                Prob > chi2        =     0.0000

─────────────┬──────────────────────────────────────────────────────────────
  hepatitisB │      Coef.   Std. Err.      z    P>|z|     [95% Conf. Interval]
─────────────┼──────────────────────────────────────────────────────────────
           r │   .0011599   .0002762     4.20   0.000     .0006185    .0017013
       _cons │   .8820682   .0653187    13.50   0.000     .7540459     1.01009
─────────────┼──────────────────────────────────────────────────────────────
     sigma_u │  .23534892
     sigma_e │  .26480306
         rho │  .44131316   (fraction of variance due to u_i)
─────────────┴──────────────────────────────────────────────────────────────
```

图14-22　随机效应模型结果

第四步，模型的筛选和检验。

（1）检验个体效应的显著性。检验随机效应是否显著，输入命令"xttest0"，输出结果（图14-23），P值为0.000 0（＜0.000 1），表明随机效应非常显著。

285

```
Breusch and Pagan Lagrangian multiplier test for random effects

       hepatitisB[district,t] = Xb + u[district] + e[district,t]

Estimated results:
                            Var        sd = sqrt(Var)
          hepatit~B   |  .1251966        .3538313
                  e   |  .0701207        .2648031
                  u   |  .0553891        .2353489

Test:    Var(u) = 0
                         chi2(1) =      588.25
                      Prob > chi2 =      0.0000
```

图14-23　随机效应的显著性检验结果

（2）Hausman检验的具体步骤

step1：估计固定效应模型，存储估计结果。

step2：估计随机效应模型，存储估计结果。

step3：进行Hausman检验。

命令：

qui xtreg hepatitisB r，fe

est store fe

qui xtreg hepatitisB r，re

est store re

hausmanfe

这里"qui"的作用在于不把估计结果输出到屏幕上，"est store"的作用在于把估计结果存储到名称为"fe"的临时性文件中，输出结果（图14-24）。本例中，$P = 0.117\ 6 > 0.05$，所以选择随机效应模型。根据作出的随机效应模型的结果（图14-22）可知，2007年第36周到2008年第5周，干旱指数与乙肝发病率成正比例关系，干旱指数增加能使乙肝的发病率增多。

```
              ——— Coefficients ———
            (b)          (B)         (b-B)      sqrt(diag(V_b-V_B))
            fe           re        Difference          S.E.
   r    .0011753    .0011599       .0000154          9.82e-06

              b = consistent under Ho and Ha; obtained from xtreg
        B = inconsistent under Ha, efficient under Ho; obtained from xtreg

Test:  Ho:  difference in coefficients not systematic

       chi2(1) = (b-B)'[(V_b-V_B)^(-1)](b-B)
               =        2.45
       Prob>chi2 =      0.1176
```

图14-24　Hausman检验的输出结果

二、面板数据在暴雨洪涝与细菌性痢疾关系研究中的应用

暴雨洪涝被认为会增加全球疾病负担并会给全球公共卫生服务体系造成持续的压力。我国暴雨洪涝的发生具有种类多、影响范围广、时空分布不均匀、发生频率高和造成的损失严重的特点。研究表明，在全球气候变化的大背景下，辽宁省暴雨洪涝的发生频率和强度也将进一步加大，未来将有越来越多的人口暴露在暴雨洪涝这一危险因素之下。本研究以辽宁省2004～2010年作为基准时间段，选定细菌性痢疾作为研究的目标疾病，应用面板Poisson回归模型定量评价辽宁省暴雨洪涝事件对细菌性痢疾发病的影响，为当地灾后针对细菌性痢疾的预防和控制提供了强有力的流行病学证据，为未来时间当地政府和公共卫生机构加强对暴雨洪涝灾后公共卫生投入和准备提供一定的启示和依据（许新，2016）。

1. 研究地点的选择

辽宁省位于欧亚大陆东岸，地处东经118°53′–125°46′，北纬38°43′–43°29′，是我国东北地区重要的省份之一。辽宁省属于温带大陆性季风气候，气候特点是四季分明，雨量集中，日照充足，年平均温度多在5～10℃，年降雨量一般在500～1 000毫米。辽宁省下设14个地级市，分别是鞍山、本溪、朝阳、大连、丹东、抚顺、阜新、锦州、沈阳、铁岭、营口、盘锦、葫芦岛、辽阳，总面积14.8万平方千米。

2. 资料来源

（1）传染病监测数据：辽宁省14地市2004～2010年法定传染病月发病数据来自国家传染病监测系统。

（2）暴雨洪涝发生数据：辽宁省2004～2010年分地市暴雨洪涝灾害数据来自《中国气象灾害年鉴》，《中国气象灾害年鉴》中详细记录了暴雨洪涝的具体发生日期、受灾人数、造成的死亡人数以及直接经济损失等信息。

（3）人口和气象数据（2004～2010年）：本研究所用辽宁省14地市人口数据来自中国公共卫生科学数据中心。辽宁省14地市气象站点的日气象数据来自中国气象数据共享网，气象变量主要包括20～20时降水量、极大风速、平均本站气压、平均风速、平均气温、平均水汽压、平均相对湿度、日照时数、日最低本站气压、日最低气温、日最高本站气压、日最高气温、最大风速、最小相对湿度等。

3. 分析方法

（1）暴雨洪涝对细菌性痢疾影响的滞后效应

暴雨洪涝对传染病发病的影响受诸多因素的影响，暴雨洪涝对传染病发病的影响可能存在滞后效应。本研究利用Spearman相关分别在滞后0～2月对细菌性痢疾的发病率和研究因素进行相关性分析，将其中具有统计学意义且最大的相关系数所在的滞后月作为最佳滞后期，在后续分析中对滞后效应进行调整。

（2）面板数据模型

本研究数据包括辽宁省14个地市2004～2010年共84个月的发病数据和气象数据，属于典型的面板数据。在本研究中分别选用相同单位根过程下的LLC检验方法和不同单位根过程下的IPS和Fisher–

ADF检验方法。采用Hausman检验对固定效应和随机效应模型进行选择。通过单位根检验后，在调整了滞后效应、气象因素、长期趋势和季节性等因素的影响后，利用面板Poisson回归模型定量评价2004~2010年辽宁省暴雨洪涝事件对细菌性痢疾发病的影响，并计算IRR值及其95% CI。资料的统计分析使用SPSS19.0，Eviews6.0和Stata Version12.0完成。

4. 研究结果

（1）最佳滞后期的选择

由于暴雨洪涝对传染病的影响可能存在滞后效应，本研究利用Spearman相关分析分别在暴雨洪涝发生当月、滞后1月和2月对传染病发病率和暴雨洪涝进行分析。结果显示，暴雨洪涝在滞后期0~2月内Spearman相关系数均有统计学意义且滞后在0月时Spearman相关系数最大，结合细菌性痢疾潜伏期的特征，确定暴雨洪涝对于细菌性痢疾发病影响的最佳滞后期为0月。月平均温度与细菌性痢疾发病率的Spearman相关系数在滞后期有统计学意义，且滞后1月的相关系数最大，因此认为月平均温度对细菌性痢疾发病率影响的滞后期为1月。同时，月平均相对湿度与细菌性痢疾发病率的Spearman相关系数在滞后期也都有统计学意义，且滞后0月的相关系数最大，因此认为平均相对湿度对细菌性痢疾发病率影响的滞后期为0月（表14-2）。

表14-2　2004~2010年辽宁省细菌性痢疾发病率与暴雨洪涝和气象因素的Spearman相关分析结果

气象变量	滞后期（月）	r	P
暴雨洪涝	0	0.212	< 0.01
	1	0.192	< 0.01
	2	0.115	< 0.01
月平均温度（℃）	0	0.469	< 0.01
	1	0.480	< 0.01
	2	0.356	< 0.01
月平均相对湿度（%）	0	0.501	< 0.01
	1	0.407	< 0.01
	2	0.220	< 0.01

（2）辽宁省暴雨洪涝事件对细菌性痢疾影响的回归分析结果

细菌性痢疾月发病数、暴雨洪涝和其他气象变量序列的单位根检验结果（表14-3）。结果表明，细菌性痢疾月发病数、暴雨洪涝、月平均相对温度和月平均相对湿度均为平稳性序列。

表14-3　细菌性痢疾及相关气象变量单位根检验结果

Variable	Method	Statistic	P
Dysentery	Levin，Lin & Chu t*	−4.132 04	< 0.000 1
	Im，Pesaran and Shin W-stat	−11.147	< 0.000 1
	ADF – Fisher Chi-square	202.227	< 0.000 1
Floods	Levin，Lin & Chu t*	−33.365 2	< 0.000 1
	Im，Pesaran and Shin W-stat	−24.450 7	< 0.000 1
	ADF – Fisher Chi-square	435.632	< 0.000 1
MAT	Levin，Lin & Chu t*	−3.249 08	0.000 6
	Im，Pesaran and Shin W-stat	−2.070 25	0.019 2
	ADF – Fisher Chi-square	72.183 7	< 0.000 1
MARH	Levin，Lin & Chu t*	−10.166	< 0.000 1
	Im，Pesaran and Shin W-stat	−17.995 2	< 0.000 1
	ADF – Fisher Chi-square	341.107	< 0.000 1

　　Hausman检验结果（$\chi^2 = 1.209$，$P = 0.876$）提示选择随机效应模型进行回归分析。2004～2010年辽宁省暴雨洪涝事件对当地细菌性痢疾发病影响的回归分析结果（表14-4）显示，在调整了气象因素对细菌性痢疾发病的影响，同时控制了长期趋势和季节效应以及滞后效应对细菌性痢疾发病的影响后，暴雨洪涝事件对辽宁省细菌性痢疾的发病存在显著影响，模型系数为0.324，IRR值为1.383（95% CI：1.353～1.414），具有统计学意义。因此，辽宁省暴雨洪涝事件能够显著影响当地细菌性痢疾的发生，暴雨洪涝事件的发生可增加灾区人群罹患细菌性痢疾的风险。

表14-4　2004～2010年辽宁省暴雨洪涝事件与细菌性痢疾的定量关系估计结果

变量	系数	标准误	P值	IRR值（95% CI）
暴雨洪涝	0.324	0.015 6	< 0.000 1	1.383（1.353～1.414）
月平均温度	0.067	0.001 1	< 0.000 1	1.070（1.068～1.072）
月平均相对湿度	0.005	0.000 5	< 0.000 1	1.006（1.004～1.007）
$\sin(2\pi t/12)$	0.054	0.021 5	0.008	1.056（1.015～1.098）
t	−0.050	0.003 1	< 0.000 1	0.951（0.945～0.957）

（许　新　王　宁）

参考文献

白仲林，2008.面板数据的计量经济分析［M］.南京：南开大学出版社.

白仲林，2010.面板数据模型的设定、统计检验和新进展［J］.统计与信息论坛，10（25）：3-12.

程峰，焦美秀，郑景山，等，1999.1998年水灾对湖北省传染病流行的影响与防治对策［J］.中国公共卫生，15（06）：44-45.

冯国双，于石成，胡跃华，2013.面板数据模型在手足口病与气温关系研究中的应用［J］.中国预防医学杂志，14（12）：910-913.

高铁梅，2006.计量经济分析方法与建模［M］.北京：清华大学出版社.

王鲁茜，闫梅英，方立群，等，2011.云南省伤寒副伤寒空间分布特征及其气候影响因素研究［J］.中华流行病学杂志，32（5）：485-489.

许新，2016.辽宁省洪水对菌痢影响的定量研究及超额发病数的预估［D］.济南：山东大学.

DING G Y，GAO L，LI X W，et al.，2014. A mixed method to evaluate burden of malaria due to flooding and waterlogging in Mengcheng County，China：a case study［J］. PLoS One，9（5）：e97520.

HSIAO C，2003. Analysis of panel data. Econometric society monographs［M］. Cambridge：Cambridge University Press.

NI W，DING G Y，LI Y F，et al.，2014. Impacts of floods on dysentery in Xinxiang City，China，during 2004-2010：a time-series Poisson analysis［J］. Globl health action，7（1）：23904.

第四篇　极端天气事件相关疾病负担的评价与预估

第十五章
极端天气事件相关疾病负担的评价方法

气候变化是21世纪全球最大的健康威胁,气候异常引起的各种自然灾害越来越明显,评估极端天气事件造成的健康风险是科学防灾减灾的基础。如何通过减少与健康相关的气候异常来降低人类疾病负担已成为一个全球性的问题。量化归因于极端天气事件的疾病负担,可为理解极端天气事件与健康之间的相互关系奠定基础,有利于政府卫生部门制定有效策略和措施切实避免死亡、疾病和伤残,并有效地实现有限医疗资源的合理配置。本章将分别介绍测量疾病负担的方法和归因于极端天气事件的疾病负担评估方法。

第一节 伤残调整寿命年

一、伤残调整寿命年的引入

(一)疾病负担的定义及其分类

1993年,在世界银行、世界卫生组织的资助下,美国哈佛大学开展了关于全球疾病负担评价的研究,首次提出了疾病负担(burden of disease)的概念。经多年应用研究后,各方学者对于疾病负担的定义最终达成共识:疾病负担是指疾病给人类社会造成损失的总和,其中包括疾病伤残、失能、死亡、生活质量下降、其他经济损失等为防治疾病而消耗的社会资源。

各国对于疾病负担的分类依据及方法各异。我国对于疾病负担的分类主要采用以胡善联(2005a,2005b)为代表的分类方法,即按照疾病负担研究范畴分为流行病学疾病负担和经济学疾病负担。流行病学疾病负担是指疾病对社会健康状况造成的负担,其中包括由于死亡对个体或人群寿命的影响及疾病伤残状态对生命质量的影响。经济学疾病负担是指疾病对社会经济资源造成的负担,包括医疗保健过程中消耗的医疗相关成本和社会、雇主、家庭、个人等由于疾病产生误工等其他经济成本,也被称作疾病经济负担。本书只关注流行病学疾病负担。

(二)疾病负担指标的研究进展

长期以来,评价疾病对社会和人群所致危害程度大小的指标经过了四个历程:

1. 早期传统指标

20世纪80年代前，对疾病负担的研究主要从死亡、伤残的最终结果角度出发，采用流行病学相关指标来分析人群疾病或疾病后果发生的强度，从而间接反映特定人群受疾病影响的程度。该阶段疾病负担主要通过疾病的发病率、患病率、病死率、死因顺位或伤残率等传统流行病学指标来描述。

这类指标的主要优势在于资料易于获取，计算简便，但同时存在明显的缺点或局限性，如在以死亡为结局的指标评价过程中，认为发生在任何年龄阶段的死亡对社会造成的疾病负担没有差异性，故并不能反映疾病对社会造成的真正影响，而以伤残为最终结局的指标评价能反映疾病造成的危害大小，但没有考虑疾病的伤残程度和持续时间对人群和社会的影响（吕繁 等，2001）。

2. 潜在寿命损失年（PYLL）

1982年，美国疾病预防控制中心提出PYLL，PYLL用累计的寿命损失年来衡量疾病负担的大小，即PYLL是指因疾病引起的"早亡"，是人群损失的累计寿命年的总和。这种评价方法赋予疾病负担一种新的可操作性定义：疾病负担就是疾病导致"死亡"，从而引起个体或人群寿命的减少。

PYLL不仅考虑了疾病死亡率高低对疾病负担的影响，还对死亡按照年龄进行了分层，考虑不同年龄组死亡对疾病负担的不同影响，弥补了早期评价指标的部分缺陷，但该指标仍存在以下局限性：首先，期望寿命为人为规定，不同地区的期望寿命存在差异，而期望寿命取值的不同会影响疾病负担的计算结果，故可导致在不同地区开展的不同研究不具可比性；其次，该指标不能反映超过期望寿命的死亡造成的人群寿命损失；再次，该指标假设各个年龄组内的人群社会价值是等同的，不具有客观性；最后，PYLL没考虑到除死亡以外的其他结局，如残疾、失能等造成的疾病负担。

该阶段是评价疾病负担指标发展的重要阶段，由PYLL衍生出了多个指标，如阶段预期寿命损失（period expected years of life lost，PEYLL）、标准期望寿命损失（standard period expected years of life lost，SEYLL）、潜在工作损失年数（work potential years of life lost，WPYLL）和潜在价值损失年数（valued potential years of life lost，VPYLL）等。这些指标的特征都为"减寿年数"，其主要差别在于"终点年龄"的选择上，因此衍生出来的相关指标都具有PYLL上述的局限性。

PYLL一经提出，便被包括中国在内的多个国家，如美国、加拿大、澳大利亚等用来评价居民的健康状况，但是随着疾病负担评价的发展，该类指标的局限性越来越突出，新的指标也随之产生。

3. 伤残调整寿命年（DALY）

1993年，世界银行、世界卫生组织和哈佛大学联合实施了GBD研究项目，该项目同时将过早死亡和失能所产生的健康寿命损失纳入了疾病负担范畴，并且首次对非死亡性结果进行了量化处理，运用DALY对世界8个地区的人群健康状况和差异进行了比较，建立了一套标准化的疾病负担评价方法和标准化的比较单位——DALY。世界银行在《一九九三年世界发展报告：投资于健康》中将DALY定义为：测定全球疾病负担和医疗卫生干预措施有效性的一项计算单位，以疾病负担的减少表示，用未来无残疾生命的现值来计算（世界银行，1993）。

DALY扩展了PYLL的概念，将非死亡的疾病结局与死亡结合起来。DALY实际上就是指从发病到死亡所损失的全部健康寿命年，包括因早死所致的寿命损失年（YLL）和疾病所致伤残引起的健康寿命损失年（YLD）两部分，它采用客观定量的方法综合评价各种疾病因早逝或残疾造成的健康寿命年的损失。该指标综合考虑了死亡、患病、伤残、疾病严重程度（即失能权重）、年龄相对重要性（即年龄权数）、时间相对重要性（discount rate，即贴现率或时间偏好）等多种因素，客观地反映疾病对人群造成的危害程度（张洁 等，2005）。与以往指标相比，DALY将疾病造成的早逝和失能综合考虑，全面考虑不同病种的发病指标和病死指标，更全面地反映了疾病对人群造成的负担。GBD工作开发的将死亡和失能结合在一起综合评价的指标还包括质量调整寿命年（QALY）、伤残调整期望寿命（disability adjusted life expectancy，DALE）、健康调整寿命年（healthy life expectancy，HALE）等，但DALY是目前应用最多、最具有代表性的疾病负担评价和测量指标，故本书着重介绍DALY的基本理论知识和计算方法。

4. 疾病负担综合评价

目前疾病负担研究已经转向心理学和行为医学等更深层次，仅考虑死亡和失能是不全面的，它应该是指疾病所带来的全部消极后果和影响。所谓"后果"是指疾病的结局，即死亡、失能或康复，同时还需计算罹患疾病过程中的损失，包括个人健康损失、家庭经济损失和国家资源损失。所谓"影响"主要是指疾病过程对患病个体造成的生物、心理危害以及社会危害。此外，传统流行病学和卫生经济学以外的问题，如病人的护理负担问题、医药费比较研究问题等也日益受到重视，使得疾病负担研究不断深入、发展。因此，疾病负担综合评价需要系统分析疾病给个人、家庭和社会造成的多层次负担，整合生物、心理和社会三个方面形成综合指标，即以疾病综合负担指标（comprehensive burden of disease，CBOD）来衡量。CBOD是一个较为理想的指标，它是通过对病人群体的个人负担、家庭负担和社会负担的测量，利用专家咨询法获得各自在疾病综合负担中的权重系数，再将负担指数与权重系数的乘积相加的结果。不过这类指标计算和应用的过程复杂，且目前缺乏国际公认的测量方法，因此并不常用。

二、DALY的设计思想

DALY是将伤残所致的健康寿命年损失转换成相当于死亡所致的寿命年损失后，再与早死所致的寿命年损失相加，计算出某一疾病所造成的综合寿命年损失。

DALY指标的设计思想为：

（1）健康生命年的损失包括早逝和残疾（暂时性失能与永久残疾）两个方面。在计算非致死性疾病的健康寿命年损失时，由于不同疾病对健康寿命的影响不同，宜根据不同疾病及其严重程度给予相应的权重。

（2）不同性别、不同年龄的生命价值是不等价的，即不同性别、不同年龄的发病或死亡对其健康寿命年的损失是不同的。

（3）其他影响健康结局的因素诸如种族、社会阶层、职业、教育等，因涉及的问题较为复杂而不予考虑。

（4）对不同地区及不同人群，同一病种的DALY计算方法应相同，以增加可比性。

（5）健康寿命年的现在损失与将来损失的社会价值也是不等价的，故DALY采用适当的贴现率加以调整，以适当减少低年龄组特别是婴儿死亡或残疾对总的健康寿命年损失的影响。

三、资料收集与整理

（一）疾病资料

用于计算YLL的分性别、年龄的死亡数据的来源相对单一且较易获取，可从全国疾病监测点、卫计委死因登记系统、中国疾病预防控制信息系统等途径获取。

相比较而言，计算YLD的疾病数据来源相对复杂，常需要以下数据：分性别、年龄别的发病率、病程、发病年龄、疾病临床分级构成等。这些资料可通过医疗机构、国家卫生服务调查、科研课题调查（如疾病回顾性调查）等途径获取。一些疾病（如慢性病）由于发病隐匿、初期症状不明显等原因，发病率和病程等信息不易获得，相对而言更易获得患病率、病死率或相对危险度等资料，这时需要将患病率等转化为发病率、病程等资料以后才能计算YLD。传统从患病率推导发病率的途径是利用患病率、发病率和病程这三者之间的关系式进行计算，即$P = I \times D$（P为患病率，I为发病率，D为病程），显然这种方法过于简单化，且对疾病和数据有一定的限定条件，目前提倡应用流行病学疾病模型来对不同来源的经验数据进行内在一致性估计。

（二）人口学资料

计算疾病负担所需的研究地区常住人口学资料主要包括人口特征、健康状况、死亡资料等，需要获取分年龄段和分性别的人口结构、总死亡率和主要危险疾病的年龄分布等信息，可以通过人口统计年鉴、人口普查数据库、相关机构（统计局或公安户籍部门）等途径来获取相关资料信息。

（三）其他

另外，计算DALY还需要期望寿命表、疾病失能权重、国际疾病分类（international classification of diseases，ICD）等信息。对于期望寿命表采用西方家庭模型寿命表编号第26级来计算寿命年损失，常以日本人口的预期寿命作为理想人口的生命上限。疾病失能权重取值范围为0~1，0代表完全健康，1代表死亡。世界卫生组织根据残疾或失能的不同严重程度将残疾及失能程度分为6个等级并赋予相应的权重，可以根据这个权重值计算各种疾病的DALY，以评价该疾病对人类健康带来的影响。GBD主要通过代表性社区调查和基于互联网的调查计算出失能权重。ICD是世界卫生组织制定的国际统一的疾病分类方法，它是根据疾病的病因、病理、临床表现和解剖位置等特性将疾病分门别类，使其成为一个有序的组合，并用编码的方法来表示的系统。全世界通用的是第10次修订本《疾病和有关健康问题的国际统计分类》，仍保留了ICD的简称，并被统称为ICD-10（世界卫生组织，1996）。

四、计算方法与步骤

（一）DALY的基本构成

疾病对人类健康造成的危害不外乎死亡和残疾（失能）两大结局，其共同特点是都造成了个体健康寿命年的减少。DALY采用客观定量的方法综合评价各种疾病因早逝或残疾造成的健康寿命年损失。一个DALY被定义为一个健康寿命年的损失。DALY指标主要有以下四个构成要素，即早逝损失的健康寿命年、残疾所致的健康寿命损失年、健康寿命年的年龄相对重要性（年龄权重）和健康寿命年的时间相对重要性（时间贴现）。

1. 早逝损失的健康寿命年

自1947年Dempsey首次提出用时间衡量早逝的概念以来，出现了许多反映早逝所致的寿命年减少的指标，这些指标归纳起来可以分为四大类：潜在减寿年（PYLL）、区间期望减寿年（period expected years of life lost，PEYLL）、队列期望减寿年（cohort expected years of life lost，CEYLL）和标准期望减寿年（standard expected years of life lost，SEYLL）。作为效果产出指标，以上四类指标认为不同年龄的死亡对健康的影响是相同的，没有对时间进行贴现。

DALY设计中采用了SEYLL的思想来计算死亡导致的疾病负担，它综合了PYLL和PEYLL的优点，并使可比性增强，其计算公式为：

$$SEYLL = \sum_{x=0}^{l} d_x e_x^* = \sum_{x=0}^{l} d_x (l-x) \qquad （15-1）$$

式中，d_x 为年龄 x 时的死亡数，l 为寿命表中最后年龄组段，e_x^* 为某一理想的 x 年龄组段的标准期望寿命。在DALY中，e_x^* 采用西方家庭模型寿命表编号第26级来计算，即目前期望寿命最高的日本人群的期望寿命表，该表女性出生时的期望寿命为87岁，男性为80岁，并由此模型寿命表计算出不同年龄组段死亡损失的寿命年YLL。

2. 残疾所致的健康寿命损失年

近几十年来，不少学者对伤残状态下生存的非健康寿命年的测量及如何将这种测量转化成相应的死亡损失健康寿命年做了大量研究。在1980年世界卫生组织出版的《International Classification of Impairment, Disability and Handicap》（ICIDH）中，根据残疾影响人的生理功能和社会功能的情况，将残疾分为三个层次，即损伤（impairment）——失能（disability）——残疾（handicap），这是一个线性发展的过程，其中，损伤指病伤后人体结构或功能发生缺陷或异常，失能指结构缺陷或功能障碍后使残疾人丧失他应具备的能力，残疾指由于身体形态或功能缺陷或异常对其社会活动能力影响的总后果（Bickenbach et al.，1999）。由于每个人所处的特殊环境不同，同样的失能情况其残疾的严重程度会有很大区别。

在DALY指标中，YLD部分的设计以ICIDH为理论框架，并且在GBD研究中发现，不同文化背景、不同地区的人群对失能的严重程度的评价非常接近，比如大多数人认为失明较腹泻严重，四肢瘫痪又较失明严重，故为了使估计出的疾病负担具有更广泛的可比性，测量非致命健康结局时以失能为基准。GBD研究中利用人数交换法（tradeoff between persons）确定从0（完全健康）到1（相当于死亡）的失能严重程度权数，GBD这样做的目的就是使非致命性健康结局的评估能在平等的原则基础上进行，以避免社会、经济、文化等因素对此指标造成过多影响，最终的目的是使此指标在不同地区、不同病种之间具有可比性。目前，国际上使用的伤残权重值由2010年GBD研究通过对坦桑尼亚、孟加拉国、印尼、秘鲁四国的入户调查，美国的电话访问以及基于互联网的包括英语、西班牙语和汉语三国语言的问卷调查分析获得。2013年GBD研究也对伤残权重进行了调查分析，结果于2015年公布，未来将成为国际普遍使用的标准（Feigin et al.，2016）。采用不同的伤残权重计算出来的DALY值大小存在差异，因此在计算DALY时应交代具体使用的疾病失能权重。

GBD 2004研究中YLD的计算公式为：

$$YLD = I \times DW \times L \qquad （15-2）$$

式中，I为研究期间内的发病人数，DW为伤残权重，L为伤残的平均持续时间（单位为年）。

从GBD 2010后YLD的计算公式修订为：

$$YLD = P \times DW \tag{15-3}$$

式中，P为研究期间内的患病人数。

3. 健康寿命年的年龄相对重要性（年龄权重）

由于人的社会作用会随着年龄的变化而变化，老年人和儿童在体力、感情和经济上更多地依赖中青年的支持，因此，我们一般对中青年存活一年较之老年人和儿童存活一年更为重视，对不同年龄的一个生命年，社会偏好值不同。GBD采用修正的Delphi方法来确定年龄权重，并构造了年龄权重的连续性数学函数$Cxe^{-\beta x}$，其中，β是函数中的重要参数，范围一般在0.03~0.05，在DALY中，β被定为0.04，C是调节因子，其作用在于引入不同的年龄权重而不改变总的疾病负担的估计（与采用统一的年龄权重估计的疾病负担相比），在GBD研究中，C取值0.1658。

为了适于做敏感性分析，对年龄权重函数引入因子K，从而改造成如下形式：$KCxe^{\beta x} + (1-K)$。当$K=1$时，上式即为GBD的标准形式；当$K=0$时，年龄权重恒等于1；当K在0~1取值时，对年龄权重函数将产生不同影响。

4. 健康寿命年的时间相对重要性（时间贴现）

时间贴现是一个经济学概念。一般来说，社会更偏好于目前享有一定量的消费，而不是在未来，这是一种"纯社会性的时间偏好率"，不同于投资收益，因而一般设想得较低，为每年0~3%。在以往的GBD研究中，使用了3%的贴现率，正是出自对这种纯社会性时间偏好的考虑。

在DALY中，贴现率采用了指数函数的形式：$e^{-r}(x-a)$。r是贴现率，DALY计算中取0.03，a为死亡或残疾发生的年龄。

需要注意的是：GBD在计算DALY时虽然有时使用年龄权重和时间贴现两个反映社会价值权重的系数，但是大量研究结果显示这两个系数会导致通过患病数计算而得到的YLD与通过发病数计算而得到的YLD的结果出现较大差异，通过与哲学家、伦理学家和经济学家进行广泛磋商，从2010年起GBD研究不再采用时间贴现和年龄权重。GBD 2013采用GBD 2010方法估计特定年龄—性别的全因死亡率，适当更新了生命登记数据、调查和人口统计数据，以提高精确度。与GBD 2010相比，研究人员新增了墨西哥、英国等国家的信息，更新了数据，改进了垃圾代码重新分配的统计模型。

（二）相关软件介绍

传统的计算公式比较复杂，常令非专业人士费解，繁重的计算负担也令疾病负担的研究者望而生畏，使其精力难以集中于研究所关注的要点。相关计算软件的开发成功使研究者从繁琐的计算中解放出来，有助于DALY的应用和推广。现在计算DALY的统计软件主要有四种：DisMod、MODMATCH、BDAP和R。

1. DisMod

DisMod软件由世界卫生组织通过荷兰鹿特丹大学编制，是一款用于检验患病资料内在一致性的工具。该软件完全以图表方式交互表达，数据库贮存，并以实时显示的方式运行。

主要用途：① 当患病率已知，治愈率和病死率能被合理地假设时，可迭代出发病率；② 当发病率已知时，可估计出患病率，进而检验二者间的内在一致性；③ 如某病可增加其他疾病致死的相对危险，则可计算其归因死亡。此外，DisMod还可以进行敏感度分析、不确定性分析和不同权重分析等。

该模型现有最新版本为DisMod-MR 2.0，该模型使用了贝叶斯Meta回归分析仪器，使用日志率和发病率—患病率—死亡率数学模型，开发内部一致的流行病学模型。世界卫生组织网站现给予的版本为DisMod Ⅱ，其下载网址为http：//www.who.int/healthinfo/global_burden_disease/tools_software/en/。

2. MODMATCH

MODMATCH是一款试验性开发软件，它是基于5q0、45q15和e0开发的Stata统计软件包，用于生成改进的Logit系统模型寿命表。该模型可用于解决儿童和成人死亡模式的系统偏差，并被世界卫生组织广泛应用于人口动态登记系统不完善地区的寿命表制定。MODMATCH 1.5版本于2012年5月更新，其下载网址为http：//www.who.int/healthinfo/global_burden_disease/tools_software/en/。

3. BDAP

BDAP软件是由Institute of Health Systems研发计算DALY的工具。

BDAP软件的主要用途：可以按年龄、性别、地区或其他人口特征分组（只要人口资料足够详细），同时计算出各种疾病的 YLL、YLD和DALY。地区单元的设定可小到村、大到洲，进行批处理的条件是伤残权重等参数必须提前设定好。

BDAP软件运算时所需数据：除DisMod导出的疾病专有数据外，尚需标准寿命表等人口学资料。建立人口和疾病层级的同时，将伤残权重（DW）和其他参数即年龄调节因子（K）、贴现率（r）、年龄权重系数（C）、年龄函数参数（β）设定好，即可算出所需结果。BDAP软件的下载网址为http：//www.ihs.org.in/BurdenOfDisease/BurdenOfDisease.htm。

4. R软件

R软件是一套完整的数据处理、计算和制图软件系统。有学者专门研发了有关DALY的程序包"Devtools"，用于专门计算DALY，具体R语言程序见网址http：//CRAN.R-project.org/package=DALY。

（三）计算方法

DALY综合考虑了早死和失能状况，其公式为：

$$DALY = YLL + YLD \tag{15-4}$$

式中，YLL为早死所致的寿命损失年份，YLD则是在失能条件下存活的年份。

YLL的计算公式为：

$$YLL = N \times L \tag{15-5}$$

式中，N为各年龄组、各性别的死亡人数，而L为相应的期望寿命。在这里，对YLL的计算没有考虑年龄权重、时间偏好（时间贴现）等问题，如果考虑这些问题，那么公式则变为：

$$YLL = \frac{KCe^{ra}}{(r+\beta)^2}\{e^{-(r+\beta)(L+a)}[-(r+\beta)(L+a)-1]-e^{-(r+\beta)a}[-(r+\beta)a-1]\}+\frac{1-K}{r}(1-e^{-rL}) \tag{15-6}$$

YLD的计算公式为YLD = $P \times$ DW（即公式15-3），同样，如考虑时间偏好、年龄权重等问题，公式则变为：

$$YLD = DW\left\{\frac{KCe^{ra}}{(r+\beta)^2}\{e^{-(r+\beta)(L+a)}[-(r+\beta)(L+a)-1]-e^{-(r+\beta)a}[-(r+\beta)a-1]\}+\frac{1-K}{r}(1-e^{-rL})\right\}$$

（15-7）

整理之后，DALY的综合计算公式为：

$$DALY = \int_{x=a}^{x=a+L} DW[KCxe^{-\beta\cdot x}+(1-K)e^{-r(x-a)}d_x$$
$$= \frac{K\cdot DW\cdot Ce^{-\beta a}}{(\beta+r)^2}[e^{-(\beta+r)L}(1+(\beta+r)(L+a))-(1+(\beta+r)a)+\frac{DW(1-K)}{r}(1-e^{-rL})$$

（15-8）

式中，DW为失能权重（0表示健康，1表示死亡），a为发病年龄或死亡年龄，L为失能早逝病程，r为贴现率，β为年龄权重系数，K为年龄权重调整因子，C为连续调整系数，e为每一年龄的期望寿命。

在实际计算DALY时，上述定积分公式往往让我们望而却步，故通常采用世界卫生组织推荐的直接法或间接法来计算某种疾病的DALY值，具体计算方法如下：

1. 直接法

先看能否直接得到分性别、分年龄的人口数、死亡人数、发病率、发病年龄和病程等这几个指标。

（1）能够获取这些指标的情况

世界卫生组织在其网站上公布了用于计算DALY的Excel程序：

① 利用YLL计算模式，将分性别、年龄的人口数、死亡人数和期望寿命输入Excel表格中，计算得到YLL值。

② 利用YLD计算模式模板，将分性别、年龄的发病率、发病年龄、病程和疾病失能权重输入Excel表格中，计算得到YLD值。

③ 利用DALY计算模式直接获取DALY值和每千人DALY值。

（2）不能直接获取以上指标的情况

① 利用DisMod流行病学疾病模型估计疾病的流行病学特征，先将研究地区的分性别、年龄的人口数据与死亡数据作为新的数据集建立到DisMod中，DisMod有7种可能的输入变量——发病率、缓解率、病死率、死亡率、患病率、病程和死亡相对危险度，一般需要输入3种变量来间接推算另外的4种变量。当少于3种变量时，需要基于专家判断的额外信息。多于3种变量也要由专家选择3种最主要的输入。需要注意的是：死亡相对危险度（RR_{ADJ}）为疾病死亡率与人口平均死亡率之比，它与一般相对危险度（RR）的关系为：

$$RR_{ADJ} = \frac{RR}{pRR+(1-p)}$$

（15-9）

式中，p为疾病的患病率。

② 估计患病资料的一致性：方法有两种，一种是通过现有的专业知识判断（主要基于专家判断）疾病资料的各个变量是否符合疾病的自然史和生物学原理；另一种是通过发病率、患病率、死亡率、缓解率、病死率、病程之间的关系判断，其具体关系见表15-1。若不满足一致性，则需要通过调整、

加大权重等形式调整输入变量，使变量内部一致。

③ 获得DisMod输出疾病资料的流行病学特征后，获取疾病分性别、年龄的发病率、发病年龄和病程等信息，采用世界卫生组织提供的Excel版的DALY计算模式计算DALY值（方法同前）。

表15-1　DisMod模型中输入变量与输出变量的关系

输入＼输出	患病率	死亡率	病程
发病率↑	↑↑↑	↑	没有变化
缓解率↑	↓↓	↓	↓↓↓
病死率↑	↓	↑↑↑	↓

（Mathers et al., 2001）[273]

2. 间接法

对大多数国家而言，获取计算YLD所需要的基础数据比较困难，世界卫生组织根据自开展GBD研究以来各国的实际情况进行了分析，研究了世界各地的YLD和YLL的内在联系，总结了其比例指数，形成了YLD计算的间接法。当疾病的发病资料甚至死亡登记资料不完整或质量不过关时，可以采用专家判断和模型法间接地拟合数据。具体如下：

（1）所需资料：准确的基础人口资料和完整可靠的分性别、年龄别的死亡登记资料。死亡登记资料的死亡原因应有详细的国际疾病分类编码（ICD-10），以便按照GBD的疾病分类方法重新分类。

（2）根据人口资料和死亡资料计算的分性别、年龄别、疾病别每千人YLL应与世界银行公布的8个地区中某一地区相应的每千人YLL有较好的拟合度（采用相关系数或剩余平方和检验拟合度），也可直接选择我国所在区域作为参照地区。

（3）根据公式$YLD_{参照ij}$加权，估算目标地区居民年龄别、性别每千人的YLD负担，其公式为：

$$YLD_{目标ij} = YLL_{目标ij} / YLL_{参照ij} \times YLD_{参照ij}$$ （15-10）

式中，i，j分别是年龄别、性别对每千人参照ij加权，估算目标地区居民年龄别、性别每千人的YLD负担，即YLD强度。

（4）每千人DALY值等于实际的每千人YLL值与根据公式拟合每千人YLD值之和。

（四）实例分析

1. 实例1：变量内部一致性判断实例

现有欧洲和北美国家20项老年人痴呆患病率的研究，通过meta分析将女性老年人痴呆的患病率整理成分年龄别患病资料（表15-2），又通过meta分析获取欧洲和北美国家8项女性痴呆的发病率资料（表15-3）。在一项随访研究中研究人员获取了痴呆病人的死亡相对危险度（即痴呆病人与非痴呆病人的死亡风险）资料（表15-4），现通过DisMod Ⅱ软件评估西欧地区女性老年人痴呆发病率和患病率之间的一致性（Mathers et al., 2001）[273]。

表15-2　欧洲和北美国家20项研究女性老年人痴呆分年龄别的患病率

年龄（岁）	患病率（%）
60~64	0.007
65~69	0.014
70~74	0.028
75~79	0.056
80~84	0.105
85~89	0.208
≥90	0.386

表15-3　欧洲和北美国家8项研究女性痴呆分年龄别的发病率

年龄（岁）	发病率（‰）
65~69	3.6
70~74	6.4
75~79	11.7
80~84	21.5
85~89	37.7
≥90	66.1

表15-4　随访研究痴呆分年龄别死亡风险

年龄（岁）	$RR_{痴呆/非痴呆}$
55~64	13.3
65~69	40
70~74	7.5
75~79	6.2
80~84	3.6
85~89	2.2
≥90	1.4

分析：① 在进行DisMod运算时至少需要输入3种变量，现有患病率、发病率和死亡相对危险度，不过，DisMod软件中的死亡相对危险度是指疾病死亡率与人口平均死亡率之比，所以这里应先将随访研究中的相对危险度转化为DisMod所需的死亡相对危险度，然后再输入变量，进行一致性评估；② 分析研究总体为西欧地区，所以需要获取西欧地区人口学资料（获取地址与DisMod Ⅱ软件网址相同）。

具体操作流程：

（1）将资料中的RR转化为相对整个人群的RR

总死亡率与痴呆死亡率、非痴呆死亡率呈线性关系，数学公式如下：

$$M_T = pM^+ + (1-p) M^- \tag{15-11}$$

RR定义为：$RR = \dfrac{M^+}{M^-}$，因此 $M^- = \dfrac{M^+}{RR}$，由此测出 $M^+ = \dfrac{M_T RR}{pRR + (1-p)}$ 相对整个人群的 $RR_{ADJ} = \dfrac{M^+}{M_T}$，

因此RR$_{ADJ}$计算方法就转换成公式15-9，由此公式将表15-4转换为表15-5痴呆分年龄别相对整个研究人群的死亡相对危险度。

表15-5　痴呆分年龄别相对整个人群的死亡相对危险度

年龄（岁）	RR$_{痴呆/人群}$
55~64	12.25
65~69	25.87
70~74	6.35
75~79	4.80
80~84	2.83
85~89	1.76
≥90	1.21

（2）输入数据

先建立西欧地区的数据集，可通过"Data set collection"对话框中的Add/New选项添加，然后打开此数据集进入DisMod主屏幕（图15-1）。

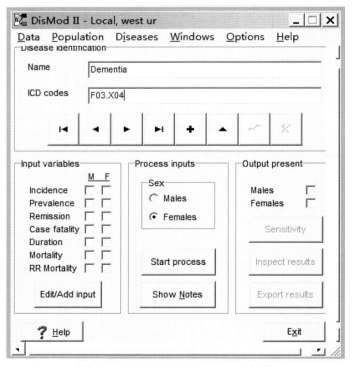

图15-1　西欧地区痴呆DisMod主屏幕

在主屏幕输入疾病名称和ICD编号后点击"√"保存，在"Input variables"中选择女性的发病率进行痴呆发病率数据输入，进入"Edit：Dementia Incidence input"对话框。在此对话框中先设好"Rates per""Decimals""Rates（Hazards/Population）""Apply to"（图15-2），然后点击"Age groups"下的"Define"键进入"Define age groups"对话框。

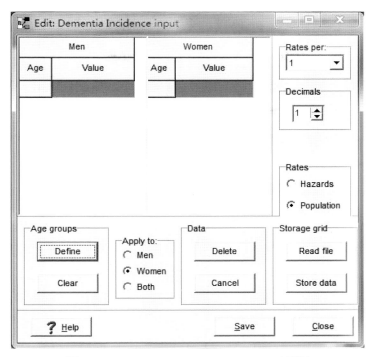

图15-2　Edit：Dementia Incidence input对话框

在"Define age groups"对话框中点击"New"后在"Edit age groups"中进行年龄组分段（图15-3），年龄分组后点击"Done""Close"退出。

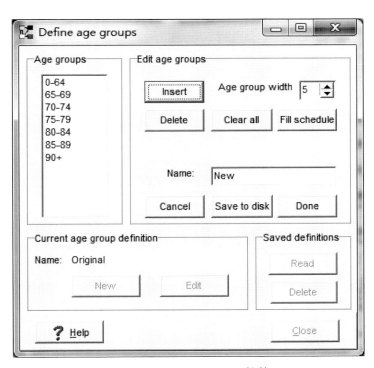

图15-3　Define age groups对话框

之后在"Edit：Dementia Incidence input"对话框中输入女性痴呆发病率数据（图15-4），点击"Save""Close"退出。最后，用同样的方法将患病率和死亡相对危险度输入。

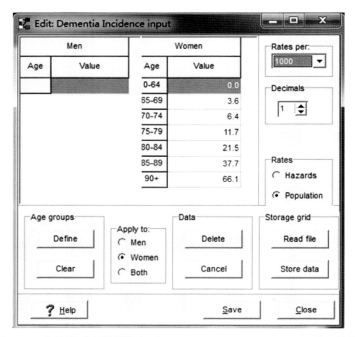

图15-4　痴呆发病率数据输入"Edit：Dementia Incidence input"对话框

（3）变量内部一致性判断

在DisMod主屏幕中选择女性后点击"Start process"键，在"Processing Dementia，Females"对话框中点击"Calculate"按钮（图15-5），会出现带有初始7条变量曲线图（图15-6）：① 黄色曲线代表了缓解率，可以看出随着年龄增大，缓解率逐渐增大，根据专业知识可知，人一旦得了老年痴呆，其缓解率等于零，所以从专业角度来看此分析结果不具有内部一致性；② 蓝色代表的是发病率，深绿色代表的是输出的患病率，从图形来看，随着发病率增加，患病率有折线，根据DisMod模型中输入变量与输出变量的关系，发病率增加，患病率也有增加的趋势，从变量间的逻辑关系上看，此分析结果也不具有内部一致性。

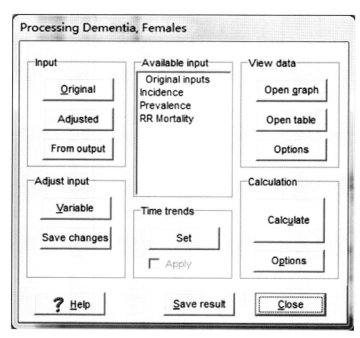

图15-5　Processing Dementia，Females对话框

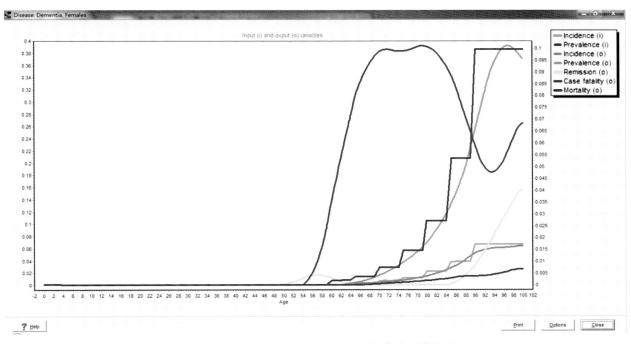

图15-6 点击"Calculate"后出现初始7条变量曲线图

（4）运算过程的修正

运算过程的修正可以通过"Processing Dementia，Females"对话框下"Calculation"的"Options"按钮进行调整，主要通过"Calculation options"下的"Age groups""Constraints""Weights"进行调整（图15-7），然后点击该对话框中的"Close"，点击"Processing Dementia，Females"对话框中的"Calculate"键观察变量曲线图结果，直至达到专业知识和变量间逻辑关系要求为止。经调整后的7条变量曲线图（图15-8），可以看出已达到专业知识要求和变量间逻辑关系要求，此时认为患病资料估计的变量内部一致性较好。

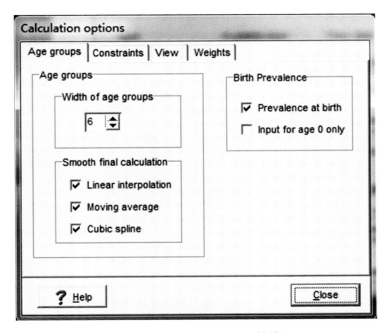

图15-7 Calculation options对话框

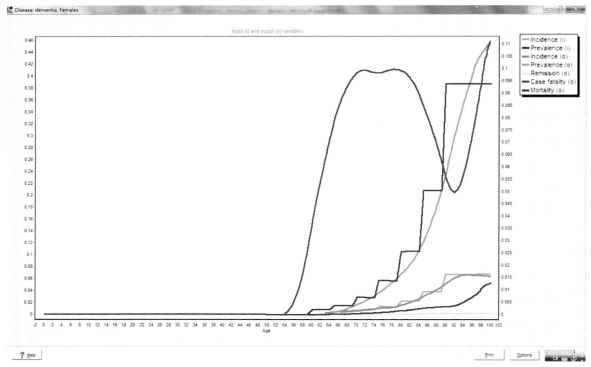

图15-8　调整后7条变量曲线图

2. 实例2：直接法计算DALY实例

现有山东省2010年手足口病新发病例资料，由山东省疾病预防控制中心提供手足口病疾病卡，主要内容包括卡片编码、性别、年龄、出生日期、地区、疾病病种、病例类型、发病日期、死亡日期。试由此数据利用直接法推算山东省2010年手足口病造成的疾病负担。

分析：通过此数据库可以得到2010年山东省手足口病的发病率、死亡率和病死率。除了患病资料以外，还缺少人口学资料才能进行DALY计算，故首先收集2010年山东省人口学资料。

具体操作流程：

（1）收集2010年山东省人口学资料

通过国家统计局普查数据库，获知山东省2010年第六次人口普查数据（下载网址为http：//www.stats.gov.cn/tjsj/pcsj/rkpc/6rp/indexch.htm），并整理成山东省分性别、年龄别的人口数和死亡人口数（表15-6）。

表15-6　2010年山东省分性别、年龄别的人口数和死亡人口数

年龄（岁）	人口数（人）		死亡人口数（人）	
	男	女	男	女
0	533 599	446 829	1 103	940
1~4	2 404 250	1 950 059	788	525
5~9	2 672 557	2 295 369	544	324
10~14	2 538 286	2 233 260	771	344
15~19	2 854 002	2 607 455	1 245	546
20~24	4 777 476	4 707 915	3 095	1 252

（续表）

年龄（岁）	人口数（人）		死亡人口数（人）	
	男	女	男	女
25~29	3 464 999	3 472 781	2 615	1 069
30~34	3 276 452	3 225 215	3 094	1 433
35~39	4 003 096	3 908 557	5 715	2 577
40~44	4 683 874	4 643 078	9 688	4 601
45~49	4 008 907	4 066 144	12 829	6 095
50~54	3 163 552	3 089 745	17 866	8 551
55~59	3 333 497	3 301 304	26 310	13 271
60~64	2 344 826	2 355 949	29 684	16 088
65~69	1 566 196	1 580 276	32 803	19 372
70~74	1 223 554	1 272 883	46 184	31 462
75~79	895 661	1 069 546	54 889	44 527
80~84	476 302	682 692	47 281	49 792
85~89	174 092	314 273	27 474	36 948
90~94	43 107	99 021	9 742	18 118
95~100	8 026	21 358	2 093	5 190
>100	633	2 066	332	1 036

（2）整理2010年山东省手足口病资料

手足口病发病率资料（表15-7）、死亡率资料（表15-8）、病死率资料（表15-9）。

表15-7　2010年山东省手足口病发病率情况

年龄	发病人数（人）		发病率（/100 000）	
	男	女	男	女
0	694	360	130.060	80.568
1~4	77 019	44 370	3 203.452	2 275.316
5~9	10 793	6 633	403.845	288.973
10~14	672	451	26.475	20.195
15~19	75	48	2.628	1.841
20~24	47	78	0.984	1.657
25~29	38	39	1.097	1.123
30~34	44	46	1.343	1.426
35~39	18	7	0.450	0.179
40~44	3	4	0.064	0.086
45~49	1	0	0.025	0
50~54	2	0	0.063	0
55~59	0	2	0	0.061
≥60	0	0	0	0

表15-8　2010年山东省手足口病死亡率情况

年龄	死亡人数（人）		死亡率（‰）	
	男	女	男	女
0	1	0	0.001 9	0
1~4	5	2	0.002 1	0.001 0
5~9	0	0	0	0
10~14	0	0	0	0
15~19	0	0	0	0
20~24	0	0	0	0
25~29	0	0	0	0
30~34	0	0	0	0
35~39	0	0	0	0
40~44	0	0	0	0
45~49	0	0	0	0
50~54	0	0	0	0
55~59	0	0	0	0
≥60	0	0	0	0

表15-9　2010年山东省手足口病病死率情况

年龄	发病人数（人）		死亡人数（人）		病死率（%）	
	男	女	男	女	男	女
0	694	360	1	0	0.144 1	0
1~4	77 019	44 370	5	2	0.006 5	0.004 5
5~9	10 793	6 633	0	0	0	0
10~14	672	451	0	0	0	0
15~19	75	48	0	0	0	0
20~24	47	78	0	0	0	0
25~29	38	39	0	0	0	0
30~34	44	46	0	0	0	0
35~39	18	7	0	0	0	0
40~44	3	4	0	0	0	0
45~49	1	0	0	0	0	-
50~54	2	0	0	0	0	-
55~59	0	2	0	0	-	0
≥60	0	0	0	0	-	-

（3）利用Access 97建立山东省人口资料学数据

将山东省2010年人口数输入Access数据库（图15-9），将山东省2010年人口死亡率输入Access数据库（图15-10）。

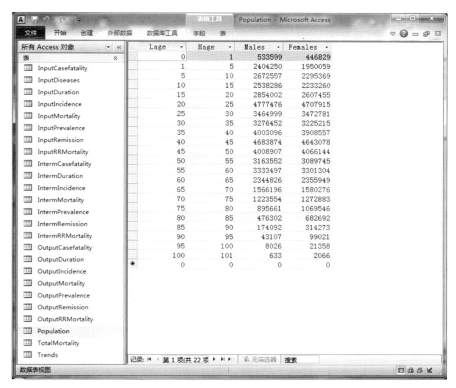

图15-9　山东省2010年人口数输入Access数据库

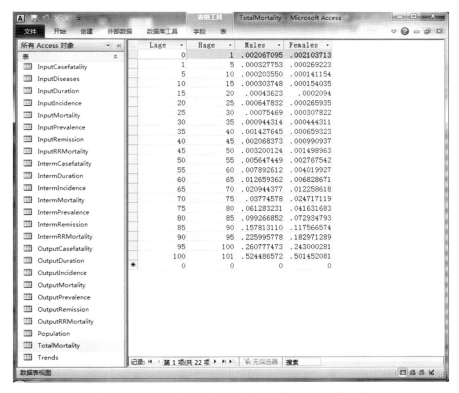

图15-10　山东省2010年人口死亡率输入Access数据库

（4）可通过"Data set collection：Local"对话框中的"Add/New"选项添加Access数据库（图15-11），然后通过图15-12打开此数据集，进入DisMod主屏幕（图15-13）。

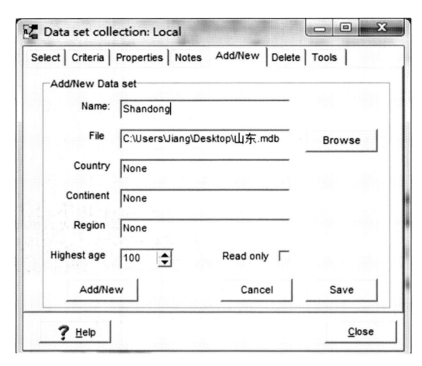

图15-11　在"Data set collection：Local"对话框中的Add/New选项添加Access数据库

图15-12　在"Data set collection：Local"对话框中打开数据集

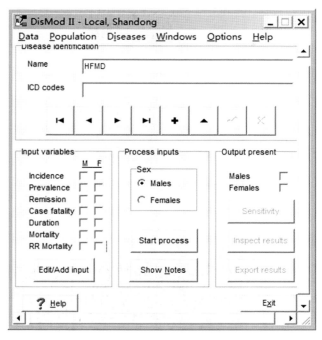

图15-13 手足口病的DisMod主屏幕

（5）按照"实例1"的方法输入数据：分别输入山东省男性、女性的发病率、死亡率和病死率。

（6）按照"实例1"的方法运算数据，并检查变量间的一致性，若不具有一致性，加以调整。

（7）点击"Processing HFMD，Males/Females"对话框中的"Open table"按钮，DisMod会对分性别的手足口病流行病学特征作出估计，以男性结果为例（图15-14）。在该结果中可以点击"Option"键对"Output rates""Appearance""Age groups""Storage grid"进行设置，图15-15是以女性为例设置的结果。

Age	Input			Output							
	Incidence (rates * 1000)	Case fatality (rates * 1000)	Mortality (rates * 1000)	Incidence (rates * 1000)	Prevalence (rates * 1000)	Remission (rates * 1000)	Case fatality (rates * 1000)	Duration (years)	Mortality (rates * 1000)	RR mortality (number)	Age of onset (years)
0-4	26.1037	0.3402	0.0021	1.5965	1.3031	1,000.3234	1.6218	1.0006	0.0021	6.2282	2.4343
5-9	4.0385	0.0000	0.0000	0.8210	1.0294	961.9833	1.7386	1.2259	0.0018	10.3316	7.0493
10-14	0.2648	0.0000	0.0000	0.1911	0.4612	530.5738	1.0466	4.5444	0.0005	5.0208	11.8540
15-19	0.0263	0.0000	0.0000	0.0383	0.4232	44.7236	0.0904	8.7291	0.0000	1.5342	16.9177
20-24	0.0098	0.0000	0.0000	0.0125	0.4301	103.5085	0.5014	4.8231	0.0000	2.0183	22.2977
25-29	0.0110	0.0000	0.0000	0.0102	0.1905	269.5464	1.3171	3.8351	0.0002	2.7661	27.4725
30-34	0.0134	0.0000	0.0000	0.0079	0.0864	198.8231	0.7436	3.1817	0.0001	1.8594	32.3013
35-39	0.0045	0.0000	0.0000	0.0034	0.0300	498.3838	1.0456	1.5680	0.0000	1.7956	36.9759
40-44	0.0006	0.0000	0.0000	0.0007	0.0023	848.5743	1.6469	1.5152	0.0000	1.8603	41.9463
45-49	0.0003	0.0000	0.0000	0.0004	0.0007	480.5722	1.0250	9.6939	0.0000	1.3410	47.4531
50-54	0.0006	0.0000	0.0000	0.0004	0.0015	61.1499	0.6515	23.3722	0.0000	1.1164	52.6534
55-59	0.0000	0.0000	0.0000	0.0005	0.0037	2.1518	0.4973	21.7913	0.0000	1.0646	57.3809
60-64	0.0000	0.0000	0.0000	0.0002	0.0053	1.4144	0.1609	18.5771	0.0000	1.0196	61.6823
65-69	0.0000	0.0000	0.0000	0.0001	0.0056	0.0000	0.0036	15.6997	0.0000	1.0009	65.5526
70-74	0.0000	0.0000	0.0000	0.0000	0.0056	0.1421	0.0019	11.2908	0.0000	1.0001	72.1921
75-79	0.0000	0.0000	0.0000	0.0000	0.0056	0.0000	0.0000	0.0000	0		
80-84	0.0000	0.0000	0.0000	0.0000	0.0056	0.0074	0.0001	5.9173	0		
85-89	0.0000	0.0000	0.0000	0.0000	0.0056	0.0028	0.0000	5.1777	0		
90-94	0.0000	0.0000	0.0000	0.0000	0.0056	0.0002	0.0000	3.4650	0		
95-99	0.0000	0.0000	0.0000	0.0000	0.0056	0.0016	0.0000	2.6151	0		
100+	0.0000	0.0000	0.0000	0.0000	0.0056	0.0000	0.0000	0.0000	0		
All ages	NA	NA	0.0001	0.1573	0.2507	631.5160	1.2018	1.4643	0		

图15-14 利用DisMod估计男性手足口病流行病学结果

311

Age	Input			Output							
	Incidence (rates * 1000)	Case fatality (rates *	Mortality (rates * 1000)	Incidence (rates * 1000)	Prevalence (rates * 1000)	Remission (rates * 1000)	Case fatality (rates *	Duration (years)	Mortality (rates * 1000)	RR mortality (number)	Age of onset (years)
0-4	18.3637	0.0360	0.0008	0.9767	0.8480	882.5958	0.0112	1.5294	0.0000	1.0404	2.4288
5-14	1.5458	0.0000	0.0000	0.3364	1.5009	172.1965	0.0026	5.2729	0.0000	1.0401	8.0779
15-29	0.0154	0.0000	0.0000	0.0180	0.3326	362.0031	0.0172	2.1441	0.0000	1.0950	21.1425
30-44	0.0056	0.0000	0.0000	0.0023	0.0079	511.4195	0.0221	2.1033	0.0000	1.0381	35.1554
45-59	0.0002	0.0000	0.0000	0.0004	0.0013	439.5404	0.5181	2.7400	0.0000	1.4189	51.2605
60-69	0.0000	0.0000	0.0000	0.0001	0.0006	161.9643	0.4764	11.9892	0.0000	1.1770	61.7187
70-79	0.0000	0.0000	0.0000	0.0000	0.0006	2.1785	0.0061	13.3465	0.0000	1.0005	72.1921
80+	0.0000	0.0000	0.0000	0.0000	0.0006	0.1517	0.0004	6.9180	0.0000	1.0000	84.0241
All ages	NA	NA	0.0000	0.0864	0.2646	344.5874	0.0090	2.9588	0.0000	1.0951	5.6989

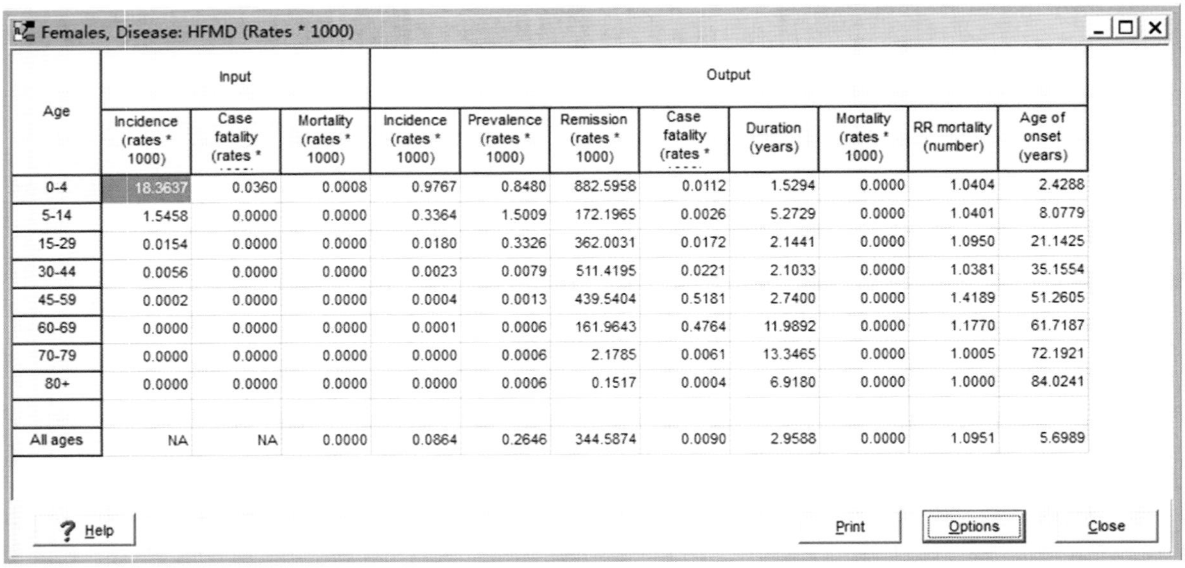

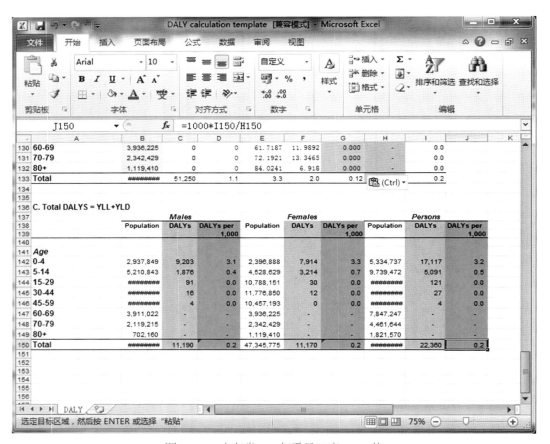

图15-15　利用DisMod估计女性手足口病流行病学结果

（8）按照“Excel版的DALY计算模式”将数据输入DALY计算模式中，计算手足口病DALY值。

主要结果和意义：DALY值计算结果（图15-16）显示2010年山东省由于手足口病导致的疾病负担DALY为22 359.93人年，DALY强度为0.233人年，即每1 000人由于手足口病在健康人群中导致健康寿命损失为0.233人年。

	A	B	C	D	E	F	G	H	I
130	60-69	3,936,225	0	0	61.7187	11.9892	0.000	-	0.0
131	70-79	2,342,429	0	0	72.1921	13.3465	0.000	-	0.0
132	80+	1,119,410	0	0	84.0241	6.918	0.000	-	0.0
133	Total	########	51,250	1.1	3.3	2.0	0.12		0.2

C. Total DALYS = YLL+YLD

	Males			Females			Persons		
	Population	DALYs	DALYs per 1,000	Population	DALYs	DALYs per 1,000	Population	DALYs	DALYs per 1,000
Age									
0-4	2,937,849	9,203	3.1	2,396,888	7,914	3.3	5,334,737	17,117	3.2
5-14	5,210,843	1,876	0.4	4,528,629	3,214	0.7	9,739,472	5,091	0.5
15-29	########	91	0.0	10,788,151	30	0.0	########	121	0.0
30-44	########	16	0.0	11,776,850	12	0.0	########	27	0.0
45-59	########	4	0.0	10,457,193	0	0.0	########	4	0.0
60-69	3,911,022	-	-	3,936,225	-	-	7,847,247	-	-
70-79	2,119,215	-	-	2,342,429	-	-	4,461,644	-	-
80+	702,160	-	-	1,119,410	-	-	1,821,570	-	-
Total	########	11,190	0.2	47,345,775	11,170	0.2	########	22,360	0.2

图15-16　山东省2010年手足口病DALY值

3. 实例3：间接法估算DALY实例

现有安徽省马鞍山市雨山区2008年心血管疾病死亡部分原始资料（图15-17），数据由中国疾病预防控制中心公共卫生信息中心提供。试分析2008年该地区心血管疾病造成的疾病负担。

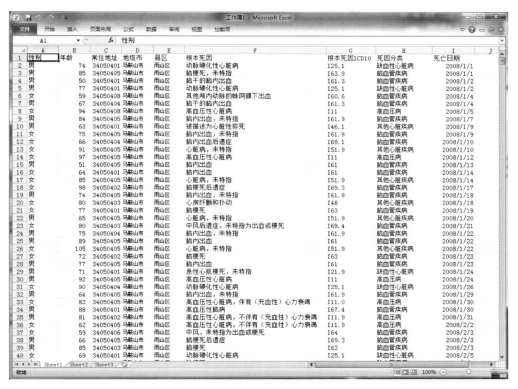

图15-17　马鞍山市雨山区心血管疾病死亡部分原始资料

分析：这里只提供了心血管疾病的死亡资料，可以直接计算出YLL，但却计算不出YLD，需要利用间接法估算YLD。

具体操作流程：

（1）整理原始资料，将数据整理成表15-10的形式，获取2008年马鞍山市雨山区人口学资料（表15-11）。

表15-10　2008年马鞍山市雨山区心血管疾病分年龄、性别死亡人数

年龄（岁）	男性	女性
0	0	0
1~4	0	0
5~9	0	0
10~14	0	0
15~19	1	0
20~24	0	0
25~29	0	0

313

年龄（岁）	男性	女性
30~34	1	1
35~39	1	0
40~44	1	4
45~49	4	2
50~54	7	3
55~59	13	6
60~64	19	7
65~69	17	22
70~74	29	27
75~79	36	27
80~84	34	31
≥85	22	48

表15-11　2008年马鞍山市雨山区人口学资料

年龄组代码	年龄（岁）	男性	女性	合计
1	0~	901	823	1 724
2	1~	915	845	1 760
3	2~	956	895	1 851
4	3~	1 043	940	1 983
5	4~	1 079	1 022	2 101
6	5~	1 193	1 087	2 280
7	6~	1 308	1 180	2 488
8	7~	1 364	1 213	2 577
9	8~	1 173	1 084	2 257
10	9~	1 333	1 157	2 490
11	10~	7 812	6 854	14 666
12	15~	7 765	7 217	14 982
13	20~	5 650	5 662	11 312
14	25~	8 695	7 119	15 814

（续表）

年龄组代码	年龄（岁）	男性	女性	合计
15	30~	9 529	9 557	19 086
16	35~	14 883	14 654	29 537
17	40~	16 267	14 401	30 668
18	45~	7 242	6 532	13 774
19	50~	8 541	8 538	17 079
20	55~	7 208	7 504	14 712
21	60~	5 298	5 298	10 596
22	65~	5 132	5 094	10 226
23	70~	3 635	3 698	7 333
24	75~	2 077	2 037	4 114
25	80~	867	1 153	2 020
26	≥85	190	345	535

（2）YLL参照"Excel版的DALY计算模式"中YLL计算部分计算，计算出结果（图15-18）。

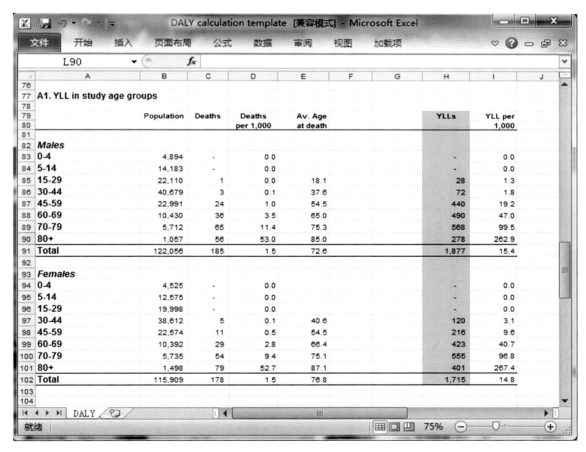

图15-18　2008年马鞍山市雨山区心血管疾病YLL值

（3）将YLL值与世界银行公布的8个地区心血管疾病的每千人YLL进行相关性分析，得出结果（表15-12）。由相关系数可知，无论男性还是女性马鞍山市雨山区每千人YLL与世界银行公布的高收入国家地区的YLL相关系数最高，故采用高收入国家地区作为参照。

（4）利用公式15-10求出马鞍山市雨山区YLD值，而DALY=YLL+YLD，进而求出DALY值。

表15-12　马鞍山市雨山区YLL与世界银行8个地区YLL的相关系数

性别	统计指标	全球	高收入国家地区	东亚和太平洋地区	欧洲和中亚地区	拉丁美洲和加勒比地区	中东和北非地区	南亚地区	撒哈拉以南非洲地区
男性	r	0.827	0.930	0.903	0.808	0.847	0.873	0.704	0.870
	P	0.011	0.001	0.002	0.015	0.008	0.005	0.051	0.005
女性	r	0.871	0.979	0.925	0.928	0.904	0.906	0.742	0.875
	P	0.005	< 0.000 1	0.001	0.001	0.002	0.002	0.035	0.004

主要结果及意义：经过间接法计算的心血管疾病的疾病负担为38.118人年，具体结果见表15-13，即2008年马鞍山市雨山区由于心血管疾病造成每1 000人健康寿命损失为38.118人年。

表15-13　2008年马鞍山市雨山区心血管疾病估算的YLD和DALY

年龄（岁）	YLD（每千人）			DALY（每千人）		
	男性	女性	合计	男性	女性	合计
0~4	0	0	0	0	0	0
5~14	0	0	0	0	0	0
15~29	0.836	0	0.836	2.112	0	2.112
30~44	0.882	2.810	3.692	2.660	5.928	8.587
45~59	6.223	5.513	11.737	25.374	15.089	40.464
60~69	10.071	10.222	20.293	57.070	50.945	108.016
70~79	13.318	14.224	27.542	112.788	111.022	223.810
≥80	30.083	34.085	64.168	292.972	301.476	594.448
合计	3.824	4.116	7.940	19.203	18.915	38.118

五、主要用途

DALY指标对于宏观地认识疾病和控制疾病十分重要，其主要用途有以下几个方面（詹思延，2017）：

（1）通过比较不同疾病的DALY损失，观察特定人群中的主要健康问题，从而指导制定疾病预防控制的重点，以使有限的卫生资源得到合理配置。

（2）对全球、一个国家或地区进行动态的健康监测与评价，观察DALY的长期变动趋势及影响因素。

（3）分析特定人群中具有不同特征的亚群（如性别、年龄）的DALY，帮助确定高危人群，以制定有针对性的预防措施。

（4）进行成本效果分析。研究不同病种、不同干预措施挽回一个DALY所需的成本，以求采用最佳干预措施来防治重点疾病或重点人群，以使有限的资源发挥最好的挽回健康寿命年的效果。

六、优点与局限性

1. 优点

DALY是一个科学、综合定量来评价疾病负担的指标，不但可以从宏观角度认识和控制疾病，也可以动态地进行健康监测与评价，从而为制定相关卫生政策和策略提供科学依据，其主要优点如下：

（1）与以往的指标相比，DALY不仅仅局限于死亡分析的范畴，它还综合考虑了疾病造成的早逝和失能，全面考虑病种的发病指标和病死指标，更全面地反映了疾病对人群造成的负担，可通过计算不同病种不同干预措施挽回一个DALY所需的成本，以求有限的卫生资源效果的最大化。

（2）从宏观上认识疾病和控制疾病，可对全球、一个国家或地区进行动态的健康监测与评价，观察DALY的长期变动趋势及影响因素。

（3）在计算过程中，通过精确计算的近似于银行利率的贴现率，把因伤残、失能或死亡等造成的对未来不同时间点的疾病负担损失转换为现有水平同一时点的疾病负担损失，也避免了不同年龄组死亡权重不均衡的现象。

（4）分析一个人群中具有不同特征的亚群（如性别、年龄）的DALY，帮助确定高危人群。

2. 局限性

DALY指标也并非十全十美，在评价实施过程中，也体现出了其局限性：

（1）DALY引入的贴现率、年龄权重、失能等级只反映了研究者和世界银行专家的意见，不能反映所分析地区人群的意见。由于健康状况的评价渗透着个人、社会对生命和健康价值的理解和诠释，故其真实性和通用性受到质疑。

（2）DALY的计算需要高质量的健康信息，如需要同时获得个案的发病时间、死亡时间和死因等信息，对缺乏完整健康信息的国家使用该指标时受限。

（3）DALY选择最高的期望寿命（日本）作为出生期望寿命的估计值，势必夸大其他国家的疾病负担。

（4）DALY不能反映疾病对个人、家庭和社区所造成的压力和负担，如疾病经济负担。

尽管DALY存在各种各样的问题，一些专家对其有效性也一直存在争议，但这并没有影响其应用和推广。广大学者一致认为，DALY仍然是目前最为完善的疾病负担评价指标，目前绝大多数疾病负担研究都采用DALY作为研究指标。世界卫生组织每年都在其世界卫生报告中以DALY为指标公布不同国家的疾病负担情况，并进行了相关的比较研究，为各国提供疾病防治的政策建议。

第二节　环境相关疾病负担评估方法及其实施

一、环境因素与健康

环境危险因素与健康的关系一直以来都受到人们的关注，如何通过减少与健康相关的环境因素来降低人类疾病负担是一个全球性的问题。假如可以量化归因于环境危害的疾病总负担，则可为理解环境与健康之间的相互关系奠定基础，从而提出优先预防的环境领域，进而通过环境治理防治人类疾病，即可通过减少环境危害切实避免死亡、疾病和伤残（段纪俊 等，2008）。

在过去，环境危害的归因研究主要在发达国家，特别是在经济合作与发展组织国家进行，但是这些研究结果的差异很大，如有报道认为全球25%～33%的疾病负担可归因于环境因素，也有报道推断出疾病负担的环境归因分值仅为2.10%～5.00%。世界卫生组织在 *Preventing Disease Through Healthy Environments* 一书中曾对疾病的环境负担进行评估，估计全球疾病负担的24%和全部死亡的23%可归因于环境因素，而在0～14岁的儿童中，可归因于环境的死亡比例高达36%。世界卫生组织估计，我国可避免的环境因素导致的死亡约占总死亡的1/4～1/3，环境带来的健康危害占总的疾病负担的31%（Neira et al.，2016）。每个国家和地区的环境危害因素并不完全相同，因而针对某一国家，特别是一个地区或城市的环境疾病负担应该有其自身的特点。造成各研究结果不同的原因可能是由于研究方法与研究范围的差异，也可能是由于不同地域之间的环境因素不同而引起的，而环境因素相关疾病负担评估方法是21世纪初世界卫生组织推荐评估国家或地区环境危害的新评估技术体系。从2003年起，世界卫生组织就颁布了一系列环境相关疾病负担评估指导性文件。此后，在世界卫生组织的倡导下，环境因素相关疾病负担的评估方法取得很大进展，评估方法和评估指标体系正日趋完善。

二、环境相关疾病负担评估指标

健康是一个多维、复杂的生物学和社会学现象，包括死亡、伤残等诸多方面。20世纪80年代以前，疾病负担主要用发病率、患病率、死亡率和平均期望寿命等指标来衡量，而上述指标都是只能反映疾病负担的一个方面，如死亡率只反映死亡对健康的影响，平均期望寿命则只反映人群生存数量，不能反映生存的质量，很难较为准确地评估疾病负担，因此单一指标有其局限性和片面性，不能概括疾病影响健康的全面情况。各国政府在制定卫生政策和对卫生资源进行配置时，必须对不同健康结局的相对重要性进行选择。货币资金的一维性与健康结局的多维性要求有一个对健康多维测量的综合指标（吴金贵 等，2008）[87]。为此引入了DALY衡量疾病对健康造成的疾病负担。DALY最大的优点是在一个指标中综合考虑了死亡和失能两个方面对健康的影响，使人们对疾病负担的认识更趋向合理和全面。除了DALY外，尚有去死因期望寿命（CELE）、健康寿命年（HeaLY）、HALE、QALY等，但这些指标远没有DALY运用广泛（张洁 等，2005）[69]。

DALY在进行环境相关疾病负担评估时具有以下优点：可以对不同国家或一个国家不同地区的环境相关疾病负担进行比较，可以对不同环境因素所致疾病负担进行比较，可以对不同的干预政策或措施所获得的健康效应进行比较，世界卫生组织已使用DALY对全球不同国家、不同地区的疾病负担作出评估，为以后环境相关疾病负担评估提供了可靠的借鉴（吴金贵 等，2008）[98]。

随着社会经济的发展，人们对环境的变化趋势和环境因素对健康的潜在影响日益重视，迫切需要研究制定用于环境和健康监测的敏感、可靠指标。理想的环境健康指标不仅应该适用于环境状态的测量，同时也应该能对干预的健康进行可靠的测量。环境健康指标涉及环境和健康两个层面，可分为两类：一类是与健康效应呈剂量—效应关系的环境健康指标，如血铅水平（儿童IQ水平）、城市空气污染物浓度（如PM10与呼吸系统疾病的发生率），此类指标可应用现在已知的知识对将来的环境因素的影响进行推测和估计；另一类是只能进行分层的环境健康指标，如饮用水的安全可靠供应途径等。世界卫生组织于1999年发布了《环境健康指标框架与方法》，对指标的设计、特征和指标优劣的判断进行了分析和探讨，并列举了12大类环境健康指标（Briggs，1999）。欧洲则选择10个核心环境健康指标对公共卫生和环境政策进行监测。随着归因模式的不断进展，对病因和危险因素种类的研究也在不断细化。在GBD 1990中，共研究了110种疾病和伤害，选择了10种危险因素；在GBD 2000中，疾病种类发展为136种，危险因素为20种；在GBD 2004中，疾病的种类达到226种，危险因素多达44个；在GBD 2013中，疾病的种类达到301种，危险因素多达79种。例如，在GBD 1990中纳入的环境危险因素为"poor water supply，sanitation and personal and domestic hygiene""air pollution"2项，在GBD 2000中则为"unsafe water，sanitation，and hygiene""urban air pollution""indoor smoke from household use of solid fuels"3项，在GBD 2004中则多达7项（Lopez et al.，2006）。

三、环境相关疾病负担评估的基本思想

疾病是由多种因素引起的。某种环境危险因素对人群的健康会产生一定的危害，使暴露人群某种疾病的发病率增高。现有两个人群，其中一个人群暴露于这种环境危险因素，而另一个人群不暴露，除此之外，这两个人群的其他环境条件基本相当，其结果可能是暴露人群发病的危险性高于非暴露人群，高于非暴露人群的这部分可以归因于对该种环境危险因素的暴露，也就是说，如果不暴露，两个人群的疾病负担是相同或相近的，暴露人群高于非暴露人群的这部分疾病负担可以避免，这就是环境疾病负担定量分析的基础（Prüss-Üstün，2003）。需要注意的是，这种归因危险度只有运用于群体情况才有意义（Winship et al.，1999）。

气候变化疾病负担也可以应用环境疾病负担的评估方法，主要通过26个对人类健康有影响的环境、职业、社会、行为危险因子来估计疾病负担（Read，2004）。评估主要利用归因和因果推断的思想。现有两组人群，其中一组暴露于研究的危险因素中，而另一组不暴露，除此之外，两组人群的其他环境条件基本相当，那么就可以说两组之间疾病发病率的任何不同都可以归因为暴露的危险因素。评价环境的疾病负担需要3种类型的数据：① 不同人群中危险因素暴露的分布；② 暴露—反应关系信息；③ 归因于某疾病的DALY损失。其中①和②被组合成一个人群归因分值（PAF），用以估计归因DALY，其主要计算步骤是DALY值的计算和按照世界卫生组织的可比较风险评估（CRA）框架估算潜在影响分值（potential impact fraction，PIF）（Murray et al.，2003）。

四、环境相关疾病负担的定量评估步骤

（一）研究所需要的数据和指标

1. 研究人群中危险因素暴露的分布

尽管大部分的环境数据并不是为了健康的目的而收集的，但是可以在计算中转化成健康测量指标。这里最关注的是研究人群对潜在危险因素的暴露信息，这些信息可以用来评估环境危险因素的健康效应。

2. 危险因素的暴露与健康效应的关系（即剂量—效应关系或相对危险度）

环境健康指标可以被定义为：与环境和健康相关联，且用于环境干预政策制定和评估的一种有代表性的指标。它是以环境暴露和健康关系的已知或假定的关系为基础，如血铅水平、空气污染物浓度、水质量研究中的环境健康因子等。

3. 健康指标

大部分的健康指标描述健康状态或趋势，与环境没有直接的相关性，但也有许多健康结局（如环境相关疾病）与环境危险因子相关。这种以疾病为导向的方法提供了一种在环境暴露下评估和检测健康结局的途径，如测量某一环境相关疾病的发病率、患病率、病死率、疾病的DALY损失等。

（二）评估步骤

1. 计算疾病负担的DALY

DALY测量的是与期望健康的差距，它测量了一个个体目前的健康状况与一种人群普遍接受的期望健康状态的不同，这种期望状态通常是指人群期望寿命。DALY综合考虑了个体的早死和失能状况，其中YLL为早死所致的寿命损失年份，YLD则是在失能条件下存活的年份。在实际计算DALY值中，通常采用WHO推荐的直接法或间接法计算某种疾病的DALY值，具体计算方法参照本章第一节。

2. 建立环境危险因素健康效应网络图

对某一环境危险因素的疾病负担进行评估，必须明确以下四个环节：一是这种环境危险因素的存在形式；二是环境危险因素进入人体的途径；三是环境危险因素能引起哪些健康效应；四是产生这些健康损害的定量评估方法。前三个环节可以用环境危险因素的健康效应网络图（图15-19）表示。在图15-19中：远端病因（distal cause）是指社会学原因（如教育、城市化、人口老龄化等），不同的原因用D_1、D_2、D_3等表示；中间病因（intermediate cause）是指行为和环境因子，如吸烟、少体力活动、不规律饮食等，用I_1、I_2和I_3等表示；近端病因（proximal cause）是指一些病理生理学改变（如超重、高血压、高血糖等），表示为P_1、P_2和P_3；健康结局（health outcome）指死亡、患病或痊愈等，表示为O_1、O_2等。

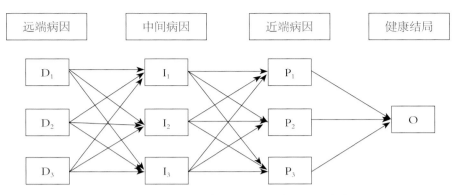

图15-19　环境危险因素的健康效应网络示意图（陶庄 等，2010）

3. 环境危险因素相关疾病负担定量评估

（1）呈暴露—反应关系的疾病负担评估

某些环境健康指标是连续变量，且机体健康的剂量—效应关系有可靠的流行病学资料支持，如研究证明血铅对智商（IQ）的影响是一种线性的剂量—效应关系，即在血铅为0.24～0.97mol/L（5～20 μ g/dL）的范围内，每增加0.22mol/L（5 μ g/dL），IQ降低1.3；大于0.97mol/L，IQ降低3.5（图15-20）。该种情况下通过人群血铅水平分布结合上述血铅对IQ影响的剂量—效应关系来评估铅对人群总体IQ的影响，再计算因IQ损失的疾病负担。

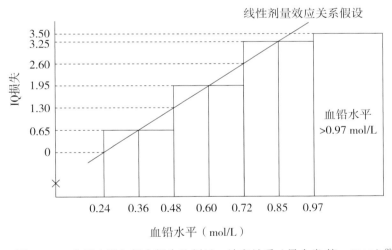

图15-20　血铅水平与智商损失的剂量—效应关系（吴金贵 等，2008）[88]

（2）暴露分层的疾病负担评估

环境健康指标不是连续变量，此时只能将暴露人群根据暴露层次定义分为若干层，每个层次相对于对照层次有其相对危险度（RR）。例如，归因于饮水和卫生条件所致腹泻病的疾病负担，暴露人群可分为以下3个层次：① 改善饮水的供应和改善卫生条件；② 改善饮水的供应和未改善卫生条件；③ 未改善饮水的供应和卫生条件差。对照层设为不是因为饮水和不良卫生条件导致腹泻，可能由其他因素导致腹泻的人群。暴露人群的3个暴露层次相对于对照层，腹泻的发生分别有不同的RR值，可以通过各层的RR值来估计环境因素的影响分值（IF）。IF的计算公式如下：

$$IF = \frac{\sum P_i RR_i - \sum P_i' RR_i}{\sum P_i RR_i}$$

（15-12）

式中，P_i 为 i 层暴露人口比例，P_i' 为 i 层采取干扰措施或发生暴露改变的人口比例，RR_i 为 i 层暴露相对于参考水平的RR。此公式可用于任何人群暴露于不同水平或层次环境因素影响分值的计算，也能用于暴露分布受干预发生变化的影响分值的估计，还可用于相对于其他暴露水平甚至目前尚难达到的理想暴露水平的影响分值的估计。如果危险因素暴露可完全消除，则相对于非暴露水平的环境危险因素影响分值可转化为如下公式：

$$IF = \frac{\sum P_i RR_i - 1}{\sum P_i RR_i}$$

（15-13）

式中符号的含义同公式15-12。

（3）归因疾病负担估计

计算归因疾病负担的公式为：

归因疾病负担$_{年龄，性别}$（attributable burden$_{age, sex}$）= IF × 疾病的总负担$_{年龄，性别}$（total burden$_{age, sex}$）

（15-14）

在腹泻归因于饮水和卫生条件的疾病负担评估中发现，人群暴露分布情况为：① 改善饮水的供应和改善卫生条件（Ⅰ）占68%；② 改善饮水的供应和未改善卫生条件（Ⅱ）占7%；③ 未改善饮水的供应和基础卫生条件差（Ⅲ）占25%。相对于不是因为饮水和不良卫生条件导致腹泻的相对危险度：Ⅰ层的RR = 6.9，Ⅱ层的RR = 8.7，Ⅲ层的RR = 11。影响分值按公式15-13计算：

$$IF = \frac{68\% \times 6.9 + 7\% \times 8.7 + 25\% \times 11 - 1}{68\% \times 6.9 + 7\% \times 8.7 + 25\% \times 11} \approx 87.6\%$$

若2000年美洲高死亡率地区感染性腹泻的疾病负担为863 000（DALY），那么归因于饮水和卫生条件的疾病负担为87.6% × 863 000=755 988，因此DALY值近似等于756 000（吴金贵 等，2008）[89]。

五、环境相关疾病负担在气候变化领域的应用

气候也是环境因素的一种，气候变化特别是极端天气事件也会影响人群健康水平，根据环境相关疾病负担评估的原理，也可对气候变化对人群健康的影响从疾病负担的角度进行评估，其评估过程如下（王金娜 等，2012）[280]。

1. 计算基准年的DALY值

选择一个数据较精确的基准年，评估基准年的DALY值，具体计算方法见本章第一节。

2. 应用可比较风险评估（CRA）估算潜在影响分值

CRA是WHO发展的一种对环境疾病负担估计方法，曾广泛应用于评估世界范围气候变化的健康风险和减少温室气体排放的政策制定等方面。它是一种在统一框架上比较危险因素暴露改变所造成的人群疾病负担变化的系统性方法。该方法与"环境相关疾病负担的定量评估步骤"的理论基本相似，主要包括5个步骤：① 选择合适的危险因素—结局；② 估计人群中各危险因素的暴露分布；③ 估计病因作用的大小，即单位暴露造成的危险因素—结局的相对危险度；④ 选择替代暴露分布与当前暴露分布

进行比较；⑤ 计算各危险因素归因的疾病负担。

下面对CRA框架的具体计算方法介绍如下：

（1）识别气候敏感健康结局

研究所选择的健康结局应该包含下列条件：① 对短期气候变化或气候地理差异敏感；② 在研究人群中有预期的健康影响；③ 预期气候模型的有效性或可行性。研究纳入的疾病必须与气候有直接的生理学联系，有季节性波动，或者病原体传播周期的一部分发生在人类宿主之外的传染性疾病。以前的研究大多关注某一极端气候所引起的敏感性疾病的死亡率和发病率，即疾病健康效应终点为气候变化直接或间接导致的死亡或敏感性疾病发病率的增加，如热浪导致的心血管疾病死亡率的增加，洪水导致的腹泻病的发病率增加等。时间序列分析和地理比较的方法可以为气候敏感健康结局的选择提供很好的证据。

如前所述，对某一危险因素进行评估需要了解以下四个方面的内容：① 危险因素的存在形式；② 进入人体的途径；③ 能引起哪些健康效应；④ 健康损害的定量评估方法。前3个环节可以从健康效应网络图中得到，健康效应网络图能提供选择暴露指标和显示暴露危险因素的框架结构，可以用来描述远端和近端的原因及其相互作用。气候变化对人群疟疾患病影响的生物学效应网络图由远端原因、近端原因、感染风险和健康效应四部分组成（图15-21）。温室气体的排放、基线气候水平、地势和植被以及基础设施等是影响疟疾发病的远端原因，上述因素通过影响温度、湿度、降水、媒介、生活条件等各个环节增加人群的感染风险，从而增加人群的疾病负担。

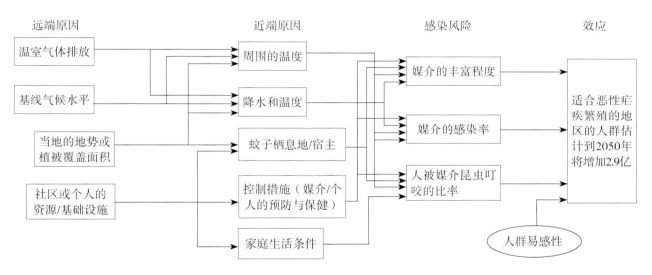

图15-21　气候变化的健康效应网络图（王金娜 等，2012）[281]

（2）定量评估气候—健康关系

风险评估要求建立气候—健康关系定量模型，即暴露—反应关系模型。模型的建立通常基于时间和空间角度对气候变化引起的健康效应的测量，即从时间角度（如测量异常炎热或寒冷天气对死亡率的影响）或空间角度（比较不同气候地区的发病率）对气候变化和疾病关系的统计分析。

（3）定义未来的暴露场景

危险因素对人群健康影响的评价包括两种方法：绝对归因法（categorical approach）和反事实推论法（counterfactual approach）。

　　绝对归因法是指一个事件或疾病完全归因于一个或一系列危险因素，危险因素的分布只分为暴露与不暴露两种。该方法简单易行，但需要预先了解危险因素在研究疾病中所占的比例，仅适用于具有完整分类体系的因素，即所有分类的并集是全集，且任意分类的交集为空集的情况，如所有死亡归因于国际疾病分类、交通伤害归因于饮酒、职业伤害归因于职业性有害因素等，但该方法忽略了大多数疾病是由多因素共同作用的结果。

　　反事实推论法是指通过比较现在或将来人群健康水平与替代方案的健康水平来获得危险因素对人群健康的影响，这些替代方案包括所研究危险因素水平的消除或降低。反事实推论法的暴露分布通常有以下四种：理论最小风险（theoretical minimum risk）、假想可能最小风险（plausible minimum risk）、真实可能最小风险（feasible minimum risk）和费效最小风险（cost-effective minimum risk）。理论最小风险是可以导致人群最小风险的暴露分布，不考虑现实的可行性。假想可能最小风险是可能发生的最小风险。真实可能最小风险是指已经在人群中观察到的最小风险。费效最小风险是指选择方案时考虑暴露降低的成本。

　　二氧化碳（CO_2）的排放严重影响着气候变化，以1992年政府间气候变化专门委员会公布的IS92排放情景为例，具体方案为：① 参照方案：现在的排放趋势，即从1990年以来，CO_2浓度以1%的年增长速度增长（参照场景，接近于政府间气候变化专门委员会温室气体排放案，即IPCC "IS92a" 方案）；② 在2210年，空气中CO_2含量稳定在$1\,473mg/m^3$（真实可能最小值，S1 473）；③ 在2170年，空气中CO_2含量稳定在$1\,080mg/m^3$（假想可能最小值，S1 080）；④ 1961~1990年水平的温室气体浓度和气候（基线气候水平，可以被认为是理论最小值）。

　　（4）估计可归因和可避免的疾病负担

　　可归因的疾病负担，即如果过去的暴露等于反事实分布的暴露时，现在或未来的疾病负担的降低情况即为可归因的疾病负担。可避免的疾病负担，即如果现在或未来对危险因素的暴露被降低到反事实的分布水平，未来疾病负担的降低情况即为可变的疾病负担。以温室气体排放对疾病负担的影响为例（图15-22），E、F、G、H分别对应上述的4种排放方案，即参照方案、S1 473方案、S1 080方案和基线气候水平。a代表T_0时刻可归因于先前气候变化的疾病负担；b代表T_0时刻不能归因于先前气候变化的疾病负担（由其他原因导致）；c代表从T_0时刻温室气体排放稳定在$1\,080mg/m^3$时，在T_x时刻可避免的疾病负担；d代表从T_0时刻温室气体排放稳定在550ppmv时，T_x时刻的预期疾病负担。T_0时刻归因于先前暴露的归因分值为$a(a+b)$。带箭头的虚线表示在T_0时刻危险因素的分布发生转变后的疾病负担。T_x时刻可避免的疾病负担可以用不同阴影区的比率表示，如T_0时刻温室气体方案稳定为S1 080方案时T_x时刻可避免的疾病负担为$c/(c+d)$。

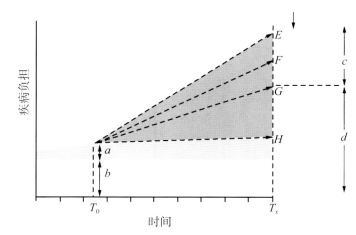

图15-22　温室气体排放对疾病负担的影响示意图
（王金娜 等，2012）[282]

人群归因分值（PAF）是指如果将危险因素的暴露水平减少到0（或其他恒定值）时，死亡或疾病负担降低的比例，即如果危险因子的暴露降低为0，其他条件不变，疾病或死亡降低的比率即为PAF。基本公式为：

$$PAF = \frac{P(RR-1)}{P(RR-1)+1}$$ （15-15）

式中，P 为人群暴露分布（即各暴露水平在人群中所占的比例），RR为各暴露水平下的相对危险度。

在实际的疾病负担评估中，暴露组的危险性往往不是与非暴露组比较的，而是与另一个暴露组（理论最小风险、假想可能最小风险、真实可能最小风险和费效最小风险等）相比较，即与上文提到的反事实推论法相比较。这种类型的疾病负担可以用潜在影响分值（PIF）来计算。PIF是人群风险可归因于有害暴露或危险行为、多水平暴露、不完全消除的暴露的比例。当变量为连续性变量时，计算公式如下：

$$PIF = \frac{\int_{x=0}^{m} RR(x)P(x)dx - \int_{x=0}^{m} RR(x)P'(x)dx}{\int_{x=0}^{m} RR(x)P(x)dx}$$ （15-16）

式中，PIF为潜在影响分值，RR（x）为暴露水平x的相对危险度，P（x）为人群的暴露分布，P'（x）为反事实的暴露分布，m 为最大的暴露水平。

当暴露为n水平的离散变量时，即人群分布在梯度层次暴露中，估计暴露从一个水平转化成另一个水平变化（如通过公众健康的干预）的影响，公式为：

$$PIF = \frac{\sum_{i=1}^{n} P_i RR_i - \sum_{i=1}^{n} P_i' RR_i}{\sum_{i=1}^{n} P_i RR_i}$$ （15-17）

式中，P_i 为在i阶段人群的暴露比例，P_i' 为干预或其他变化之后阶段i的人群暴露比例，RR_i 为与参照水平相比较，阶段i暴露的相对危险度。PIF实质上是PAF的扩展，当计算PIF的反事实场景与计算RR时是同一个对照组时，PIF = PAF。实际上，在世界卫生组织的官方网站上，二者是不做区分的。

（5）归因于气候变化的疾病负担

结合基准年的DALY值，用总的疾病负担乘以影响分值，即可得出给定人群归因于某一危险因素的疾病负担。如果暴露分布或相对风险在各个亚组（年龄、性别等）之间不同，那么影响分值应该在各个亚组之间分别计算。如果暴露—反应关系在死亡率和发病率之间不相同，则影响部分应该分别计算YLL和YLD。

六、环境相关疾病负担评估的意义与优缺点

环境因素对人群健康的影响一直是令全球关注的严重公共卫生问题之一，环境相关疾病负担评估的意义在于：① 对造成人类健康影响的多种环境因素进行评估与分析，找出对人类健康影响较大的环境因素；② 研究各种环境相关疾病负担在人群中的分布；③ 对环境危险因素的健康影响进行监测；④ 作为对环境因素采取干预措施的依据；⑤ 对干预措施进行成本—效果分析；⑥ 为卫生行政和环保

部门制定相应的政策提供依据。

可比较风险评估在归因疾病负担的研究中具有以下特点或优势：① 将研究人群的暴露分布与假设的暴露分布进行比较；② 考虑了多种危险因素和疾病的共同作用，并能计算流行病学调查中尚未清楚的疾病或危险因素；③ 将疾病负担结果转换成人群健康综合测量指标，不仅允许比较致死和非致死性结局，而且考虑了严重程度和持续时间的影响。

环境相关疾病负担的评估尚存在其局限性，主要表现在以下几个方面：① 某些重要危险因素未被考虑。在干预决策时不能仅根据疾病负担数据，用数据无法评估的特殊因素（如不公平、恐惧）并非不重要，这类因素在人们的态度形成方面起着相当重要的作用；② 对环境干预效果评估中没有考虑全部效益，如空气污染治理的政策不仅可以降低空气微粒和有毒物排泄物浓度，同时也有利于提高农产品的产量和质量；③ 环境因素对人群影响的处理过程过于简单化。环境因素间相互作用机制不清，如 O_3 与 NO_2 联合对人体的健康效应大于两因素的单独作用，但是环境疾病负担不能进行联合效应研究，只能单个处理；④ 易于监测的危险因素优先得到了评估，这也许是所有定量评估的普遍问题，而不易监测的危险因素并非不重要或并非可以忽视其对人群的影响；⑤ 评估结果受多个参数影响，易产生不确定性，如暴露的评估、剂量—效应关系、暴露造成的相对危险度、各种疾病总负担以及对其他人口数据的外推方法等都易产生不确定性。

第三节　应用实例

一、暴雨洪涝对痢疾影响评价中归因疾病负担的应用

1. 研究背景

暴雨洪涝是全球最常见的自然灾害之一，洪水等水文事件在2001~2010年已经占到了全球自然灾害的50%以上。对未来的气候变化预估显示，降水和海平面上升的变化模式将会增加世界上很多地区暴雨洪涝发生的频率和强度。暴雨洪涝对健康的影响复杂而深远，其中可能包括增加痢疾的死亡率和发病率。痢疾在全球疾病负担中占据了重要比重，尤其是在5岁以下的儿童和资源缺乏的国家。痢疾包括细菌性痢疾和阿米巴痢疾，在包括中国在内的一些发展中国家，痢疾仍然是一项重大的公共卫生问题。目前痢疾的发病率在中国40种法定传染病中位居第二。广西壮族自治区位于热带和亚热带季风气候区，经常遭遇暴雨洪涝。例如2004~2010年，广西壮族自治区南宁市频繁持久的强降雨导致暴雨洪涝的频发。2004~2010年广西壮族自治区每年痢疾的发病率的变化范围为15.5/10万人~39.9/10万人。

暴雨洪涝期间或之后，由于病原体的传播和感染，痢疾的发病率可能会升高。但是，暴雨洪涝和痢疾之间的定量关系尚不明确。有研究发现没有充足的证据表明在控制季节效应和其他混杂因素的作用后暴雨洪涝能够增加痢疾的发病风险，因此需更多的研究阐明暴雨洪涝对痢疾传播的潜在危险，因此本案例研究基于南宁市2004~2010年的纵向数据，采用直接法计算暴雨洪涝期间痢疾YLD，基于CRA环境框架计算PIF，旨在探讨暴雨洪涝和痢疾之间的关系。

2. 资料来源

（1）疾病数据：广西壮族自治区地区痢疾监测数据来自全国法定传染性疾病监测系统，时间范围为2004年1月至2010年12月。

（2）暴雨洪涝和气象数据：南宁市气象灾害数据来自《中国气象灾害年鉴（2004-2010）》和中国气象数据网的农业气象灾情数据集。2004～2010期间南宁市共发生8次暴雨洪涝，主要发生在6月和7月。南宁市受灾严重，8次洪涝灾害共造成390余万人受灾，13人死亡，14 050间房屋倒塌，经济损失达74 000万元。月气象数据来自中国气象数据网，主要变量有月累计降雨量、月平均气温、月平均相对湿度、月平均风速和月累计日照时数。

（3）人口学数据：研究地区人口数据来自中国疾病预防控制中心公共卫生科学数据中心。

3. 研究设计与分析

（1）定量评估暴雨洪涝与痢疾发病率之间的关系。该研究采用广义相加模型的Poisson分布分析暴雨洪涝与痢疾之间的关联。

（2）收集暴雨洪涝灾害期间痢疾发病资料，利用疾病负担的直接法计算痢疾YLD。基于CRA环境框架，结合暴雨洪涝对痢疾发病影响的RR值计算PIF。

（3）基于第二步计算出的YLD和PIF，采用公式15-17来估算暴雨洪涝导致痢疾的归因疾病负担。

4. 结果

广义相加模型结果表明，暴雨洪涝对痢疾发病影响的RR值为1.44（95% CI：1.18-1.75）；洪涝持续时间每增加1天，痢疾发病率将增加8%（RR=1.08，95% CI：1.04-1.12）。图15-23和图15-24显示洪涝期间痢疾平均每年造成的疾病负担为0.009人年（即每千人YLD值），其中男性的疾病负担高于女性，年龄方面以4岁以下儿童造成的疾病负担最高；归因于暴雨洪涝痢疾的每千人YLD值为0.003人年，其中男性为0.004人年，女性为0.001人年。

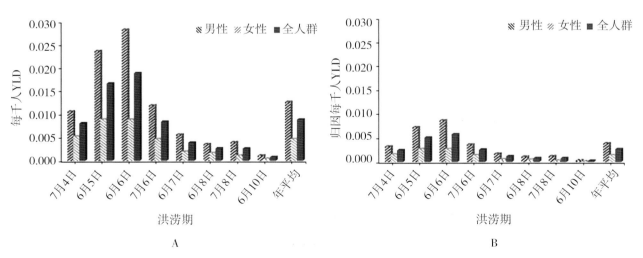

图15-23　痢疾在暴雨洪涝期间每千人YLD（A）和归因每千人YLD（B）

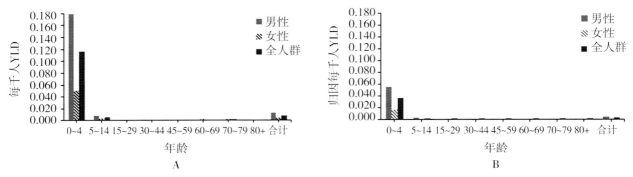

图15-24　不同年龄段痢疾在暴雨洪涝期间每千人YLD（A）和归因每千人YLD（B）

5. 结论

暴雨洪涝能显著增加研究现场痢疾的发病风险和疾病负担，较长时间的暴雨洪涝比较短时间的暴雨洪涝导致痢疾的发病风险更大，儿童和男性是暴雨洪涝期间痢疾的脆弱人群（Liu et al., 2015）。

二、暴雨洪涝对感染性腹泻影响评价中归因疾病负担的应用

1. 研究背景

暴雨洪涝是世界上最频繁和最具毁灭性的自然灾害之一，其中淮河流域是暴雨洪涝的多发区和重灾区。2007年淮河大洪水造成安徽省阜阳、亳州、宿州、淮北等16个市89个县（市、区）的1 510万人受灾，死亡31人，紧急转移安置70.6万人，农作物受灾面积达135.2万公顷，其中绝收面积达50.9万公顷，倒塌房屋9.5万间，损坏房屋18.5万间，直接经济损失达107.5亿元。暴雨洪涝对健康的影响是复杂而深远的，包括可能增加腹泻类疾病的发病率和死亡率。广义的腹泻包括感染性腹泻（由于细菌、寄生虫和病毒引起）和非感染性腹泻（由于食物不耐受或肠道疾病引起），由于前者具有传染性和发病广泛性，危害极其严重。感染性腹泻，是指由病原微生物（包括细菌、病毒、寄生虫等）引起的以腹泻为主要临床特征的一组肠道传染病。暴雨洪涝期间，饮用水的质量可能通过以下几种方式受到影响：地面水源和井水受到暴雨从土壤或生活环境引入的粪便污染物（其中包括大量的细菌、病毒等病原微生物）污染，降雨还可导致污水与自来水管道经过相互渗透或流入而发生交叉污染。因此，暴雨洪涝期间有可能增加传播感染性腹泻的机会，特别是在一些不能获得清洁饮用水和卫生服务的人群中。暴雨洪涝和腹泻类疾病的关系目前还远没有弄清楚，有关2007年淮河大洪水对腹泻类疾病的影响程度尚未见报道，因此本案例研究以有关暴雨洪涝与感染性腹泻的研究为基础，以YLD为指标分析2007年淮河大洪水在阜阳和亳州对感染性腹泻的影响程度。

2. 资料来源

（1）疾病监测数据：感染性腹泻发病和死亡数据来源于全国法定传染性疾病监测系统，数据空间范围为阜阳市和亳州市两地，时间范围为2007年5月至9月。病例的信息主要包括年龄、性别、居住地、患病类型、发病日期和死亡日期。

（2）暴雨洪涝数据：阜阳和亳州暴雨洪涝数据来自《中国气象灾害年鉴（2008）》。2007年6月30日至7月9日阜阳市遭受了严重洪涝（历时10天）；亳州从2007年6月27日至7月6日和7月13～15日遭受了两次一般洪涝（历时共13天）。

（3）人口学资料：研究现场的人口学数据来自中国疾病预防控制中心公共卫生科学数据中心。

3. 研究设计与分析

本研究基于世界卫生组织推荐的CRA框架估算暴雨洪涝对重点敏感性传染病的归因疾病负担，先评估暴露—反应关系，利用病例交叉研究评估一次典型暴雨洪涝事件对敏感性传染病的发病风险，然后调整暴雨洪涝的滞后效应，获取洪水效应期敏感性传染病的发病率、死亡率等信息，采用世界卫生组织推荐的直接法计算DALY，最后进行暴露分层的疾病负担评估，受灾人群按照受灾程度或类型进行分层，获取各层暴露洪水后敏感性疾病的RR值，通过各层RR值估计不同洪水暴露程度的PIF，结合计算的DALY值，用总的疾病负担乘以PIF，即可得出受灾人群归因于暴雨洪涝事件的疾病负担，进而识别我国受暴雨洪涝影响的脆弱人群特征。具体步骤如下：

（1）利用时间分层病例交叉研究定量评价暴雨洪涝对感染性腹泻的发病风险。

（2）计算暴雨洪涝暴露期的感染性腹泻YLD。由于在研究期间没有发现由感染性腹泻导致的死亡案例，其YLL为0，故研究时直接估算YLD评价感染性腹泻的疾病负担。

（3）基于世界卫生组织的CRA环境框架，计算暴雨洪涝对感染性腹泻的PIF。

（4）计算归因疾病负担。基于计算PIF和第二步计算的YLD，采用世界卫生组织推荐的方法估算暴雨洪涝导致感染性腹泻的疾病负担。

4. 结果

暴雨洪涝期间不同年龄、性别感染性腹泻的YLD强度显示（表15-14），在亳州市（0.025 9）总YLD强度显著高于阜阳市（0.010 0）。针对不同性别，阜阳市女性（0.006 5）的YLD强度高于男性（0.003 5），而亳州市恰恰相反，女性（0.006 1）的YLD强度低于男性（0.019 8）。在年龄方面，阜阳市YLD强度最高的是70~79岁组（0.027 5），其次是60~69岁组（0.014 5），而亳州市YLD强度最高的是小于4岁的儿童组（0.244 1），其次是80岁以上组（0.060 9）。归因负担研究显示在亳州归因YLD强度为0.020 9，阜阳归因YLD强度为0.008 1（图15-25），亳州市由于暴雨洪涝导致感染性腹泻的归因疾病负担高于阜阳市。

表15-14　暴雨洪涝期间不同年龄、性别感染性腹泻的YLD强度

年龄组（岁）	阜阳			亳州		
	男性	女性	总计	男性	女性	总计
0~4	0.008 6	0.003 7	0.012 2	0.213 9	0.030 2	0.244 1
5~14	0.001 3	0.005 6	0.006 9	0.017 0	0.007 6	0.024 6
15~29	0.003 1	0.001 4	0.004 5	0.002 7	0.002 9	0.005 5
30~44	0.004 6	0.009 7	0.014 3	0.003 4	0.004 0	0.007 4
45~59	0.001 3	0.007 1	0.008 3	0.003 3	0.008 8	0.012 1
60~69	0.002 4	0.012 2	0.014 5	< 0.000 1	< 0.000 1	< 0.000 1
70~79	0.008 1	0.019 3	0.027 5	0.002 9	< 0.000 1	0.002 9
≥80	< 0.000 1	< 0.000 1	< 0.000 1	0.054 9	0.006 0	0.060 9
总计	0.003 5	0.006 5	0.010 0	0.019 8	0.006 1	0.025 9

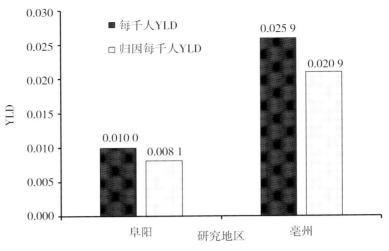

图15-25　感染性腹泻归因暴雨洪涝的YLD强度

5. 结论

暴雨洪涝可以显著增加感染性腹泻的发病风险。除此之外，相比短时间的骤发洪水，历时较长的洪水会加重感染性腹泻的疾病负担。暴雨洪涝期间感染性腹泻的脆弱群体为老年人和儿童，对脆弱人群应该给予更多关注（Ding et al.，2013）。

三、暴雨洪涝对疟疾影响评价中归因疾病负担的应用

1. 研究背景

气候变化是当前全球共同关注的焦点问题，对虫媒传染病的流行具有一定的影响，尤其是气象灾害在虫媒传染病的发生和流行中发挥了重要作用。疟疾在我国黄淮流域仍然是主要的公共卫生问题。许多研究证实洪水过后可能会暴发疟疾流行，但现有的报道多为描述性研究，没有系统地分析疟疾和洪水之间的归因疾病负担，并且有关渍害事件对人群健康影响的报道甚少。这两种极端天气事件与疟疾之间的关系还远未搞清楚。另外，在我国有关洪涝灾害和疟疾的研究还非常少，2007年淮河流域的洪水和渍害对疟疾的影响程度仍然未知。为了定量评价洪水与渍害对疟疾的流行病学疾病负担，为预防控制疟疾的流行提供科学依据。本研究以有关暴雨洪涝与疟疾的研究为基础，估算安徽省亳州市蒙城县2007年洪水和渍害对疟疾的归因疾病负担。

2. 资料来源

（1）疾病监测数据：蒙城县疟疾监测数据来自全国法定传染性疾病监测系统。病例的信息主要包括年龄、性别、患病类型、发病日期和死亡日期。

（2）暴雨洪涝数据：蒙城县气象灾害数据来自《中国气象灾害年鉴（2008）》和中国气象数据网的农业气象灾情数据集。在2007年主汛期期间，异常的强降雨造成淮河流域严重洪涝灾害，蒙城县是受灾最严重的县区之一。2007年7月3~9日，该县遭受了一场严重的洪水，历时7天，共导致4.3万公顷的农作物受灾。连续降水过程导致蒙城县7月15~26日遭受了渍害的危害，历时12天，共导致6.7万公顷农作物受灾。

（3）人口学资料：研究现场的人口学数据来自中国疾病预防控制中心公共卫生科学数据中心。

3. 研究设计与分析

本研究具体步骤如下：

（1）采用1∶3双向对称病例交叉研究评价洪水与疟疾发病数的关联性，其具体方法可参考病例交叉研究在暴雨洪涝与疟疾关系研究中的应用的相关内容。

（2）采用YLD估算疟疾在洪水暴露效应期的疾病负担。因为在整个研究期间未发现疟疾的死亡病例，所以在考虑滞后效应的基础上采用YLD估计疟疾的疾病负担，其计算方法同前。

（3）采用PIF和归因YLD来估计由于洪水和渍害造成的疟疾病因百分比和疾病负担。

（4）基于计算的PIF和YLD，采用世界卫生组织推荐的方法来估算洪水和渍害导致疟疾的归因疾病负担。

4. 结果

洪水作用暴露效应期期间（2007年8月2～3日）疟疾的罹患率和YLD强度分别为4.569/10万和0.028（表15-15）。在这期间男性的YLD强度（0.032）高于女性的YLD强度（0.024），80岁以上人群的疟疾YLD强度最高（0.090），其次是60～69岁年龄组（0.050）。渍害作用暴露效应期期间（2007年7月22～28日）疟疾的罹患率和YLD强度分别为25.604/10万和0.242（表15-16）。在这个阶段，男性的YLD强度（0.273）同样高于女性（0.209），5～14岁儿童拥有最高YLD强度（0.706），其次为60～69岁人群（0.496）。洪水和渍害联合作用暴露效应期期间（2007年7月28日至8月2日）疟疾的罹患率和YLD强度分别为19.483/10万和0.168（表15-17），在这个阶段疟疾YLD强度男性（0.182）同样高于女性（0.153），80岁以上老年人是YLD强度最高的群体（0.351），其次是70～79岁老年人（0.305）。

由于2007年淮河流域特大洪水是近年来该地区最大的洪涝灾害，而蒙城县又是当时的重灾区，所以假定当时蒙城县整个人群100%都暴露于这两次灾害事件中，即$P_i=1$。基于气象灾害洪水和渍害对疟疾发病风险（HRs）和CRA框架，计算出洪水的PIF为31.8%，渍害的PIF为47.3%，而洪水和渍害联合作用的PIF为62.0%。研究发现归因单独洪水事件的YLD强度为0.009/24 h，归因单独渍害事件的YLD强度为0.019/24 h，归因两种灾害联合作用的YLD强度为0.022/24 h，洪水和渍害联合作用暴露效应期期间疟疾的归因YLD强度明显高于单独作用效果。

表15-15　单独洪水作用暴露效应期期间疟疾的罹患率和YLD强度

年龄组（岁）	病例数	罹患率(1/10万)	YLD /千人		
			男性	女性	全人群
0~4	9	10.822	0.071	0.042	0.057
5~14	37	22.834	0.251	0.306	0.274
15~29	34	10.364	0.122	0.068	0.097
30~44	46	14.637	0.076	0.077	0.077
45~59	45	29.991	0.241	0.214	0.228
60~69	26	40.115	0.503	0.064	0.298
70~79	20	44.914	0.207	0.396	0.305
≥80	9	68.934	0.091	0.503	0.351
合计	226	19.483	0.182	0.153	0.168

表15-16　单独渍害作用暴露效应期期间疟疾的罹患率和YLD强度

年龄组（岁）	病例数	罹患率（1/10万）	YLD/千人		
			女性	男性	全人群
0~4	16	19.240	0.246	0.137	0.194
5~14	50	30.856	0.803	0.573	0.706
15~29	44	13.412	0.151	0.138	0.145
30~44	60	19.091	0.097	0.075	0.086
45~59	51	33.989	0.168	0.175	0.171
60~69	44	67.888	0.460	0.537	0.496
70~79	24	53.896	0.389	0.281	0.333
≥80	8	61.275	0.072	0.289	0.209
合计	297	25.604	0.273	0.209	0.242

表15-17　洪水和渍害联合作用暴露效应期疟疾疾病负担

年龄组（岁）	病例数	罹患率（1/10万）	YLD/千人		
			女性	男性	全人群
0~4	9	10.822	0.071	0.042	0.057
5~14	37	22.834	0.251	0.306	0.274
15~29	34	10.364	0.122	0.068	0.097
30~44	46	14.637	0.076	0.077	0.077
45~59	45	29.991	0.241	0.214	0.228
60~69	26	40.115	0.503	0.064	0.298
70~79	20	44.914	0.207	0.396	0.305
≥80	9	68.934	0.091	0.503	0.351
合计	226	19.483	0.182	0.153	0.168

5. 结论

洪水和渍害可造成疟疾发病的异常增高，本研究案例首次阐明了农业气象灾害渍害对疟疾的发病风险，另外，渍害引起疟疾的发病风险明显高于洪水，且洪水和渍害对疟疾的联合作用呈现协同趋势（Ding et al.，2014）。

四、热带气旋对居民死亡影响评价中归因疾病负担的应用

1. 研究背景

我国是世界上受台风灾害影响最严重的国家之一，台风灾害的频繁发生给国家经济建设、人民生命财产安全和社会稳定运行造成了严重影响。广东省位于太平洋西岸，濒临南海，是台风登陆我国的主要地区。每年的夏秋雨季广东省都受到台风的侵袭，是我国台风灾害最严重的省份。国外的一些研究表明，台风能够导致居民死亡率升高。有研究对单次台风后一段时间的死亡率、住院率等数据进行整理分析，发现台风发生后死亡率、住院率均有较为明显的上升。在我国，针对台风等极端天气事件

与死亡之间关系的研究较少，而日益改变的气候环境和极端天气事件的频繁发生使得定量研究自然灾害给人类带来的影响和造成的损失成为必要。本案例研究通过Poisson 回归模型拟合居民死亡数以了解广州市越秀区2008～2011年台风对死亡率的影响，探索和量化台风与死亡率之间的可能关系，并通过对疾病负担的研究估计台风带来的损失，为相关部门采取干预措施提供理论依据。

2. 资料来源

（1）疾病监测数据：2008～2011年日死亡数据来源于广州市越秀区死因监测点，包括患者的性别、年龄、死亡日期、ICD-10编码及地址编码，将日死亡数据整合为自然周数据，其中第1周与第209周为期望周数据，即以不足1周的死亡数计算1周死亡数的期望值。广州市越秀区2008～2011年常住人口数据来源于广州统计信息网，分年龄别、性别人口数据来源于传染病网络直报系统。

（2）气象和台风数据：广州市气象数据来源于中国气象数据网，数据包括降雨量、极大风速、平均气压、平均风速、平均气温、平均水汽压、平均相对湿度、日照时数、日最低气压、日最低气温、日最高气压、日最高气温、最大风速、最小相对湿度。台风数据来源于《中国热带气旋年鉴》和温州台风网，共包括2008年1月1日至2011年12月31日发生的9次路径经过广州市的台风。

3. 研究设计与分析

采用Poisson 回归模型，控制死亡率的时间趋势，调整其他气象因素，研究2008～2011 年广州市越秀区台风对居民死亡率的影响，并依据Poisson 回归的结果计算归因于台风的疾病负担，其具体步骤如下：

（1）将死亡数据分为居民全死因死亡数、不同性别全死因死亡数、不同年龄别全死因死亡数。同时依据ICD-10编码，整理分析以下几种主要的死亡原因：内分泌系统疾病死亡数、消化系统疾病死亡数、恶性肿瘤疾病死亡数、循环系统疾病死亡数、呼吸系统疾病死亡数和意外伤害导致的死亡数。

（2）将以上数据分别纳入Poisson回归模型作为因变量进行分析，同时将周平均气温、周平均气压、周平均风速、周平均降雨量、周平均相对湿度、周平均日照时长纳入Poisson回归模型，调整气象因素对死亡率造成的可能影响。建立的方程形式为：

$$\ln(Y_t) = \beta_0 + \beta_1 t + \beta_2 typhoon + \beta_i X_i + \cdots \tag{15-18}$$

式中，Y分别代表在自然周t的全死因死亡数，不同性别、年龄别的全死因死亡数，不同死亡类别的死亡数；β为回归系数；t表示自然周数；typhoon为0或1变量，有台风发生的周（即包含台风经过前1天到台风经过或结束这段时间的自然周）将其设置为1，否则设置为0；X_i表示气象因素，包括周平均气温、气压、风速、降雨量、相对湿度和日照时长。

（3）疾病负担的计算方法参考世界银行、世界卫生组织和美国哈佛大学公共卫生学院1996 年共同出版的《全球疾病负担》中的有关分组方法和数据。此处仅讨论台风直接或间接导致的居民死亡带来的疾病负担，即早死所致的寿命损失年（YLL），其计算方法见本章第一节。纳入计算得到台风周每千人寿命损失年（YLL），根据Poisson 回归模型的结果，计算其PIF，进而得出归因于台风的疾病负担（即Attributable YLL = PIF × YLL）。

4. 结果

广州市越秀区全死因死亡数拟合Poisson回归结果表明台风事件、风速、气温、相对湿度、日照时长均对周全死因死亡数有影响，台风变量的回归系数为0.072，表明在调整了死亡率的时间趋势和气象因素的影响后，台风事件的发生会引起居民死亡数的增加。不同类别死亡数与台风关系的Poisson回归拟合结果显示：居民全死因死亡数、女性全死因死亡数会因台风事件的发生而增加，RR值分别为1.075和1.127；不同年龄别的结果显示，0~4岁的婴幼儿及60岁以上的老年人的全死因死亡数因台风事件的发生而增加，RR值分别为1.608和1.071；不同死亡原因的结果显示，恶性肿瘤疾病死亡数会因台风事件的发生而增加，RR值为1.126。

广州市越秀区2008~2011年在台风周发生的全死因死亡总人数的YLL男性每千人为27.3，女性每千人为19.5，总人群每千人为23.3。最终归因于台风的每千人YLL男性为1.881，女性为1.346，总人群为1.609（图15-26）。

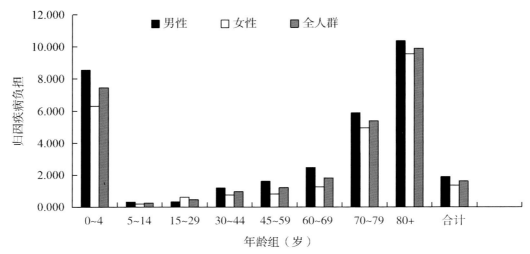

图15-26　归因于台风的全死因死亡人数每千人YLL

5. 结论

台风能够导致居民死亡率升高，造成的疾病负担男性高于女性，儿童和老年人高于其他年龄组人群（王鑫 等，2015）。

（刘雪娜　曹明昆　丁国永）

参考文献

段纪俊，曾晶，孙惠玲，2008. 全球疾病负担的环境因素归因研究［J］. 中国社会医学杂志，25（05）：301-303.

胡善联，2005a. 疾病负担的研究（上）［J］. 卫生经济研究，11（05）：22-27.

胡善联，2005b. 疾病负担的研究（下）［J］. 卫生经济研究，11（06）：28-31.

吕繁，曾光，2001. 疾病负担评价的理论框架及其发展［J］. 中华流行病学杂志，22（04）：25-27.

世界卫生组织，1996. 疾病和有关健康问题的国际统计分类［M］. 北京：人民卫生出版社.

世界银行，1993. 一九九三年世界发展报告：投资于健康［M］. 北京：中国财政经济出版社.

陶庄，杨功焕，2010. 环境因子对人群健康影响的测量与评估方法［J］. 环境与健康杂志，27（04）：342-346.

王金娜，姜宝法，2012. 气候变化相关疾病负担的评估方法［J］. 环境与健康杂志，29（03）：280-283.

王鑫，荀换苗，康瑞华，等，2015. 2008—2011年广州市越秀区台风对居民死亡率的影响及疾病负担研究［J］. 环境与健康杂志，32（04）：315-318.

吴金贵，王祖兵，2008. 环境相关疾病负担评估方法［J］. 环境与职业医学，25（01）：87-89.

詹思延，2017. 流行病学［M］. 北京：人民卫生出版社.

张洁，钱序，陈英耀，2005. 疾病负担研究进展［J］. 中国卫生经济，24（05）：69-71.

BICKENBACH J E，CHATTERJI S，BADLEY E M，et al.，1999. Models of disablement，universalism and the international classification of impairments，disabilities and handicaps［J］. Social science & medicine，48（9）：1173-1187.

BRIGGS D，1999. Environmental health indicators：framework and methodologies［J］. Encyclopedia of quality of life and well-being research，46（2）：259-268.

DING G Y，GAO L，LI X W，et al.，2014. A mixed method to evaluate burden of malaria due to flooding and waterlogging in Mengcheng County，China：a case study［J］. PLoS One，9（5）：e97520.

DING G Y，ZHANG Y，GAO L，et al.，2013. Quantitative analysis of burden of infectious diarrhea associated with floods in northwest of Anhui Province，China：a mixed method evaluation［J］. PLoS One，8（6）：e65112.

FEIGIN V L，ROTH G A，NAGHAVI M，et al.，2016. Global burden of stroke and risk factors in 188 countries，during 1990-2013：a systematic analysis for the global burden of disease study 2013［J］. Lancet neurol，15（9）：913-924.

LIU Z D，DING G Y，ZHANG Y，et al.，2015. Analysis of risk and burden of dysentery associated with floods from 2004 to 2010 in Nanning，China［J］. Am J Trop Med Hyg，93（5）：925-930.

LOPEZ A D，MATHERS C D，EZZATI M，et al.，2006. Global burden of desease and risk factors［M］. New York：The World Bank and Oxford University Press.

MATHERS C D，VOS T，LOPEZ A D，et al.，2001. National burden of disease studies：a practical guide［R］. 2nd. Geneva：World Health Organization.

MURRAY C J，EZZATI M，LOPEZ A D，et al.，2003. Comparative quantification of health risks conceptual framework and methodological issues［J］. Popul Health Metr，1（1）：1.

NEIRA M，PRSS-STN A，2016. Preventing disease through healthy environments：a global assessment of the environmental burden of disease［J］. Toxicology Letters：259S1-S1.

PRÜSS-ÜSTÜN A，MATHERS C，CORVAL N C，et al.，2003. Introduction and methods：assessing the environmental burden of disease at national and local levels［R］. Geneva：World Health Organization.

READ C，2004. Climate change and human health：risks and responses［J］. Bull World Health Organ，328（7451）：1324.

WINSHIP C，MORGAN S L，1999. The estimation of causal effects from observational data［J］. Annual review of sociology，25（1）：659-706.

第十六章
归因于暴雨洪涝的疾病负担预估研究

有关气候变化的关键脆弱性、风险性和适应性评估研究表明，气候变化主要是由人类活动所致。当前，人类活动已经不同程度地导致了极端天气事件（如热浪、暴雨洪涝等）发生频率或强度的增加，由此对脆弱的生态系统和社会系统造成了严重影响，且这一影响在未来相当长的时期内可能将持续存在。全球气候变化问题已经超出一般的环境或气候领域，涉及能源、经济和政治等方面，已经受到国际社会的普遍关注。因此预估未来气候变化，探讨未来气候变化是否会对生态系统和人类社会造成更为严重的后果，已成为各国科学家、公众和决策者共同关心的焦点问题。就我国而言，未来不同升温阈值下中国地区极端天气事件的定量化分析对管理灾害风险和政策制定有重要的指导意义，然而目前有关这个方面的研究仍很少见。

第一节　概　述

一、设计思想

21世纪以来，全球气候变化所引起的灾害风险增加已成为影响全球安全与发展的重大挑战，其中，暴雨洪涝灾害是全球发生频率最高、造成损失最严重的自然灾害之一。据联合国救灾协作局统计，在所有的自然灾害中，洪灾的比例占将近一半，在亚洲甚至达到69%，而且全球暴雨洪涝灾害造成的损失和人员伤亡在15种自然灾害中位居首位（谭红专，2004）。我国是世界上暴雨洪涝发生最频繁的国家之一，基于我国地域辽阔、气候类型分布复杂等原因，导致我国暴雨洪涝的发生具有种类多、影响范围广、时空分布不均匀、发生频率高和造成的损失严重等特点。我国有10%的国土面积、5亿人口、0.33亿公顷耕地、100多座大中城市和70%的工农业总产值受到暴雨洪涝灾害的威胁。每年因暴雨洪涝灾害造成的直接经济损失达数百亿元，暴雨洪涝灾害已成为我国实现可持续发展的严重障碍（王艳君，2014）。

暴雨洪涝事件对人群健康的影响是多方面的，包括死亡、伤害、传染病、心理健康等。暴雨洪涝可以使疾病的发病率和死亡率升高，增加疾病负担，从而使社会经济遭受严重冲击，尤其对于资源匮乏国家的公共卫生、服务体系而言会带来持续压力。值得注意的是，暴雨洪涝引起的某些疾病，尤其是传染病的流行在其中占据重要地位。近年来针对暴雨洪涝与相关敏感性疾病关系的研究还只是处在起步阶段，大多数都是从统计暴雨洪涝灾害的直接伤亡人数、传染病疫情变化、暴雨洪涝对某单一疾病或某类疾病的影响等方面进行研究，缺乏定量地评价暴雨洪涝造成的相关疾病的疾病负担及其预估研究。

根据IPCC第五次评估报告，利用CMIP5模式考虑人类排放情景（RCP2.6，RCP4.5，RCP6.0，RCP8.5），预估21世纪前期（2016～2035年）和后期（2081～2100年）极端天气事件变化趋势的结果表明：全球呈现持续增暖趋势，全球陆地强降水事件的频率、强度和降水总量也很可能是增加趋势。为适应、减缓和应对以上事件带来的不利影响，全球和区域尺度气候变化预估工作越来越受到重视。

近年来，中国学者在气候变化归因和预估研究领域已经开展了大量工作，主要包括使用观测资料分析气候变化事实，通过数值试验就气候变化的成因进行检测，使用气候模式模拟气候的未来变化，利用国际耦合模式比较计划（coupled model intercomparison project，CMIP）资料集对未来中国气候变化进行预估，以及进行有关气候变化影响和脆弱性的初步研究。例如，姜大膀等（2012）基于16个气候模式在20世纪气候模拟试验（简称"20C3M"）、SRESB1和A1B、A2温室气体以及气溶胶排放情景下的数值试验结果，预估了中国气候的变化情况，数据显示：尽管各个模式结果之间还存在差异，但是大多数模式结果中中国区域的平均年降水量均增加，模式集合结果中的增加量为3.4%～4.4.%。在这种大背景下，暴雨洪涝的发生频率和强度可能会继续增加。随之而来，与暴雨洪涝相关的疾病发病率和死亡率的增加可能会给灾区带来更大的疾病负担。目前国内外针对暴雨洪涝与相关疾病的系统、深入的研究还比较少见，未来时间段归因于暴雨洪涝的疾病负担预估研究还未见文献报道，因此定量评价并预估暴雨洪涝导致的相关疾病的疾病负担将有助于更好地了解暴雨洪涝对健康的影响，并协助相关部门制定有关策略与措施，以减少或避免暴雨洪涝造成的相关疾病的疾病负担。

二、相关概念

1. 暴雨洪涝

洪涝灾害主要是指河流湖泊在较短时间内发生的流量急剧增加、水位明显上升的一种水流自然现象，其形成和特征主要取决于所在流域的气候和下垫面情况等自然地理条件，人类活动对洪水的形成过程也有一定影响。暴雨洪涝的发生是由多方面原因导致的，它与发生地的降水量、河道分布情况、地理位置、地形以及植被分布等因素有关，但最常见的原因是暴雨或长时间的降水，因此暴雨和洪涝是很难分开的，这也是本书采用名词"暴雨洪涝"一词来描述洪涝灾害的主要原因。为了全面、精确地统计出研究年份暴雨洪涝的发生情况，我们可以采用国家科委全国重大自然灾害综合研究组对洪水的定义，即连续3天累积降雨量≥80毫米。暴雨洪涝灾害的概念和相关划分标准在本书第二章中已有详细介绍，在此不再赘述。

2. 气候模式

未来全球和区域气候变化的预估主要是在一系列驱动因子（如人口增长率、技术进步水平、经济发展速度、环境条件等）的假设组合下，先计算出未来温室气体的排放情景，然后推算出大气浓度，再得到辐射强迫响应，最后输入气候模式中进行模式驱动，从而完成对未来气候变化的预估，即现阶段气候变化的预估研究均是借助现有不同复杂程度的气候模式来模拟不同排放情景下的未来气候变化，气候变化的预估几乎完全依赖模式的模拟，因此气候模式是气候变化研究的核心技术。根据复杂程度不同，气候模式可分为简单气候模式、耦合气候系统模式和中等复杂程度的地球系统模式（陈红，2014）。

耦合气候系统模式包括发展成熟的大气模式、海洋模式、陆面模式，甚至包括海冰和碳循环等模式，用以研究包括海洋状况、冰雪过程、土壤温湿等在内的气候系统变化规律，是目前研究大气、海洋和陆地之间复杂相互作用的主要工具。IPCC第三次评估报告指出，耦合模式能够提供可信的当前气候年平均状况和气候季节循环模拟结果，因此IPCC历次报告主要采用耦合气候模式结果评估气候变化。建立耦合模式比较计划（coupled model intercomparison project，CMIP），是气候模式研究的里程碑。1994年10月，世界气候研究计划（world climate research programme，WCRP）在美国加利福尼亚州召开了一次会议，当时把研究全球耦合气候模式作为重要议程，并首次提出了模式比较研究的问题。与此同时，一批科学家正在为编写IPCC第二次评估报告（SAR）做准备，开始收集、整理和分析不同气候模式模拟的结果。在双方的共同努力之下，由世界气象组织与国际科学联合会主持的世界气候研究计划于1995年开始着手建立CMIP。

CMIP大体经历了以下几个阶段：

（1）CMIP1和CMIP2：CMIP1是CMIP的第一阶段，目的是对当时的耦合模式的控制试验进行收集和分析，即未加强迫的大气—海洋—海冰耦合模式气候学。全球共有21个模式参加了这个计划，其中包括中国科学院大气物理研究所的IAP/LASG模式。当时的模式约有一半采用通量订正，以减少气候漂移。CMIP的第二个阶段CMIP2开始于1997年初，共有17个模式参加了该计划，其目标是在CO_2浓度每年增加1%的假设前提下比较各个气候模式气候变化模拟的结果。第一次CMIP会议于1998年10月14～15日在澳大利亚墨尔本召开，目的是对参加CMIP的耦合模式的信息进行更新，同时讨论未来耦合模式比较研究的发展方向。通过会议，专家达成了若干共识。相隔5年，第二次CMIP会议于2003年9月24～26日在德国汉堡召开。正如第一次会议是给IPCC第二次评估报告（SAR）做准备，第二次会议是为IPCC第四次评估报告（AR4）做准备。经过这两次会议的召开，耦合模式得到了若干改进。

（2）CMIP3：2003年，全球耦合模式工作组（WGCM）开始着手协调耦合模式的试验研究，即CMIP3，进行一系列的多模式集合研究。到2005年初共有11个国家的16个模式组23个模式参加了CMIP3，其中中国有2个模式参与其中，分别是FGOALS-g1.0和BCC-CM1。23个模式的比较结果大多被IPCCAR4采用。

（3）CMIP5：2008年9月，WGCM与国际地圈生物圈计划（IGBP）的地球系统积分与模拟（AIMES）计划联合召开会议，决定合作推动新一轮的气候模式比较研究计划CMIP5，主要目的是：①探寻由于对碳循环及云有关的反馈了解不够而造成的模式差异的机制；②对气候的可预报性展开研究，开发模式预测年代尺度的能力；③确定为什么类似的强迫在不同的模式中得到不同的响应。目前有50多个模式参加CMIP5，在IPCCAR4中提出来的一些问题将通过CMIP5在IPCC第五次评估报告（AR5）中得到解答。CMIP5的试验方案主要包括历史气候模拟试验和不同典型浓度路径（RCPs，即代表性浓度路径）情景下的未来气候模拟试验。CMIP的全球海气耦合模式依然是CMIP5的模式基础，但相比于早期的CMIP3模式，CMIP5模式在空间分辨率、参数化方案、耦合器技术等方面均有改进，并有一部分模式考虑了动态植被和碳氮循环过程。

3. 未来排放情景

科学家要想预估未来全球和区域气候变化的特点和趋势，必须通过构建未来社会经济变化情景来实现，温室气体排放情景即由此衍生而来。未来温室气体和硫化物气溶胶排放情景，是气候模式对未来人类活动引起的气候变化进行情景预估的基础数据，由于这些数据涉及未来社会、经济、技术的方方面面，需要对各种可能的发展状况加以定性或定量描述（张雪芹，2008）。为此，IPCC组织各国专家先后给出了不同的温室气体排放情景。

1992年IPCC发布了第一个估计温室气体排放的全球情景，即IS92系列情景，用来驱动全球模式模拟未来气候变化。依据未来不同社会经济、环境状况，IS92可划分为6种排放情景（IS92a～IS92f）。虽然IS92系列情景仅考虑了与能源、土地利用等相关的CO_2、CH_4、N_2O和S的排放，但是CO_2排放曲线能够较合理地反映现有各种排放情景研究所得出的CO_2排放趋势。因此，IS92情景推进了气候模式对未来气候变化的预估研究，方便了对气候变化影响的评估。

随着对未来温室气体排放和气候变化认识的逐渐深入，未来排放情景的估计也会随之发生改变。2000年IPCC第三次评估报告公布了《排放情景特别报告》（SRES），发布了一系列新的排放情景，即SRES情景（蒋晓武，2011）。SRES设计了4种世界发展模式，分别为：A1，假定世界人口趋于稳定，高新技术广泛应用，全球合作，经济快速发展；A2，人口持续增长，新技术发展缓慢，注重区域性合作；B1，世界人口趋于稳定，清洁能源的引用，生态环境得到改善；B2，人口以略低于A2的速度增长，注重区域生态改善。依据以上4种发展模式，SRES确定了40种不同的排放情景。与IS92排放情景相比，SRES排放情景扩展了累积排放量的高限，而低限类似，并且涵盖了人口、经济、技术等方面的未来温室气体和硫排放驱动因子，因此，SRES情景比IS92情景应用更为广泛。

随着气候变化影响评估的发展，以上情景的缺陷逐渐显现出来。例如，SRES情景没有考虑应对气候变化的各种政策对未来排放的影响等。因而，为了协调不同科学研究机构和团队的相关研究工作，强化排放情景对研究者和决策者研究、应对气候变化的参考作用，在更大范围内研究潜在气候变化及其不确定性，2007年IPCC专家组调整了情景的发展方法和过程，利用单位面积辐射强迫强度来表示未来100年稳定浓度的新情景，即典型浓度路径，它是一种最新的用于气候变化预估的情景，是全球25个科研团队共同取得的成果。RCPs情景开发采用并行方法，将气候、大气、碳循环预估与排放以及社会经济情景（integrated assessment models，IAMs）有机结合起来，进行气候变化对研究地区的影响、适应、脆弱性及减排分析。RCPs情景的主要优点是在加速了综合情景开发进程的同时使气候模型能够模拟所需的排放情景，它能够为未来的气候模拟提供更加合理、可信的排放情景，因此本书选择RCPs作为气候变化预估场景。IPCC讨论了4种有代表性的气候政策对气候的影响，分别为RCP2.6、RCP4.5、RCP6.0、RCP8.5。其中，RCP指的是典型浓度路径，数字代表2100年相对于1750年的辐射强迫。直观来讲，在RCP2.6中，未来将增大减排措施的力度，使得辐射强迫于21世纪达到顶峰，然后开始下降，到2100年大气中CO_2浓度将升高至825mg/m^3，而在不采取任何减排措施的RCP8.5情景下，21世纪辐射强迫将会不断上升，到2100年CO_2浓度将升高至1 835mg/m^3，RCP4.5和RCP6.0情景介于上述两者之间。

三、归因于暴雨洪涝的疾病负担预估研究的现状

世界卫生组织在2000年全球疾病负担研究中，曾经分析了26种环境因素（其中包括气候变化）造成的全球疾病负担，然而近年来定量研究暴雨洪涝对相关敏感性疾病造成的疾病负担的预估研究非常少。本书所在课题组在国内首次开展了基于未来气候情景预估暴雨洪涝造成的相关疾病的归因疾病负担的研究。

未来时间段暴雨洪涝造成的相关疾病的疾病负担预估研究尽管还处在萌芽阶段，尚存在诸多局限性和不确定性因素，但是此类研究的实施可为将来更深入的研究提供可供参考的分析思路和方法。

虽然作者所在课题组在预估研究中尽量采用最为科学、合理的方法，但目前该类研究仍存在一些

局限性：

（1）研究中假设暴雨洪涝和研究疾病之间的定量关系在未来相当长的时期内是保持恒定的，但事实上，一些潜在的因素（如人口数量、社会经济状况或者医疗水平的改变）也许在将来会对它们之间的定量关系有所影响。

（2）研究中假设除温度、降水以外，其他气象变量的影响是恒定不变的，也就是说在研究中忽略了可能对研究有影响的其他气象因素的作用。

（3）研究中假设经济、科技等其他混杂因素的推动作用也保持不变，然而这些因素的改变可能会对暴雨洪涝与相关疾病的关系带来一定影响。

（4）研究中假设未来人群对气候变化的敏感性、适应性也是保持不变的，而这往往是不可预料的。

（5）研究中预估结论主要依据全球气候模式的模拟结果，由于气候系统的复杂性，当前对其相关反馈过程和机制的理解仍存在很大不足，气候模式也难以对其复杂的物理过程进行细致的描述，因此对未来气候变化预估的完善依赖于对气候系统进一步的认识和气候模式的发展。

第二节　研究步骤与实施

归因于暴雨洪涝的疾病负担预估研究的整体方案：首先在确定研究区域的基础上先确定评价指标、基准年和预估年，然后选择模型来分析目标疾病与暴雨洪涝事件之间的定量关系，最后在同时考虑暴雨洪涝事件、气温和人口变化等基础上来预估暴雨洪涝导致的相关疾病的归因疾病负担，具体步骤如下所示。

一、评价指标的选择

1993年世界银行《世界发展报告》出版以来，采用疾病负担来衡量疾病严重程度的研究成为全球公共卫生决策领域的热点之一。近年来，为获得可靠的决策依据，人们对人群健康综合测量方法的兴趣越来越浓。伤残调整寿命年（DALY）应运而生，成为评价疾病负担指标的杰出代表，它采用客观定量的方法综合评价各种疾病因早逝或残疾造成的健康寿命年的损失。该指标综合考虑了死亡、患病、伤残、疾病严重程度（失能权重）、年龄相对重要性（年龄权重）、时间相对重要性（贴现率或时间偏好）等多种因素，客观地反映了疾病对人类造成的危害程度（吕繁，2001）。DALY指标近年来应用广泛，相对于其他指标而言具有明显的优势，因此研究时选择DALY作为疾病负担的预估指标。

二、资料及其来源

研究中所需要的资料主要包括研究地区数年的相关疾病监测数据、人口数据和气象数据，具体内容如下：

（1）人口学资料：主要包括基准年和预估年的（预估）人口总数，分性别、分年龄的人口数等。

（2）疾病资料：主要包括研究年份的日（周、月、旬）发病数，分性别、分年龄的发病数（率）等。

（3）气象资料：主要包括研究现场当前时间段的气象数据和未来时间段的不同气候模式预估数据。前者主要包括日平均气温、日最高气温、日最低气温、日降水量、日平均相对湿度等。后者主要包括在不同气候场景下的日平均气温和日降水量，空间范围涵盖中国区域（15°N～55°N，

70°E～140°E），分辨率为0.5°×0.5°经纬度，模式输出每年均为365天，不考虑闰年。

三、暴雨洪涝与疾病关联的定量分析

分析方法可根据资料的特点选用本书前面介绍的若干方法，如病例交叉研究、广义线性模型、广义相加模型和面板数据等。在控制了其他气象因素、疾病长期趋势、季节趋势等因素的影响后，确定疾病与暴露的定量关系，为后续疾病负担的预估提供基础和依据。

四、评估基准年的疾病负担

1. 选择基准气候年

通过查阅文献发现，就气候变化预估而言（大部分是气温预估），在作为参照物的基准气候年的选择上存在着不同的做法，最常用的是采用工业革命前期或者20世纪之前某一年的气候、1961～1990年气候态、1990～2000年气候态。这样选择的原因有以下两个方面：一是备受关注的2℃全球变暖是相对于工业革命前期气候而言的，基准气候时段不应该受到20世纪全球变暖的影响；二是现阶段常采用的大部分气候模式的数值试验均始于19世纪后半段。由于目前对暴雨洪涝事件的预估少见文献报道，而且此类预估研究基准年的选择也不会受到气温预估基准年选择的两个限制，因此在基准年的选择上对时间段并没有严格的要求，不过需要符合以下几条标准：① 资料来源可靠、数据完整、准确；② 所研究的暴露因素在基准年未曾出现；③ 没有发生过可能对我们所研究的疾病结局有影响的异常事件。

2. 计算基准年的疾病负担

收集分年龄组、分性别发病数据、人口数据及病程资料，设置伤残权重、年龄权重、贴现率等，计算DALY的值，即基准年研究疾病的疾病负担大小。

五、暴雨洪涝事件的预估

1. 不同气候情景下降雨量数据的处理

（1）时间与空间尺度的选取：研究中从中国气象科学数据共享服务系统获得的降雨量数据是多地点的时间序列数据。时间尺度上，一般认为尺度越小越好，如天数据，原因有两点：一是同样的时间长度，尺度越小，得到的样本量越大，估计更稳定；二是可以更精确地评估洪水影响疾病的滞后效应、累积效应等。因此，在时间尺度上，我们选择天数据。在空间尺度上，地级市与县区是比较常见的选择，各有优劣，选用地级市发病数更多，估计值更稳定，缺点是一个气象站点的暴雨洪涝情况往往不能很好地代表整个地市，而选用县区就可以解决这个问题，因此在空间尺度的选择上还需要研究者根据研究目的和资料的获取等情况权衡，从而进行选择。

（2）原始数据的处理：中国气象科学数据共享服务系统提供的日降雨量数据是在不同的气候情景下，中国地区北纬15°～55°，东经70°～140°，分辨率为0.5°×0.5°（经纬度）的原始日降雨量数据，因此研究时要对这些数据进行处理才能提取出可以为我们所用的价值数据。最简单的方法是利用地理信息系统软件ArcGIS和Excel软件来获取在不同排放情景下预估年的日降雨量预估网格数据。

2. 不同气候情景下暴雨洪涝事件的预估

根据我们前述的方法，通过对原始数据进行处理和整理，可以获得研究地区在不同气候情景下未来的日降雨量数据。在此基础上，根据我们对暴雨洪涝事件的定义（连续3天或以上累积降雨量≥80 mm）就可以对研究地区未来时间段在不同气候情景下暴雨洪涝事件的发生情况做出预估。

六、超额发病数的预估

1. 资料的收集和整理

（1）疾病资料：传染病数据来自中国法定传染病监测系统。病例信息主要包括年龄、性别、患病类型、发病日期和死亡日期等。所有病例均经临床和实验室诊断。

（2）人口学资料：研究地区基准年的人口资料来自中国疾病预防控制中心公共卫生科学数据中心，其中记载了传染病报告所需的全国各地常住人口数，并且包含分性别、分年龄组的人口信息。未来时间段的人口预估可以基于联合国经济和社会事务部人口司公布的未来中国人口增长率，同时结合当前时间段的人口数来预测预估年份的研究区域的暴露人口数。该机构公布了四种人口增长情景——低人口增长情景、中等人口增长情景、高人口增长情景和维持现有人口增长情景，可以根据研究目的选择其中一种及以上的预测情景来预测研究区域未来的人口数量。

（3）气象资料：未来时间段的气温改变值估计来自IPCC第五次评估报告，研究地区未来时间段的日降雨量数据可以根据本节前面介绍的方法整理得到。在此基础上，我们根据暴雨洪涝等级的常用划分标准（即连续3天累积降雨量≥80 mm或连续10天累积降雨量≥250 mm为一般涝，连续3天累积降雨量≥150 mm或连续10天累积降雨量≥350 mm为重涝）可以预估得到研究地区未来时间段在不同气候情景下暴雨洪涝事件的发生次数和强度。

2. 人口和气温变化导致的超额发病数预估

（1）人口变化导致的超额发病数预估

我们先要通过一定的途径对中国各地区未来的人口数量进行预估，如可以利用联合国公布的全球范围内不同情景下人口自然增长率预估结果来对未来的人口数量进行预估。该机构公布了在三种不同的生育率情景下（低生育率、中生育率和高生育率）各个国家未来可能的人口自然增长率。结合基准人口数，研究者可以根据需要来选择部分或全部生育率情景来进行人口预估。在此基础上，我们假设未来时间段目标疾病的发病率和基线发病率是保持一致的，这样就可以很容易地计算出因为人口数量的改变导致的未来年份目标疾病的超额发病数。

（2）气温变化导致的超额发病数预估

目前关于气候变化对疾病影响的预估研究进行比较多的是气象因素对疾病发病的影响。研究的主要思路是：先进行气象因素与疾病关系的定量评价，然后在考虑未来人口变化的基础上通过获得未来时间段气象因素的变化对未来时间段目标疾病的发病情况做出预估。以温度为例，如Zhang等（2012）在温度对细菌性痢疾发病影响的预估研究中，先利用基准时间段时间序列数据确定温度与细菌性痢疾之间的定量关系（温度每升高1℃，发病数增加7.6%~10.0%），然后考虑未来人口的变化，根据预估时间点（2030、2050年）温度上升的幅度，并结合基准年细菌性痢疾的发病数，从而计算出预估时间点细菌性痢疾的疾病负担。由于气象因素是一个连续变量，故气象因素的改变会使研究期间的发病数发生改变，如前例Zhang等进行的定量分析的结果就表明，温度每升高1℃，细菌性痢疾的发病数就增加10%。由于气温变化导致的超额发病数预估可以用如下公式（16-1）进行预估：

$$ED_t = N \times RT \times (RR-1) \tag{16-1}$$

式中，ED_t为由于气温变化所导致的相关疾病的超额发病数，N为研究地区基准年相关疾病的年发病数，RT为预估年份气温的改变量，RR为气温对相关疾病影响的相对危险度。

3. 暴雨洪涝导致的超额发病数预估

与气温不同，我们研究的暴雨洪涝属于极端天气事件，事件的发生只会使暴露期发病数升高，并不会对整个研究期间的发病数造成影响，因此以上预估思路不能用于极端事件超额发病数的预估。

由于暴雨洪涝事件的发生只会使暴露期（相对于非暴露期而言）传染病发病的数量增加，我们假定预估年份未发生暴雨洪涝的月份传染病的平均发病率与基准时间段相同。如果不对暴雨洪涝的严重程度进行等级划分，我们可以根据如下公式（16-2）对暴雨洪涝导致的超额发病数进行预估：

$$ED_f = N \times (RR-1) \times L \tag{16-2}$$

式中，ED_f为由于暴雨洪涝所导致的相关疾病的超额发病数，N为预估年份未发生暴雨洪涝月份疾病的平均发病数（基准年未发生暴雨洪涝月份的月平均发病率×预估年份人口数），RR为暴雨洪涝对相关疾病影响的相对危险度，L为预估的未来时间段暴雨洪涝的发生次数。

如果根据暴雨洪涝的严重程度进行等级划分（分为一般涝和重涝），我们可以根据如下公式（16-3）对暴雨洪涝导致的超额发病数进行预估：

$$ED_f' = \left[(RR_m - 1) \times N_m + (RR_s - 1) \times N_s + 1 \right] \times P \times I_b \tag{16-3}$$

式中，ED_f'为由于暴雨洪涝所导致的相关疾病的超额发病数，RR_m为轻度暴雨洪涝对研究疾病的相对危险度，RR_s为重度暴雨洪涝对研究疾病的相对危险度，N_m是研究区域某年轻度暴雨洪涝的发生次数，N_s为研究区域某年重度暴雨洪涝的发生次数，P为研究区域某年的人口数量，I_b为研究区域的基线发病率。

七、疾病负担（DALY）的预估

1. 指标和来源

疾病负担泛指由于疾病、伤害、残疾、早死等对患者、家庭、社会和国家造成的任何健康或者经济方面的损失和压力。如前所述，疾病负担的评价指标经历了一个漫长的发展过程，主要分成三个阶段：

（1）第一个阶段是早期传统指标，主要有发病率、患病率、病死率、死因顺位或伤残率等。

（2）第二个阶段是潜在寿命损失年（PYLL），用累计的寿命损失年来衡量疾病负担的大小，随后由PYLL又衍生出了多个指标，如阶段预期寿命损失（Period Expected Years of Life Lost，PEYLL）、标准期望寿命损失（Standard Period Expected Years of Life Lost，SEYLL）、潜在工作损失的年数（WPYLL）和潜在价值损失的年数（VPYLL）等。

（3）第三个阶段是伤残调整寿命损失年。在此之前的其他指标仅从一个方面来进行疾病负担的描述和分析，如死亡率只反映死亡对人群健康的影响，平均期望寿命只反映人群生存的数量而不能反映质量，这些单一指标存在一定的局限性和片面性，不能对疾病负担进行全面的评价。DALY指从发病到死亡所损失的全部健康寿命年，包括因早死所致的寿命损失年（YLL）和疾病所致伤残引起的健康寿命损失年（YLD）两部分。该指标综合考虑了死亡、发病、疾病的严重程度、年龄权重和贴现率等多种因素，可客观、全面地反映疾病对人群和社会的危害程度，因此DALY弥补了以上单一指标的不足，使人们对疾病负担的认识更趋合理、全面。自20世纪90年代以来，DALY被世界卫生组织广泛应用于全球疾病负担评估中。

通俗地讲，DALY的本质是将死亡、不同疾病导致的伤残通过不同的权重转换成健康寿命年的损失，由于其计算公式复杂，对它的计算研究人员通常借助软件来实现，WHO制作了一款专门用来计算DALY的Excel文档，里面已经编辑好了计算公式，我们只需输入人口、发病率、病程、伤残权重以及各种参数就可以自动计算出DALY值。DALY强度是DALY的衍生指标，即每千人DALY值，其与DALY的关系类似于发病数和发病率的关系，计算公式（16-4）如下：

$$\text{DALY强度} = 1\,000 \times \frac{\text{DALY}}{\text{对应的人口数}} \tag{16-4}$$

另外，暴雨洪涝期间敏感性疾病病例出现的原因应该不仅仅归因于暴雨洪涝，暴雨洪涝事件的发生只是造成发病人数有所增加，因此我们有必要评价归因于暴雨洪涝的归因疾病负担，即某疾病负担中归因于某一暴露因素的部分。关于归因疾病负担的计算方法在本书前面章节已有详细介绍，这里不再赘述。

2. 预估方法

（1）所需数据和来源

① 人口数据：研究地区基准年的人口数据由中国疾病预防控制中心公共卫生科学数据中心提供，未来时间段的人口预估数据可以基于联合国经济和社会事务部人口司公布的未来中国人口增长率，同时结合当前时间段的人口数来预估得到。

② 死亡数据：计算疾病负担需要研究疾病的年龄别、性别死亡专率。死亡数据来自中国全国法定传染病监测系统。当然，据研究发现，暴雨洪涝大部分的相关敏感性疾病在暴雨洪涝的危险期发生死亡的可能性是极低的，所以在研究中这一部分数据可能很多情况下是缺如的。

③ 患病数据：详细信息由我国法定传染病监测系统获得，如患者年龄、性别、职业、家庭住址、患病时间、就诊时间、患病持续时间等。

④ 相关权重及其他数据：世界卫生组织根据世界各国疾病负担研究现状，归纳推荐了计算DALY的权重数，我们可以根据文献中的一些数据并结合我国的实际情况作出适当的调整。主要参数的使用情况（表16-1）：

表16-1 DALY计算参数取值

参数	取值
残疾权重D	0.060 5
贴现率r	0.03
年龄权数调节因子K	1
年龄函数参数β	0.04
常数C	0.165 8

（2）预估方法

基本预估方法就是根据前面介绍的计算DALY的基本公式来进行疾病负担的计算。由于世界各国对人群死因监测系统建立较完善，YLL计算过程中涉及的病种死亡数据获取较容易且相对客观、真实，因此在YLL的计算上世界各地方法基本一致且都没有异议。但是因在研究中对疾病的发病资料获取不易，而且由于某些难以避免的原因导致此类资料的真实性会大打折扣，因此计算DALY的主要困难集中在YLD的计算上。对于YLD的计算方法相关专家一直在不断摸索和改进。近些年来，随着DALY在世界各国的应用和发展，WHO根据各国实施操作的经验教训又推出了一系列估算YLD的公式。

① 根据微方程可以对YLD的计算公式进行简化，简化后的公式如下：

$$YLD = I \times D \times L \tag{16-5}$$

式中，I为特定时期发病例数，D为伤残权重（范围为0~1）。WHO根据现有各病种的流行病学特点计算出了各个病种的通用伤残权重。L为伤残平均时间（即病程，单位为年）。

② 虽然要获得计算YLD所需要的基础数据对大多数国家而言比较困难，但因为该指标在现有阶段具有明显的优越性，因此各国都陆续开展疾病负担（DALY）的研究。WHO根据自开展以来各国的实际情况进行了总结，研究了世界各地区的YLD和YLL的内在联系，总结了其比例指数，形成了YLD计算的间接法，公式如下：

$$YLD_{目标ij} = \frac{YLD_{参照ij}}{YLL_{参照ij}} \times YLL_{目标ij} \tag{16-6}$$

式中，i和j分别是年龄别、性别对$YLD_{参照ij}$加权，估算目标地区居民年龄别、性别每千人的YLD负担，即YLD强度，其中，WHO网站上有各地区相应的比例系数，比例系数的公式如下：

$$K = \frac{YLD_{参照}}{YLL_{参照}} \tag{16-7}$$

第三节　气候变化预估的不确定性及展望

一、气候变化预估的不确定性

作为对未来气候变化进行定量预估的核心技术和有效工具，气候模式已具有较好的可靠性。但是，气候模式间在动力框架、物理—化学—生物过程、参数化方案、时空分辨率等方面存在着不同程度的差异，这使得同一排放情景下所得到的预估结果之间往往存在着不同，故利用气候模式预估未来气候变化仍存在大量的不确定性。不仅如此，其他因素也会造成气候变化预估的不确定性，详情如下。

1. 不确定性的来源

（1）IPCC第三次评估报告指出，气候变化预估的不确定性主要来自以下3个方面：① 排放情景的不确定性；② 给定强迫下模式响应的不确定性；③模式物理过程及其表述的不合理性。其中，排放情景的不确定性来源主要是：① 温室气体排放量的估算方法存在不确定性；② 政府决策对温室气体排放量的影响不确定；③ 未来技术进步和新型能源的开发与使用对温室气体排放量的影响不确定；④ 目前的排放清单不能完整反映过去和未来温室气体的排放状况。

（2）IPCC第四次评估报告也对预估气候变化的不确定性做出了总结：认为未来气候变化及其影响的科学不确定性主要包括下面几个方面：① 相对于给定的CO_2稳定浓度情景下气候敏感性的不确定；② 气候模式对不同过程反馈的强度估计尚不确定，特别是对云、海洋热吸收以及碳循环的反馈过程不确定；③ 气候模式对温度以外的其他变量以及小尺度的预估结果具有较大的不确定性。

（3）气候模式的研究者于2011年12月5~9日在美国旧金山召开了工作会议，回顾了IPCCAR4发表

5年来气候模式研究的进展。Tebaldi在会议上指出气候模式的不确定性主要来自3个方面：① 输入气候模式中的21世纪末温室气体和大气中气溶胶的累计值是根据经济模式计算出来的，2008年的经济危机证明，预测经济的变化是非常困难的，经济的不可预测性也决定了气候模式预测的不确定性；② 另一个不确定性来自对不同模式的评价，每个模式均有自己的特色，一些模式在某些方面有优势，平等看待各种模式是不合适的，未来模式间的差异可能要加大而不是缩小，因为各种模式增加了不同的物理过程并提高了分辨率，这就相当于加进来很多"知道的未知数"；③ 利用大气环流模式来驱动区域模式时不确定性就更大了。

气候系统本身极其复杂，目前尚无法完全了解气候变化的内在规律，也无法确定云及其辐射反馈、水汽增暖效应等过程及其影响，进而导致气候模式对这些过程与反馈的描述存在不确定性（陈晓晨，2015）。另外，现阶段地球气候系统模式中各种次网格过程的参数化方案也同样存在很大的不确定性，同样会影响利用气候模式预估未来气候变化的可信度。

综上所述，历次IPCC评估报告和气候预估相关会议几乎都会提出和关心气候变化预估的不确定性问题，这就需要引起我们的高度关注：一方面提示我们气候变化预估不确定性的存在是在所难免的；另一方面也提示我们要正确认识气候变化预估的不确定性，即尽管不确定性的存在会影响我们对气候变化预估结果的准确性，但是并不能因此否认做这项工作的意义。

2. 减少不确定性

气候变化预估的不确定性已成为气候变化及其影响研究的瓶颈问题。那么，如何定量分析或减少气候变化预估中的不确定性呢？一些专家或学者为此付出了诸多努力。有些研究试图对气候变化预估的不确定性进行定量或半定量分析。此外，国际上还采用概率分布函数（PDF）定量给出气候变化预估的不确定性范围。

不仅如此，许多专家还尝试从气候变化预估的各个环节着手来研究如何减少不确定性。例如，在气候模式的选择上，有些专家建议，对于某些无法模拟出年际变率的气候模式在气候情景预估时尽量避免使用。对内部变率引起的模式响应不确定性，可以通过不同初始条件的多次模拟确定。自IPCC第三次报告以来，在探索如何应用集成方法研究全球或区域气候变化及其不确定性范围方面取得了重要进展，比如对次网格过程参数化等引起的模式不确定性就可以使用多模式集成进行定量评估，又如由于不同大气—海洋环流耦合模式（AOGCMs）的模拟误差相互独立，多模式集成被认为能够减少由此产生的不确定性，改善气候预估效果，这在对当代气候的模拟和季节尺度预报中得到印证。

IPCC第四次报告已经能够给出不同排放情景下预估结果的最佳估算值及其不确定性范围，随着对预估贡献因子的不确定性认识的深入，相对于第三次评估报告，第四次评估报告对全球海平面平均上升幅度的预估范围更为集中，而且报告还首次给出了气候敏感度的可能范围，提高了在气候系统对辐射强迫响应认识方面的可信度。

二、气候变化预估的热点和难点

近些年来，在气候变化预估领域相关学者已经开展了一些工作，为气候变化预估研究做出了一定贡献，但仍任重而道远。为制定有关气候变化问题的战略决策，科研人员亟待从气候预估、气候变化的经济和社会影响以及关键脆弱性和风险性研究领域开展工作。下面对现阶段气候变化预估领域的一些热点和难点问题做出总结。

1. 主要的热点问题

（1）"极端天气事件"一词随着对气候变化研究的逐渐增多和深入，正被越来越多的人所熟知。对未来极端天气事件变化的预估现已成为气候变化预估领域的一大热点，如温带气旋变化的预估，台风、干旱、暴雨洪涝的预估等。

（2）未来全球或区域气候是否会发生令人意想不到的"突变"，如冰川永久融化、某些地方热浪袭人、某些地区暴雨洪涝事件越发频繁、某些地方则出现持续干旱等。

（3）未来气候变化预估的准确性和对未来的指导意义到底有多大。

2. 主要的难点问题

（1）探讨对气候变化预估的可靠性和不确定性进行定量评价的一些方法。

（2）在对未来气候变化进行预估时，如何同时考虑人与自然对气候变化的共同作用。

（3）怎样减少气候变化预估的不确定性。

三、气候变化预估的展望

综上所述，我们已经对全球气候系统的内在变化规律有了一定的认识和了解，且能够运用多种气候模式对未来不同排放情景下的气候变化进行预估。IPCC第四次评估报告指出，对21世纪的全球或区域尺度上的变暖趋势，包括风场、降水和极端事件的模拟结果的可信度有了进一步的提高。未来气候变化的预估研究需要进一步加强对气候变化的理解和评估，加深对包括气候系统在内的地球系统基本组成与结构变化的认识，特别需要加强对未来气候变化背景下极端事件的预估能力，定量给出气候变化预估的不确定性范围，并探讨如何降低气候变化预估的不确定性。

对中国而言，气候变化预估研究已进行了一些实践和研究，但与发达国家相比还有一定差距，一些问题亟待解决，这些问题主要包括：

（1）高分辨率是模拟极端事件变化的核心技术。随着计算机技术的不断发展，全球模式分辨率不断提高，相比之下，中国在这方面与国际先进水平尚有较大差距，迫切需要加强模拟及分析工作。

（2）加强学科交叉，加强对全球气候及环境变化的基础研究，从机理上深入认识和研究气候变化规律及其影响因素，并加深对生物地球化学物理机制的理解。

（3）随着模式分辨率的提高和对气候变化的更加关注，对中国地区高时空分辨率观测资料的需求也日渐迫切，目前急需对现有的台站观测资料进行数字化、严格的质量控制和均一化处理等，以得到高质量的观测资料用于模式检验。

（4）因为全球模式对中国地区气候变化的模拟效果不是很好，对未来气候平均态和极端事件变化的预估，不同的模式可能会给出不同的结果，大力发展我国区域气候变化预估研究迫在眉睫。

（5）多模式集成能够提供更加可信的气候预估结果，应大力开展多模式集合预估研究，并定量评估和减少气候变化预估中的不确定性。

（6）多项研究指出，与降水有关的极端事件的未来变化的模拟更加困难，不确定性也更大。未来需要针对东亚和中国地区的具体情况，研究如何对多模型模拟进行合理的集合，以得到更可靠的与降水有关的预估结果。

（7）由于经济发展等的不同，对气候变化预估中排放情景的选择应尽可能倾向于我国未来可能的发展途径，故努力开展中国未来排放情景研究，从而降低排放情景选择中的不确定性也是要解决的问题之一。

第四节　应用实例

一、归因于暴雨洪涝的甲型病毒性肝炎超额发病预估研究

（一）研究背景

暴雨洪涝是世界上发生最频繁和最具毁灭性的自然灾害之一，在未来的气候变化中，降水和海平面上升的变化模式将会导致世界上许多地区暴雨洪涝事件发生的频率和强度增加。我国是世界上暴雨洪涝事件多发地区之一，其中淮河流域因其独特的河谷地形、众多支流形成扇形网状水系结构，洪水集流迅速，使其成为我国暴雨洪涝事件的多发区和重灾区。安徽省在气候上属于暖温带与亚热带的过渡地区，径流年际变化较大且年内分配不均，汛期5~8月或6~9月的径流量占全年径流量的55%以上，属于洪涝频发区。历史上，淮河流域曾多次发生严重的暴雨洪涝事件。例如：2007年淮河大洪水造成安徽省阜阳、亳州、宿州、淮北等16个市89个县（市、区）1 510万人受灾，死亡31人；紧急转移安置70.6万人，农作物受灾面积达135.2万公顷，其中绝收面积达50.9万公顷；倒塌房屋9.5万间，损坏房屋18.5万间；直接经济损失达107.5亿元。暴雨洪涝对健康的影响是多重的，随之导致的某些传染病高发会给当地带来很大的疾病负担，可能会增加甲型病毒性肝炎的发病率和死亡率。不过目前关于暴雨洪涝和甲肝的研究比较少见，并且大部分仅局限于采用非常简单和粗略的方法来进行流行病学的描述性分析，较深入的研究罕见。未来时间段归因于暴雨洪涝的肠道传染病疾病负担预估研究更是未见文献报道。故本研究的目的在于预估安徽省未来时间段归因于暴雨洪涝的甲型病毒性肝炎的疾病负担。研究结果将有助于更好地理解暴雨洪涝对健康的影响，并协助相关部门制定有效防控措施，以防止或减少与暴雨洪涝有关的传染病疾病负担。

（二）数据来源

1. 疾病数据

传染病数据来自中国全国法定传染病监测系统。病例信息主要包括年龄、性别、患病类型、发病日期和死亡日期。所有甲肝病例均经临床和实验室共同诊断。

2. 暴雨洪涝和气象数据

2004~2010年暴雨洪涝数据来自《中国气象灾害年鉴》，研究现场当前时间段的气象数据来自中国气象数据网，根据前期有关甲型病毒性肝炎与气象变量关系的研究结果，结合传染病的生物学原理和传播机制，气象要素主要包括日平均气温、日最高气温、日最低气温、日降水量、日平均相对湿度等。未来时间段的不同气候模式预估数据由国家气候中心的工作人员整理，主要包括日平均气温和日降水量，年代范围为2020、2030、2050、2100年，空间范围涵盖中国区域（15° N~55° N，70° E~140° E），分辨率为0.5°×0.5°经纬度，模式输出每年均为365天，不考虑闰年。气候情景：RCP4.5。

3. 人口数据

研究现场当前时间段的人口资料来自中国疾病预防控制中心公共卫生科学数据中心，其中包括常

住人口数，并且包含分性别、分年龄组的人口信息；未来时间段的人口信息预估采用WHO网站上的方法进行估计。

（三）研究设计与结果

本研究的目的为预估安徽省未来时间段（四大代表性城市：阜阳、亳州、淮北、宿州）暴雨洪涝导致的甲型病毒性肝炎的疾病负担的大小。运用时间序列泊松回归模型来分析2005～2010年甲型病毒性肝炎的日发病数与暴雨洪涝事件之间的定量关系。以2010年为基准年，在考虑暴雨洪涝事件和人口变化的基础上预估2020年和2030年暴雨洪涝导致的甲型病毒性肝炎的超额发病数。具体步骤如下：

（1）根据前述对一般涝和重涝的定义（其他虽然累积降雨量小于一般涝的标准，但是被官方公布的暴雨洪涝事件我们定义为轻涝）可以了解2005～2010年研究地区共发生了7次暴雨洪涝事件（表16-2）。

表16-2 研究地区2005～2010年发生的暴雨洪涝事件

年份	月份	强度
2005	7	中
2005	8	轻
2006	6、7	重
2007	7	重
2008	5、6	轻
2008	7	轻
2008	8	轻
2009	—	—
2010	—	—

（2）在考虑了滞后效应和控制了其他气象因素的前提下，选用研究暴雨洪涝与疾病之间定量关系的方法之一——时间序列Poisson回归模型来分析暴雨洪涝与甲型病毒性肝炎之间的定量关系。回归分析显示：相对于非暴雨洪涝期，重涝对甲型病毒性肝炎影响的RR值为1.28（95% CI：1.05～1.55），一般涝对甲型病毒性肝炎影响的RR值为1.16（95% CI：0.72～1.87），轻涝对甲型病毒性肝炎影响的RR值为1.14（95% CI：0.87～1.48）。

（3）在RCP4.5情景下，根据本章第二节介绍的方法整理得到研究地区2020和2030年的日降雨量数据（图16-1），预估得到未来时间段四大研究地区暴雨洪涝的发生次数。预估结果显示：2020年将会发生3次一般涝和1次重涝，2030年将会发生1次一般涝和3次重涝（表16-3）。

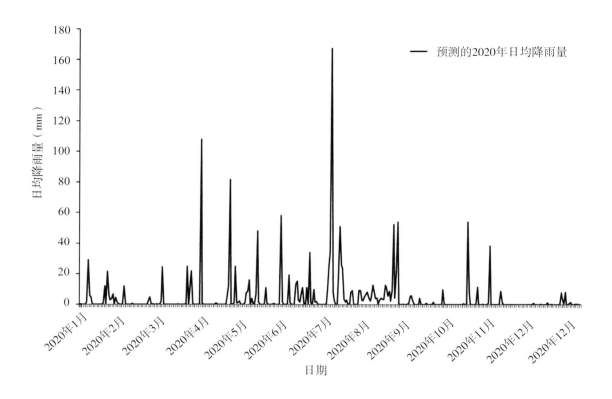

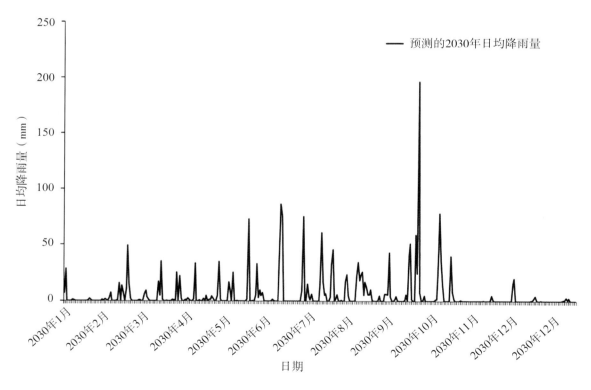

图16-1　RCP4.5情景下，研究地区2020和2030年预估日均降雨量

表16-3 研究地区2020和2030年预估暴雨洪涝事件

年份	月份	强度
2020	3	中
2020	4	中
2020	7	重
2020	8	中
2030	6	重
2030	7	中
2030	9	重
2030	9	重

（4）根据本章第三节介绍的预估超额发病数的方法，我们可以分别预估研究地区未来时间段因为人口改变［WHO提供了在四种不同的人口增长率的情况下中国未来人口的预估方法（表16-4），我们分别进行分析］和暴雨洪涝事件的影响导致的甲型病毒性肝炎的超额发病数，结果如图16-2所示。结果显示，2020年因为暴雨洪涝导致的甲型病毒性肝炎的发病率增加大约$0.126/10^5 \sim 0.127/10^5$，2030年因为暴雨洪涝导致的甲型病毒性肝炎的发病率增加大约$0.382/10^5 \sim 0.399/10^5$。

表16-4 研究地区未来人口变化

年份	人口	低增长情景	中等增长情景	高增长情景	维持现有增长情景
2010	人口数量	—	59 570 000	—	—
2020	人口增长率（$/10^3$）	1.006	1.011	1.016	1.01
	预估人口数量	59 935 214	60 220 623	60 500 023	60 176 477
2030	人口增长率（$/10^3$）	0.997	1.003	1.009	1.001
	预估人口数量	59 773 464	60 413 445	61 033 546	60 254 678

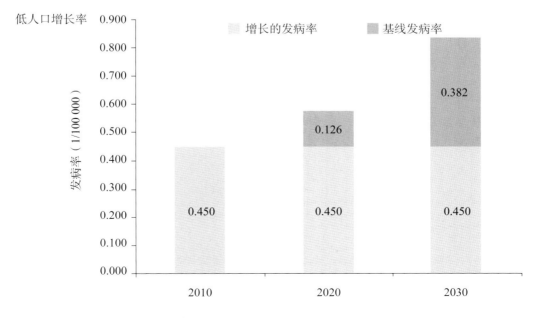

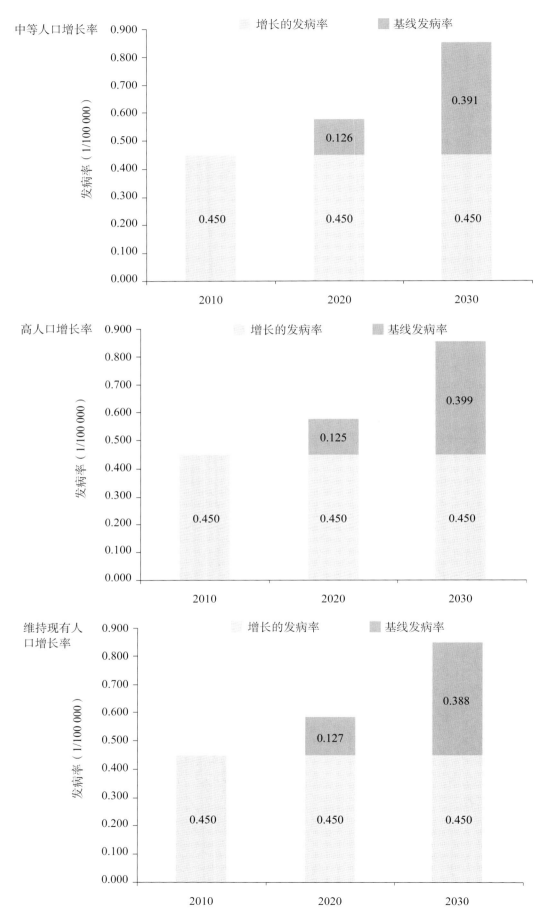

图16-2 在不同预估场景下，2020和2030年急性病毒性肝炎的超额发病率预估

（四）结论

本研究首次定量评价了暴雨洪涝对甲型病毒性肝炎的影响。结果显示，暴雨洪涝可以显著增加甲型病毒性肝炎的发病风险。此外，因为气候条件和人口的改变，安徽省未来时间段归因于暴雨洪涝的甲型病毒性肝炎的疾病负担可能会显著增加。相关部门应该重视并及早采取相应措施来预防或减少暴雨洪涝对甲型病毒性肝炎发病的影响（Gao et al.，2016）。

二、归因于暴雨洪涝的感染性腹泻超额发病数预估研究

（一）研究背景

IPCC第四次评估报告指出，当前气候变暖已经成为不可争辩的事实。气候变化可使暴雨洪涝等极端天气事件出现的频率和强度发生变化，有些地区会明显增加。我国是受洪涝灾害影响最为严重的国家之一，2000～2010年我国发生的暴雨洪涝灾害共造成17 758人死亡，170 284.7万人受灾，直接经济损失达13 854.52亿元。有研究表明近50年来中国极端降水的强度有增强趋势。暴雨洪涝对人群健康的影响可分为短期效应和长期效应，短期效应有死亡、伤害、水传播疾病和媒介传播疾病，长期效应有非传染性疾病、心理疾病、营养不良和出生缺陷等。国内外研究最多的主要关注暴雨洪涝与传染病的关系。暴雨洪涝可以冲毁厕所、下水道等病菌存在的场所，使病菌扩散，易导致饮用水源或者食物被污染。洪涝期间缺乏干净的水源，群众忙于抗洪救灾，往往没有时间也没有意识去烧开水或者对水进行消毒，这会导致群众接触污染了的食物、饮水的概率升高，故传染病中与暴雨洪涝关系较密切的是腹泻类肠道传染病。目前国内针对暴雨洪涝与感染性腹泻的系统、深入的研究还比较少见，未来时间段归因于暴雨洪涝的超额发病预估研究还未见文献报道。所以本研究旨在预估湖南省怀化市未来时间段归因于暴雨洪涝的感染性腹泻的超额发病数，结果可为相关政府部门制定有关政策与措施提供理论基础。

（二）数据来源

1. 疾病数据

2005～2011年怀化市感染性腹泻周发病数据来自国家法定报告传染病监测系统。

2. 暴雨洪涝和气象数据

暴雨洪涝数据来自《中国气象灾害年鉴》。未来时间段暴雨洪涝由日降雨量定义，定义标准为连续3天总降雨量≥80 mm。研究现场当前时间段的气象数据来自中国气象数据网，气象要素主要包括日平均气温、日最高气温、日最低气温、日降水量、日平均相对湿度等。未来时间段的不同气候模式预估数据由国家气候中心的工作人员整理，主要包括日平均气温和日降水量，年代范围为2020、2030、2050、2100年，空间范围涵盖中国区域（15° N~55° N，70° E~140° E），分辨率为0.5°×0.5° 经纬度，模式输出每年均为365天，不考虑闰年。气候情景：RCP4.5、RCP8.5。

3. 人口数据

研究现场当前时间段的人口资料来自中国疾病预防控制中心公共卫生科学数据中心，未来时间段的人口信息预估采用WHO网站上的方法进行估计。

（三）研究设计

我们使用基于时间序列数据的分布滞后非线性模型评估暴雨洪涝对感染性腹泻的发病风险。此模型以广义线性模型和广义相加模型等传统模型的思想为基础，利用交叉基（cross-basis）过程，重新阐述了分布滞后非线性模型的理论，并制作成R软件包"DLNM"。分布滞后非线性模型的核心算法思想是交叉基（cross-basis），即对暴露反应关系与滞后效应分别选取相应的基函数，然后计算两个基函数的张力积得到交叉基函数。DLNM其与前述GLM、GAM最明显的不同是将要研究自变量（如温度）与滞后效应的分布进行交叉基运算后再纳入模型，其显著特点是可以同时拟合暴露—反应的非线性关系及暴露因素的滞后效应（暴露—滞后—反应关系）。预估选择的未来时间段为2020、2030、2050、2100年，时间跨度很大，许多影响感染性腹泻发病的因素会发生变化，其中一些因素的变化是我们不能预估的，所以研究设定了四个预估假设：假设暴露和疾病的定量关系将长期保持稳定性；假设除温度、降水外其他气象变量的影响是恒定不变的；假设经济、科技等其他混杂因素的推动作用保持不变；假设未来人群对天气变化敏感性、适应性是不变的。

由于国家气候中心正在计算RCP2.6、RCP6.0场景下的预估气象数据，暂未获得，所以本研究仅在RCP4.5、RCP8.5情景下开展。先利用收集整理的RCP4.5、RCP8.5气候情景下2020、2030、2050、2100年的日降水量数据定义暴雨洪涝事件，仍然采用累积3天降水量≥80mm的标准，得出未来时间段暴雨洪涝事件的发生情况，同时根据WHO推荐的方法预估未来时间段的人口数据，具体方法是下载研究地区WHO预估的未来时间段的人口自然增长率，结合当前时间段的人口数计算出预估未来时间段的人口数，未来时间段的气温估计来自IPCC第五次评估报告。选取2005～2011年为基准年，以2005～2011年研究期感染性腹泻的年均发病数为基线值，整理以上资料，结合怀化地区暴雨洪涝与感染性腹泻的定量关系，运用前述公式16-2计算未来时间段归因于暴雨洪涝的超额发病数，运用公式16-1计算未来时间段归因于气温的超额发病数。

（四）结果

图16-3显示了湖南省怀化市2005～2011年4～9月感染性腹泻周发病数时序图。研究期间共报告感染性腹泻14 715例，周平均发病78±35例，从图中可以看出自2005年以来感染性腹泻的发病数有缓慢上升的趋势。

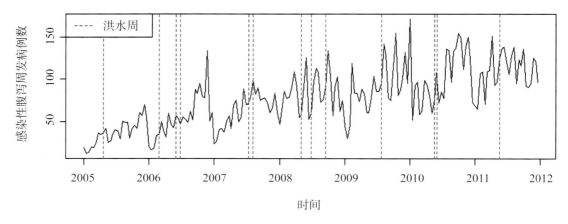

图16-3　湖南省怀化市2005～2011年4～9月感染性腹泻周发病数时序图

　　图16-4展示了湖南省怀化市暴雨洪涝对感染性腹泻发病的滞后效应。结果显示，暴雨洪涝对感染性腹泻发病的效应在滞后一周时有统计学意义（RR=1.149，95% CI：1.003～1.315），但在其他滞后期内无统计学意义。图16-5展示了温度对感染性腹泻发病的滞后效应，结果显示气温对感染性腹泻发病的效应在滞后一周时有统计学意义（RR=1.023，95% CI：1.003～1.044），但在其他滞后期内无统计学意义。

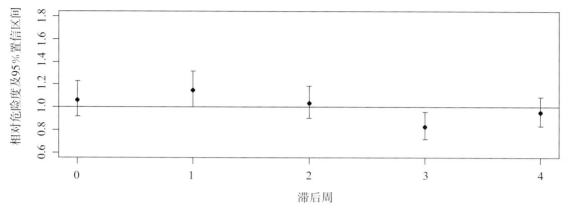

图16-4　湖南省怀化市暴雨洪涝对感染性腹泻发病的滞后效应

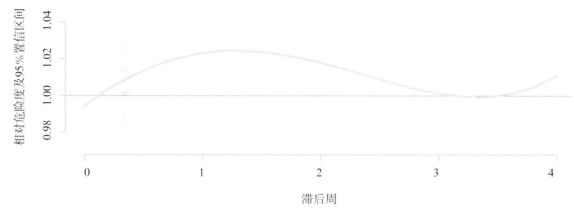

图16-5　湖南省怀化市气温对感染性腹泻发病的滞后效应

　　表16-5展示了不同RCP情景下（RCP4.5、RCP8.5）未来时间段（2020、2030、2050、2100年）的人口、温度、洪水预估结果：未来几十年内，怀化市人口将先缓慢增高，到2030年达到峰值，而后开始下降，预计到2100年人口要比基准年减少20%；未来温度将持续升高，RCP8.5情景下温度升高幅度高于RCP4.5，预计到2100年RCP8.5情景下，温度将比1986～2005年的平均值升高3.57℃；不同情景下未来洪水发生的状况有所不同，RCP8.5情景下洪水发生均少于RCP4.5情景，从年代来看，预估2030年洪水发生次数高于其他年份。

表16-5　不同RCP情景下未来时间段的人口、温度、洪水预估结果

年代	人口	洪水		温度	
		RCP4.5	RCP8.5	RCP4.5	RCP8.5
基线值	4 741 948	2		0*	
2020	4 995 854	2	1	0.59	0.66
2030	5 066 980	4	3	0.82	0.94
2050	4 828 180	2	1	1.24	1.7
2100	3 782 193	3	1	1.68	3.57

备注："*"以1986~2005年平均温度为参照温度。

图16-6展示了不同RCP情景下同时考虑暴雨洪涝与温度时感染性腹泻发病数及增加比例，结果显示感染性腹泻发病数将在2100年达到高峰，RCP4.5、RCP8.5情景下预估的2100年感染性腹泻发病数分别为2 195（2 031~2 309）、2 268（2 103~2 450），相较于基准年增加的比例分别为5.6%、9.1%。

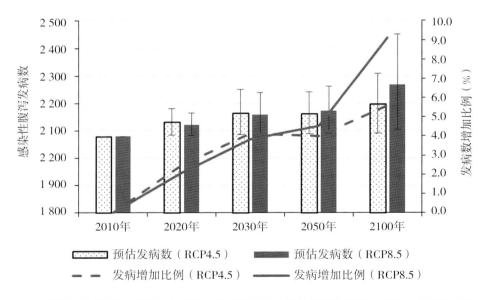

图16-6　不同RCP情景下同时考虑温度、暴雨洪涝时感染性腹泻发病数及增加比例预估结果

（五）结论

由于暴雨洪涝和温度的变化，未来时间段感染性腹泻的发病数很可能增加，这提示我们应制定长远规划防范可能的风险（刘志东，2016）。

三、归因于暴雨洪涝的细菌性痢疾超额发病数预估研究

（一）研究背景

位于我国东北地区南部的辽宁省地处欧亚大陆的东岸，属于典型的大陆型季风气候。由于持续的时空分布不均匀的强降雨、当地植被被长期开垦采伐、河流上游水土流失，导致该省河流泥沙堆积，河床抬高，加之当地水利工程老化失修等原因，使辽宁省洪水频发。特殊的地理地形加之特殊的气候

条件使辽宁省成为我国气象灾害发生频繁、损失严重的省份之一。据文献统计，仅1956～2010年间，辽宁省共发生洪水44次，其中包括一般洪水事件27次，严重洪水事件17次。辽宁省工业发达，且省内许多重要的工业城市多邻近江河，洪水发生时容易遭受洪水侵袭。根据历年气象灾害年鉴统计显示，仅2004～2010年，辽宁省因洪涝灾害累计造成53人死亡，倒塌房屋达5万余间，造成的直接经济损失超过100亿元。因此，研究辽宁省洪水对传染病发病的影响具有重要的公共卫生意义。目前，辽宁省还没有关于洪水对传染病发病影响的定量研究。有研究指出，在全球气候变化的大背景下，辽宁省洪水的发生频率和强度将进一步增加。因此，定量评价辽宁省暴雨洪涝事件对传染病的影响并预估未来时间段辽宁省暴雨洪涝事件对传染病发病的影响具有非常重要的公共卫生学意义。

（二）数据来源

1. 疾病数据

辽宁省14地市2004～2010年法定传染病月发病数据来自国家传染病监测系统。根据国家法定传染病控制措施的规定，各级医疗机构需要承担责任范围内的传染病疫情监测信息的报告任务，保证疫情监测信息的网络直报，同时还规定县级以上的责任报告单位必须全部实现疫情监测信息的网络直报，其他医疗机构应按照时限最快的方式向当地疾病预防机构进行报告并同时报出传染病报告卡。

2. 暴雨洪涝和气象数据

为了全面、精确地统计出2004～2010年辽宁省各地市暴雨洪涝的发生情况，本研究采用国家科委全国重大自然灾害综合研究组有关洪水的定义（即连续3天降雨量≥80毫米）。通过获取辽宁省14地市气象站点的日降水数据，统计得到各地市暴雨洪涝事件的发生情况。辽宁省14地市气象站点的日气象数据来自中国气象数据共享网，气象变量主要包括20～20时降水量、极大风速、平均气压、平均风速、平均气温、平均水汽压、平均相对湿度、日照时数、日最低气压、日最低气温、日最高气压、日最高气温、最大风速、最小相对湿度等。辽宁省2020、2030、2050、2100年预估用日气象预估数据来自气候变化对人类健康影响与适应机制研究共享平台，主要包括中国地区北纬15°－55°，东经70°－140°的0.5°×0.5°经纬度的RCP4.5、RCP8.5两种情景下日降水数据。

3. 人口数据

本研究所用辽宁省14地市人口数据来自中国公共卫生科学数据中心。辽宁省2020、2030、2050、2100年人口数据是根据联合国公布的全球范围内不同地区和国家人口自然增长率并结合2010年辽宁省人口数据计算而得到的。由于所公布的人口自然增长率仅仅具体到地区或国家，因此中国地区的人口增长率被用于辽宁省人口数据的预估中。

（三）研究设计

本研究利用Spearman相关分别在滞后0～2月对细菌性痢疾发病率和研究因素进行相关分析，将其中具有统计学意义且最大的相关系数所在的滞后月作为最佳滞后期。在调整了滞后效应、气象因素、长期趋势和季节趋势等因素的影响后，利用面板Poisson回归模型定量评价2004～2010年辽宁省暴雨洪涝事件对细菌性痢疾发病的影响并计算IRR值及其95% CI，然后采用国家科委全国重大自然灾害综合研究组有关洪水的定义统计得到辽宁省RCP4.5和RCP8.5两种情景下2020、2030、2050、2100年暴雨洪涝事件的发生情况。最后，在不同气候情景下，考虑未来人口变化的基础上预估辽宁省2020、2030、2050、2100年暴雨洪涝事件导致的细菌性痢疾的超额发病数。

（四）结果

1. 描述性分析

辽宁省2004～2010年期间共发生细菌性痢疾77 596例，细菌性痢疾的月发病率描述结果见图16-7。结果表明，2004～2010年辽宁省细菌性痢疾的发病呈现下降趋势，2004～2007年细菌性痢疾的发病率相对高于2008～2010年，结果还表明细菌性痢疾的发病有明显的季节性，发病多集中在6～10月。

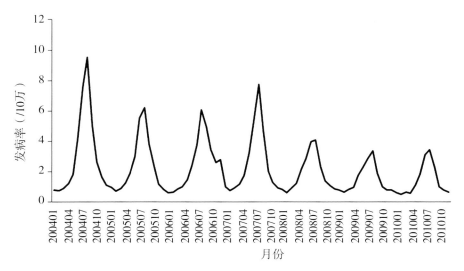

图16-7 2004～2010年辽宁省细菌性痢疾月发病率特征

2. 最佳滞后期的选择

由于暴雨洪涝对传染病的影响可能存在滞后效应，故本研究利用Spearman相关分别在暴雨洪涝事件发生当月、滞后1月和滞后2月对传染病发病率和暴雨洪涝进行相关性分析。结果显示（表16-6），暴雨洪涝在滞后期0～2月内Spearman相关系数均有统计学意义且滞后在0月时Spearman相关系数最大，结合细菌性痢疾的潜伏期特征，确定暴雨洪涝对于细菌性痢疾发病影响的最佳滞后期为0月。月平均温度与细菌性痢疾发病率的Spearman相关系数在各滞后期均有统计学意义，且滞后1月的相关系数最大，故认为月平均温度对细菌性痢疾发病率影响的滞后期为1月。同时，月平均相对湿度与细菌性痢疾发病率的Spearman相关系数在滞后期也均有统计学意义，且滞后0月的相关系数最大，因此认为平均相对湿度对细菌性痢疾发病率影响的滞后期为0月。

表16-6 2004～2010年辽宁省细菌性痢疾发病率与暴雨洪涝和气象因素Spearman相关分析结果

气象变量	滞后期（月）	r	P
暴雨洪涝	0	0.212	<0.01
	1	0.192	<0.01
	2	0.115	<0.01
月平均温度（℃）	0	0.469	<0.01

（续表）

气象变量	滞后期（月）	r	P
	1	0.480	<0.01
	2	0.356	<0.01
月平均相对湿度（%）	0	0.501	<0.01
	1	0.407	<0.01
	2	0.220	<0.01

3. 回归分析结果

2004～2010年辽宁省暴雨洪涝事件对当地细菌性痢疾发病影响的回归分析结果见表16-7。结果显示，在调整了气象因素对细菌性痢疾发病的影响，同时控制了长期趋势、季节效应以及滞后效应对细菌性痢疾发病的影响后，暴雨洪涝事件对辽宁省细菌性痢疾的发病存在显著影响，模型系数为0.324，IRR值为1.383（95% CI：1.353～1.414），具有统计学意义。同时，模型结果还分析了气象因素对细菌性痢疾发病的影响。结果表明，除了暴雨洪涝事件的影响外，气象因素对细菌性痢疾的发病情况也有一定影响。其中，月平均温度和月平均湿度对细菌性痢疾的发病都有一定的影响，前者的模型系数为0.067，IRR值为1.070（95% CI：1.068～1.072），后者的模型系数为0.005，IRR值为1.006（95% CI：1.004～1.007），结果均有统计学意义。结果表明，月平均温度和月平均湿度的增加都可能使细菌性痢疾的发病风险增加。

表16-7 2004～2010年辽宁省暴雨洪涝事件与细菌性痢疾的定量关系评估结果

变量	系数	标准误	P	IRR值（95% CI）
暴雨洪涝	0.324	0.015 6	< 0.000 1	1.383（1.353～1.414）
月平均温度	0.067	0.001 1	< 0.000 1	1.070（1.068～1.072）
月平均相对湿度	0.005	0.000 5	< 0.000 1	1.006（1.004～1.007）
$\sin(2\pi t/12)$	0.054	0.021 5	0.008	1.056（1.015～1.098）
t	−0.050	0.003 1	< 0.000 1	0.951（0.945～0.957）

4. 暴雨洪涝预估结果

利用地理信息系统软件ArcGIS和Excel2013软件整理辽宁省RCP4.5和RCP8.5两种情景下2020、2030、2050、2100年日降水预估网格数据，然后根据国家科委全国重大自然灾害综合研究组有关暴雨洪涝的定义统计辽宁省14地市RCP4.5和RCP8.5两种情景下2020、2030、2050、2100年具体的暴雨洪涝事件的发生情况。暴雨洪涝具体的发生情况统计结果见表16-8和表16-9。

表16-8 RCP4.5情景下辽宁省14地市2020、2030、2050、2100年暴雨洪涝预估结果

地区/年	2020	2030	2050	2100
鞍山	4	2	2	2
本溪	3	3	0	3

（续表）

地区/年	2020	2030	2050	2100
朝阳	2	2	1	3
大连	3	0	3	2
丹东	3	3	1	4
抚顺	3	0	0	3
阜新	2	1	2	2
葫芦岛	4	1	0	3
锦州	3	1	0	3
辽阳	4	4	1	2
盘锦	2	0	1	2
沈阳	4	1	1	3
铁岭	4	0	1	1
营口	1	0	3	2
总计	42	18	16	35

表16-9　RCP8.5情景下辽宁省14地市2020、2030、2050、2100年暴雨洪涝预估结果

地区/年	2020	2030	2050	2100
鞍山	3	3	1	2
本溪	3	3	2	2
朝阳	1	5	1	0
大连	1	3	2	0
丹东	2	2	2	3
抚顺	0	2	1	2
阜新	1	3	2	2
葫芦岛	2	4	3	0
锦州	1	3	1	1
辽阳	3	4	1	2
盘锦	1	4	2	2
沈阳	0	4	2	1
铁岭	0	2	3	3
营口	2	3	2	1
总计	20	45	25	21

（续表）

5. 人口预估结果

本研究利用联合国公布的全球范围内不同情景下人口自然增长率预估结果，分别选用低生育率、中生育率和高生育率三种不同生育率情景下的人口自然增长率对辽宁省2020、2030、2050、2100年人口进行预估。以2010年辽宁省14地市的人口数据为基准计算得到辽宁省14地市2020、2030、2050、2100年人口数据。由于所公布的人口自然增长率仅仅具体到地区或国家，因此中国的人口自然增长率预估结果被用于辽宁省人口数据的预估中。辽宁省14地市2020、2030、2050、2100年人口预估结果见表16-10、表16-11和表16-12。

表16-10 低生育率情景下辽宁省14地市2020、2030、2050、2100年人口预估结果

地区/年	2020	2030	2050	2100
沈阳	7 781 219	7 941 533	7 573 213	5 896 119
大连	6 353 508	6 484 408	6 183 668	4 814 289
鞍山	3 895 864	3 976 130	3 791 721	2 952 041
本溪	1 689 865	1 724 681	1 644 692	1 280 474
丹东	2 590 336	2 643 704	2 521 092	1 962 794
阜新	2 064 237	2 106 766	2 009 056	1 564 149
朝阳	3 464 360	3 538 433	3 363 778	2 582 756
抚顺	2 426 283	2 476 272	2 361 425	1 838 485
葫芦岛	2 789 724	2 847 200	2 715 150	2 113 878
辽阳	1 964 227	2 004 695	1 911 720	1 488 368
锦州	3 335 217	3 403 932	3 246 061	2 527 218
盘锦	1 382 767	1 411 255	1 345 803	1 047 774
铁岭	3 088 849	3 152 487	3 006 278	2 340 535
营口	2 517 034	2 568 892	2 449 749	1 907 250
总计	45 343 489	46 280 388	44 123 404	34 316 130

表16-11 中生育率情景下辽宁省14地市2020、2030、2050、2100年人口预估结果

地区/年	2020	2030	2050	2100
沈阳	7 814 828	7 942 566	7 600 552	5 986 120
大连	6 380 950	6 485 251	6 205 990	4 887 777
鞍山	3 912 691	3 976 647	3 805 409	2 997 102
本溪	1 697 164	1 724 905	1 650 629	1 300 019
丹东	2 601 524	2 644 048	2 530 193	1 992 755
阜新	2 073 153	2 107 040	2 016 309	1 588 025
朝阳	3 554 360	3 611 529	3 497 348	2 794 244
抚顺	2 436 763	2 476 593	2 369 949	1 866 549

（续表）

地区/年	2020	2030	2050	2100
葫芦岛	2 801 773	2 847 570	2 724 951	2 146 145
辽阳	1 972 711	2 004 956	1 918 621	1 511 087
锦州	3 349 623	3 404 374	3 257 779	2 565 795
盘锦	1 388 739	1 411 439	1 350 661	1 063 767
铁岭	3 102 190	3 152 897	3 017 131	2 376 262
营口	2 527 905	2 569 225	2 458 592	1 936 363
总计	45 614 375	46 359 040	44 404 112	35 012 010

表16-12　高生育率情景下辽宁省14地市2020、2030、2050、2100年人口预估结果

地区/年	2020	2030	2050	2100
沈阳	7 920 880	8 048 279	7 793 827	6 226 963
大连	6 467 544	6 571 568	6 363 803	5 084 430
鞍山	3 965 789	4 029 575	3 902 177	3 117 687
本溪	1 720 196	1 747 863	1 692 603	1 352 324
丹东	2 636 829	2 679 239	2 594 533	2 072 931
阜新	2 101 287	2 135 084	2 067 582	1 651 917
朝阳	3 491 690	3 563 628	3 398 351	2 645 783
抚顺	2 469 831	2 509 556	2 430 215	1 941 647
葫芦岛	2 839 795	2 885 470	2 794 244	2 232 492
辽阳	1 999 482	2 031 641	1 967 410	1 571 883
锦州	3 395 079	3 449 685	3 340 621	2 669 026
盘锦	1 407 585	1 430 225	1 385 007	1 106 567
铁岭	3 144 289	3 194 861	3 093 854	2 471 868
营口	2 562 211	2 603 421	2 521 112	2 014 270
总计	46 122 485	46 880 096	45 345 338	36 159 787

6. 超额发病数的预估

在前期设定的假设条件下，预估辽宁省2020、2030、2050、2100年暴雨洪涝事件导致细菌性痢疾的超额发病数。本研究中不同的RCP预估场景对预估结果会产生影响，同时，不同情景下的人口预估自然增长率对预估结果同样会产生影响，因此我们分别计算，具体结果见表16-13至表16-18，其中，表16-13、表16-14和表16-15为RCP4.5情景下辽宁省2020、2030、2050、2100年洪水事件导致细菌性痢疾超额发病数的预估结果；表16-16、表16-17、表16-18为RCP8.5情景下辽宁省2020、2030、2050、2100年暴雨洪涝事件导致细菌性痢疾超额发病数的预估结果。

表16-13 RCP4.5低生育率情景下辽宁省暴雨洪涝事件导致细菌性痢疾超额发病数

地区/年	2020	2030	2050	2100
鞍山	35	17	17	13
本溪	106	106	0	80
朝阳	21	21	10	23
大连	248	0	242	125
丹东	40	40	13	40
抚顺	67	0	0	51
阜新	23	12	22	17
葫芦岛	22	6	0	13
锦州	14	5	0	10
辽阳	45	45	11	17
盘锦	12	0	6	9
沈阳	421	105	103	239
铁岭	52	0	13	10
营口	6	0	17	9
总计	1 111	355	453	658

表16-14 RCP4.5中生育率情景下辽宁省暴雨洪涝事件导致细菌性痢疾超额发病数

地区/年	2020	2030	2050	2100
鞍山	35	17	17	13
本溪	106	106	0	81
朝阳	21	21	10	25
大连	249	0	243	127
丹东	40	40	13	41
抚顺	68	0	0	52
阜新	23	12	23	18
葫芦岛	22	6	0	13
锦州	14	5	0	11
辽阳	45	45	11	17
盘锦	12	0	6	9
沈阳	423	106	103	243
铁岭	52	0	13	10
营口	6	0	18	9
总计	1 117	357	455	669

表16-15　RCP4.5高生育率情景下辽宁省暴雨洪涝事件导致细菌性痢疾超额发病数

地区/年	2020	2030	2050	2100
鞍山	35	18	17	14
本溪	108	108	0	85
朝阳	21	21	10	24
大连	253	0	249	132
丹东	41	41	13	43
抚顺	68	0	0	54
阜新	23	12	23	18
葫芦岛	23	6	0	13
锦州	14	5	0	11
辽阳	46	46	11	18
盘锦	12	0	6	10
沈阳	429	107	106	253
铁岭	53	0	13	10
营口	6	0	18	10
总计	1 131	362	466	694

表16-16　RCP8.5低生育率情景下辽宁省暴雨洪涝事件导致细菌性痢疾超额发病数

2050	2020	2030	2050	2100
鞍山	26	26	8	13
本溪	106	106	69	53
朝阳	10	52	10	0
大连	83	248	161	0
丹东	27	27	26	30
抚顺	0	45	22	34
阜新	12	35	22	17
葫芦岛	11	22	16	0
锦州	5	14	4	3
辽阳	34	45	11	17
盘锦	6	24	12	9
沈阳	0	421	205	80
铁岭	0	26	38	29
营口	12	18	12	5
总计	330	1 108	616	292

表16-17 RCP8.5中生育率情景下辽宁省暴雨洪涝事件导致细菌性痢疾超额发病数

地区/年	2020	2030	2050	2100
鞍山	26	26	8	13
本溪	106	106	69	54
朝阳	11	53	10	0
大连	83	249	162	0
丹东	27	27	26	31
抚顺	0	45	22	34
阜新	12	35	23	18
葫芦岛	11	22	16	0
锦州	5	14	4	4
辽阳	34	45	11	17
盘锦	6	24	12	9
沈阳	0	423	206	81
铁岭	0	26	38	30
营口	12	18	12	5
总计	332	1 114	619	296

表16-18 RCP8.5高生育率情景下辽宁省暴雨洪涝事件导致细菌性痢疾超额发病数

地区/年	2020	2030	2050	2100
鞍山	26	26	9	14
本溪	108	108	71	56
朝阳	10	52	10	0
大连	84	253	166	0
丹东	27	27	27	32
抚顺	0	46	22	36
阜新	12	35	23	18
葫芦岛	11	23	17	0
锦州	5	14	5	4
辽阳	34	46	11	18
盘锦	6	25	12	10
沈阳	0	429	211	84
铁岭	0	26	39	31
营口	12	18	12	5
总计	336	1 127	634	308

（五）结论

辽宁省暴雨洪涝事件对细菌性痢疾发病存在显著影响，暴雨洪涝事件的发生可增加灾区人群罹患细菌性痢疾的风险，定量评价辽宁省暴雨洪涝事件对细菌性痢疾发病的影响可为当地灾后细菌性痢疾的预防和控制以及灾后卫生资源的分配提供依据（许新，2016）。

四、归因于暴雨洪涝的细菌性痢疾的疾病负担预估研究

（一）研究背景

暴雨洪涝已经成为全球范围内公认的发生频率较大、造成损失较重的自然灾害之一。它被认为会增加全球疾病负担，并会给全球公共卫生服务体系造成持续的压力，其中暴雨洪涝事件对肠道传染病的影响近年来引起人们的广泛关注。相关研究表明，在气候变化的大背景下，全球陆地强降水事件的频率、强度和降水总量很可能呈现明显的增加趋势。

我国地域辽阔，气候类型分布复杂，暴雨洪涝的发生具有种类多、影响范围广、时空分布不均匀、发生频率高及造成的损失严重等特点，由此可以推断我国暴雨洪涝的发生频率和强度可能会继续上升，随之可能会引起肠道传染病的发病率上升，给灾区带来很大的疾病负担，而包括细菌性痢疾在内的腹泻是与暴雨洪涝相关的常见传染性疾病。在洪涝期间或洪涝之后，由于病原体的传播及流行，细菌性痢疾的发病率可能会升高，但是目前国内针对暴雨洪涝与细菌性痢疾的研究多处在起步阶段，如多采用现况调查等简单的流行病学分析方法来进行初步分析，系统、深入的研究还比较少见，未来时间段归因于暴雨洪涝的细菌性痢疾的疾病负担预估研究更是未见文献报道。广西壮族自治区位于热带和亚热带季风气候区，境内河流众多，水力资源丰富，由此带来了频繁的暴雨洪涝灾害。本研究的目的在于预估广西壮族自治区未来时间段归因于暴雨洪涝的细菌性痢疾的疾病负担，其结果将有助于更好地理解洪水对人群健康的影响，帮助相关部门制定当地政策与措施，以避免或减少与暴雨洪涝相关的未来细菌性痢疾的发病风险。

（二）数据来源

1. 疾病数据

传染病数据来自中国全国法定传染病监测系统。

2. 暴雨洪涝和气象数据

2004～2010年暴雨洪涝数据来自《中国气象灾害年鉴》，研究现场当前时间段的气象数据来自中国气象数据网，气象要素主要包括日平均气温、日最高气温、日最低气温、日降水量、日平均相对湿度等。未来时间段的不同气候模式预估数据由国家气候中心的工作人员整理，主要包括日平均气温和日降水量，年代范围为2020、2030、2050、2100年，空间范围涵盖中国区域（15° N～55° N，70° E～140° E），分辨率为0.5°×0.5° 经纬度，模式输出每年均为365天，不考虑闰年。气候情景：RCP4.5。

3. 人口数据

研究现场当前时间段的人口资料来自中国疾病预防控制中心公共卫生科学数据中心，其中包括常住人口数，并且包含分性别、分年龄组的人口信息，未来时间段的人口信息预估采用WHO网站上的方

法进行估计。

（三）研究设计与结果

本研究采用健康寿命损失年（YLD）来评估疾病负担的大小，运用广义相加模型来分析2004～2010年细菌性痢疾的月发病数与暴雨洪涝事件之间的定量关系。以2010年作为基准年，在同时考虑暴雨洪涝事件、气温和人口变化的基础上预估2020、2030、2050和2100年暴雨洪涝导致的细菌性痢疾的归因疾病负担，具体步骤如下：

先选用研究暴雨洪涝与疾病之间定量关系的方法之一——广义相加模型来分析暴雨洪涝与细菌性痢疾之间的定量关系。由广西壮族自治区2004～2010年细菌性痢疾的月发病数分布情况（如图16-8所示）可以看到：洪水多发的5～8月细菌性痢疾的发病数是明显增加的。本研究回归分析的结果也验证了这一点：暴雨洪涝对细菌性痢疾影响的RR值为1.21（95% CI：1.06～1.37）。

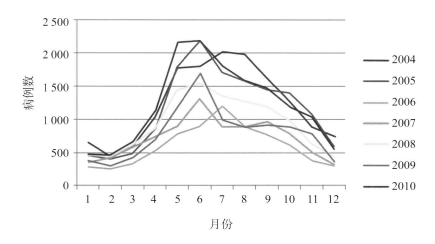

图16-8　广西壮族自治区2004～2010年细菌性痢疾的月发病数分布情况

整理得到在RCP4.5气候情景下2020、2030、2050、2100年的日降水量数据，根据暴雨洪涝事件的定义（连续3天累积降雨量≥80mm），可以预估得到未来时间段广西壮族自治区14个地级市发生暴雨洪涝事件的次数，如表16-19所示。

表16-19　广西壮族自治区未来时间段暴雨洪涝发生次数的预估

城市	2020	2030	2050	2100
百色	2	1	2	3
河池	4	3	1	3
柳州	3	2	0	3
桂林	2	4	1	6
崇左	2	1	1	3
南宁	1	1	0	1

城市	2020	2030	2050	2100
来宾	4	2	0	3
贺州	1	5	2	3
梧州	1	4	3	4
贵港	1	2	0	2
玉林	1	4	3	4
钦州	1	2	3	2
北海	1	1	1	4
防城港	2	2	2	4
合计	26	34	19	45

根据本章第三节介绍的预估超额发病数的方法（公式16-2、16-3），我们可以分别预估广西壮族自治区未来时间段因为人口改变、气温改变和暴雨洪涝的影响导致的细菌性痢疾的超额发病数的改变，结果如表16-20和表16-21所示。

表16-20　广西壮族自治区未来时间段由暴雨洪涝导致的细菌性痢疾的超额发病数预估

城市	2020	2030	2050	2100
百色	25～33	13～16	25～33	38～49
河池	68～88	51～66	17～22	51～66
柳州	29～37	19～25	0	29～37
桂林	19～25	38～49	10～12	56～74
崇左	6～8	3～4	3～4	10～12
南宁	24～32	24～32	0	24～32
来宾	17～22	8～11	0	13～16
贺州	17～22	85～110	34～44	51～66
梧州	10～12	38～49	29～37	38～49
贵港	7～10	15～19	0	15～19
玉林	5～9	21～27	16～21	21～27
钦州	2～3	4～5	6～8	4～5
北海	6～8	6～8	6～8	25～33
防城港	4～5	4～5	4～5	8～11
合计	248～321	324～419	181～234	429～555

表16-21　广西壮族自治区未来时间段由人口、气温和暴雨洪涝导致的细菌性痢疾的超额发病数预估

城市	2020	2030	2050	2100
百色	81 ~ 89	86 ~ 89	95 ~ 103	-2 ~ 9
河池	133 ~ 153	138 ~ 153	109 ~ 114	44 ~ 59
柳州	77 ~ 85	81 ~ 87	48	-51 ~ -43
桂林	76 ~ 82	111 ~ 122	65 ~ 67	-55 ~ -37
崇左	29 ~ 31	32 ~ 33	23 ~ 24	-40 ~ -38
南宁	131 ~ 139	164 ~ 172	132	-56 ~ -48
来宾	43 ~ 48	42 ~ 45	26	-34 ~ -31
贺州	72 ~ 77	158 ~ 183	122 ~ 132	94 ~ 109
梧州	53 ~ 55	94 ~ 105	80 ~ 88	-5 ~ 6
贵港	55 ~ 58	76 ~ 80	43	-86 ~ -82
玉林	60 ~ 64	91 ~ 97	56 ~ 61	-138 ~ -132
钦州	30 ~ 31	39 ~ 40	22 ~ 24	-93 ~ -92
北海	32 ~ 34	40 ~ 42	39 ~ 41	11 ~ 19
防城港	15 ~ 16	18 ~ 9	15 ~ 16	-11 ~ -18
合计	895 ~ 968	1 164 ~ 1 259	905 ~ 958	-377 ~ -251

进一步根据疾病负担的预估方法计算广西壮族自治区未来时间段细菌性痢疾的疾病负担，由结果可知（图16-9）：

（1）单纯以暴雨洪涝作为预估场景，2020、2030、2050、2100年细菌性痢疾的YLD分别增加16%、24%、12%和28%。

（2）若同时考虑洪水、气温和人口的变化，4个预估年的细菌性痢疾的YLD分别增加28%、36%、24%和16%。

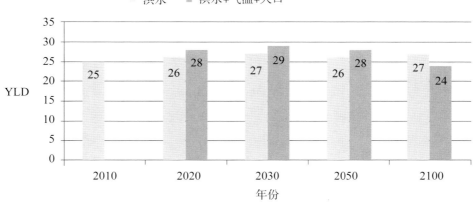

图16-9　广西壮族自治区未来时间段细菌性痢疾的疾病负担预估

（四）结论

因为气候条件和人口的改变，广西壮族自治区未来时间段归因于暴雨洪涝的细菌性痢疾的疾病负担可能会显著增加，相关部门应该重视并及早采取相应措施来应对，以避免或减少暴雨洪涝事件对细菌性痢疾的发病影响（刘雪娜，2017）。

（刘雪娜　李　京）

参考文献

陈晓晨，徐影，姚遥，2015. 不同升温阈值下中国地区极端气候事件变化预估［J］. 大气科学，39（6）：1123–1135.

陈红，2014. CMIP5气候模式对中国东部夏季降水年代际变化的模拟性能评估［J］. 气候与环境研究，19（6）：773–786.

姜大膀，富元海，2012. 2℃全球变暖背景下中国未来气候变化预估［J］. 大气科学，36（2）：234–246.

蒋晓武，2011. 气候变暖背景下北半球陆面过程响应特征预估分析［D］. 南京：南京信息工程大学.

刘雪娜，2017. 暴雨洪涝对细菌性痢疾影响的归因疾病负担及预估研究［D］. 济南：山东大学.

刘志东，2016. 归因于暴雨洪涝的感染性腹泻疾病负担评价及预估研究［D］. 济南：山东大学.

吕繁，曾光，2001. 疾病负担评价的理论框架及其发展［J］. 中华流行病学杂志，22（04）：259–261.

谭红专，2004. 洪灾的危害及其综合评价模型的研究［D］. 长沙：中南大学.

王艳君，高超，王安乾，等，2014. 中国暴雨洪涝灾害的暴露度与脆弱性时空变化特征［J］. 气候变化研究进展，10（6）：391–398.

许新，2016. 辽宁省洪水对菌痢影响的定量研究及超额发病数的预估［D］. 济南：山东大学.

张雪芹，彭莉莉，林朝晖，2008. 未来不同排放情景下气候变化预估研究进展［J］. 地球科学进展，23（2）：174–185.

GAO L，ZHANG Y，DING G Y，et al.，2016. Projections of hepatitis A virus infection associated with flood events by 2020 and 2030 in Anhui Province，China［J］. International journal of biometeorology，60（12）：1873–1884.

ZHANG Y，BI P，HILLER J E.，2012. Projected burden of disease for salmonella infection due to increased temperature in Australian temperate［J］. Environ Int, 44: 26–30.